普通高等教育
软件工程 "十三五"规划教材

13th Five-Year Plan Textbooks
of Software Engineering

工业和信息化普通高等教育
"十三五"规划教材

C++ 程序设计
精要教程

马光志 ◎ 编著

U0300097

C++ Programming
Elite Course

人民邮电出版社
北京

图书在版编目（ＣＩＰ）数据

C++程序设计精要教程 / 马光志编著. -- 北京 ：人民邮电出版社，2020.9

普通高等教育软件工程"十三五"规划教材

ISBN 978-7-115-54576-3

Ⅰ. ①C… Ⅱ. ①马… Ⅲ. ①C++语言－程序设计－高等学校－教材 Ⅳ. ①TP312.8

中国版本图书馆CIP数据核字(2020)第138746号

内 容 提 要

本书结合 C++程序，简要介绍汇编语言和 C 语言，并以栈和队列为主线，逐步深入介绍面向对象的概念。全书内容从面向过程的编程转向面向对象的编程开始，接着引入类、内联、引用、线程、异常、虚函数、运算符重载、移动语义等概念实现栈和队列，然后基于继承和聚合等概念通过双栈模拟队列，最后结合类模板、类型转换、类型推导等概念实现栈和队列，深入细致地介绍了 C++ 2017 标准的全部语法。

本书不仅全面介绍 C++的概念及其用法，还着力培养学生面向对象的建模与设计能力，按照面向对象的分析与设计步骤，完整地展示了骰子游戏的建模及设计过程，并用 C++进行了面向对象的程序设计。各章给出了丰富的习题以及若干课程设计题目，不仅能够提高学生面向对象的模型设计与编程能力，而且能够提升学生的数学建模能力以及解决实际问题的能力。

本书不仅可以帮助初学者自学，还可帮助有基础的读者进一步提升，有助于解决开发过程中遇到的各种难题。

◆ 编　著　马光志

责任编辑　邹文波

责任印制　王　郁　陈　犇

◆ 人民邮电出版社出版发行　　北京市丰台区成寿寺路 11 号

邮编　100164　电子邮件　315@ptpress.com.cn

网址　https://www.ptpress.com.cn

北京九州迅驰传媒文化有限公司印刷

◆ 开本：787×1092　1/16

印张：21.75　　　　　　　2020 年 9 月第 1 版

字数：530 千字　　　　　2025 年 2 月北京第 3 次印刷

定价：69.80 元

读者服务热线：**(010)81055256**　印装质量热线：**(010)81055316**

反盗版热线：**(010)81055315**

前言

1983 年，布贾尼·斯特劳斯特卢普（Bjarne Stroustrup）在 AT&T 贝尔实验室开发了 C++。开发这一语言的目的在于：通过数据封装减小程序变量的副作用，通过继承、聚合等重用机制提高程序的开发效率。目前，C++ 已经成为应用最为广泛的系统级开发语言，几乎具备了面向对象程序设计的全部特点。

许多教材往往使用大量篇幅介绍 C++ 的开发过程，没有全面深刻地分析 C++ 的类与面向对象的概念。许多人在阅读完此类教材后，觉得 C 语言和 C++ 没有多大区别，体会不到面向对象程序设计的优点，这与教材忽视概念应用背景的介绍，以及没有恰当的应用实例直接相关。

本书的所有内容均以具体实例为中心，由浅入深地逐步展开 C++ 的全部概念，尽量避免引用将在后面介绍的相关概念。在介绍 C++ 的概念时注重介绍其应用背景，力图使初学者理解而不是死记概念，并通过精心设计的栈和队列等案例，具体说明面向对象概念的应用方法。

本书可作为程序设计语言教学改革的教材，内容涵盖"汇编语言""C 语言程序设计""C++程序设计"3 门课程。通过将 C++ 程序编译为相应的汇编程序，展示了函数重载、值参传递、函数返回等实现细节，有助于读者准确理解和掌握 C++ 的相关概念，有助于把握面向对象思想的深刻内涵，使读者能灵活应用面向对象的概念进行开发。

本书全面系统地介绍 C++ 最新国际标准 ISO/IEC 14882:2017，内容涉及进制转换、常量、变量、指针、引用、左值、右值、表达式、语句、循环、函数、线程、重载、类、内联、对象、构造、析构、封装、友元、继承、聚合、隐藏、覆盖、绑定、多态、实例成员、静态成员、成员指针、虚函数、纯虚函数、抽象类、虚基类、生命期、作用域、模板、泛型、异常、断言、名字空间、移动语义、运算符重载、Lambda 表达式、类型推导、类型标识、类型转换、类型展开、省略类型参数、类型表达式解析、对象内存布局、流及类库等概念。

为了便于读者自学，本书逐步展开面向对象的思想和概念，深刻揭示面向对象思想的实质内涵，并给出应用相关概念的完整程序实例。为了使读者能够掌握面向对象的分析、设计以及编程方法，书中完整地展示了骰子游戏面向对象建模及设计的过程，并用 C++ 进行了面向对象的程序设计。除了丰富的例题和习题外，最后一章给出的若干习题可用于课程设计，不仅能调高学生面向对象的建模与设计能力，还能同时提升学生通过数学建模解决问题的能力。

本书推荐使用 Microsoft Visual Studio 2019 编译环境，因为它是 C++ 最为普及易用的开发环境。除了像绝大多数编译器一样不支持 export 以外，它几乎支持 ISO/IEC 14882:2017 中的全部标准。此外，它还拥有丰富的类库开发资源以及非常友好的编辑、编译、调试及发布界面。本书所有例子都在 Microsoft Visual Studio 2019 上进行了测试。此外，本书还将提供电子教案、教学指导、习题解答、实例代码等教辅资料，并为实验环节提供好的实验案例和课程设计题目。

在华中科技大学连续多届 C++教学的基础上，编者认真听取了在读生与毕业生的宝贵意见，在书中全面完整地介绍 C++国际标准内容，尽量给出完整实用的程序设计实例，避免读者翻阅多种教学参考资料；尽量减少相关概念前后交叉引用，例题尽量反映概念的实际应用背景。在此，笔者向他们表示深深的感谢。对于本书所存在的疏漏和不足之处，诚恳地希望广大读者批评指正。

马光志

2020 年 4 月于华中科技大学

目 录

第1章
C++引论

C++几乎完全兼容 C 语言，它既有汇编语言高效能的优点，又具备良好的可移植性，在程序设计领域占有很大的份额。要彻底理解和掌握 C++的有关概念，就必须了解计算机的体系结构、二进制的存储及运算方法、汇编语言、操作系统、编译原理等基础知识。学习 C++的最新国际标准、熟悉 C++集成开发环境、加强 C++程序开发实践，是理解和掌握 C++的最佳途径。因此，本章在涉及上述基础知识时，将尽可能以通俗易懂的方式进行介绍。

1.1 计算机的体系结构

早期和现代计算机均采用冯·诺依曼体系结构，即计算机是由运算器、控制器、存储器和输入/输出设备构成的系统。有些设备（如键盘）只能用于输入；有些设备（如打印机）只能用于输出；有些设备（如磁盘）则既可以用于输入，又可以用于输出。数据在这些器件与设备之间流转。

1.1.1 计算机系统的结构

计算机系统的结构如图 1.1 所示，其中设备与器件之间的数据流向用实线表示，而设备与器件之间的控制信号流向用虚线表示。

运算器和控制器是计算机系统的核心，合称为中央处理单元（Central Processing Unit，CPU）。其中，运算器包括一组用于运算或存储的寄存器，寄存器从存储器读取数

图 1.1 计算机系统的结构

据，进行加、减、乘、除、按位与、按位或、逻辑与、逻辑或等运算，在需要时将运算结果保存到存储器中；控制器则负责控制程序或者指令的执行流向，以及负责输入/输出设备的启停和数据传输。存储器是具有内存地址的一系列数据存储单元。

早期的计算机系统曾用存储器代替寄存器，因此，从某种意义上来说，寄存器也具有内存地址这一含义。作为寄存器的指令计数器用于存储正在执行的机器指令的地址。程序是由二进制格式的机器指令构成的指令系列。程序的每条指令用于完成一种基本数据操作，如取数、存数、相加、相乘、移位、压栈、出栈、转移、调用等。算术运算通常使用通用寄存器 EAX、EBX、ECX、

EDX 等完成。

存储器大致可以分为两类：随机存取存储器（Random Access Memory，RAM）和只读存储器（Read Only Memory，ROM）。RAM 是一种易失性（volatile）存储器，其中的数据会因断电而丢失。ROM 是一种非易失性（non-volatile）存储器，无论断电与否数据都不会丢失，故常用于存储操作系统的引导程序。ROM 只能用于读出数据，而不能向其写入数据。

此外，还有一种可擦编程只读存储器（Erasable Programmable Read Only Memory, EPROM）。在一般情况下只能从 EPROM 读出数据，但在施加高电压时可以向其写入数据。这些存储器可与寄存器直接交换数据，通常被称为计算机的内部存储器，简称为"内存"。现代计算机的内存单元是按字节编排地址的，最小的内存单元能够存储 1 个字节，若干个字节可形成（存储）一个字，甚至形成更大的存储单元。

当计算机启动时，首先执行 ROM 中的引导程序，即从某固定地址开始的若干指令。引导程序将检查计算机输入设备是否完好，然后从输入设备（如硬盘）读入系统程序和数据，执行这些程序，从而完成操作系统（如 Windows）的启动。早期的 UNIX 操作系统非常简单，仅管理键盘、显示器和磁盘等有限的输入/输出设备，键盘和显示器合在一起被称为控制台（console）。因此，基于键盘和显示器开发的程序通常被称为控制台应用程序。

在 Windows 操作系统下，磁盘存储的可执行程序的扩展名通常为.exe。应用程序由操作系统管理，并在需要时加载至 RAM 中执行。在 RAM 中，机器指令和数据均以二进制的形式存储，因此机器指令可以被看作数据，而数据也可以被当作指令。当指令计数器指示某个存储单元的地址时，此处存放的二进制数据才被当作机器指令执行。

输入设备包括键盘、磁盘、鼠标等，输出设备包括磁盘、显示器、打印机等。某些设备（如磁盘）既可以用作输入设备，也可以用作输出设备。在操作系统中，输入/输出设备也被看作输入/输出文件，可以以文件的形式打开、输入、输出和关闭。但某些输入/输出设备（如键盘和显示器）不应由应用程序打开或关闭。磁盘作为外围数据存储设备，常被称为"外存"。

从键盘输入字符'2'时，得到的是该字符的 ASCII 值 82，只有经过转换（如减去'0'的 ASCII 值 80），才能得到字符'2'对应的整数 2。转换为整数值后才能存入整型变量的存储单元。类似地，在向显示器输出整数 2 时，必须由输出函数将其转换为对应的 ASCII 值 82，才能在显示器中显示出对应的字符'2'。高级语言（如 C++）会提供各种各样的输入/输出函数，用于完成数值转换及输入/输出工作，scanf()和 printf()就是其中的一组函数。

控制台可看成由键盘和显示器组成的成套设备，因此控制台应用程序可使用控制台进行输入和输出。UNIX、MS-DOS 操作系统最初是面向控制台开发的操作系统，通常以控制台命令行的方式执行各种命令。Windows 操作系统采用图形用户界面（Graphical User Interface，GUI）进行输入和输出，但是它也提供对控制台应用程序的支持。

内存是一种线性存储结构，每个字节对应一个地址，1 个字节由 8 位二进制数构成。在 Windows 操作系统中，16 个连续字节称为 1 节内存，节是管理和分配内存的最小单位。高级语言程序被编译成机器指令程序后，机器指令程序的指令和数据是分开存放的。当机器指令程序被操作系统加载到 RAM 后，将被分成不同的片段进行管理，包括代码段、数据段、堆段和栈段，其中代码段用于存放二进制格式的机器指令程序。

1.1.2　数据与程序的存储方式

内存中的一段数据如图 1.2 所示，第 1 个存储单元的地址为$(1000)_{16}$，该单元存储 1 个字节的值，单元内容或者该字节的值为$(55)_{16}$，地址和值都用十六进制表示。不同进制的数值可以相互转换。例如，每位十六进制数可用对应的 4 位二进制数表示，因此，对于 2 位十六进制数$(55)_{16}$，其对应的 8 位二进制数为$(01010101)_2$；若将$(55)_{16}$转换为对应的十进制数，则为$(85)_{10}$或简记为 85。

1000	1001	1002	1003	1004	1005	1006	1007	1008
55	8B	EC	8B	45	08	40	5D	C3

图 1.2　$(1000)_{16}$开始的内存中的一段数据

图 1.2 所示的数据既可被看作一段程序，也可被看作若干不同类型的数据。类型决定了数据占用的存储单元字节个数。例如，1 个字符占用 1 个字节内存，1 个整数占用 4 个字节等。C++规定除布尔类型和字符类型的数据占用 1 个字节外，其他类型的数据需要多少字节存储，由计算机的硬件系统及编译程序共同决定。

对于图 1.2 所示的地址为$(1000)_{16}$的 1 个字节存储单元，其存储的十六进制数为$(55)_{16}$，该数值对应表 1.1 所示的 ASCII 字符'U'，即当作字符类型时该单元的值为字符'U'。取地址$(1004)_{16}$开始的 2 个字节数值$(0845)_{16}$，将其当作短整型数，即 C++"short int"类型的数，则$(0845)_{16}$对应的十进制数为$8 \times 16^2 + 4 \times 16 + 5 = 2117$。同理，对于自地址$(1004)_{16}$开始的 4 个字节$(5D400845)_{16}$，其对应"int"类型的十进制数为 1564477509。

内存中的数据和指令其实是无法区分的。例如，计算机病毒在传播的过程中就是将"病毒程序"作为"数据"进行传播的。图 1.2 所示的数据如果被看作机器指令程序，则对应的 80X86 系列汇编指令如图 1.3 所示。该程序实现的是将一个数值增加 1 的功能，即将传给函数形参的值增加 1 的功能，存储在 EAX 寄存器中的结果将作为函数的返回值。该程序第一条指令的地址$(1000)_{16}$被称为函数的入口地址。

单元地址：单元内容	反汇编指令	指令功能
00001000：55	PUSH EBP	；将寄存器EBP的值压栈保存
00001001：8BEC	MOV EBP, ESP	；取栈指针ESP至EBP，以便处理实参
00001003：8B4508	MOV EAX, [EBP +8]	；从栈中取出实参至寄存器EAX
00001006：40	INC EAX	；将实参值增加1保存于EAX
00001007：5D	POP EBP	；出栈恢复EBP，同时平衡栈
00001008：C3	RET	；返回，EAX的值为函数返回值

图 1.3　图 1.2 所示的内存数据解释为对应的汇编指令

对于内存分段管理的计算机，一段内存的单元地址范围是有限的，其第 1 个字节的地址为 0。因此，如果将图 1.2 所示的数据看作 1 个字符数组，则数组的大小或者元素个数为 9。数组下标表示数组元素的存放位置，故下标从 0 开始，到 8 结束，大于 8 便会出现越界错误。1 个数组最多能有多少个字节，取决于计算机的硬件及软件。在程序设计的过程中，既要注意内存能否存放所有数组，也要注意每个数组元素的访问是否越界。

表 1.1 ASCII 可显示字符对照表

二进制	十进制	十六进制	图形	二进制	十进制	十六进制	图形	二进制	十进制	十六进制	图形
0010 0000	32	20	(空格)	0100 0000	64	40	@	0110 0000	96	60	`
0010 0001	33	21	!	0100 0001	65	41	A	0110 0001	97	61	a
0010 0010	34	22	"	0100 0010	66	42	B	0110 0010	98	62	b
0010 0011	35	23	#	0100 0011	67	43	C	0110 0011	99	63	c
0010 0100	36	24	$	0100 0100	68	44	D	0110 0100	100	64	d
0010 0101	37	25	%	0100 0101	69	45	E	0110 0101	101	65	e
0010 0110	38	26	&	0100 0110	70	46	F	0110 0110	102	66	f
0010 0111	39	27	'	0100 0111	71	47	G	0110 0111	103	67	g
0010 1000	40	28	(	0100 1000	72	48	H	0110 1000	104	68	h
0010 1001	41	29	)	0100 1001	73	49	I	0110 1001	105	69	i
0010 1010	42	2A	*	0100 1010	74	4A	J	0110 1010	106	6A	j
0010 1011	43	2B	+	0100 1011	75	4B	K	0110 1011	107	6B	k
0010 1100	44	2C	,	0100 1100	76	4C	L	0110 1100	108	6C	l
0010 1101	45	2D	-	0100 1101	77	4D	M	0110 1101	109	6D	m
0010 1110	46	2E	.	0100 1110	78	4E	N	0110 1110	110	6E	n
0010 1111	47	2F	/	0100 1111	79	4F	O	0110 1111	111	6F	o
0011 0000	48	30	0	0101 0000	80	50	P	0111 0000	112	70	p
0011 0001	49	31	1	0101 0001	81	51	Q	0111 0001	113	71	q
0011 0010	50	32	2	0101 0010	82	52	R	0111 0010	114	72	r
0011 0011	51	33	3	0101 0011	83	53	S	0111 0011	115	73	s
0011 0100	52	34	4	0101 0100	84	54	T	0111 0100	116	74	t
0011 0101	53	35	5	0101 0101	85	55	U	0111 0101	117	75	u
0011 0110	54	36	6	0101 0110	86	56	V	0111 0110	118	76	v
0011 0111	55	37	7	0101 0111	87	57	W	0111 0111	119	77	w
0011 1000	56	38	8	0101 1000	88	58	X	0111 1000	120	78	x
0011 1001	57	39	9	0101 1001	89	59	Y	0111 1001	121	79	y
0011 1010	58	3A	:	0101 1010	90	5A	Z	0111 1010	122	7A	z
0011 1011	59	3B	;	0101 1011	91	5B	[	0111 1011	123	7B	{
0011 1100	60	3C	<	0101 1100	92	5C	\	0111 1100	124	7C		
0011 1101	61	3D	=	0101 1101	93	5D	]	0111 1101	125	7D		
0011 1110	62	3E	>	0101 1110	94	5E	^	0111 1110	126	7E	~
0011 1111	63	3F	?	0101 1111	95	5F	_	0111 1111	127	7F	(删除)

1.2 进制及其转换和运算

在日常生活中，我们习惯使用十进制，但大多计算机使用二进制。十进制转换为二进制，或者二进制转换为十进制，都可能出现数据转换误差。但是除一些商用计算机采用十进制外，为什么大多数计算机还是采用二进制呢？采用二进制的主要好处是：二进制电路更为稳定可靠，更为经济。

1.2.1　计算机采用二进制的原因

经济性可通过存储数据的电路成本考量，即在存储同样大小的数据时，采用的进制不同，则电路的成本不同。由于每位二进制只有 0 和 1 两个状态，不妨认为每个状态需要 1 个电子元件，因此每位二进制需要 2 个电子元件。以此类推，每位十进制则需要 10 个电子元件。由此也可以得知，p 位 q 进制的状态总数为 $q^p=M$，M 就是该存储单元能存储的最大数值。

假定无论采用何种进制，每个状态的电子元件成本相同，则存储同样大小的数值 M 时，采用哪种进制更经济呢？由 $q^p=M$ 可得，所需要的位数 $p=\dfrac{\log(M)}{\log(q)}$。制造 p 位 q 进制存储器需要的电子元件总数量 $f(q)$ 如下。

$$f(q) = p\times q = \frac{\log(M)}{\log(q)}\times q \qquad （1）$$

为了使存储器的电路成本最经济，可求函数 $f(q)$ 关于进制 q 的极小值。故对 $f(q)$ 求导并令 $\dfrac{\partial f}{\partial q}=0$，可得出以下结果。

$$(1-\log(q))\times\frac{\log(M)}{[\log(q)]^2}=0 \qquad （2）$$

由式（2）可得 $1-\log(q)=0$，进而可得 $q=e\approx 2.718$，即采用自然数 e 进制最经济。由于 e 更接近整数 3，因此计算机采用三进制是最经济的。但考虑到二进制电路比三进制电路稳定，以及二进制电路的逻辑运算更易实现，故最终决定在计算机系统中采用二进制。

上述数学方程式中的等号"="和 C++程序中的"="含义不同。数学方程式中的"a=b"表示 a 和 b 具有相同的值；而 C++程序中的"a=b"则表示将 b 的值赋给 a，赋值之前 a 和 b 的值可能不同，但赋值之后，a 的值将和 b 的值相同。显而易见，将 C++程序中的"a=a+1"按数学方程式来理解是错误的。部分 C++定义变量和赋值的程序片段如下。

```
int a, b;    //若定义整型全局变量，a 和 b 的初始值默认为十进制数 0
a=3;         //将十进制数 3 赋给 a，a 的值从 0 变为十进制数 3
b=4;         //将十进制数 4 赋给 b，b 的值从 0 变为十进制数 4
a=b;         //将 b 的值赋给 a，a 的值从十进制数 3 变为十进制数 4
a=a+1;       //将 a 的值加 1 得到结果 5，然后再将 5 赋给 a 保存
```

1.2.2　C++的常用进制及其运算

在 C++程序中，常用的进制有八进制、十进制和十六进制。八进制共有 8 个状态，分别为 0、1、2、3、4、5、6、7。十进制数共有 10 个状态，分别为 0、1、2、3、4、5、6、7、8、9。十六进制数共有 16 个状态，分别为 0、1、2、3、4、5、6、7、8、9、a、b、c、d、e、f（不区分大小写）。由此可见，十六进制的数值 a 相当于十进制的数值 10。十进制整数 123 用 $(123)_{10}$ 表示，当不做特别说明时，C++程序就用简化的 123 表示。

对二进制数而言，每位数字只有 0 和 1 两个状态，例如，二进制数 1011 用 $(1011)_2$ 表示。在二进制数的最高位前可以添加任意个 0，例如，$(001011)_2=(01011)_2=(1011)_2$。由于使用二进制计数时是逢二进一，这就意味着高位的数字 1 是其低 1 位的数字 1 的两倍。由此可知，转换二进制数 $(1011)_2$ 为对应的十进制数的方法如下。

$$(1011)_2=((1\times2+0)\times2+1)\times2+1=1\times 2^3+0\times 2^2+1\times 2^1+1\times 2^0=8+2+1=11=(11)_{10} \qquad (3)$$

观察式（3）第 1 个等号后的计算规则，可以得到十进制数转换为二进制数的方法。将十进制数转换为二进制数时，可以将十进制数除以 2 取余数得到二进制数，最先得到的余数是二进制数的最低位数字；将商再次作为被除数除以 2 求余数，得到更高位二进制数字，直到商为 0 为止。例如，将$(11)_{10}$转换为二进制数的计算过程如图 1.4 所示。

图 1.4　十进制数$(11)_{10}$转换为二进制数$(1011)_2$的过程

二进制数转换为十六进制数的方法比较简单。因为 $2^4=16$，即 4 位二进制数字可换得 1 位十六进制数字，从右至左将二进制数字分成每 4 位一组，每组转换为 1 位十六进制数字，便可得到对应的十六进制数。如果左边的二进制数字位数不够，可用 0 填补，以便分组。反之，将十六进制数转换为二进制数时，将每位十六进制数字转换为 4 位二进制数字，然后去掉二进制数最左边多余的 0，如此便可得到其对应的二进制数。例如，将二进制数$(1001101)_2$转换为对应的十六进制数：$(1001101)_2=(01001101)_2=(4D)_{16}$。

二进制数和八进制数的转换可以此类推，3 位二进制数字可换得 1 位八进制数字。例如，将二进制数$(1001101)_2$转换为八进制数：$(1001101)_2=(001001101)_2=(115)_8$。对于十六进制数和八进制数之间的相互转换，可先将它们转换为对应的二进制数，然后再转换为对应的八进制数或十六进制数。例如，将十六进制数$(4D)_{16}$转换为八进制数：$(4D)_{16}=(01001101)_2=(001001101)_2=(115)_8$。

现代计算机采用二进制补码表示整数。对于字长为 16 位二进制的短整型数，其最高位用于表示整数的符号：0 表示为正数，1 表示为负数。当一个短整型数为正整数时，二进制补码就是其 16 位二进制原码；当一个短整型数为负整数时，首先求得其对应正整数的二进制原码，然后将原码每位求反得到其 16 位二进制反码，最后将反码加 1 得到其 16 位二进制补码。

例如，当采用 16 位二进制时，5 的补码就是其 16 位二进制原码$(0000000000000101)_2$。而-5的补码的计算过程为：（1）得到 5 的原码的反码$(1111111111111010)_2$；（2）将得到的反码加 1，得到$(1111111111111011)_2$，即-5的补码。在内存中存储补码的好处在于减法运算可以通过加法运算实现，从而可以简化计算机的硬件电路设计。例如，"5-5"可以表示为"5+（-5）"，即用 5 的补码加上-5 的补码得到结果 0，如下所示。

$$
\begin{array}{r}
0000000000000101 \\
+\quad 1111111111111011 \\
\hline
\end{array}
$$

舍去进位→1　　0000000000000000

对于用 16 位二进制补码表示的短整型数，考虑到该正整数的最高位为符号位 0，可以得知短整型最大正整数为$(0111111111111111)_2=2^{15}-1=32767$；考虑到负整数最高位为符号位 1，故短整型最小负整数为$(1000000000000000)_2=-32768$。因此，16 位二进制短整数的取值范围为-32768~32767。同理，32 位二进制"int"类型整数的取值范围为-2147483648~2147483647。最新 UNIX及 Windows 操作系统已开始支持 64 位二进制整数。

运算器提供的算术运算包括加、减、乘、除等运算，位运算包括左移位、右移位、按位与、按位或、按位异或、按位求反等运算，逻辑运算包括逻辑与、逻辑或、逻辑非等运算。例如，短整型数 5 对应的二进制数$(0000000000000101)_2$左移 1 位，得到二进制数$(0000000000001010)_2$，该二进制数转换为十进制数为 10，即 5 左移 1 位相当于 5 乘以 2。同理，5 右移 1 位相当于 5 除以 2 取整，即 5 右移 1 位的运算结果为整数 2，即结果为二进制数$(0000000000000010)_2$。

按位运算与逻辑运算的区别在于操作数的类型不同，前者使用二进制数进行逐位运算，最后结果为同等位数的二进制数；后者使用布尔类型的值进行运算，最后结果为布尔值。由于布尔类型只有两个状态，即假（false）和真（true），因此只需 1 位二进制数表示其对应的布尔类型的值。当使用一个二进制数做逻辑运算时，该二进制数先要转换为长度为 1 位的布尔值，若该二进制数为 0，则转换为布尔值 0，即 false；若该二进制数非 0，则转换为布尔值 1，即 true。然后再进行逻辑运算得到布尔值结果，即 1 位二进制数字表示的 0 或 1。

对于按位与运算，只有当对应二进制位都为 1 时，其对应的结果位才为 1；否则其对应的结果位为 0。对于按位或运算，只有当对应二进制位都为 0 时，其对应的结果位才为 0，否则其对应的结果位为 1。对于按位异或运算，只有当对应二进制位不同时，其对应的结果位才为 1；否则其对应的结果位为 0。对于 8 位二进制数表示的整数，按位与、按位或、按位异或的运算结果为 8 位二进制数，如下所示。

10110010	10110010	10110010
按位与& 11010011	按位或| 11010011	按位异或^ 11010011
10010010	11110011	01100001

如果算术运算能直接由二进制运算替代，就会大大提高程序的执行效率。例如，被除数除以 2、4、8、16、32 等运算，在将 C++程序编译为 80X86 系列汇编语言程序时，就可以用右移 1 位、2 位、3 位、4 位、5 位等 SHR 运算指令直接实现，这比编译为除法运算指令 DIV 的运算速度快得多。再如，将十进制数 8 对应的二进制数$(1000)_2$左移 3 位，可得$(1000000)_2=64$，即 $8 \times 2^3 = 8 \times 8 = 64$；同理，将乘法指令编译为左移运算指令 SHL，要比编译为乘法运算指令 MUL 的运算速度快得多。

C++用上箭头"^"表示两个变量进行异或运算，异或运算可用来互换字节数相同的两个变量的值。例如，设变量 x 的值为$(1011)_2$，变量 y 的值为$(1001)_2$，则"x=x^y"的结果为"x=$(0010)_2$"，"y=x^y"的结果为 y=$(1011)_2$，"x=x^y"的结果为 x=$(1001)_2$，最后得到 x 和 y 的值分别为$(1001)_2$和$(1011)_2$，从而实现了变量 x 和 y 的值的互换。对于简单类型（如字符类型、短整型、整型、长整型等）且为相同类型的两个变量，均可不借助第 3 个同类型的变量，仅通过异或运算就能交换两个变量的值。

1.3　80X86 系列汇编语言

C++程序可先编译为 80X86 汇编语言程序，然后再编译为 80X86 机器指令程序，也可以直接编译为等价的机器指令程序。了解 80X86 汇编语言对于理解 C++的编译结果、掌握 C++函数重载相关概念的实现方法极其重要。

1.3.1　汇编语言及 C++编译简介

80X86 汇编语言程序通常包括代码段（Code Segment，CS）、数据段（Data Segment，DS）、附加数据段（Extra Segment，ES）、栈段（Stack Segment，SS）。代码段用于存储机器指令；数据

段和附加数据段用于存储"永久"数据；栈段用于存储函数形参和局部自动变量等"临时"数据，其中实参的值通过入栈操作传给形参。在段寄存器 CS、DS、ES、SS 指示的一段内存内，偏移量通常由基址寄存器或变址寄存器指定，这些寄存器包括扩展源头变址寄存器（Extended Source Index Register, ESI）、扩展目的变址寄存器（Extended Destination Index Register, EDI）、扩展栈顶指针寄存器（Extended Stack Pointer Register, ESP）、扩展基址指针寄存器（Extended Base Pointer Register, EBP）。

通用寄存器共有 8 个，除了上述 4 个地址指针寄存器 ESI、EDI、ESP、EBP 外，还有用于运算的 4 个数据寄存器，即扩展累加寄存器（Extended Accumulator Register, EAX）、扩展基址寄存器（Extended Base Segment Register, EBX）、扩展计数寄存器（Extended Count Segment Register, ECX）、扩展数据寄存器（Extended Data Segment Register, EDX）。用于控制程序流向的 2 个控制寄存器为扩展指令指针寄存器（Extended Instruction Pointer Register, EIP）和处理器状态字寄存器（Processor State Word Register, PSW）。当进行计算或者比较时，例如当计算结果出现进位时，会设置 PSW 的值，检查 PSW 的值可得知运算结果的若干状态，根据运算结果的状态可转移到不同分支的指令执行。

计算机发展的初期主要关注系统的设计和制造成本，早期的计算机系统曾将若干 RAM 的存储单元作为寄存器使用，我国自主研发的 DJS-130 计算机系统就是如此。这就从某种意义上定义了"寄存器具有内存地址"这一概念，从而使寄存器（register）变量可同自动（auto）内存变量相互转换。现代计算机系统大多引入了栈，栈使用内存的一部分存储数据，用于进行压栈 PUSH 及出栈 POP 操作。IBM 大型计算机 S390 没有出入栈指令，但这不影响它通过软件模拟实现栈操作。在 Windows 操作系统中，多个应用程序共享栈的内存，但共享可能会带来"栈溢出"安全漏洞，这个漏洞很容易受到黑客攻击；相反 S390 使用不共享栈的 UNIX 操作系统，就不会有"栈溢出"这样的安全隐患，因而被广泛地用作各种服务器。

随着大规模集成电路技术的飞速发展，80X86 系列 CPU 既提供了单字节机器指令，又提供了双字节甚至更多字节的机器指令，寄存器的扩展使计算机可以处理 4 字节甚至 8 字节数据。在访问 32 位（即 4 字节）通用寄存器的低 16 位数据时，只需使用不带 E 的寄存器名称即可。例如，可以通过寄存器名 AX 访问 EAX 中的低 16 位二进制数；还可以通过寄存器名 AL 访问 AX 中的低 8 位二进制数，通过寄存器名 AH 访问 AX 中的高 8 位二进制数。寄存器位数的扩展使整数和内存地址的取值范围变大。整数由 16 位二进制数扩展到 32 位乃至 64 位二进制数，使计算机的计算和数据访问能力大大增强，但同时也带来了已有程序的可移植性问题。

汇编语言程序由数据定义和汇编指令构成，汇编指令是二进制机器指令的助记符。经过汇编语言编译程序的编译，汇编语言程序变为二进制数据或二进制机器指令。二进制机器指令由操作码和操作数构成，某些指令（如过程返回指令 RET 等）可能不需要操作数。需要注意的是，RET 也存在需要操作数的情况。在汇编语言程序中，可以使用标识符代表操作数，标识符最终将被编译为地址或数值。汇编语言的标识符可以使用字母、数字，甚至$、@、？、_等符号。标识符可以用来表示常量、变量、过程或者函数的名称。汇编语言标识符是由字母、$、@、？、_等开始，后跟若干字母、$、@、？、_和数字组成的字符序列。

汇编语言不像高级语言那样区分过程或函数。在高级语言（如 C++）中，有返回值的过程被称为函数。80X86 汇编语言用 PROC 表示过程或者函数，常用 EAX 和 EDX 存储函数的返回值。在将 C++程序的函数编译为汇编指令程序的 PROC 后，函数返回前在 EAX 中存储的值将被当作函数的返回值。事实上，汇编程序使用的累加器 EAX 总是有值，若函数返回后取它的值就将该值当作返回值。当返回类型为"double"时需要返回 8 个字节的值，汇编编译程序就会采用 EAX 和 EDX 存储 8 个字节的值。而对于返回字节数更多的类型，如 struct、union 以及 class 等类型，编译程序会在主调函数内预先留出部分栈内存，用来保存被调函数的函数返回值。

编译程序会指定栈内存的默认存储容量，当实参传递较多超过栈的容量时，便会导致栈向上溢出。递归函数通常需要较深的栈，如果没有控制好递归函数的结束条件，无穷递归便会导致栈向上溢出。C++编译程序按 C 语言调用方式调用函数，这种方式使用没有操作数的 RET 指令返回，由编译程序负责保持栈在函数调用前后的平衡，即函数调用前后栈指针的值保持相同。因此，C++程序编译后生成的可执行程序极少出现栈向上溢出的现象。C++函数的实参传递通过入栈完成，调用函数之后为了保持栈的平衡，编译程序会自动添加出栈指令，或者通过栈指针的加法实现栈平衡。

1.3.2　汇编指令及 C++程序编译

80X86 系列 CPU 是英特尔公司发布的使用最广泛的 CPU。该系列的机器指令由操作码和 0 个、1 个甚至更多个操作数构成。操作码（参见图 1.2 所示的操作码 8B）处于低字节地址存储单元，而操作数处于高字节地址存储单元。操作数可以为空（如操作码为 C3 的 RET 指令），可以是寄存器（如数据传输指令"MOV EBP, ESP"中的 EBP 和 ESP），可以是表示常量的立即数（如数据传输指令"MOV EAX, [EBP +8]"中的 8）。80X86 系列 CPU 机器指令的常见形式如下。

操作码（低地址）	操作数（高地址）

在单字节指令中，操作码和操作数合计占用 1 个字节。图 1.3 所示的入栈指令"PUSH EBP"的编码为 $(55)_{16}$，其含义是将寄存器 EBP 的值压入栈顶，以便以后能够通过出栈恢复寄存器 EBP 的值。再如，将 EAX 压入栈顶的指令"PUSH EAX"的编码为 $(50)_{16}$，将 EBX 压入栈顶的指令"PUSH EBX"的编码为 $(53)_{16}$。出栈指令用于将数据从栈顶弹出。例如，出栈指令"POP EBP"的编码为 $(5D)_{16}$，用于将栈顶数据弹出至寄存器 EBP 中，从而恢复寄存器 EBP 的原始值。由此可见，栈是一种"先进后出"的数据结构，除了用于将要介绍的函数实参传递外，还可用于保存和恢复重要的寄存器（如 EBP）。

数据传输指令"MOV"也有多种形式，包括常量值至寄存器的传送、内存单元数值至寄存器的传送，以及寄存器之间的传送等。这些指令的操作码和操作数可能各不相同。图 1.3 所示的数据传输指令"MOV EBP, ESP"和"MOV EAX, [EBP +8]"的操作码均为 $(8B)_{16}$，其操作数分别占用 1 个字节和 2 个字节，用于代表所使用的寄存器及其偏移量 8。常量传输指令"MOV EBX, 0"和"MOV ECX, 0"的操作码分别为 $(BB)_{16}$ 和 $(B9)_{16}$，两个传输指令的操作数 0 均占用 4 个字节。

自增指令"INC"和自减指令"DEC"常用来实现 C++的"++"和"--"运算，分别表示将当前变量的值增加 1 和减少 1。例如，寄存器 EAX 自增的指令"INC EAX"的编码为 $(40)_{16}$，而寄存器 EAX 自减的指令"DEC EAX"的编码为 $(48)_{16}$。此外，指令"ADD"用于加法运算，"SUB"用于减法运算，"MUL"用于乘法运算，"DIV"用于除法运算，"CMP"用于比较运算，"JB""JNB""JZ""JNZ"等用于根据寄存器 PSW 进行转移，"CALL"用于过程或函数的调用，"RET"用于过程或函数的返回。显然，使用汇编语言助记符进行编程的效率比直接使用机器指令编程的效率高。

以下先给出一个 C++示例程序，然后通过 C++ Builder 6 或 CodeGear 9 命令行编译，产生该 C++程序对应的汇编语言程序。一个 C++程序可由后缀为".cpp"的多个代码文件构成，每个代码文件内部可定义多种类型、变量或者函数，多个代码文件经编译连接形成一个可执行程序文件。以下给出的是仅由一个代码文件构成的程序，C++使用"/*注解*/"或者"//注解到行末"进行程序说明。为了便于理解 C++程序同汇编程序的对应关系，代码中删除了对汇编程序来说不太重要的部分，并使用";"引入了对汇编语言程序的注解。高级语言程序经汇编后，变量名和函数名会被替换成与其不同的汇编语言变量名和函数名。

【例 1.1】以下是 C++程序及其用编译器 CodeGear 9 编译后产生的一段汇编语言程序。

```
int x=2;                          //定义程序全局变量 x 并初始化其值为 2
static int y=3;                   //定义模块局部变量 y 并初始化其值为 3
int f(int a){ return a; }         //定义程序全局函数 f()
int f(int a, int b)               //求 a、b 中的最小值
{
    if(a<b) return a;             //如果 a<b，则将 a 值作为结果返回
    else return b;                //否则将 b 值作为结果返回
}
int main(int argc, char* argv[ ]) //main()函数必须定义为程序全局函数
{
    int m=f(2)+f(3,4);            //调用函数计算 f(2)和 f(3,4)，并计算它们的和
    return  m;                    //将它们的和作为结果返回
}
```

编译后的汇编程序如下所示。"int"类型全局变量 x 及模块"static int"变量 y 被替换成汇编程序的变量名_X 和_Y，并"永久"地存储在数据段'DATA'中。在函数 main()调用 f(3,4)时，函数 f(int a, int b)的形参 a、b 通过压栈进行值参传递或初始化，故形参 a、b 的值将"临时"地存储在栈中，对应存储单元分别用"[EBP+8]"和"[EBP+12]"指示。函数 f(int a, int b)的返回值存放在 EAX 中。

```
_DATA   SEGMENT DWORD PUBLIC USE32 'DATA'   ;定义名为_DATA 的数据段开始
_X   LABEL   DWORD              ;定义双字变量_X
     DD  2                      ;变量_X 的初始值为 2
_Y   LABEL   DWORD              ;定义双字变量_Y
     DD  3                      ;变量_Y 的初始值为 3
_DATA   ENDS                    ;定义名为_DATA 的数据段结束
_TEXT    SEGMENT DWORD PUBLIC USE32 'CODE'   ;定义名为_TEXT 的公用代码段开始
@f$qi    SEGMENT VIRTUAL        ;VIRTUAL 表示无论@f$qi 定义多少次，二进制代码仅 1 份
@@f$qi  PROC NEAR               ;定义名为@@f$qi 的过程（可视为函数，EAX 有返回值）
    PUSH EBP                    ;先保存 EBP，因为下一条指令要使用 EBP
    MOV EBP, ESP                ;将栈顶指针送入 EBP
    MOV EAX, DWORD PTR [EBP+8]  ;取压入栈的函数参数的值并送入 EAX
    POP   EBP                   ;恢复 EBP 的值
    RET                         ;函数@@f$qi 返回，返回值在 EAX 中
@@f$qi   ENDP                   ;结束名为@@f$qi 的过程或函数的定义
@f$qi  ENDS                     ;结束名为@f$qi 的 VIRTUAL 段的定义
_TEXT     ENDS                  ;定义名为_TEXT 的公用代码段结束
_TEXT     SEGMENT DWORD PUBLIC USE32 'CODE'     ;定义名为_TEXT 的公用代码段开始
@f$qii    SEGMENT VIRTUAL       ;定义名为@f$qii 的 VIRTUAL 段的开始
@@f$qii  PROC NEAR              ;定义名为@@f$qii 的过程（视为函数，EAX 有返回值）
    PUSH EBP                    ;先保存 EBP，因为下一条指令要使用 EBP
    MOV EBP, ESP                ;将栈顶指针送入 EBP
    MOV EAX, DWORD PTR [EBP+8]  ;取第 1 个参数的值送入寄存器 EAX
```

```
        CMP EAX, DWORD PTR [EBP+12]    ;和第 2 个参数的值比较
        JGE     SHORT @5              ;如果比较结果>=0，则转移至标号@5
        MOV EAX, DWORD PTR [EBP+8]    ;否则，将第 1 个参数的值作为返回值送入 EAX
        POP   EBP                     ;恢复寄存器 EBP 的值
        RET                           ;返回
@5:                                   ;转移语句的标号
        MOV EAX, DWORD PTR [EBP+12]   ;将第 2 个参数的值作为返回值送入寄存器 EAX
        POP   EBP                     ;恢复寄存器 EBP 的值
        RET                           ;函数@@f$qii 返回，返回值在 EAX 中
@@f$qii ENDP                          ;结束名为@@f$qii 的过程或函数的定义
@f$qii  ENDS                          ;结束名为@f$qii 的 VIRTUAL 段的定义
_TEXT   ENDS                          ;定义名为_TEXT 的公用代码段结束
_TEXT   SEGMENT DWORD PUBLIC USE32 'CODE' ;定义名为_TEXT 的公用代码段开始
_main   SEGMENT VIRTUAL               ;定义名为_main 的 VIRTUAL 段的开始
@_main  PROC        NEAR              ;定义名为@_main 的过程（视为函数，EAX 有返回值）
        PUSH EBP                      ;先保存 EBP，因为下一条指令要使用 EBP
        MOV EBP, ESP                  ;将栈顶指针送入 EBP
        PUSH EBX                      ;先保存 EBX，因为以后的指令要使用 EBX
        PUSH 2                        ;将实参 2 入栈传递给名为@@f$qi 的函数的形参
        CALL @@f$qi                   ;调用名为@@f$qi 的函数
        POP ECX                       ;将入栈的实参 2 出栈，调用@@F$QI 的前后栈指针平衡
        MOV EBX, EAX                  ;将函数@@f$qi 的返回值送入 EBX 暂时保存
        PUSH 4                        ;将实参 4 入栈传给名为@@f$qii 的函数的第 2 个整型形参
        PUSH 3                        ;将实参 3 入栈传给名为@@f$qii 的函数的第 1 个整型形参
        CALL @@f$qii                  ;调用名为@@f$qii 的函数
        ADD ESP, 8                    ;加 8 个字节平衡栈指针，即将先前入栈的实参 4 和 3 出栈
        ADD EBX, EAX                  ;将上次返回值 EBX 同本次返回值 EAX 相加存入 EBX
        MOV EAX, EBX                  ;将 EBX 的值送入 EAX，使 EAX 作为函数@_main 的返回值
        POP EBX                       ;恢复 EBX 的值
        POP EBP                       ;恢复 EBP 的值
        RET                           ;函数@_main 返回，返回值在 EAX 中
@_main  ENDP                          ;结束名为@_main 的过程或函数的定义
_main   ENDS                          ;结束名为_main 的 VIRTUAL 段的定义
_TEXT   ENDS                          P;定义名为_TEXT 的代码段结束
```

在上述汇编代码中，原 C++代码中"int f(int a)"的函数名 f 被替换为汇编程序的过程名 @@f$qi，原 C++代码中"int f(int a, int b)"的函数名 f 被替换为汇编程序的过程名@@f$qii，函数 参数中的"int"变成汇编过程名中的 i。由此可见，两个重载的同名函数 f(int a)和 f(int a, int b)因 为"int"类型的参数个数不同，编译后在汇编语言程序中的名称是不同的。

对编译器 CodeGear 9 来说，函数调用 f(3,4)被编译为从右向左地传递实参，即先"PUSH 4" 压第 2 个整型实参 4 初始化形参 b，再"PUSH 3"压第 1 个整型实参 3 初始化形参 a，然后再通 过"CALL @@f$qii"调用函数 int f(int a, int b)，之后通过"ADD ESP, 8"去掉栈顶两个整数共 8 个字节，实现调用前后栈指针 ESP 的平衡。注意，到底是从右向左传递实参，还是从左向右传递 实参，C++的国际标准并没有硬性规定。

阅读以上程序可以知道，全局变量和模块变量"永久"地存储在数据段_'DATA'中；函数代码 存储在代码段'CODE'中，对函数形参的实参传递则通过入栈完成，函数的返回值存储在 EAX 中。 在调用函数@@f$qii 的前后，通过"ADD ESP, 8"使栈指针 ESP 同调用前的值相同，这样的栈指 针平衡技术降低了栈溢出的可能性。

在进行底层系统开发时，往往需要用到汇编程序，但完全用汇编语言编程极其耗时且难于调试。在了解了汇编程序的代码结构后，可只编写必需的部分汇编程序，其他部分用 C++编写，通过设置 C++的编译开关，将 C++程序编译为汇编程序，从而提高系统的开发效率。掌握汇编语言的另一好处是：可利用 Microsoft Visual Studio 2019 直接转入汇编调试状态，观察 C++概念的实现细节，更加准确地掌握面向对象的概念。

1.4　C++的发展历史及特点

C++大部分兼容 C 语言，C 和 C++是市场占有率非常高的程序设计语言。C++在发展的过程中吸收了众多程序设计语言的优点，已经发展为功能最为全面的语言。许多流行的程序设计语言，如 Java、C#、Python、PHP、R、Ruby 等都是由 C++发展而来的。

1.4.1　C++的发展历史

1967 年，剑桥大学的马丁·理卡兹（Martin Richards）在访问麻省理工学院期间，开发了 BCPL（Basic Combined Programming Language），首次使用"{ }"表示复合语句，以及使用"//"表示程序注解。1969 年，美国贝尔实验室的肯·汤普森（Ken Thompson）基于 BCPL 开发了类似于汇编语言的 B 语言，并在当年用 B 语言开发了 UNIX 操作系统。

1971 年，在 B 语言的基础上，贝尔实验室的丹尼斯·里奇（Dennis Ritchie）同 Ken Thompson 一起开发了 C 语言，并在 1973 年共同用 C 语言对 UNIX 操作系统进行了重写。C 语言具有良好的可移植性，从而使 UNIX 操作系统很快在世界范围内得以普及。1983 年，Ken Thompson 及 Dennis Ritchie 因此共同获得图灵奖（Turing Award），图灵奖相当于计算机领域的诺贝尔奖。

1978 年，贝尔实验室的 Bjarne Stroustrup 以 C 语言为基础开发了 C with Classes。1983 年，C with Classes 改名为 C++，并增加了新的语言特性，包括虚函数、重载、引用、只读变量、类型检查、内存管理运算符，并重新将双斜线"//"用于单行注解。1985 年，第一版《C++程序设计语言》正式发布。此后，C++引入了多重继承、抽象类型、成员保护、静态成员函数等语言特性。1990 年，C++第 1 个国际标准 ANSI/ISO 9899:1990 正式公布。

C++在发展过程中吸收了多种程序设计语言的优点，包括 ALGOL 68、ADA、Simula、CLU、ML 及 Smalltalk 等。在第 1 个国际标准的基础上，C++引入了模板、异常处理、名字空间、新的强制类型转换以及布尔类型等语言特性，还引入了标准模板库 STL 来取代传统的 C 语言标准函数库，并在 2011 年形成了 C++的新国际标准 ISO/IEC 14882:2011。目前，C++的最新国际标准为 ISO/IEC 14882:2017。

C++的发展也促进了 Java、VB.NET、C#等新一代程序设计语言的出现。在不同的操作系统中，新一代程序设计语言具有更强的可移植性，进一步推进了软件工程的技术革命。同时，C++也在不断吸收新一代程序设计语言的优点，使自身的发展出现了一个又一个的高峰。C++通过兼收并蓄保持了旺盛的生命力，是当今程序设计语言中非常复杂的语言。

1.4.2　C++的特点

C++是 C 语言的超集，它继承了 C 语言代码质量高、运行速度快、可移植性强等特点。由于 C++几乎完全兼容 C 语言，大量的 C 语言代码得以在 C++环境下运行，保护了用户的早期软件投资，同时也使大量熟悉 C 语言的程序员能够迅速掌握 C++。目前，C 和 C++的市场份额仍位列前茅，并且其他名列前茅的语言都是以 C++为模板发展起来的。因此，学习和掌握 C++无疑十分重要。C++具有如下特点。

（1）C++是一种强类型的程序设计语言。它提供了良好的类型检查，这使潜在错误在编译阶段就能发现，大大降低了错误在运行阶段出现的可能性。这一特点是 Smalltalk 等语言所不具备的，同时也是开发高可靠软件系统所必需的。

（2）C++提供了面向对象的异常处理机制，将程序的正常执行流程同异常处理流程完全分开，从而使程序更加容易理解和维护。C++的断言也能显著提高程序开发、调试和维护的效率。

（3）C++提供了运算符重载机制，使对象的运算更易表达且表达更为自然。例如，C++为标准输入流类 istream 重载了运算符"＞＞"，为标准输出流类 ostream 重载了运算符"＜＜"。其他语言（如 C#）虽然也提供了运算符重载机制，但其运算符重载只是 C++运算符重载的简化版本。

（4）C++的多继承比单继承语言的描述能力更强，这是单继承程序设计语言（如 Smalltalk、Java、C#等）所不能比拟的。C++通过模板提供了对泛型的支持，提高了 C++的类型抽象能力，C++的标准类库 STL 就是基于泛型实现的。

（5）C++将程序直接编译为机器指令，提高了程序的运行效率。在引入构造函数、虚函数、友元函数、内联函数、类型转换重载函数时，也体现了 C++对程序执行效率的考虑。因此，C++的运行效率远远超过其他面向对象的程序设计语言。

（6）C++不是一种单纯的面向对象的语言，而是一种混合型的面向对象的语言。C++几乎完全兼容 C 语言，它继承了 C 语言的函数或模块结构，使程序可由对象、类和模块混合构成，而不像 Java 和 C#那样完全由类构成。因此，C++的名字空间比 Java 和 C#的包更为复杂。

当然，C++还处在不断的发展之中，也还在不断吸收其他程序设计语言的优点。同时，为了消除程序安全隐患，C++对类型转换引入了更多的转换方法。此外，C++提供了对线程并行程序设计的支持，引入了函数型程序设计语言的类似特性（如类型推导和 Lambda 表达式），简化了类型定义、函数定义和程序设计流程。

1.5　语法图与程序流程图

语法图是描述程序设计语言语法结构的图形语言。编译程序在编译一个 C++程序时，会根据 C++的语法图检查语法错误。如果程序结构和语法图描述的结构不一致，编译程序就会报告语法错误。掌握语法图对于理解 C++的语法结构非常重要，也有助于书写正确的程序及提高开发效率。另一方面，问题的解决步骤或者业务逻辑则需要通过流程图来描述，因此本节也将介绍程序流程图使用的图形符号，并通过实例介绍程序流程图的画法。

1.5.1　C++的语法图

语法图对于描述嵌套或递归定义的语法概念非常重要，根据语法图可以很容易理解常量定义、嵌套 if 语句、多重循环、多重指针等语法概念。在语法图中，倾斜的文字短语常用来表示一个语法概念。此概念或语法单位可用定义该概念的语法图进行替换，从而实现常量、语句或程序的嵌套定义或扩展。语法图中的非倾斜文字以及运算符将原样出现在程序中，语法图中其他记号的含义如图 1.5 所示。

图 1.5　语法图的基本记号及其含义

　　语法图可以定义 C++程序设计语言的语法规范，这种图形化的表述比形式化的文本描述（如 BNF 范式）更易理解。两种描述是完全等价的，并且可以相互转换。编译程序将满足语法规范的程序编译为其他语言，例如汇编语言、机器指令或另外一种高级语言。C++语法规范的国际标准可采用语法图描述，Microsoft Visual Studio 2019 编译器可根据语法规范检查程序是否正确。因此，C++语法图有助于理解 C++语法，能够帮助或引导程序员写出正确的程序。

　　编译程序大多采用"一遍扫描源程序"的方式检查语法错误。因此，编译程序要求在使用一个变量前，先要有变量的类型说明或者定义。同理，如果一个类型不是编译预定义的类型，则在将其用于变量的类型说明或定义之前，必须先对该类型进行说明或者定义。C++提供了若干预定义的简单类型，如字符类型"char"、短整型"short"、整型"int"、长整型"long"、浮点型"float"，以及双精度浮点型"double"等。编译程序会根据变量的类型大小为变量分配相应字节数的内存单元。所以对于 32 位整型变量 x 的定义"int x;"，使用"sizeof(int)"或者"sizeof x"会得到相同的字节数 4。

　　语法图可以描述常量、标识符、变量定义、语句定义以及函数定义。以 C 或 C++关于标识符的定义为例，有关标识符定义的自然语言描述为：标识符是以字母或者下画线开始，由字母、数字和下画线构成的字符序列。以上自然语言描述可以转换为图 1.6 所示的语法图描述。

　　在构造或识别一个标识符时，首先必须选择一个字母或者一个下画线，如图 1.6 所示，两者是平行可选的。然后分两条路径：（1）下面一条路径不选择任何字母、数字或者下画线，直接结束；（2）选择字母、数字或者下画线，并且可以回头多次选择这些标识符。

图 1.6　C++关于标识符定义的语法图

　　注意，letter 是倾斜的文字短语，表示一个语法概念或语法单位，可以用另一个语法图替换，代表可选的 26 个大写字母和 26 个小写字母中的一个，a、A、b、B……z、Z 这些字母只能选择一次。以上自然语言描述的字符序列没有限定标识符的长度，而从语法图来看，标识符的长度至少为 1。例如，_、a、A、b、B 等都是合法的长度为 1 的标识符。

　　长度为 1 的标识符总共只有 53 个，即 26 个大写字母 A、B……Z，26 个小写字母 a、b……z，一个下画线_。长度大于 1 的标识符理论上可以有无限多个字符，但因为计算机的内存有限，所以实际上不可能允许字符个数无限；Microsoft Visual Studio 2019 环境下 C++的标识符最多可有 4095 个字符。有多个字符的标识符有 ABC、abc、a123、_123、a_123 等形式，注意 C++区分大小写，

ABC 与 abc 是不同的标识符。以数字开头的字符序列（如 1A2B）不是合法的标识符。

1.5.2　程序流程图

根据软件开发工程化的思想，软件开发流程可分为需求分析、概要设计、详细设计、软件编码、软件测试、软件交付、软件维护等阶段。这些阶段的主要任务是清晰地描述或正确地维护业务逻辑。对 C++初学者而言，软件开发的重点集中在详细设计、软件编码、软件测试等阶段。

详细设计阶段需要详细描述业务逻辑的每个步骤，而详细的步骤描述可通过程序流程图实现。然后程序员可根据程序流程图进行程序开发，使用某种程序设计语言（如 C++）写出相应的程序。开发程序时，即使采用面向过程的程序设计语言（如 C 语言），也可以基于面向对象的思想写出类似面向对象架构的程序。

在详细设计阶段，求解问题的具体方案常常用程序流程图表示。程序流程图用图形化的符号描述程序的处理步骤，建议根据国际标准 ISO 5807:1985 画出程序流程图。ISO 5807:1985 定义的图形符号很多，常用的程序流程图图形符号如图 1.7 所示。注意，在画一个规范的程序流程图时，必须有"程序开始"和"程序结束"符号。这 2 个符号均使用"开始终结"图形符号表示，在其椭圆形的内部分别写上"开始"和"结束"。

图 1.7　程序流程图的常用图形符号

如图 1.7 所示，"开始终结"图形符号用于表示程序的"开始"或"结束"，"输入输出"图形符号用于描述要输入和输出的变量，"运算处理"图形符号用于表示要进行的赋值和计算，"判定转移"图形符号用于表示程序执行的分支及条件，"页面连接"图形符号用于连接复杂的两页以上的流程图，"程序流程"图形符号用于表示程序执行的流程和方向。使用流程图描述程序的处理步骤，问题求解的方法会更加容易理解。

例如，计算累加和"$S=1+2+\cdots+N$"的程序流程图如图 1.8 所示。先输入变量 N，在开始累加之前，将存放累加和的结果变量 S 设置为 0。为了实现 1~N 的累加，需要引入一个循环变量 X，循环过程中 X 的取值将为 1, 2, …, N。因此，在循环开始前，需要设置循环变量"X=1"。接着将 X 的值累加至变量 S，然后判定 X 是否等于 N：如果 X 的值不等于 N，则设置"X=X+1"并进行下一次循环；否则，进入结束累加和计算的分支。最后输出结果变量 S 的值。

在图 1.8 所示的程序流程图中，"X=1"表示将 1 赋值给变量 X。同理，"X=X+1"表示先取出变量 X 的值，然后将该值与 1 相加求和，最后将求和结果赋值给变量 X。这里的"="与数学中等号的含义不同，数学中的等号是"恒等"；而此处的"="表示"赋值"，"X=X+1"在数学中是不成立的。"取值"与"赋值"是计算机存储器的常用操作，它们将被编译为汇编语言的数据传输指令。

程序流程图可转换为不同程序设计语言编写的程序，例如汇编语言程序或者 C++程序。将程序流程图转换为

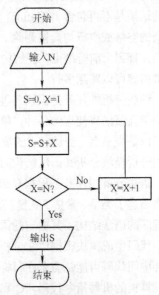

图 1.8　计算累加和"$S=1+2+\cdots+N$"
的程序流程图

C++程序时，需要考虑几个问题：（1）流程图中引入了哪些变量？（2）将变量定义为哪种类型更为合适？（3）程序是否使用了预定义的标准函数？（4）预定义的标准函数来自哪个标准函数库？

其中，问题（2）是程序员容易忽略但又十分重要的问题。例如，当 N 很大时，累加和必然很大，假定 N 和 S 都定义为短整型变量，根据先前有关 16 位短整型数的分析，短整型数的取值范围为-32768～32767，当"N=256"时累加和 S 就会溢出，即计算结果 32896 超出了 S 的取值范围。

问题（3）涉及软件重用。在开发一个软件时，切忌所有事情都从头做起，要尽量利用成熟的模块或标准函数。常用的数学运算函数（如"sin(x)""sqrt(x)""power(x,y)"等）已由编译程序以标准函数库的形式提供。C++标准函数库文件的扩展名通常为".lib"或".dll"等，开发时只需进行合适的说明或引用即可调用。例如，使用"#include<math.h>"包含头文件"math.h"，编译程序就能自动从标准函数库中取出 sin(double x)等函数进行调用。

程序开发人员也可利用编译程序提供的工具软件，将自己开发的有价值的函数形成函数库，以便自己或者别人日后使用。在编译和连接新开发的程序时，可通过设定编译程序的参数或者集成开发环境的参数将自己开发的函数库告知编译程序，以便连接和调用。

1.6　编译环境的安装与使用

编译程序实质上是一种代码转换程序，能够扫描某种语言编写的程序，并将其转换成另一种语言编写的程序。C 或 C++程序经过预处理、词法分析、语法分析、代码生成和模块连接等编译过程，转换为汇编语言程序或者机器指令程序。机器指令程序是一种可被计算机直接执行的程序。

1.6.1　编译过程及编译环境

对 C 和 C++编译程序而言，预处理就是处理由"#define""#include"等定义的宏指令。预处理的结果是不再包含"#define""#include"的"纯"的 C 或 C++代码。在预处理过程中，注解、多余的空格或空行均会被删除。C++的注解可以使用"//"和"/*…*/"两种形式。第一种由"//"开始，直到当前行结束，注解内容仅存在于本行；第二种"/*…*/"由"/*"开始，到"*/"结束，注解内容可以跨越多行。

词法分析的任务是识别各种有意义的词法记号，以预处理输出的代码文件作为输入。词法记号是指高级语言使用的各种"单词"，包括关键字、标识符、操作符、分隔符以及各种常量。标识符可以是类型名、变量名、函数名等。"单词"及其相关信息存放在编译程序内部的符号表中，供语法分析模块分析其语法结构时使用。

语法分析的任务是根据高级语言的标准规范检查被编译程序的语法是否正确。C++标准规范严格描述了类型、常量、变量、表达式、语句，以及函数的语法结构。语法分析模块用于分析 C++源程序的语法结构，其输出的语法结构树用作代码生成模块的输入。

代码生成模块根据语法分析模块产生的语法结构树，生成与 C++源程序等价的某种中间代码。这种中间代码可能是需要在目标计算机上解释执行的代码，也可能是一种带有连接信息并面向特定计算机的机器指令代码。C 和 C++编译程序产生的中间代码也称为目标代码，其在 UNIX 操作系统下的文件扩展名通常为".o"，在 Windows 操作系统下的文件扩展名通常为".obj"。

模块连接的任务是将中间代码同标准库或非标准库连接起来，生成可被计算机直接执行的机器指令程序。标准库包含输入／输出函数、数学运算函数及绘图处理函数等，这些函数本身不是 C 或 C++国际标准的一部分；非标准库包括开发人员或其他公司开发的函数库。C++除了提供同 C 兼容的各种标准库外，还提供大量用于面向对象开发的各种类库。

同 C 语言程序一样，C++程序可由多个扩展名为 ".cpp" 的代码文件构成。这些代码文件可以独立编译生成中间代码，这些中间代码除了可以连接形成一个可执行程序外，也可以借助库管理工具形成自己的函数库。库管理工具通常随编译程序一起提供，用于实现自有代码的软件重用。

编译程序实际上是由一组模块构成的，包括预处理、词法分析、语法分析、代码生成和模块连接以及库管理工具等。在 Windows 操作系统下，编译程序可能以窗口可视化的界面运行，也可能单独以控制台命令行的方式运行。目前，C 或 C++的可视化开发环境集成了上述所有模块的功能，因而编译过程可以通过一个命令完成所有功能。此外，可视化开发环境还集成了编辑、调试、发布以及性能分析等工具。

面向 C++的开发工具与环境种类繁多。除了单片机等通常不支持可视化的开发环境外，个人计算机及大型计算机上运行的多为集成开发环境，比较有名的包括 Microsoft Visual Studio、CodeGear RAD Studio、GNU G++、Eclipse CDT、C++ Builder、Code Blocks、kDevelop、Anjuta、Bloodshed Dev、Visual-MinGW、Ultimate++等。其中有些开发环境还能同时支持多种高级语言的开发。

1.6.2　Microsoft Visual Studio 2019 的安装

在易用性及对 C++国际标准的支持方面，虽然 CodeGear RAD Studio 的口碑向来不错，但 Microsoft Visual Studio 利用操作系统的首发优势迅速将其超越，已经在市场上占据了较大的份额。本书将使用 Microsoft Visual Studio C++ 2019 作为 C++的集成开发环境。需要注意的是，不同的集成开发环境对 C++国际标准的支持程度不尽相同，不能保证相同的 C++程序在不同开发环境下得到同样的结果，甚至不能保证在所有开发环境下都能正确编译。

Microsoft Visual Studio 2019 是一个支持 C++、Java、C#、Python 等多种语言，支持 B/S 和 C/S 等不同开发模式的集成开发环境。它提升了对 Web 开发的支持，全面支持 HTML5 和 CSS3 等新标准。它提供了对微软云计算的支持，以及对 Windows 生态的良好支持。它能提供软件工程所需的协作开发及角色管理，是一款支持软件工程全过程的优秀开发工具。

在对 C++最新国际标准的支持方面，Microsoft Visual Studio C++ 2019 已非常完整，处于非常领先的地位。本书将介绍 C++最常用的优美特性，重点介绍与 C++语法相关的最新国际标准内容。

每一个编译器或开发环境都有各自的优点，有的对 C++标准支持得比较充分和严格，有的将编辑和调试设计得非常方便易用。并不是每个编译器都严格遵守 C++标准，本书的某些例子并不一定能在某些编译环境中正确编译。本书介绍的内容符合最新国际标准，并且相关例子都进行了认真测试。

C++是一门强类型的程序设计语言，会进行严格的类型检查。而有的编译器对类型检查不严格，并且每个编译器的做法也不尽相同，涉及这些情形时本书将使用"合理""应当"表示作者倾向。Code Blocks 是一个跨平台的编译器，编译时其对象的成员按程序员指定的顺序初始化，而其他编译器一般按国际标准建议的顺序初始化。因此，若使用该编译器编译同样的 C++程序，其执行结果可能和其他编译器产生的执行结果不同。

导致程序编译结果和执行结果不同的原因很多，按差别从大到小可归结为：（1）遵循的 C++国际标准版本不同；（2）使用的操作系统及其版本不同；（3）使用的编译程序及其版本不同。因此，建议读者使用与本书同样的编译器，并在相同的编译参数（如 x86 编译模式）下进行编译。

读者也可多安装几个编译器，以发现它们之间的不同之处。以下介绍 Microsoft Visual Studio 2019 C++（后续简称"VS2019"）的安装和使用。先从微软公司官方网站下载企业版安装程序 VS2019_Enterprise.exe 或专业版安装程序 VS2019_Professional.exe。单击运行安装程序并单击"继续"后，出现图 1.9 所示的安装界面。

图 1.9 运行 VS2019_Enterprise.exe 的安装界面

安装程序会检测 VS2019 目前已经安装了哪些组件，对于已经安装的组件则可以选择"修改"或"删除"。如果没有安装任何组件，则进入图 1.10 所示的组件选择界面。如果只想学习 C++开发，直接选择与 C++开发相关的组件即可。

图 1.10 安装 VS2019 时的组件选择界面

需要说明的是，程序的运行结果与硬件环境和开发环境密切相关。在不同的硬件及开发环境下，同一个程序可能有不同的执行结果，这样的程序称为不可移植的程序。在不同开发环境下，同样的程序可能会报语法错误，这极有可能是因为编译器使用的国际标准版本不同。

例如，在同一台计算机上，同样是微软公司的编译系统，并且采用的是同一个国际标准，VS2019 和 VS2017 的编译结果就不同。它们之间的细微差异主要表现在对模板和友元函数的处理细节方面。因此，对于本书所介绍的内容，如果不对程序做特别说明，则默认使用的计算机硬件系统为 64 位系统，使用的操作系统为 Windows 10，使用的编译环境为 VS2019，选用的编译模式为 x86 编译模式。

勾选"使用 C++的桌面开发"复选框，单击"更改"修改安装目录位置，在"详细安装信息"中选择要安装的组件，然后单击"安装"按钮。安装完毕后，启动 VS2019 开发环境，选择"文件(F) →新建(N) →项目(P)…"后，出现的应用程序创建界面如图 1.11 所示。

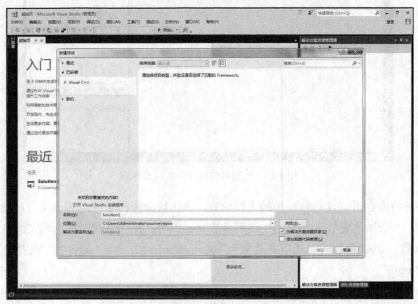

图 1.11　应用程序创建界面

单击"Visual C++"，然后单击"Windows 控制台应用程序"，出现的控制台应用程序创建界面如图 1.12 所示。

图 1.12　控制台应用程序创建界面

单击"浏览(B)…"按钮改变应用程序的存放目录，然后单击"确定"按钮创建一个简单的应用程序，创建完成后，控制台应用程序的编辑界面如图 1.13 所示。

图 1.13　控制台应用程序的编辑界面

其中 main()是 C 语言或 C++程序的入口函数，该函数由操作系统或其他运行环境调用。每个程序只能有一个全局主函数 main()。在调用函数 main()时，操作系统会按照约定的格式传递实参给 main( )函数。main()函数的定义格式通常为"int main(int argc, char *argv[ ])"，或者为"int main(int argc, char **argv)"。

形参 argc 表示操作系统传递给当前 main()函数的参数个数，argv 存储 argc 个操作系统传递给当前 main()的字符串。其中，第一个元素"argv[0]"是程序所在目录位置以及可执行程序的名称。以命令行方式执行该程序时，可在程序名后面附带其他字符串参数。在集成环境中调试时，也可右击图 1.13 右上部的"ConsoleApplication1"，然后选择"属性→配置属性→调试"，在图 1.14 所示的"命令参数"栏设置另外两个参数，即"xxxx""yyyy"。

图 1.14　传递给程序的命令行参数设置

如果不想使用操作系统或编译环境传递的实参，也可以使用图 1.13 中定义的无参函数"int main( )"。根据图 1.8 所示的累加和求解程序流程图，可以编写如下程序并输入至编辑界面。注意，程序要使用输入输出流 iostream 完成对变量的输入和输出，cin 是 iostream 中输入流类型的变量，而 cout 是 iostream 中输出流类型的变量，具体程序如【例 1.2】所示。

【例 1.2】编程计算累加和 $S = \sum\limits_{X=1}^{N} X$，其中 $N \geq 1$。

```
#include <iostream>        //由于要使用 cin 和 cout，因此必须先 include
using namespace std;       //cin 和 cout 是在名字空间 std 中定义的，必须 using
int main( ) {              //操作系统通过 int 返回值判断 main()返回时是否正常
    int N, X, S;           //定义 3 个变量：累加值边界 N、累加变量 X 以及累加和变量 S
    cout <<"Input N: ";    //提示输入 N，通过重载运算符 "<<" 函数输出 Input N:
    cin >> N;              //然后输入 N，通过重载运算符 ">>" 函数输入 N
    S = 0, X = 1;          //初始化累加和变量 S=0，初始化累加变量 X 从 1 开始
again:                     //在累加语句前定义循环转移用的标号 again
    S = S + X;             //将 X 累加至累加和变量 S
    if (X != N) {          //如果 X 没有超出累加值边界 N
        X = X + 1;         //则累加变量 X 增加 1
        goto again;        //转到累加语句前继续累加
    }
    cout <<"\nThe cumulative sum S is "<< S << endl;   //累加结束，输出 S
    return  0;             //返回 0 表示成功，告知操作系统
}
```

在图 1.13 所示的菜单中选择"生成(B)→生成解决方案(B)"，便可以完成程序的编译。然后选择"调试(D)→开始调试(S)"，就可以"逐语句(S)"或者"逐过程(O)"地运行程序，如图 1.15 所示。如果程序里面定义了变量，只需在程序运行的过程中，将鼠标指针停留在变量上面，就可以得到该变量的值。也可以切换到"Microsoft Visual Studio 调试控制台" 窗口，查看程序的输入和输出结果。

图 1.15 所示的箭头所指的位置为程序的入口 main()函数。编辑窗口左下方显示的是程序变量的当前值。如果想查看程序的输入和输出结果，则单击最下面一行自左至右的第 9 个图标——"输出"图标。单步调试时，"Microsoft Visual Studio 调试控制台"窗口会显示运行结果。

图 1.15　程序的调试运行界面

如果调试需要，也可以设置执行断点。在程序编辑界面最左边的边框，可在箭头下方的区域，单击以设置或者取消执行断点。对于已经设置了执行断点的行，单击鼠标右键可以设置其中断条件，例如循环执行多少次后在断点中断，或者当表达式满足某个条件时在断点中断。如果想查看程序的汇编指令代码或者机器指令代码，在调试状态按组合键"Ctrl+F11"可以进入汇编窗口。

注意，可以使用"Debug"或"Release"模式编译 C++程序。"Debug"模式方便程序员调试程序，通常不会对生成的汇编指令代码进行优化，如内联函数仍然按函数调用的方式编译。"Release"模式编译可将代码优化到执行效率最高的状态。因此，在调试成功后需要发布程序时，常采用"Release"模式编译 C++程序。

练习题

【题 1.1】计算机由哪些设备构成？计算机的内存大致分为哪几类？

【题 1.2】控制台程序一般使用什么设备进行输入和输出？

【题 1.3】为什么说内存中的机器指令和数据是难以区分的？

【题 1.4】计算机为什么要采用二进制？如何使用按位异或运算交换两个整型变量的值？

【题 1.5】位运算中的左移位、右移位和算术运算中的乘法、除法运算有什么关系？

【题 1.6】请将十进制数$(233)_{10}$转换为二进制、八进制和十六进制数。

【题 1.7】请将二进制数$(101011101101101)_2$转换为八进制、十进制和十六进制数。

【题 1.8】请将八进制数$(756)_8$转换为二进制、十进制和十六进制数。

【题 1.9】C++程序设计语言有哪些特点？

【题 1.10】举例说明 C 语言和 C++的"赋值"与数学中的"恒等"有何不同？

【题 1.11】将程序流程图转换为 C++程序时应注意什么问题？

【题 1.12】C++程序的编译通常包括哪些过程？

【题 1.13】普通开发人员可以开发自己的数学运算函数 sin(x)并提供给其他程序员使用吗？

【题 1.14】试举例解释 main(int argc, char * argv[])函数的入口参数的含义。

第2章
类型、常量及变量

本章介绍 C++ 的字符集、关键字、标识符、运算符、标点符号、类型、变量、常量、表达式、语句、数组以及输入输出等基础知识，介绍预定义的简单类型，说明变量的定义和使用方法，分析表达式的计算顺序，描述输入输出的格式控制。

2.1　C++的单词

C++ 使用 ASCII 字符集中的字符来构造"单词"，进而用"单词"构成语句和程序的语法结构。常量、变量名、函数名、参数名、类型名、运算符、关键字等都是"单词"。关键字也被称为保留字，程序员不能用它定义变量名、函数名或者参数名等，关键字的个数决定了一个程序设计语言的复杂程度。

2.1.1　C++的字符集

字符集包括字母、数字、运算符以及标点等各类符号，是构成关键字、标识符、常量的基本元素。采用何种字符集除了与计算机的硬件设备相关外，还与计算机所使用的操作系统密切相关。目前，最通用的 C++ 字符集是 ASCII 字符集。

ASCII 字符集是计算机领域最常用的字符集，使用最高位为 0 的 8 位二进制表示，因此，ASCII 字符集可对 128 个字符进行编码。但可显示字符只是其中一部分，可显示字符集如表 1.1 所示。ASCII 字符集主要包括英文字母、阿拉伯数字、运算符以及各种标点符号。

由于汉字字符数量太大，因此汉字字符不可能放入 ASCII 字符集中，于是出现了 Unicode 统一编码字符集。Unicode 字符集采用 16 位二进制编码，最多可以容纳 65536 个不同的字符。由于 Unicode 字符集的容量较大，因此可以容纳国际上常用的语言文字，包括西文字符集和常用的汉字字符集。C++ 常用的可显示字符集如表 2.1 所示。

表 2.1　　　　　　　　　　　　　　　C++常用的可显示字符集

26 个大写字母	ABCDEFGHIJKLMNOPQRSTUVWXYZ
26 个小写字母	abcdefghijklmnopqrstuvwxyz
10 个阿拉伯数字	0123456789
其他符号	+-*/=,._:;?\"'~|!#%&()[]{}^<> 空格 制表符

其中，其他符号包含了标点符号、分隔符、运算符等各类符号。空格和制表符等都是分隔符，都能用于分隔两个标识符，例如用于分隔类型名与变量名。运算符和标点符号也能起分隔符的作用。例如，"a+b"中的运算符加号"+"可以分隔变量 a 和 b。标点符号（如逗号）也可以用作运算符，用逗号构成的表达式（如"3, 6, 9"）称为逗号表达式，其结果为最后一个逗号后的操作数的值 9。

ASCII 字符集对小写字母、大写字母和阿拉伯数字均采用连续编码的方式进行编码。字符'A'、'B'、'C'的编码分别为十进制数 65、66、67；字符'a'、'b'、'c'的编码分别为十进制数 97、98、99；而字符'0'、'1'、'2'的编码分别为十进制数 48、49、50，如表 1.1 所示。因此，将字符'2'转换为整数 2 的方法为：用字符'2'的 ASCII 值减去字符'0'的 ASCII 值，即有'2'-'0'=2。注意，大写字母的 ASCII 值比小写字母的 ASCII 值小。由于同类字符采用连续编码，因此可按"字典顺序"，即 ASCII 表中字符的顺序比较它们之间的"大小"。

其他符号的编码没有一定的规律可循，但配对使用的符号（如'<'和'>'、'('和')'、'['和']'、'{'和'}'）通常满足左边的字符编码小于右边的字符编码的规律。但是，配对使用的符号不一定连续编码，例如'['和']'的编码分别是十进制数 91 和 93。注意，空格和制表符的编码分别为十进制数 32 和 9。

2.1.2 C++的关键字

关键字因不能用作变量名和函数名。从编译程序的角度来看，关键字是用来确定语法结构的"保留"标志。例如，出现了 if 就可能继续出现 else。因此，关键字对程序设计语言来说尤为重要。不同版本的 C++国际标准给出的关键字集合不一定相同，而不同的编译程序允许的关键字集合也不尽相同。C++国际标准 ISO/IEC 14882:2017 定义的关键字如表 2.2 所示。

表 2.2   C++的关键字

alignas	continue	friend	register	true
alignof	decltype	goto	reinterpret_cast	try
asm	default	if	return	typedef
auto	delete	inline	short	typeid
bool	double	int	signed	typename
break	do	long	sizeof	union
case	dynamic_cast	mutable	static	unsigned
catch	else	namespace	static_assert	using
char	enum	new	static_cast	virtual
char16_t	explicit	noexcept	struct	void
char32_t	export	nullptr	switch	volatile
class	extern	operator	template	wchar_t
const	false	private	this	while
constexpr	float	protected	thread_local	
const_cast	for	public	throw	

本书不过多介绍表中含有下画线的关键字，如 char16_t、char32_t、const_cast、dynamic_cast、reinterpret_cast、static_assert、static_cast、thread_local、wchar_t；也不过多介绍 alignas、alignof、asm、constexpr、decltype、explicit、export、noexcept、nullptr、typeid、typename 等关键字。用下画线合成的关键字使 C++代码看起来不够优美。

C 语言的 char 类型只采用 8 位二进制，最多只能容纳 256 个字符（包括 ASCII 字符集），无法容纳汉字等其他字符或文字。为此，需要采用 16 位或 32 位二进制的 Unicode 编码：类型"char16_t"用 16 位二进制表示 UTF-16 字符，"char32_t"用 32 位二进制表示 UTF-32 字符，而 Windows 扩展字符类型"wchar_t"可能被编译为 char16_t 或 char32_t。

例如，可定义变量"char16_t x = u'马';""char32_t y = U'马';"和"wchar_t z = L'马';"。但是，不同的编译器或操作系统对这几个类型的支持是不同的。例如，char16_t 和 char32_t 类型有可能输出的不是汉字，而是其汉字编码。此外，如果没有使用"#include<locale>"以及在输出前调用"setlocale(LC_ALL, "chs")"，即使使用"wcout<<z"代替"cout<<z"也无法输出汉字。建议使用 wchar_t 和 wcout 实现国际文字（包括中文）的输出。

某些关键字用于表示特定的值，这些关键字包括 true、false、nullptr、this。例如，true 和 false 是布尔类型的值；nullptr 是任何类型的指针的值，表示当前指针为空指针；隐含参数 this 是任何类的对象指针。由此可见，nullptr 和 this 的类型是随类的变化而变化的，并没有固定的类型。

某些单词也有对应的可替代的预定义关键字，这些关键字主要用于替代标点符号或运算符。例如，逻辑与运算符"&&"可用"and"替代、逻辑或运算符"||"可用"or"替代、逻辑非运算符"!"可用"not"替代、位异或运算符"^"可以用"xor"替代等。为了使 C++用起来更加简洁优美，本书不过多地介绍这些关键字。

2.2　预定义类型及值域和常量

预定义类型是指 C++预先定义的保留类型，这些类型通常是简单类型。类型定义其变量和常量的取值范围，而取值范围同计算机的硬件和操作系统相关。简单类型的数值在计算时，一般遵循从有符号数向无符号数转换、从字节小的类型向字节大的类型转换的原则。

2.2.1　预定义类型及其数值转换

在前述关键字中，void、bool、char、short、int、long、float、double 等均为预定义类型，signed 和 unsigned 分别用于表示类型 char、short、int、long 为有符号数和无符号数。有些关键字用于说明变量的存储位置特性，如 auto、register、static 和 extern 等；而有些关键字用于说明变量的存储可变特性，如 const、constexpr、volatile 和 mutable 等。关键字 mutable 用于说明实例变量（即实例数据成员）的存储可变特性。

存储位置特性用于说明变量的存储位置。例如，static 定义的静态变量和 extern 说明的全局变量编译后在数据段内分配内存。作为程序一部分的数据段会随程序存放于磁盘文件中，数据段内没有初始化的变量在磁盘对应位置上的值通常为零。auto 说明的局部变量或函数参数在栈段（Stack Segment，SS）分配内存，函数内未使用 static 定义的局部变量默认为 auto 变量。因为编译程序会自动地分配和回收栈段分配的内存，所以高级语言程序很少出现栈溢出现象，除非调用的层次太深或无穷递归调用用光了栈。

register 用于在函数内定义寄存器变量，但这并不意味该变量被限定为只能分配寄存器，数量有限的寄存器一旦分配完就可使用栈内存来代替寄存器。此外，一个寄存器变量若出现了取其地址的操作，该变量就应该使用栈内存存储而不能再用寄存器存储。在上述情形下，register 变量被编译成 auto 变量。另一方面，如果有多余的寄存器没被使用，即使局部变量被定义为 auto 来分配栈内存，也可能被编译优化成使用 register 存储。因此，register 和 auto 是可以相互转换的。一些早期的计算机（如 DJS-130 计算机），其寄存器就是使用内存实现的。

在进行算术运算时，字节数小于"int"类型的值向"int"类型转换。"short int"类型等同于简写的"short"类型，"long int"类型等同于简写的"long"类型；"char""short""int""long"分别被默认看作"signed char""signed short""signed int""signed long"有符号类型。C++的赋值是一种运算符为"="的运算。在进行赋值或者算术运算时，例如在计算"2+3.2"时，其中 2 默认为整型（即"int"类型），3.2 默认为双精度型（即"double"类型），编译程序不能将类型不同的操作数进行运算。因此，编译程序必须按如下规则对操作数自动进行类型转换。

（1）若参与运算的操作数类型不同，则先转换成同一类型，然后再进行运算。转换按字节数增加的方向进行，以保证精度没有损失。例如，"short"类型数据和"unsigned int"类型数据进行运算时，会把"short"类型数据转换成"unsigned int"类型数据；"int"类型数据和"long"类型数据进行运算时，会把"int"类型数据转换成"long"类型数据。

（2）若两种类型数据的字节数相同，且其中一种有符号而另一种无符号，则先转换成无符号类型，然后再进行运算。所有的浮点运算都按"double"类型计算，即使是两个"float"类型数据在进行运算，也要转换成"double"类型；"bool""char"类型等单字节值以及双字节"short"类型的值在参与算术运算时，必须先转换成"int"类型再进行运算。

（3）在进行赋值运算时，赋值号两边的数据类型应相同。否则，赋值号右边的数据类型将向左边变量的类型转换。如果右边数据类型的字节数大于左边变量类型的字节数，将进行截断操作，从而丢去部分数据，丢去后浮点数据按四舍五入向前舍入。由于丢去数据会造成精度损失，因此编译程序可能会警告出错。

例如，在扩充的 256 字符 ASCII 表中，希腊字母'à'的单字节编码码值为 133，对应的十六进制数值为 $0x85=(10000101)_2$。如果定义"char c=0x85; short int x=c;"，因"char c"默认被看作"signed char c"，且 c 的 8 位二进制补码$(10000101)_2$的最高位为 1，即 c 为负数，可得 c 的值为其原码的负数，即 c=-($(10000101)_2$的反码+1)=-($(01111010)_2$+1)=-123。而 c 赋值给 x 只需将 c 的补码进行符号位扩展，可得 16 位二进制补码 x=$(1111111110000101)_2$。同理，将此补码转换为原码的负数后，x 将为一个负数-123。

2.2.2　强制类型转换及类型值域

C++编译器（如 VS2019）已默认支持多字节编码，例如字符'à'的十六进制双字节编码为 0xA8A4。如果没有将编译器的编译开关设置为单字节编码，此时"short int y='à';"的值是-22364 即补码 0xA8A4 转换后的结果。"char d=y;"则会取 y 截断后的低字节值（即 0xA4）赋给 d，而 0xA4 作为二进制补码$(10100100)_2$表示负数，可得 d 的值为其原码的负数，即 d=-($(10100100)_2$的反码+1)=-($(01011011)_2$+1)=-92。注意，截断会导致 d 和 y 的值不同，这种赋值一旦发生是不安全的，再次转换 d 为"short int"将无法恢复到 y 的原值。例如，"short int z=d;"将得到 z=-92。除了上述隐式自动进行的类型转换外，还可以显式地使用强制类型转换。强制类型转换使用圆括号括起类型表达式。强制类型转换的一般形式如下。

（类型表达式）数值表达式

其中，类型表达式是由类型名、"*""&""( )""[ ]""< >"等运算符构成的表达式。例如，"int""int *""int(*)[20][30][30 + 10]"等都是合法的类型表达式。在代表多维数组的类型表达式中，"int(*)[20][30][30 + 10]"中的第一维可用指针（即"*"）表示，因指针可无限移动，故第一维的界可以不是常量表达式，而从第二维开始的所有界都必须是常量表达式。对于"long y=(long)

3;"，常量 3 默认被当作 "int" 类型的值，"(long) 3" 将 "int" 类型的值 3 转换为 "long" 类型，然后赋值给 "long" 类型的变量 y。根据前面介绍的赋值运算类型转换规则，即使没有显式强制转换，"(long)" 也会隐式转换 3，因为被赋值的变量 y 是 "long" 类型。

常量表达式是编译时可计算其值的数值表达式，例如 "30 + 10" 在编译时可计算，而 "x+10" 在编译时不可计算，因为变量 x 的值在编译时无法确定（如 x 可能是一个需要输入的变量）。书写形式 40 和 "30+10" 在编译后的执行效率相同，因为编译时已经进行了 "30+10" 的运算并得到结果 40，故运行时并不会执行 "30+10" 的加法运算。为了便于理解，在初始化圆的面积时，建议编写 "double　area=3.14*5*5;" 这样形式的代码，这样写并不会降低程序的执行效率，而且还会提高程序的可理解和可维护性。

在理解类型的概念时，必须注意以下几点：（1）类型的取值范围，即值域；（2）类型预定义或允许的运算。类型大小或取值范围同该类型使用多少个字节存储数据有关，而这往往依赖于计算机硬件、操作系统和编译系统。当前，16 位二进制补码表示的有符号 short 类型（即有符号短整型），其取值范围为-32768～32767，共有 65536 个不同值的状态。若二进制最高位不被视为符号位，则无符号 short 类型的取值范围为 0～65535，同样共有 65536 个不同值的状态，对应二进制取值范围为$(0000000000000000)_2$～$(1111111111111111)_2$。

"void" 表示类型未知、未用或不能确定，当然也就不能确定需要多少个字节。"void" 通常用来说明函数参数和函数的返回类型，分别表示函数没有参数和没有返回值。当指针 p 的类型定义为 "void *" 时，表示 p 指向的存储单元的类型不定，即 p 无论指向多少个字节的类型均可。然而，当向指针 p 所指向的存储单元赋值时，必须先表明指针指向的实际类型，以表明本次赋值需要覆盖或者修改多少个字节。这通常需要对 p 进行强制类型转换，例如采用 "*(int *)p=5;" 的形式向被当作整型存储单元的内存赋值，或采用 "*(double *)p=5.0;" 向被当作双精度型存储单元的内存赋值。由上述两个赋值语句可知，被覆盖或者修改的内存字节数可能与 p 指向的内存字节数不同，这种 "不安全、不确定" 的行为由程序员自己负责，因为是程序员强制指定的转换类型。

在 C++中，类型的大小（即字节数）可以通过 "sizeof" 运算符获得。例如，对于目前流行的 64 位体系结构，通常会有 sizeof(bool)=1、sizeof(char)=1、sizeof(short)=2、sizeof(int)=4、sizeof(long)=4、sizeof(float)=4、sizeof(double)=8，如表 2.3 所示。但是，"sizeof(long double)" 的字节数取决于编译的具体实现，有的编译器直接将 "long double" 实现为 "double" 类型，而有的编译器却实现为 12 字节或 16 字节的浮点数，国际标准只规定 "sizeof(long double) ≥ sizeof(double)"。当然，能否实现也取决于计算机是否有这样的浮点运算器。除了 "sizeof(类型表达式)" 的使用形式外，"sizeof" 还有另外一种使用形式，即 "sizeof 数值表达式"。例如，"sizeof 5" "sizeof (2+3)" "sizeof (2+3)*2" 等，其字节数均和 "sizeof(int)" 相同，因为常量 2、3、5 的默认类型均为 "int"，它们进行算术运算后的结果也是整型 "int"。

注意，编译时就能计算出 "sizeof" 表达式的值。因为编译时能检查每个操作数的类型，从而最终确定计算结果的类型，并不需要真正进行加减乘除等运算。例如，对于 "int x=3;"，编译时计算 "sizeof(2+x)" 同 "sin(2+x)" 或其他运算符函数运行时的计算有所不同，运行时计算 "2+x" 需要最终获得表达式的计算结果 5，而编译时计算 "sizeof(2+x)" 只需要推导出 "2+x" 的结果类型。因此通常不将运算符 sizeof 看作运算符函数，因为运算符 "sizeof" 是编译时计算的，而其他运算符函数（如加法 "+"）是在运行时实际计算实参的。运算符 "sizeof" 一共有两种使用形式：（1）"sizeof(类型表达式)"；（2）"sizeof 数值表达式"。数值表达式可以有括号，称为括号表达式，如 "2+3" 和 "(2+3)" 都是数值表达式。但当 "sizeof" 用于类型表达式时，必须使用括号括起类型表达式。

表 2.3　　　　　　　　　　　　　　目前 32 位操作系统简单类型的取值范围

类型	类型名称	sizeof 获得的字节数	取值范围
bool	布尔型	1	false、true
(signed) char	有符号字符型	1	$-128\sim127$
unsigned char	无符号字符型	1	$0\sim255$
(signed) short (int)	有符号短整型	2	$-32768\sim32767$
unsigned short (int)	无符号短整型	2	$0\sim65535$
(signed) int 或 signed	有符号整型	4	$-2^{31}\sim2^{31}-1$
unsigned (int)	无符号整型	4	$0\sim2^{32}\sim1$
(signed) long (int)	有符号长整型	4	$-2^{31}\sim2^{31}-1$
unsigned long (int)	无符号长整型	4	$0\sim2^{32}-1$
float	单精度型	4	$-10^{38}\sim10^{38}$
double	双精度型	8	$-10^{308}\sim10^{308}$
long double	长双精度型	$\geqslant8$	$-10^{308}\sim10^{308}$ 或 $-10^{4932}\sim10^{4932}$

在类型字节数相同的情况下进行混合计算，有符号类型向无符号类型自动转换；在类型字节数不同的情况下进行混合计算，字节数少的类型向字节数多的类型自动转换。类型转换的一般路径为"char"→"unsigned char"→"short"→"unsigned short"→"int"→"unsigned int"→"long"→"unsigned long"→"float"→"double"→"long double"。类型的字节个数决定了类型的取值范围，同时也决定了该类型常量值的个数。即使是理论上有无限个数值的浮点数，在计算机中其值的个数也是有限的，因为它们采用的存储单元字节个数有限，并且浮点数最终用二进制表示。简单类型数据的取值范围如表 2.3 所示，整型数据的取值范围随 64 位操作系统的出现而有所变化。

2.2.3　预定义类型及相关常量

布尔类型，即"bool"类型，只取 false 和 true 两个值，即只有两个常量值。按理来说，布尔类型只需 1 位二进制即可表示，但由于现代计算机最小按字节编址，因此它使用 1 个字节（即 8 位二进制）表示，从而使布尔变量有 1 个字节的内存及地址。因此，有"sizeof(bool)=sizeof true=sizeof false=1"。C++通常会将 false 视为 0，而将 true 看作 1。因此，当布尔类型的数同整数一起运算时，或将布尔类型的数赋给整型变量时，都会按上述规则进行数值转换。在将一个数转换为布尔类型时，非零的数值转换为 true，而为零的数值则转换为 false。

字符类型（即"char"类型）占用 1 个字节，即有"sizeof(char)=siezof(unsigned char)=sizeof 'A'=1"，可取扩充 ASCII 的 256 个编码中的一个值。用两个单引号"'"括起一个字符表示字符常量，字符常量值在内存中存储的是该字符的 ASCII 值。例如，字符常量'A'=65、'a'=97、'0'=48 等。由此可见，字符'0'和整数 0 相差 48，若需将字符'0'转换为整数 0，则必须将字符的 ASCII 值减去 48，如'0'-48='0'-'0'。注意有'0'-'0'=0、'1'-'0'=1、'2'-'0'=2 等，这样便可以完成数字字符到对应数值的转换。

字符常量也可用单引号'括起的八进制或十六进制数表示。计算八进制或十六进制数，得到对应的 ASCII 值，就可得到对应的字符常量。例如，字符常量'K'对应的 ASCII 值为 75，75 对应的八进制和十六进制数分别为(113)$_8$ 和(4B)$_{16}$，因此，字符常量'K'可分别用'\113'和'\x4B'表示。斜杠"\"引出的数字或字母表示转义字符。例如，'\a'表示警铃字符，其对应的 ASCII 值为 7。转义字符及其对应 ASCII 值如表 2.4 所示。

表 2.4　　　　　　　　　　　　　　　转义字符及其对应 ASCII 值

字符表示	十六进制 ASCII 值	字符名称	功能及用途
\a	0x07	警铃（alarm）	输出铃声
\b	0x08	退格（backspace）	退回一个字符
\f	0x0c	换页（form feed）	输出页面换页
\n	0x0a	换行（new line）	输出换行
\r	0x0d	回车（carriage return）	准备在行首输出
\t	0x09	制表（horizontal tab）	准备在下一制表列输出
\v	0x0b	纵向制表（vertical tab）	准备在下一制表行输出
\0	0x00	空字符（null）	字符串结束标志字符
\\	0x5c	斜杠	表示一个斜杠字符
\'	0x27	单引号字符	表示一个单引号字符
\"	0x22	双引号字符	表示一个双引号字符，无须转义""

　　要表示单引号这个字符常量，可以用转义字符的形式 "\'" 表示，也可以使用 3 位八进制数转义（如 '\047'）表示，或者使用 2 位十六进制数转义（如 '\x27'）表示，不区分其中十六进制数的大小写。注意，u'a' 是 char16_t 类型大小为 2 个字节的常量，而 U'a' 是 char32_t 类型大小为 4 个字节的常量。

　　用双引号"括起的字符序列表示字符串常量，它与使用单个字节存储 ASCII 值的字符类型不同。字符串是用字符数组存储的字符序列，且最后存储的空字符'\0'表示字符串结束，'\0'之前的字符个数为字符串长度（简称串长）。因此，字符串类型可以解释为字符数组类型，存储字符串的数组所需字节数=串长 + 1。例如，字符串"abc"的串长为 3，但需要 4 个字节才能存储该字符串，这 4 个字节依次存储'a'、'b'、'c'、'\0'。其中，'\0'对应的 ASCII 值为整数 0。

　　同时，存储字符串的字符数组的首地址也可当作字符指针使用。因此，字符串常量又可看作指向只读字符的指针，故字符串作为指针时其类型默认被视为 "const char *" 类型。当字符串中出现双引号字符时，容易产生 "字符串到此结束" 的误解，此时应使用转义字符 "\""（或'\042'或'\x22'）表示字符串中的双引号字符。当表 2.5 左边所示的字符串常量用于输出时，实际输出的字符序列如表 2.5 的右边所示。

　　根据字节数的多少可将整型分为短整型 "short"（或 "short int"）、整型 "int"、长整型 "long"（或 "long int"）和超长整型 "long long"（或 "long long int"）。根据 C++国际标准的有关规定：一般整型常量（如 3）默认为是 "int" 类型，且有 sizeof(short)≤sizeof(int)≤sizeof(long)≤sizeof(long long)。对于目前流行的 64 位体系结构，通常有 sizeof(short)=2、sizeof(int)=4、sizeof(long)=4、sizeof(long long)=8。对于早期的 16 位计算机系统，有 sizeof(short)=2、sizeof(int)=2。而对于目前的 64 位计算机，则可以使用大小为 8 字节的 "long long" 类型。

表 2.5　　　　　　　　　　　　字符串中的转义序列字符及字符串输出

字符串常量	字符串输出
"I am a big big girl"	I am a big big girl
"I'm a big big girl"	I'm a big big girl
"I\'m a big big girl"	I'm a big big girl
"\"Father\" is a good book"	"Father" is a good book

自地址$(1000)_{16}$开始存储一个"short"短整数，则该短整数$(8B55)_{16}=(1000101101010101)_2$，由于最高位二进制为符号位，且该符号位上的 1 表示该数为负数，需要将该补码转换为原码并作为负数才能得到其原始数值，因此$(1000101101010101)_2=-(0111010010101010)_2+1=-29867$。自地址$(1004)_{16}$开始存储一个短整数，则该短整数$(0845)_{16}=(0000100001000101)_2=2117$。由于其最高符号位为 0，即为正数，因此直接按原码计算即可得到其原始数值。

同理，如果自地址$(1000)_{16}$存储一个"int"类型整数，则该 4 字节整数$(8BEC8B55)_{16}$对应的十进制数为-1947432107。如果自地址$(1004)_{16}$存储一个"int"类型整数，则该 4 字节整数$(5D400845)_{16}$对应的十进制数为 1564477509。在 C++程序中，整数除了可以用十进制表示外，还可以用八进制或十六进制表示，其中八进制数以 0 开始，十六进制数以 0x 或 0X 开始。例如，十进制数 2117 对应的八进制表示为 04105，对应的 C++十六进制表示为 0x845。这种表示形式表示的数默认是"int"类型的有符号整数。十六进制数存入不同类型的变量及其输出如表 2.6 所示。

表 2.6　　　　　　　　　　十六进制数存入不同类型的变量及其输出

数值	存入变量类型	二进制形式	输出格式及输出结果
0xF7BB	short	$(1111011110111011)_2$	%d：-2117
0xF7BB	int	$(00000000000000001111011110111011)_2$	%d：63419
0xF7BB	unsigned short	$(1111011110111011)_2$	%u：63419
0xF7BB	unsigned int	$(00000000000000001111011110111011)_2$	%u：63419
0xF7BBU	short	$(1111011110111011)_2$	%d：-2117
0xF7BBU	int	$(00000000000000001111011110111011)_2$	%d：63419
0xF7BBU	unsigned short	$(1111011110111011)_2$	%u：63419
0xF7BBU	unsigned int	$(00000000000000001111011110111011)_2$	%u：63419
$-0xF7BB$	short	$(0000100001000101)_2$	%d：2117
$-0xF7BB$	int	$(11111111111111110000100001000101)_2$	%d：-63419
$-0xF7BB$	unsigned short	$(0000100001000101)_2$	%u：2117
$-0xF7BB$	unsigned int	$(11111111111111110000100001000101)_2$	%u：4294903877
$-0xF7BBU$	short	$(0000100001000101)_2$	%d：2117
$-0xF7BBU$	int	$(11111111111111110000100001000101)_2$	%d：-63419
$-0xF7BBU$	unsigned short	$(0000100001000101)_2$	%u：2117
$-0xF7BBU$	unsigned int	$(11111111111111110000100001000101)_2$	%u：4294903877

如果要表示无符号整数，则可以在整数后面加 u 或 U。例如，无符号十进制数 2117U、无符号八进制数 04105U 和无符号十六进制数 0X845U 都表示无符号十进制整数 2117。任何类型的整数在内存中都用相应的二进制补码形式存储。二进制位数与类型字节个数有关，与十六进制形式是否带 u 或 U 无关。当存入变量的类型相同时，例如都是"short"类型时，0xF7BB 的二进制和$-0xF7BB$的二进制互为补码。

长整型常量可分为有符号和无符号两种类型，有符号长整型常量以小写字母 l 或大写字母 L 结束；无符号长整型常量以 UL、Ul、ul 或 uL 结束，其中 U、u 同 L、l 的位置可以互换，建议书写 U 和 L 时均使用大写字母。例如，82L、0xF7BBL 是有符号长整数；82U、0xF7BBU 是无符号整数；82UL、0xF7BBUL 是无符号长整数；0LL 则是 8 个字节的"long long"类型有符号超长整数。

　　浮点常量默认被当作"double"类型处理,例如 5.、.32、0.32、0.34E-10 都是 8 个字节的"double"类型常量。如果浮点常量以小写字母 l 或大写字母 L 结束,则其类型被认为是"long double"类型,例如 0.32L、0.34E-10L 都是"long double"类型。浮点常量也可用 E 和 e 科学记数法表示,E 后面的整数表示 10 的整数次方。浮点常量的书写必须满足如下格式:(1)小数点两边至少一边有数;(2)e 或 E 的两边必须都有数,且 e 或 E 右边必须是整数。例如,如下浮点常量都是合法的。

12.34	0.34	.34	+ 34.	-.34	-34.
12.34L	0.34L	.34L	+ 34.L	-.34L	-34.L
12.34e3	0.34e-3	.34e12	+ 34.E21	-.34E + 5	-34.E3
12.34e3L	0.34e-3L	.34e12L	+ 34.E21L	-.34E + 5L	-34.E3L

　　类型为"float"的数值一般用 4 个字节存储,类型为"double"的数值一般用 8 个字节存储,即有"sizeof(float)=4 和 sizeof(double)=8"。对于 VS2019 来说,"long double"类型实现为"double"类型,即其数值使用 8 个字节的内存存储,其他编译器(如 gcc)使用的字节个数则可能更多。使用的字节个数越多,浮点数的精度越高。需要注意的是,非扩展 ASCII 表中的字符常量采用 1 个字节的内存存储,即"sizeof('A')=1";而扩展的字符集常量(如'à')则默认按 4 个字节存储,即默认字符类型为"char32_t",故有"sizeof(char32_t)=sizeof 'à'=4"。

2.3　变量及其类型解析

　　变量是标识符标记的内存单元的数据载体。在设计程序时,经常需要说明和定义简单类型的变量。在说明简单类型的变量时,只需要指明变量的类型和名称;在定义简单类型的变量时,除要指明变量的类型和名称外,还需要给出变量的初始值。正确理解变量的类型才能正确使用变量,理解变量通过指针和引用与其他实体关联、作为元素同数组构成部分与整体关系,就能更好地在程序设计中运用变量解决实际问题。

2.3.1　变量的说明和定义

　　变量说明的一般形式为"extern 存储可变特性 类型名 变量名;",其中定义存储可变特性的关键字有 const、constexpr、volatile 和 mutable,而 mutable 只能用于在 extern 不出现时说明实例数据成员。

　　存储可变特性为 const 和 constexpr 的变量称为只读变量,当前进程只能取其值,不能对其进行修改,即赋新值;存储可变特性为 volatile 的变量的值会"自主"发生变化。说明或定义变量时可以使用 const volatile 或者 constexpr volatile,表示当前进程没有修改变量的值,但可能另一个进程在修改其值,从而引起该变量的值"自主"发生变化。

　　同一变量可以被重复说明多次,因此通常将变量说明和函数说明放在".h"文件中。因为".h"文件可以被一个或者多个".cpp"文件"#include",这种情况下产生多次重复说明是允许的。而如果".h"文件中出现了变量定义,且该".h"文件被多个".cpp"文件"#include"了多次,则相当于对该变量进行了多次定义(包括分配内存),这在编译程序进行连接时是不允许的。例如,允许重复的变量说明如下。

```
extern int a;                    //变量说明：a 是可读写的整型变量，可取值或赋值
extern int a;                    //变量说明：a 是可读写的整型变量，说明可以重复
extern const int b;              //变量说明：b 是只读整型变量，不能被赋值
extern volatile int c;           //变量说明：c 是只读易变整型变量，可读写且"自主"变化
extern const volatile int d;     //变量说明：d 是只读易变整型变量，只读且"自主"变化
```

变量定义的一般形式为"存储位置特性 存储可变特性 类型名 变量名=初始值;"。在函数内部定义局部变量时，存储位置特性可为 auto、register、static 和 extern，存储位置特性只能四选一，若不选择则默认为使用栈存储，即默认为 auto。而在函数外部定义变量时，只能在 static 和 extern 中二选一，若不选择则默认为使用 extern，即定义在数据段中存储的全局变量。

定义变量时必须指定或默认有初始值，变量定义在整个程序范围内只能进行一次。若一个程序由多个".cpp"文件构成，则总共只能在某个".cpp"文件中定义一次。提倡只在某一个".cpp"文件中定义变量，在其他".cpp"文件或".h"文件中使用 extern 说明该变量。编译程序为定义的变量分配内存，因而变量名可表示特定内存单元的地址。根据变量类型大小分配若干字节连续的存储单元后，对变量使用初始值或默认值初始化，初始值可以为符合类型要求的任意表达式。

在函数内部定义非 static 存储位置特性的局部变量时，若不指定该局部变量的初始值，则该局部变量的初始值为其对应的栈当前位置的随机值。在函数外部定义变量时，若不指定该全局变量或模块变量（即 static 变量）的初始值，则其初始值采用默认值 0 或 nullptr。【例 2.1】所示为在函数 main()外部定义全局变量和模块变量。

【例 2.1】全局变量、模块变量的定义。

```
char *p=(char *)"abc";   //定义字符指针全局变量 p: "abc"的默认类型为 const char *，故需强制转换为 char *类型
static int w=0;          //定义整型模块变量 w: 在函数外用 static 定义
short   x;               //定义短整型全局变量 x: 若无初始值，则取默认值 0
int     y=1;             //定义整型全局变量 y: 初始值为 1，以后可以重新赋值
extern int z=2;          //定义整型全局变量 z: VS2019 允许，不可用于局部变量
void main( ){            //main()函数内定义的变量称为局部变量
    *p='A';              //编译无错，运行异常：因为"abc"中的字符是只读常量，不可修改
}
```

以上定义的短整型变量 x 和整型变量 y，它们的初始值分别设定为 0 和 1。由表 2.3 可知，变量 x、y 占用的内存字节数分别为 2 字节和 4 字节。在程序运行的过程中，变量可能被赋予新的值。例如，当"y=1"时，赋值语句"x=y; y=3;"将变量 x 和 y 的值分别修改为 1 和 3。其中"x=y"表示读取变量 y 的值，然后赋值给变量 x，从而将 x 的值修改为 1。

C++程序可以由若干头文件（扩展名为".h"）和代码文件（扩展名为".cpp"）构成。以上变量 p、x、y、z 在主函数以外定义，这些全局变量可被程序的所有代码文件访问。这种全局变量可能会使程序维护变得困难，因为一旦这些全局变量的值不正确，很可能要检查程序的所有代码文件。可以利用 C 语言和 C++的模块变量定义"static int w=0;"，限定模块变量 w 只能在当前代码文件的作用域内访问，这样可使有关 w 的错误局限于当前代码文件，从而提高程序的维护效率。

在一个函数内部定义的变量只能被该函数访问，这些变量的作用域是局部的，故被称为局部变量。如果局部变量的存储位置特性不是 static 或 register，则变量默认为在栈上分配内存的 auto 存储位置特性。由于编译程序会自动（即 auto）管理好栈的内存单元，因此高级语言程序极少出现栈溢出的现象，除非使用了无止境的函数递归调用。由于函数参数也在栈上分配内存，因此也可认为函数参数是一种 auto 存储位置特性的局部变量，只不过其初始化是在函数调用时通过实参

传递完成的。必要时，变量的存储位置特性 register 和 auto 可以相互转换。

　　p、w、x、y、z 都是可以取值和赋值的，我们称之为可读写变量，或者简称为可写变量，因为可写变量一定是可读的。可以认为可写变量的内存分配在 RAM 中。内存还有 ROM 和 EPROM，其中存储的变量一般只能读取，此类变量初始化以后不能修改，这样的变量称为只读变量。虽然当前进程只能读取而不能修改 EPROM 存储的值，但是不能排除其他当前程序、进程或者线程修改其值。只读变量可用存储可变特性 const 或者 constexpr 说明，例如以下代码。

```
const int z=sizeof(int)+5;    //定义只读变量 z 的同时必须初始化：sizeof(int)是常量
```

　　定义只读变量 z 时必须同时使用初始值初始化，因为以后只能读取 z 的值而不能修改 z 的值。虽然初始化表达式"sizeof(int)+5"是常量表达式，但是初始化 z 时不要求必须用常量表达式。常量表达式是指编译时可计算得到常量结果的表达式。

　　当使用常量表达式初始化只读变量 z 时，可使用关键字 constexpr 定义只读变量 z，例如定义"constexpr int z=sizeof(int)+5;"。关键字 constexpr 不能用来定义函数参数，但可以用在任何非虚函数的定义前面。这样定义的函数将默认当作 inline 函数，并比 inline 函数有更强的代码优化功能。

　　保留字 inline 用于定义函数外部变量或函数外部静态变量、类内部的静态数据成员，在函数内部和复合语句内部不能定义 inline 变量，类内部也不能定义 inline 实例数据成员。在定义函数外部变量时，其默认的作用域和函数外部静态变量一样，都是局限于当前代码文件的，因此，不同代码文件可以定义同名的 inline 函数外部变量和函数外部静态变量。

　　任意表达式是指只能在程序运行期间计算其值的表达式。一般来说，任意表达式中包含变量或者函数调用。全局变量和模块变量由开工函数初始化，由收工函数销毁。编译后程序的执行顺序是开工函数、main()函数、收工函数。如果使用 abort()函数退出，则不执行收工函数。

　　【例 2.2】全局变量和模块变量的初始化时机。

```
#include <stdio.h>
int m= scanf("%d",&m); //m 是变量：使用"5CTRL-Z"或"5  6"输入
const int n=m+3;        //m、n 的初始化表达式是任意表达式
void main( ){ }         //虽然 main()函数体为空，但运行时要求输入 m
```

　　若存储器漏电或电路刷新不及时，则存储的二进制值会随机变化。若其他进程对 EPROM 施加高电压，则其中存储的值也可以被修改。而从拥有 EPROM 的当前进程来看，其中变量的值是在随机发生变化的。这种值会随机变化的存储器称为易变性存储器，即 volatile 存储器。在这种特性的存储器中，变量的值可能"自主"随机变化，这种易变特性的变量（简称"易变变量"）必须使用 volatile 说明。例如以下代码。

```
volatile int v=3;                //可不初始化 v。不管赋值与否，v 的值都会随机变化
int x=(v==3)?5:0;                // "v==3"的判断是有意义的，因为 v 有可能不等于 3 了
```

　　只读变量和可写变量的值不会随机变化。因此，对于可写变量"int y;"，在赋值语句"y=3"之后立即判断 y 是否等于 3，得到的结果肯定为 true。而对于易变变量"volatile int v;"，在初始化或赋值"v=3"之后立即判断 v 是否等于 3，得到的结果不一定为 true，因为 v 可能随机改变成任意值，尽管当前进程根本就没有修改该变量。

　　事实上，一定存在另一个后台进程或线程在不知不觉地修改易变变量 v 的值。在多任务的操作系统中，例如，多任务的 UNIX 和 Windows 操作系统的多个程序、进程、线程同时以微小的时间片运行，一个进程或线程可以修改其他进程或线程变量的值。这种可用于进程或线程间协同的

变量应定义为易变变量。

易变变量（即 volatile 变量）就是为多任务、多进程或多线程引入的，主要用于这些任务、进程或线程之间的通信或协同。由于操作系统对每个程序提供内存页面保护，在一般情况下，一个程序不可能修改另一个程序的变量或内存值，但是通过操作系统提供的专门的接口或服务，一个程序是有办法对另一个程序的变量或内存值进行修改的。

当前程序、进程或者线程没有修改 EPROM 的能力；但另一个程序、进程或线程对 EPROM 施加高压，就能修改 EPROM 中的变量的值。如果一个程序由两个线程构成，第 1 个线程不能修改 EPROM 中的整型变量 cv，而第 2 个线程可以修改 EPROM 中的整型变量 cv。则在第 1 个线程中定义 "const volatile int cv" 变量是合适的：第 1 个线程没有且不能修改变量 cv 的值，故可认为 cv 的存储可变特性是 const 的；但是第 2 个线程有能力并且修改了变量 cv 的值，故对第 1 个线程来说，cv 的值又是随机可变的。第 1 个线程可以定义如下内容。

```
const volatile int cv=1;        //定义 cv 的同时必须初始化
volatile constexpr int vc=2;    //可以互换 const、constexpr 和 volatile 的位置
```

在上述定义中，cv 和 vc 都是只读易变整型变量。由于 cv 和 vc 是只读变量，因此在定义的同时必须对其初始化。可以认为在当前程序中，由于 cv 和 vc 是只读变量，因此当前程序不能修改它们的值；但它们同时又是易变变量，对当前程序来说，它们的值在随机变化，可能是另一程序在修改它们的值。倘若没有其他程序修改 volatile 或 const volatile 变量的值，这些变量的值在当前程序中就不会发生变化。

2.3.2 指针及其类型理解

指针类型的变量使用 "*" 说明，它存储的值是内存单元的地址。注意，在变量说明中，"*" 表示定义指针类型的变量；而在数值表达式中，"*" 表示指针指向的内存单元的值或内容。对于采用 32 位 x86 模式编译的程序来说，指针类型的变量分配 4 个字节的内存单元；采用 x64 编译模式时，分配 8 个字节的存储单元。使用运算符 "&" 可以获得某个变量的内存地址，包括获取指针变量自身的地址，这样便形成了指向指针的指针，即双重指针。例如，指针变量定义及其内存分配如图 2.1 所示。

图 2.1 所示的短整型变量 a 占用 2 个字节内存，a 的起始地址为 0x00001020，a 的初始值按地址从低到高存储到 2 个字节内存，其低字节和高字节存储的内容分别为 0x01 和 0x00。整型变量 c 使用 4 个字节内存存储数据，c 的起始地址为 0x00001024，c 的初始值按地址从低到高存储到 4 个字节内存，4 个字节存储内容分别为 0x03、0x00、0x00 和 0x00。注意，短整型和整型变量的类型不同，它们各自分配的内存单元字节个数也不同：对于采用 32 位 x86 模式编译的程序，短整型变量分配 2 个字节的内存，而整型变量分配 4 个字节的内存。

对于采用 32 位 x86 模式编译的程序，指针变量 p 分配 4 个字节内存，变量 p 的起始地址为 0x00001028，p 的初始值按地址从低到高存储到 4 个字节内存，p 存放的是变量 a 的 4 个字节地址 0x00001020，故 p 4 个字

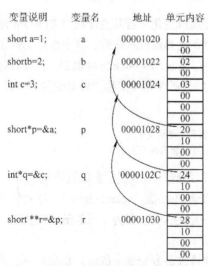

图 2.1　采用 x86 模式编译的指针变量
定义及其内存分配

存放的内容分别为 0x20、0x10、0x00 和 0x00。指针变量 q 分配 4 个字节内存，q 的起始地址为
0x0000102C,其初始值按地址从低到高存储到 4 个字节内存,q 存放的是变量 c 的地址 0x00001024，
故 q 4 个字节存放的内容分别为 0x24、0x10、0x00 和 0x00。指针变量 r 分配 4 个字节内存，r 的
起始地址为 0x00001030，其初始值按地址从低到高存储 4 个字节内存，r 存放的是变量 p 的地址
0x00001028，故 r 4 个字节存放的内容分别为 0x28、0x10、0x00 和 0x00。

在 Windows 10 环境 x86 编译模式下，指针变量分配的内存单元是 4 个字节。无论指针指向
什么类型的实体，该实体的起始地址也只有 4 个字节。例如，指针变量 r 指向一个指针类型变量
的内存，r 分配的存储单元也为 4 个字节。由于 r 要指向指针类型的实体，因此它的值可以是另一
个指针变量 p 的地址，而指针变量 p 则指向一个短整型变量。以此类推，可以定义更多重的指针
变量，三重指针变量存放双重指针变量的地址，双重指针变量存放单重指针变量的地址。表达式
"*p"中的"*"表示通过 p 存储的地址访问该地址对应内存单元的值，访问的形式可以是取值或
者赋值两种形式。对于图 2.1 说明的变量 a、c、p，有如下代码。

```
c=*p;      //从指针指向的内存单元取值：由于 p 指向 a，故等价于 c=a，最终 c=1
*p=7;      //向指针指向的内存单元赋值：由于 p 指向 a，故等价于 a=7，最终 a=7
```

指针变量 p 存储的值为地址 0x00001020，取 p 指向的内存单元的值 0x0001（即 1），然后将
该值赋给变量 c，使 c=1。注意，这里只取 2 个字节的内存单元的值，这是因为"short *p"说明 p
指向的内存单元为短整型。p 存储的地址 0x00001020 就是变量 a 的起始地址，因此上述赋值语句
等价于"c=a;"。同理，"*p=7"等价于"a=7"，即将 7 赋给 p 指向的变量 a。以此类推，由于变量
q 的类型说明为"int *q;"，因此通过"*q"访问开始地址为 0x00001024 的 4 个字节的内存单元，
即等价于"*q"访问的是变量 c。

在定义"short **r"中，类型表达式"short **"在解析时应遵循如下原则：（1）如果类型说
明中出现了多个运算符，则先解析优先级高的运算符，再解析优先级低的运算符；（2）如果两个
运算符的优先级相同，则根据运算符的结合方向进行解析。运算符"[ ]"或者"( )"的优先级相
同，其结合方向均为自左向右。例如，二维数组"int x[10][20]"中的"[10]"和"[20]"的优先级
相同，则按照自左向右的结合方向，先解释左边的第一维"[10]"，即 x 有 10 个元素，然后解释
"[20]"，即每个元素又是 20 个元素的数组，而后面的数组的 20 个元素的类型均为"int"类型。

运算符的优先级与结合性如表 2.7 所示。

表 2.7　　　　　　　　　　　运算符的优先级与结合性

优先级	类　别	运算符名称	运算符	结合性
16	调用	括号、函数调用、类型转换	( )	自左至右
	数组	下标	[ ]	
	类	class、struct 或 union 成员	→	
			•	
15	逻辑	逻辑反	!	自右至左
	字位	逐位反	~	
	增减	增 1	++	
		减 1	−	
	指针	取地址	&	
		取内容	*	
	符号	单目加（即符号为正号）	+	
		单目减（即符号为负号）	−	

优先级	类　别	运算符名称	运算符	结合性
15	内存	分配内存	new	自右至左
		释放内存	delete	
		内存大小	sizeof	
14	类	直接选域成员指针	.*	
		间接选域成员指针	->*	
13	算术	乘	*	
		除	/	
		模（求余数）	%	
12		加	+	
		减	-	
11	字位	左移	<<	自左至右
		右移	>>	
10	关系	大于等于	>=	
		大于	>	
		小于等于	<=	
		小于	<	
9		相等	==	
		不等	!=	
8	字位	按位与	&	
7		按位异或	^	
6		按位或	|	自左至右
5	逻辑	逻辑与	&&	
4		逻辑或	||	
3	条件	条件	?:	
2	赋值	赋值	=	自右至左
		自反赋值	op=	
1	次序	逗号	,	自左至右

运算符的优先级共有 16 级，优先级高的运算符先计算。在两个运算符优先级相同的情况下，根据运算符的结合性决定谁先计算。单目运算符和赋值运算符的结合方向为自右向左，剩下的所有运算符的结合方向都为自左向右。注意，单目运算符"*"和"&"的优先级相同，它们的结合方向均为自右向左，因此图 2.2 所示的类型表达式"short **"应该先解释最右边的指针"*"，再解释其左边的指针"*"，也就是说是右边的指针指向左边的指针，而不是左边的指针指向右边的指针。对于"short **r"定义的变量 r，其类型表达式"short**"的解释如下：（1）r 是一个指针变量，它指向左边的指针；（2）左边的指针指向"short"

图 2.2　"short **r"的解析顺序图

短整型内存单元。

　　注意，当圆括号出现在类型表达式中时，运算符圆括号"( )"有两个作用：（1）当作函数参数列表；（2）提高解析的优先级。由此可知，"short *(*r)"的解析顺序和"short **r"完全一致，因为"**"的两个"*"优先级相同且结合方向为自右向左，所以去掉"(*r)"中的运算符"( )"不会影响自右向左的解释顺序。但是，当"( )"确实提高了部分类型解释的优先级时，就不能去除类型表达式中的运算符"( )"。

　　对于"int *y[10][20]"和"int (*z)[10][20]"，由于"( )"和"[ ]"的优先级比"*"的优先级高，去掉"( )"会导致解析顺序完全不同，如图 2.3(a) 和图 2.3 (b)所示。在图 2.3(a)中，y 的左边是"*"，其优先级比右边的"[10]"低，故先解释"y[10]"，即 y 是包含 10 个元素的数组，接着解释比"*"优先级高的"[20]"，即 10 元素的每个元素都是一个包含 20 个元素的数组，接着解释指针"*"，即这 20 个元素都是指向"int"类型内存的指针。在图 2.3(b)中，"(*z)"和"[10]"的优先级相同，其结合方向是自左至右，故先解释左边的"(*z)"，即 z 是一个指针，然后按结合方向再解释右边的"[10]"，说明 z 指向一个包含 10 个元素的数组，其中每个元素又都是一个包含 20 个元素的数组，最后，这 20 个元素都是"int"类型的整数。

int　　*　　y[10]　[20]　　　int　　(*　　z)　[10]　　[20]

（a）定义int *y[10][20]　　　　　（b）定义int (*z)[10][20]

图 2.3　圆括号在类型解析中提高优先级

　　在图 2.1 所示的定义中，指针变量 p、q、r 本身是可写变量，而且它们所指向的内存单元也可读写。也就是说，"*p""*q""*r"可以被取值或者赋值。当然，可以定义指针变量 s 本身可以读写、但是它所指向的实体（即"*s"）是只能读取的指针变量。

```
const short *s=&a;      //由于 s 可读写，现在可不初始化 s，以后再对 s 赋值
s=&a+1;                 //s 指向 a 后面的短整型数
```

　　此时可以对 s 读写，既可以读取 s 的值，也可以对 s 进行赋值。根据上述定义，可以读取"*s"的值，但是不能对"*s"进行赋值，因为根据说明"const short *s"，s 指向的内存单元为"const short"，故对短整型只读实体*s 只能取其值。所以，"*s=7;"将是一条错误的语句。

　　但是，"a=7;"却是正确的语句，因为根据说明"short a;"，a 的内存单元是可以读写的。不要因为"*s"和 a 都访问同样的内存单元而产生混淆：编译认为从"*s"这个途径是不能赋值的，但这并不影响从其他途径（如 a 本身）改变 a 的值。

　　"s=&a+1;"表示 s 指向 a 后面的短整型数，这里的偏移量 1 表示从 a 的首地址偏移一个短整数，即偏移 2 个字节而不是 1 个字节，也就是说指针变量 s 的值被初始化为"a 的地址+2"。偏移量 1 代表的字节数与参考实体 a 的类型相关：若 a 是"double a"类型，则"&a+1"相对"&a"偏移 8*1=8 个字节；若 a 是"int a[10][20]"定义的数组，则"&a+1"相对"&a"偏移 1*10*20*4=800 个字节，而"&a[5]+3"相对"&a[5]"偏移 3*20*4=240 个字节。

　　可以定义指针所指实体为只读、指针本身也是只读的指针变量；也可以定义指针 t 只读、但是所指实体（即"*t"）可写的指针变量。由于此时 t 本身是只读类型的指针变量，因此在定义 t 的同时必须对其初始化，否则以后便没有对 t 赋值的机会。例如，对上述指针变量 t 的定义如下：

```
short * const t=&a; //由于t是只读的，必须在定义时就初始化，以后不能再对t赋值
```

根据定义，t 是只读的，若用"t=&b"对 t 赋值，则是不允许的。但是，在上述定义中，"*t"是可写的，即在"short"前没有使用"const"。因此，可以通过"*t"取值或赋值，故赋值语句"*t=7;"是允许的，它间接地改变了变量 a 的值。

由于指针变量同时涉及指针变量自身以及它所指向的实体两个目标，因此在理解指针变量能否读写时容易产生混淆，在分析时一定要将两个目标分开。C++允许将可写实体的地址或者指针值赋给指向只读实体的指针变量，但是不允许将只读实体的地址或者指针值赋给指向可写实体的指针变量。例如以下代码。

```
int a=3;          //可写变量a在RAM中
int *b=&a;         //可写实体a的地址（即&a）赋给指向可写实体的指针b
const int m=3;      //只读变量m
const int *p=&a;    //可写实体a的地址（即&a）赋给指向只读实体的指针p
const int *q=&m;    //只读实体m的地址（即&m）赋给指向只读实体的指针q
int *r=&m;         //错误：不允许只读实体的地址（即&m）赋给指向可写实体的指针r
int *s=q;          //错误：不允许将指向只读实体的指针q的值赋给指向可写实体的指针s
```

可以用反证法来说明：为什么不允许指向可写实体的指针用指向只读写实体的指针变量或只读实体的地址赋值。假定"r=&m;"是允许的，根据 r 的定义"int *r;"，r 指向的内存单元可写，因此对"*r"赋值（即"*r=7;"）是允许的；由于 r 实际指向的是 m，故"*r=7;"等价于"m=7;"，而 m 是不允许赋值的只读变量，因此前面的假定条件"r=&m;"不能成立，即只读实体 m 的地址不能赋给指向可写实体的指针 r。

以此类推，C++允许将可写实体的地址赋给指向 volatile 易变实体的指针，但是不允许将 volatile 易变实体的地址赋给指向可写实体的指针；允许将可写实体的地址赋给指向 const volatile 实体的指针，但是不允许将 const volatile 实体的地址赋给指向可写实体的指针。例如以下代码。

```
int a=3;            //读写变量a在RAM中
int *b=&a;           //可写实体a的地址（即&a）赋给指向可写实体的指针
volatile int m=3;     //易变变量m
volatile int *p=&a;    //p指向可写实体a，即p存储的是可写变量a的地址
volatile int *q=&m;    //q指向易变实体m，即q存储的是易变变量m的地址
int *r=&m;           //错误：不允许易变实体的地址（即&m）赋值给指向可写实体的指针r
int *s=q;            //错误：不允许q存储的易变实体的地址赋值给指向可写实体的s
```

如果允许"r=&m;"，则"*r=7;"赋值以后，"*r==7"的值应该为真，因为"*r"的定义类型为"int"，即该整型单元的值不会随便变化，但是由于 r 指向的是易变性变量 m，而 m 的值是随时随机变化的，因此不能保证"*r==7"的值为真，从而产生了矛盾，故 C++是不允许"r=&m;"的。

在说明或定义指针时，确定了指针变量所指向的实体的类型，在将某个变量的地址赋给该指针变量时，变量的类型必须和指针变量指向的实体类型大小一致。如果不一致或者字节个数不同，就会导致被指向的变量的内存单元仅有部分被访问，或者一次访问跨越多个此类变量的内存。因此，这样的访问是极其不安全的，C++不允许这样的说明或定义，通常会报告类型无法转换。例如以下代码。

```
short    m;
int      n;
```

```
short    *p=&m;      //m 的类型 short 和 p 指向的实体类型 short 相同
int      *q=&n;      //n 的类型 int 和 q 指向的实体类型 int 相同
int      *r=&m;      //错误：m 的类型 short 和 r 指向的实体类型 int 不同
short    *s=&n;      //错误：n 的类型 int 和 s 指向的实体类型 short 不同
short    *t=q;       //错误：t 和 q 指向的实体类型不同
```

不指向任何内存单元的指针可以用空指针初始化，即使用空指针常量 nullptr 关键字初始化，nullptr 用来代替 C 语言早期的空指针宏定义 NULL，以及 C++国际标准的空指针值 0，以避免出现二义性问题，因为 0 还可表示整数 0。这种二义性问题其实是可以解决的，例如对于 "int*" 指针变量 p，可使用 "p=(int *)0;" 初始化；对于 "short*" 指针变量 q，可使用 "q=(short *)0;" 初始化。例如以下代码。

```
int      a, b, c, d, e;
short    f, g, h, i, j;
int      *p=&c;        //也可表示为 p=nullptr：表示 p 是空指针
short    *q=&h;        //也可表示为 q=nullptr：表示 q 是空指针
double   *r(nullptr);  //等价于 r=nullptr；表示 r 没指向任何内存单元，r 是空指针
```

指针可以前后移动一个位置，移动的字节数同指向的实体类型相关。语句 "p=p+1;" 和 "q=q+1;" 都使指针向前移动一个位置，移动后 p 和 q 分别指向变量 d 和 i，偏移的字节数分别为 4 个和 2 个。p 指向的变量类型是整型，移动到下一个整数时，需要跳过 4 个字节，因为整型变量占用 4 个字节的内存；q 指向的变量类型是短整型，移动到下一个短整数需要跳过 2 个字节，因为短整型变量占用 2 个字节的内存。同理，语句 "p=p-2;" 和 "q=q-2;" 则分别表示向后移动 8 个字节和 4 个字节。如果指针指向的是类型更为复杂的变量，例如指向的是 100 个 "int" 元素的数组，则前后移动一个位置需要跳过 100*4=400 个字节。

当指针指向的实体类型确定时，移动一个位置跳过的字节数是确定的。"void *p" 定义的指针 p 指向的实体类型不确定，不知道每次移动需要跳过多少个字节，因此该类型指针 p 的移动是不允许的。对于 "void *p" 定义的指针 p，语句 "p++;" "p--;" "p=p+1;" "p-=1;" "p=p+5;" "p+=5;"（等价于 "p=p+5;"）等都是错误的。不仅如此，由于 p 指向的实体类型是不确定的，"*p" 访问的内存字节数也是不确定的，因此不允许通过 "*p" 读取和修改 p 指向的内存单元的值。

前面的例子已经说明：指向类型确定的实体的指针，不能用类型字节数不同的变量地址或指针赋值。但对于 "void *p" 定义的指针 p，p 指向的内存单元字节数可以不确定，即 p 指向任意字节个数的内存单元均可，因此可以用任意类型的变量地址对 p 赋值，或者传递给函数形参 p。如下定义是允许的。

```
short a;
int   b;
double c;
void *p=&a;            //类型为 "short *" 的&a 赋给 p
void *q=&b;            //类型为 "int *" 的&b 赋给 q
void *r=&c;            //类型为 "double *" 的&c 赋给 r
const void *s="abcdef"; //指向只读字符的指针不能赋给指向可写实体的 u，可类型转换 void *u=(char*)"abcdef";
const char *t="abcdef"; // "=" 号两边的类型必须相容或相同，否则不能赋值给 t
```

如果将内存管理运算符 "delete" 看成一个函数，那么它的形参类型就应该是 "const void *" 类型。因为任意类型的实参指针都可以传值给它，就像上述任意可写类型的地址都可赋给 "void*" 的指针变量一样，任意只读和可写类型的地址都可以赋给 "const void *" 的指针变量或形参。不

能直接使用上述"*p""*q""*r""*s"进行取值或者赋值，因为它们代表的内存单元是"void"，即字节数不确定，但是可以通过强制类型转换进行取值或赋值。对于上述指针定义，"*(short *)p=1;"等价于"a=1;"，"*(int *)q=2;"等价于"b=2;"。"(short *)p"将"void *"类型的p强制转换为指向"short"类型的存储单元，因此，再使用"(short *)"左边的"*"运算符（即"*(short *)p"）去访问内存单元时，会被转换为对"short"类型存储单元的确定为2个字节的操作，即"*(short *)p=1;"修改的是p指向的被当作短整型存储单元的值。强制类型转换是否得当完全取决于程序员自己。

在上述定义中，"t="abcdef";"表示用字符串的首地址初始化指针t。字符串"abcdef"的默认类型为"const char[7]"或"const char*"，存储字符串需要比字符串长度6多1个字符的数组，该字符数组的数组名或者每个字符的地址相当于"const char *"类型，因此该字符数组的首字符的地址可以初始化相同类型的指针t。当字符串当作字符指针类型（即"const char *"类型）的值使用时，通过"*"abcdef""可以获得字符串的首字符，即获得不可修改的常量'a'。"*"abcdef""等价于"*("abcdef")"或"*("abcdef"+0)"，或者等价于数组访问""abcdef"[0]"，故通过"*("abcdef"+2)"或""abcdef"[2]"可以读取字符常量'c'。由于"abcdef"中的每个字符都是"const char"类型，即字符串数组中的每个元素都不能被修改，因此""abcdef"[2]= 'T';"将被C++视为错误的赋值操作。

C++为"char16_t"和"char32_t"提供了对应的字符串类"u16string"和"u32string"。"u"ABC""为"char16_t"类型的只读字符数组常量，"u16string s16(u"ABC");"定义"u16string"类的变量s16，"u"ABC""占用8个字节的内存单元，因为每个字符(包括终结符)都占用2个字节。"U"ABC""为"char32_t"类型的只读字符数组常量，"u32string s32(U"ABC");"定义"u32string"类的变量s32。"U"ABC""占用16个字节的内存单元，因为每个字符（包括终结符）都占用4个字节。类"u16string"和类"u32string"的常量和变量都是对象，对象所占的字节数与类"u16string"和类"u32string"的大小相关，而与实际的字符串长度或字符的个数无关。

在C语言和C++中，一维数组可以看作单重指针，反之，单重指针也可以看作一维数组，如上述"*("abcdef"+0)"或""abcdef"[0]"。结合类型解析的优先级和结合性原则，很容易理解多重指针或多重数组的类型等价性。操作系统只接受运行C++程序的唯一入口，即主函数"int main(int argc, char*argv[ ])"，有时也使用"int main(int argc, char **argv)"作为主函数。这两种主函数一定是等价的，否则不会被操作系统接受。根据类型解析的优先级和结合性，可以证明这两个主函数说明的等价性。

```
char **argv        //优先级相同，自右向左解析
=char *(*argv)     //加"（）"提高优先级后，解析顺序和方向依然不变
=char *(argv[ ])   //单重指针"*argv"可被看作一维数组"argv[ ]"
=char *argv[ ]     //"[ ]"和"（）"都是最高优先级，去掉"（）"后自右至左的解释顺序不变
```

上述证明可用于进一步加深对类型表达式解析规则的理解。对于指针变量q的定义及其初始化"int (*q)[10][20]=new int[x][10][20];"，内存管理运算符"new"以类型表达式作为参数，"new"返回的类型就是该类型表达式"int[x][10][20]"。C++规定"new"的数组的第一维x可以是动态的，可以证明q的类型"int (*)[10][20]"和赋值号右边的初始化类型"int[ ][10][20]"等价。否则，对q的赋值就是错误的，编译程序会报告语法错误。由此可见，对变量类型表达式的解析和理解对于编写正确的程序极为重要。

2.3.3 有址引用变量

可以使用运算符"&"声明和定义有址引用。当"&"出现在声明或定义中时，表示声明或

定义变量、函数参数或者函数返回值为有址引用；当"&"出现在表达式中的变量前时，表示获取该变量的地址。同只读变量的定义一样，有址引用变量在定义的同时必须初始化，即必须指明被有址引用变量所引用的实体。一旦指明被有址引用变量所引用的实体，有址引用变量和被引用实体的关系就被"固定"，即有址引用变量以后不能再引用其他的实体。

传统左值指的是 C 语言定义的能够出现在赋值号左边的变量或者表达式，传统右值指的是 C 语言定义的只能出现在赋值号右边的变量或者表达式。显然，传统左值是分配了内存的、有地址的，或有址的。一个传统左值就是一个传统右值，反之则不一定成立，例如常量作为传统右值时就不能出现在赋值号左边。需要注意的是，在传统右值中，有一部分右值是有址的，例如只读变量就是有址的，而另一部分右值（如常量）则是无址的。有址引用变量可以说明为传统左值或者传统右值，没用 const 修饰的有址引用变量为有址传统左值，使用 const 修饰的有址引用变量为有址传统右值。例如，传统左值有址引用变量 z 的定义如下。

```
int x=3, y=5;    //x、y 是传统左值，即传统意义能出现在赋值号左边的值
int &z=x;        //传统左值有址引用变量 z，此时 z 共享 x 的内存，初始值为 x 的值 3
```

注意，这里"&"出现在变量 z 的定义中，表示变量 z 为有址引用变量，而不是表示取 z 的地址。当"&"出现在表达式中的变量前，才表示取这个变量的地址。在"int &z=x;"中，有址引用变量 z 引用变量 x，z 和被引用变量 x"绑定"以后，z 不可再引用其他变量（如 y）。以后若出现语句"z=y;"，表示取 y 的值 5 赋给 z，而不是用 z 引用 y。"z=y;"表示使变量 z 和 x 的值同时等于 y，逻辑上有址引用变量 z 不分配内存单元，而是共享被引用变量 x 的内存，取址运算"&z"和"&x"将得到同一内存单元地址。类似地，"x=y+3"表示同时使 x 和 z 的值都等于 y+3 的和。

当 C++程序被编译为低级语言程序（如汇编语言和机器指令程序）时，有址引用变量 z 被编译为指针。假如 z 被编译为只读整型指针 pz，z 引用 x 则被编译为"int *const pz=&x;"，而语句"z=y;"则被编译为"*pz=y;"等，从而实现 z 对"共享"的 x 的内存单元的访问。其中，"const pz"说明 pz 是只读指针变量，即 pz 以后不能再用其他变量的地址"绑定"，这相当于规定 z 不可再引用其他变量。

所谓有址引用，是指被引用的实体是"有址"的，即分配了内存并有地址的。所有变量都是有名的，都是分配了内存且"有址"的；但是，位段成员是有名无址的，位段成员既可能是左值，也可能是只读的纯右值。常量通常认为是不分配内存的，在汇编语言中，常量是汇编指令"操作数"中的立即数，不会在数据段为其分配内存。下面是一个被引用的实体是常量的例子。

```
const int &w=7;    //7 是传统右值，即传统意义上只能出现在赋值号右边的值
```

由于 w 是一个有址引用变量，因此被它引用的实体应是"有址"的，但是常量 7 却是"无址"的。为了解决这个矛盾，编译程序的实现方法是：生成一个只读匿名变量，在读内存中为该变量分配内存，常量 7 用于初始化该匿名变量，然后 w 引用该"有址"匿名变量，并共享该匿名变量的内存。由此可见，常量 7 是用过即死的立即数。

【例 2.3】重载函数交换两个整型变量值，两个 swap 生成的汇编代码完全相同。

```
void    swap(int *x, int *y)
{
    int t=*x;
    *x=*y;
    *y=t;
}
void    swap(int&x, int&y)
```

```
        {
            int t=x;
            x=y;
            y=t;
        }
        void main( ){
            int a=2, b=3;
            swap(&a, &b);        //调用 swap(int *x, int *y): a=3, b=2
            swap(a, b);          //调用 swap(int&x, int&y): a=2, b=3
            a = a ^ b;           //以下 3 行使用按位异或进行变量值的交换
            b = a ^ b;
            a = a ^ b;           //a=3, b=2
        }
```

变量和表达式的值可分为传统左值和传统右值两种类型：传统左值是能够出现在赋值号左边的数值表达式，或者说是可以被赋值修改的数值表达式；而传统右值是只能出现在赋值号右边的表达式，或者说是不可被赋值修改的数值表达。显然，一个传统左值必然是一个传统右值，而一个传统右值不一定是传统左值。值得注意的是，并非所有的变量都是传统左值变量。例如，"const double pi=3.14;"定义的是传统右值变量 pi，对于被称为只读变量的 pi，将来只能读取 pi 的值，而不能对 pi 进行赋值。这种定义可以替代宏定义 "#define pi 3.14"，并且避免宏替换所带来的副作用。

若有址引用变量可以被重新赋值或修改，则该有址引用变量是传统左值变量；若有址引用变量不能被重新赋值或修改，则该有址引用变量是传统右值有址引用变量。传统左值有址引用变量必须要用同类型的左值表达式初始化，传统右值有址引用变量要用传统右值表达式初始化。当然，传统右值有址引用变量也可使用传统左值表达式初始化，因为一个传统左值表达式必然是一个传统右值。传统左值表达式有一个代表该表达式的有址传统左值变量，因此该有址传统左值变量代表传统左值表达式可被再次赋值或被修改。

"有址"实体是指分配了内存单元有地址的实体，除有名无址的位段成员外，任何有名的变量、函数参数、返回值为"&"引用的函数调用都是有址的，而显然"new"产生的实体也是有址的，它们可以被有址引用变量、有址引用形参、返回值为"&"引用的函数调用所引用。使用"&"定义的有址引用变量只能引用分配了内存单元（即有地址）的实体，由于函数"int f( )"等的返回值存储在寄存器中，因此函数调用"f( )"是不能被有址引用变量引用的。但是"int &g( )"或"const int &h( )"的返回值是有址的，因而函数调用"g( )""h( )"分别能够被传统左值有址引用变量和传统右值有址引用变量所引用。如前所述，由于返回传统左值的"int &g( )"的值同时也是有址的传统右值，因此调用"g( )"也能够被传统右值有址引用变量所引用。

【例 2.4】传统左值变量（可写变量）与传统右值变量（只读变量）的初始化。

```
int x=0;              //传统左值 x 可作为传统左值表达式++x 的代表，++x=3 将使 x=3
volatile int y;       //传统左值 y。注意，++y 和--y 是传统左值，可再++y=7; y++和 y--是传统右值
const int z=1;        //传统右值 z 用传统右值 1 初始化，定义只读变量 z 时必须同时初始化
int &m=++x;           //传统左值有址引用 m 用同类型（int）传统左值++x 初始化：引用代表变量 x
const &n=x;           //传统右值有址引用 n 可用传统左值 x 初始化
const &p=x++;         //传统右值有址引用 p 用传统右值 x++初始化
const int &q=z;       //传统右值有址引用 q 用传统右值 z 初始化，不能对 q 再次赋值
const int &r=1;       //传统右值有址引用 r 用传统右值 1 初始化，为 1 生成临时变量并分配内存
int *const s=&x;      //只读变量 s 用"&x"得到的传统右值初始化，以后不能对传统右值 s 赋值
int *const &t=&x;     //传统右值有址引用 t 可用"&x"或 s 初始化，以后不能对 t 再次赋值
```

```
void main(){          //传统左值有址引用u和v必须用同类型的左值表达式初始化
    //int &u=y;        //错误：y的类型为volatile int，和u引用的"int"类型不符
    //int &v=z;        //错误：z的类型为const int，和v引用的"int"类型不符
    int &w=*new int(5);//"new"产生的整数实体是有址的
    delete &w;         //必须释放，以防内存泄漏，表达式中变量w前的"&"用于取址
}
```

其中，变量 x、y、m 是传统左值变量，而 z、n、q、r、s 都是传统右值有址变量。只读变量、只读引用变量和常量（如 3、5）都是传统右值。需要注意的是，虽然 s 是传统右值，但是取内容运算"*s"的结果却是传统左值，故允许对"*s"修改或赋值，即允许"*s=3;"。由此可见，在定义指针变量"int *const s"时，若"*"号前没有 const，则"*s"就是传统左值，否则"*s"就是有址的传统右值。根据前述指针变量赋值的有关规则，不能将只读实体的地址赋给指向可写实体的指针变量，因此不能定义"int *p=&z;"或"int *const p=&z;"。否则，因"*p"是左值，所以可通过"*p=0;"赋值，从而改变了只读变量 z 的值。y 不能被 u 引用是因为 u 要引用"int"非易变类型的传统左值，而不是作为"volatile int"易变类型的传统左值 y，故 y 不满足传统左值引用类型必须引用相同类型左值的要求。如果 u 和 y 两者类型不同，编译程序就会对 y 进行类型转换，而转换结果就是 y 会成为右值，这又不符合传统左值引用 u 必须引用左值的要求。

传统左值有址引用变量将共享被引用的传统左值的内存，因此逻辑上它自己不需要分配内存或者没有内存，而被它引用的传统左值必须是分配了内存的类型相同的传统左值。对于传统左值有址引用变量定义"int &z=x ;"，逻辑上 z 将不分配内存，而是共享 x 的内存，故使用"&z"得到的内存地址就是"&x"代表的地址。由于逻辑上 z 没有或者不需要分配内存，因此不能通过"int &*p"定义"int &*"类型的指针变量 p，即不能让 p 指向逻辑上没有内存的"int &"类型的 z，因为指针变量 p 必须指向分配有内存的有址变量。同理，也不能通过 "int & &q" 定义引用"int &"类型实体的引用变量 q，被 q 引用的"int &"类型的实体逻辑上不会分配内存，从而也不可能被引用变量 q 共享其内存，上述错误定义的类型解析如图 2.4 所示。

图 2.4　"int &*p"和"int & &q"的解析顺序图

对于上述定义，运算符"&"和"*"的优先级相同，故只能根据它们的结合方向进行解析。"*"和"&"的结合方向都是从右到左，即按照自右至左的顺序解析。故对于定义 "int &*p"，p 的类型解析为：（1）p 是一个传统左值指针变量；（2）该指针指向左边的传统左值有址引用变量，即"int &"类型的实体或者变量，但是"int &"类型的实体逻辑上不分配内存，故不可能由指针变量 p 指向该"int &"类型的实体的内存。同理，对于定义"int & &q"，q 的类型解析顺序为：（1）q 是一个传统左值有址引用变量；（2）它引用左边"int &"类型的传统左值有址引用实体，共享左边"int &"类型传统左值有址引用实体的内存，但是该"int &"类型的实体逻辑上不会分配内存，故不可能由引用变量 q 共享该"int &"类型实体的内存。例如以下代码。

```
int m;        //如果m是函数外部定义的全局变量，默认等价于"int m=0"
int &n=m;     //传统左值有址引用变量n引用同类型的传统左值变量m
int &p=n;     //传统左值有址引用变量p引用n所引用的m，而不是p引用n
```

对于上述"int &p=n"定义的传统左值有址引用变量 p，不能理解为 p 引用另一个传统左值有址引用变量 n，因为 n 逻辑上不分配内存，故不能够被 p 引用。从相同的类型定义"int &n"和"int &p"来看，n 和 p 都要引用"int"类型的传统左值实体，而不是要引用"int &"类型的传统左值

实体。对于"int &p=n;"中的初始化"p=n",是用"int&"类型的n初始化同类型（即"int &"类型）的变量p。从p和n类型相同都会被编译为汇编语言的指针来看，p用n初始化后都会存储相同的地址，即都会指向变量m。因此，"int &p=n;"的作用是将n所引用的变量让p引用，或者说p将引用n所引用的变量m，故n和p都将引用同一个"int"类型的变量m。这样一来，对m、n、p中的任意一个变量赋值，都将同时改变另外两个变量的值。

由于指针变量本身需要分配内存，因此引用指针类型的变量是合法的。例如，以下定义的传统左值有址引用变量p、传统右值有址引用变量q和r都是合法的。

```
int m;            //如果 m 是函数内的非 static 变量，则 m 的值不能确定，即 m 的值是随机的
int *n=&m;        //传统左值 n 类型为"int *"。"&m"得到传统右值，类型为"int *const"
int *&p=n;        //传统左值有址引用 p 引用同类型（即"int *"类型）的传统左值变量 n
int *const &q=n;  //传统右值有址引用 q 引用同类型（即"int *"类型）的传统左值变量 n
int *const &r=&m; //传统右值有址引用 r 引用同类型（即"int *const"类型）的传统右值"&m"
```

被引用的传统左值变量的类型一定要和有址引用变量引用的类型一致。如果类型不一致，C++编译程序通常会进行类型转换，简单类型转换的结果通常为（无址的）传统右值，而传统右值是不能用来初始化传统左值有址引用变量的。例如，如下定义是非法的。

```
int m=0;          //m 为整型传统左值变量
short &n=m;       //错：m 转换为 short 类型后，结果为无址传统右值，而 n 要引用传统左值
```

此前已经知道：C++允许将传统左值实体的地址赋给指向传统右值实体的指针变量，但不允许将传统右值实体的地址赋给指向传统左值实体的指针变量。鉴于 C++程序在编译成汇编或机器指令程序时，引用变量被编译为指针变量，所以引用变量的用法类似于指针。可以推断出如下引用规则：C++允许传统左值被传统右值有址引用变量引用，但不允许传统右值被传统左值有址引用变量引用。例如以下代码。

```
int   m;
const int &n=m;   //合法引用：传统左值 m 被传统右值有址引用变量 n 引用
const int p=3;    //合法定义：传统右值变量 p 必须在定义的同时初始化
const int &q=p;   //合法引用：传统右值 p 被传统右值有址引用变量 q 引用
const int &r=5;   //合法引用：将为传统右值 5 生成临时变量分配内存（有址），故可被有址引用 r 引用
//int &s=p;       //非法引用：传统右值 p 被传统左值有址引用变量 s 引用
```

由于引用变量被编译为指针变量，因此引用变量在用法上同指针变量有点相似。如前所述，传统左值的地址可以赋给 const、volatile 以及 const volatile 的指针变量，反之不行；类似地，传统左值的变量可以让 const、volatile 以及 const volatile 的有址引用变量引用，反之不行。

同理，在上述定义中，"int"类型传统左值有址引用变量 s 应该引用相同类型（即"int"类型）的传统左值变量，引用不同类型的左值变量或者引用传统右值变量 p 是错误的。需要注意的是，引用易变性传统左值变量的有址引用变量可以引用同类型非易变性的传统左值变量，但引用非易变性传统左值变量的有址引用变量引用同类型的易变性的传统左值变量是错误的。例如，如下定义说明了易变性变量和非易变性变量等的引用方法。

```
int m;
volatile int &n=m;          //合法引用：和"const int&"一样可引用 m
const volatile int &p=m;    //合法引用：有 const 就必须在定义的同时初始化
volatile int q;             //合法定义：q 不是 const 变量，可以之后再初始化
const volatile int r=3;     //合法定义：有 const 就必须在定义的同时初始化
```

```
//int &s=r;            //非法引用："int &" 不可引用 const 或 volatile 的传统左值
//int &t=q;            //非法引用：理由同上
```

C++提供了对无址右值的引用，以便支持所谓的"移动语义"。所谓无址右值，是指没有内存地址的数值表达式。例如，无名常量是没有内存地址的表达式，故无名常量是无址右值。无址右值肯定是一个传统右值。无址右值包括无名常量、不返回"&"类型的函数调用，以及强制类型转换后的右值结果等。并不是所有的右值都是无址的，例如在定义"const int a=2;"中，变量 a 是只读但不可赋值的右值，但变量 a 却是分配内存的有址右值。"有名"的独立变量和函数参数都是有址的。对于不用&定义返回值的函数（如"int f( )"和"int &&g( )"）由于函数调用"f( )"的返回值存储在寄存器中，故调用"f( )"会被认为是一个无址右值；而调用"g( )"返回的值应该是无址右值常量，故调用"g( )"也会被认为是一个无址右值。无址右值"f( )"和"g( )"必定是传统右值，因此，不能对"f( )"和"g( )"赋值，即"f( )=2;"和"g( )=3;"是错误的。

2.3.4　无址引用变量

无址引用变量是指使用"&&"定义的引用无址右值的变量，包括传统左值无址引用变量和传统右值无址引用变量。如果定义的是传统左值无址引用变量，则该无址引用变量的前面不能出现 const。例如，如果要定义传统左值无址引用变量 x，则"int &&x"的前面不能出现 const，即应将 x 定义为"int &&x=2;"。如果要定义传统右值无址引用变量 y，则定义"const int &&y=2;"中不能去掉 const。这两种无址引用变量都必须在定义的同时初始化，且都必须用同类型的（或者可以转换为同类型的）无址右值初始化。如果使用的是不同类型的左值表达式，或者对左值进行了结果为右值的运算（包括目标为基本类型的强制类型转换运算），则得到的运算结果都是无址右值，也都可以用来初始化无址引用变量。

由于被无址引用变量引用的实体是"无址右值"，即没有分配内存或没有内存地址的数值表达式，因此不可使用任何有名（即"有址"）的独立变量或函数参数等作为被引用的实体，包括有址传统左值、有址传统右值、引用变量、返回"&"类型的函数调用等，但是可以使用无址有名的位段成员作为被引用的实体。无址有名的位段成员必须配合独立变量使用，即通过"独立变量.位段成员"或"独立变量->位段成员"方式使用，由此构成依赖于独立变量的位段访问表达式，该表达式既可能是传统左值，也可能是传统右值，但由于传统左值同时也是传统右值，因此无址有名的位段访问最终可被当作无址右值。当然，"&&"定义的无址引用变量也是有名（即有址）的，因此，这样的变量不能被另一个无址引用变量引用。由于无名常量通常被认为是"无址"的，因此无名常量最适合作为无址实体，被使用"&&"定义的无址引用变量引用；或者在调用函数时，无名常量作为无址实参传给使用"&&"定义的无址引用形参。也就是说，对于函数"int f(int & x)"和"int f(int & x)"，函数 f(2)将被编译程序优先使用"int f(int && x)"进行调用。

【例 2.5】传统左值无址引用变量和传统右值无址引用变量必须引用无址表达式。

```
#include<stdio.h>
int s=0;                //正确：s 是有址传统左值
const int t=0 ;         //正确：t 是有址传统右值
//int &&u=s;            //非法：s 是有址独立变量，不能被传统左值无址引用变量 u 引用
int &&v=0;              //正确：0 是无址传统右值，可被传统左值无址引用变量 v 引用，v 可赋值 v=2;
int &&w=s+0;            //正确：s+0 的结果存在寄存器中，是无址传统右值，可被 w 引用
//const int &&x=s;      //非法：s 是有址传统左值，不能被传统右值无址引用变量 x 引用
const int &&y=0 ;       //合法：0 是无址传统右值，能被传统右值无址引用变量 y 引用，y 不可再被赋值
```

```
const int &&z=printf("abc") ;    //合法：返回值是无址传统右值，存在寄存器中
struct A {
    int x: 3;                    //位段成员 x 有名有内存、但按位访问故无按字节编码的地址
};
void main( ) {
    A a = { 3 };                 //a.x=3，独立变量 a 在栈内存分配空间
    int&&y = a.x;                //a.x=3，无址引用变量 y 共享缓存而非内存，故 a.x 的值可复制到缓存中：y=3
    a.x = 2;                     //a.x=2，y=3。a.x 修改内存的值，故缓存的 y 值不变
    y = 4;                       //a.x=2，y=4。y 修改缓存的值，故内存的 a.x 值不变
}
```

有址引用 "&" 只能引用存储于内存的有址表达式，不能引用无址表达式；无址引用 "&&" 只能引用存储于缓存或寄存器的无址表达式，不能引用存储于内存的有址表达式。"&" 定义的变量逻辑上是不分配内存的，它共享被引用实体所分配的有址内存；"&&" 定义的变量逻辑上也是不分配内存的，它共享被引用实体所占用的无址缓存。由于 "&" 和 "&&" 定义的变量逻辑上都不分配内存，因此这两种类型的变量都不得再被引用，即不能定义 "int & &" "int & &&" "int && &" "int && &&" 类型的引用变量。C++的强制类型转换几乎无所不能，无址引用变量可以通过强制类型转换引用有址表达式、有址引用类型的表达式和无址引用类型的表达式。

【例 2.6】无址引用变量必须引用同类型的无址右值或可转换为同类型的无址表达式。

```
int a=0 ;               //a 是有名有址的左值
volatile int b=0 ;      //b 是有名有址的左值
int &&c=0 ;             //合法：0 是无址右值，可被传统左值无址引用变量 c 引用
short &&d=0 ;           //合法：0 是无址右值，可被传统左值无址引用变量 d 引用
//int &&e=a ;           //非法：无址引用变量 e 不能引用有址左值变量 a
//int &&f=(b=0) ;       //非法：无址引用变量 f 不能引用有址左值变量 b（b=0 左值表达式的代表变量）
int &&g=(int)a ;        //合法：a 经过类型强制转换后存在寄存器，结果是无址右值
int &&h=(int)b ;        //合法：b 经过类型强制转换后存在寄存器，结果是无址右值
//int &&i=++a ;         //非法：++a 为有址传统左值，其代表变量 a 不能被无址引用变量引用
//int &&j=++b ;         //非法：++b 为 "volatile int" 类型有址，非 j 要引用的 "int" 类型
int &&k=a++;            //合法：a++的后置运算结果存在寄存器，结果是无址右值
//int &&l=b++;          //非法：b++的结果是 "volatile int" 类型，非 1 要引用的 "int" 类型
//short &&m=a ;         //非法：a 是 "int" 类型有址左值，且非 m 要引用的 "short" 类型
short &&n=(short)a ;    //合法：a 强制转换成 "short" 类型，结果存在寄存器，结果是无址右值
short &&o=(int)a ;      //合法：a 强制转换为 "int" 类型并自动转换为 "short" 类型，结果是无址右值
//short &&p=b ;         //非法：b 是 "volatile int" 类型有址左值，且非 p 要引用的 "short" 类型
//short &&q=++a ;       //非法：++a 是 "int" 类型有址左值，且非 q 要引用的 "short" 类型
//short &&r=++b ;       //非法：++b 是 "volatile int" 类型有址左值，非 r 要引用的 "short" 类型
short &&s=a++;          //合法：a++右值结果从 "int" 类型转 "short" 类型后，存在寄存器，结果是无址的
short &&t=b++;          //合法：b++右值结果从 "volatile int" 类型转换 "short" 类型后存在寄存器（无址）
short &&u=(short)b ;    //合法：b 从 "volatile int" 类型转换 "short" 类型后，右值结果存在寄存器（无址）
void main( ){ }
```

由例 2.6 可知，前置++、前置--、赋值运算的结果为左值，p 不指向 const 实体时 "*p" 也为左值，这些左值结果及原始的未经运算的变量都是有址的。此外，"*new int" 之类的运算以及返回 "&" 类型的函数调用都是有址的，这些有址的变量及结果都不能被无址引用变量引用。除结果为左值的运算符运算外，不返回 "&" 类型的函数调用以及目标类型不含 "&" 的强制类型转换等的结果都是无址右值，只要这些无址右值的结果类型同无址引用变量要引用的类型相容，这些无址右值结果都是可以被无址引用变量所引用的。

指针是可用标准输出函数 printf() 及输出格式 "%p" 输出的简单类型。虽然引用类型在机器语言一级被编译实现为指针，但在高级语言这一级却不能当作指针使用，输出时应根据被引用实体的类型确定输出格式。若被引用实体是简单类型（如 "int" 类型）的值，则可用函数 printf() 及输出格式 "%d" 输出；若被引用实体为数组或类等复杂类型的值，则无法用函数 printf() 和一个输出格式一次性输出。

2.3.5 元素、下标及数组

同 "char" "bool" "short" "int" "long" "float" "double" 以及指针类型一样，枚举类型也是可由函数 printf() 及输出格式 "%d" 输出其值的简单类型。枚举类型使用关键字 enum 定义，当编译程序将枚举类型编译为机器语言的对应类型时，通常用 "int" 类型编译后的机器语言类型来实现枚举类型，枚举类型的值（即枚举元素）也对应采用整数常量的值，如下所示。

```
enum   WEEKDAY {Sun, Mon, Tue, Wed, Thu, Fri, Sat};
WEEKDAY   w1=Sun;          //可不用类型限定名 "WEEKDAY::Sun"
WEEKDAY   w2(Mon);         //C++提倡的初始化方法，等价于 w2=Mon
```

C++提倡以构造函数调用 "w2(Mon)" 的形式初始化 w2，这是面向对象思想中将简单类型视为简单的类的体现。上述定义相当于将枚举类型 WEEKDAY 定义为 "int" 类型，将枚举元素 Sun、Mon、Tue、Wed、Thu、Fri、Sat 定义为只读整型变量。

```
typedef   int   WEEKDAY;         //类型名 W 可在类型表达式 "int (*)[2]" 中，如 "typedef int (*W)[2];"
const   int   Sun=0, Mon=1, Tue=2, Wed=3, Thu=4, Fri=5, Sat=6;
```

枚举元素和枚举类型名的作用域相同。注意，第一个枚举元素的关联值默认为 0，其他枚举元素的关联值依次递增。当然，每个枚举元素的关联值也可以显式指定，未指定的元素的关联值在前一个元素的关联值的基础上递增 1。注意，枚举元素指定的关联值可以是任意整数，如下所示。

```
enum struct RND{e=2, f=0, g, h};   //正确：e=2, f=0, g=1, h=2
RND m= RND::h;                      //须用限定名 "RND::h"，因为使用了 "enum struct" 定义 RND
```

其中 g、h 的关联值没有指定，其值分别为 g=f+1=1、h=g+1=2、i=h+1=3。注意，不允许两个枚举元素的名称相同，但允许两个枚举元素的关联值相同，因此，e 和 h 的关联值都为 2 是允许的。如果使用 "enum class" 或者 "enum struct" 定义枚举类型 RND，则访问其枚举元素时一定要使用限定名，例如使用限定名 "RND::e" 访问其枚举元素 e；否则编译程序将报告语法错误。语句 "printf("e=%d, h=%d\n", RND::e, m);" 将输出 "e=2, h=2"。

相对而言，声明是对某个名称及其内涵的不完整描述，定义则是对该名称及其内涵的完整描述。类型前向声明是对该类型的不完整描述，变量声明仅说明其变量名和类型而未初始化，函数声明是不定义函数体的函数原型描述。C++的声明可以重复进行多次，但是定义仅能进行一次。

C 语言的变量声明和定义有很多限制，一般只允许用常量表达式初始化。常量表达式是指其值能被编译程序计算且结果为常量的表达式。例如，在数值表达式语句 "k=3+4*2;" 中，"3+4*2" 就是一个常量表达式，该语句编译成可执行的机器指令代码后，将直接把值 11 赋给变量 k；而不是先计算 "3+4*2" 的值，再将计算结果赋给 k。因此，语句 "k=3+4*2;" 和语句 "k=11;" 的编译结果是相同的，程序的执行速度是一样的。

运算符 "sizeof" 构成的表达式也是编译时可计算的，其结果是存储表达式的值所需内存的字节数，故"sizeof 2""sizeof sizeof 2""sizeof (int)+3"以及"sizeof printf("abcd")+2"等均为常量表达式。任意表达式是指由常量、变量、函数调用等构成的表达式。任意表达式的值不能在编译时计算，只能在程序运行的时候进行计算。C++可使用任意表达式初始化要定义的变量。

【例 2.7】C++可以更加自由地进行变量的声明、定义和初始化。

```
#include <stdio.h>
extern  int  h=0;             //C 语言变量定义，这样的定义只能在函数体外进行
extern  int  i;               //C 语言变量声明：没有初始值
extern  int  i;               //C 语言变量声明：可重复声明多次
int   i;                      //C 语言变量定义，默认初始化为 i=0
int   j=i+4;                  //C++变量定义，任意表达式初始化 j 为 j=i+4
static int  p=j+5;            //C++变量定义，任意表达式初始化 p=j+5
void  main(void)
{
    static int  n=j+5;        //C++变量定义，任意表达式初始化 n=j+5
    register int  i=20;       //C 语言变量定义，寄存器变量初始化为 i=20
    int  k;                   //C 语言定义：auto int k 未初始化，值不确定
    scanf("%d",&j);           //输入整数存储到 main()外定义的变量 j
    int  q=23;                //C++在语句中间定义变量"auto int q"
    struct {int k,m;}b={j+3, 5};  //C++变量定义，b 用任意表达式初始化
    int a[4]={scanf("%d", &k), 1};  //C++变量定义，a 用任意表达式初始化
}
```

对于例 2.7 所给出的程序，编译程序不会初始化局部自动变量 k，访问 k 会得到栈内存中某个位置的随机值。因此，要编写运行结果稳定的程序，就应该先初始化变量 k，再使用变量 k 的值。使用 static 定义的静态变量 n、p 若不初始化，其默认初始值为 0。

需要指出的是，C++虽然允许函数内部定义局部自动数组，但是对其随意初始化可能会付出较大的内存成本。局部自动数组变量通常在栈段分配内存空间，但若不遵守 C 语言数组的初始化习惯，则还会在数据段里分配内存空间以存储其初始化值，这样数组就会使用 2 倍于按 C 语言定义需要的内存。在使用初始值初始化局部自动数组时，初始值从数据段复制至栈段内存，最终使用的是数组在栈段分配的内存。

【例 2.8】使用初始值定义局部自动数组将消耗更多的内存。

代码文件"X.cpp"如下所示。

```
void main(void)
{  //以下定义等价于"auto int array[10]"，数组的内存分配在栈上
    int   array[1024];
}
```

代码文件"Y.cpp"如下所示。

```
void main(void)
{  //以下定义静态局部数组变量，数组的内存分配在数据段上
    static  int  array[1024]={1, 2, 3, 4, 5, 6, 7, 8};
}
```

代码文件"Z.cpp"如下所示。

```
void main(void)
{  //以下定义自动局部数组变量，数组的内存分配在数据段和栈段
    int  array[1024]={1};      //1204 个初始值保存在数据段，用于对数组初始化
}
```

程序"X.cpp"和"Z.cpp"定义了局部自动数组，程序"Y.cpp"定义了局部静态数组。程序"X.cpp"和"Y.cpp"遵守 C 语言的数组使用约定，数组的内存分别分配在栈段和数据段；程序"Z.cpp"没有遵守 C 语言的数组使用约定，数组的内存同时在栈段和数据段分配。编译后，可执行程序的长度从小到大的依次为"X.cpp""Y.cpp"和"Z.cpp"。

存储全局和静态变量的数据段也用于存储初始值，故程序"Z.cpp"暗中使用了该数据段的内存，如果数组的初始值占用该数据段的内存过大，则将没有足够内存用于存放其他全局或静态变量。这样的程序虽然在编译时不会报告语法错误，但当进入连接阶段时编译就可能报告连接错误，原因很可能是无法将全局或静态变量装配到内存已经用完的数据段。这种错误对没有经验的程序员来说，简直就是一个无法解决的问题。

2.4　运算符及表达式

C++共有 16 个优先级的运算符，优先级较高的运算符先计算，优先级较低的运算符后计算，优先级相同时按结合方向计算。单目运算符的优先级为第 15 级，单目运算符及赋值运算符自右向左结合，其余运算符都是自左向右结合的。

2.4.1　位运算与等号运算

C++运算符按操作数个数大致可分成 3 个类别：单目、双目和三目运算符。有些运算符，如"-"和"*"，既可作为单目运算符，又可作为双目运算符。"-5"只有一个操作数，因此其中的"-"是单目运算符；而"5-3"有两个操作数，因此其运算符"-"为双目运算符。纯单目的运算符有逻辑反运算符"!"等，纯双目的运算符有除法运算符"/"等，三目运算符只有选择运算符"?:"。例如，"x>y?0:1"表示若"x>y"，则结果为 0；否则结果为 1。

位运算"按位与""按位或""按位异或"将被直接编译为相应的汇编指令，这将大大提高 C++程序编译后的执行速度。例如，按位与运算 $178\&211=(10110010)_2\&(11010011)_2=(10010010)_2=146$；按位或运算 $178|211=(10110010)_2|(11010011)_2=(11110011)_2=243$；按位异或运算 $178^\wedge211=(10110010)_2^\wedge(11010011)_2=(01100001)_2=97$。如第 1 章所述，乘法等运算可转换为位运算，因此编译程序也可将乘法实现为左移运算。

C++的赋值运算和相等判定使用不同的运算符。赋值运算使用单个等号"="，而相等判定则使用双等号"=="。赋值运算自右向左结合，而相等判定自左向右结合。赋值运算的结果为算术值，而相等判定的结果为布尔值。因此，这两种运算符有很大的不同。例如，在下列赋值运算表达式语句中，赋值运算是自右向左进行的。

```
x=y=z=3;        //3 个等号的优先级相同，根据自右至左的结合方向决定计算顺序
```

上述赋值表达式的等价运算为：（1）z=3；（2）y=z；（3）x=y。注意，赋值运算是自右向左进行的，即先对 z 赋值、再对 y 赋值、最后对 x 赋值。将上述赋值过程理解为（1）z=3，（2）y=3，（3）x=3 是不正确的。这不仅要视 x、y、z 的类型而定，还有看等号运算符是否被重载。例如，如果 y 为 volatile 变量，那么 x=y 和 x=3 的结果可能不同。关于运算符重载，将在后续章节进行介绍。

具体说来，假如 x、y、z 都为"int"类型，即它们的值不会被别的程序、进程、线程所修改，

则可以理解为：（1）z=3；（2）y=3；（3）x=3。假如 x、z 为"int"类型而 y 为"volatile int"类型，则 y 可因其他程序、进程、线程的修改而随时变化，即 y 的值在理论上是不确定的。因为尽管 y 的值在初始化时被赋为 3，但如果另一个进程或线程刚好在 y=3 以后，修改变量 y 的值使其值为 5，则会导致 x=y 的值（即 x 的值）为 5 而非 3。

另外，需要注意的是，等号运算的结果是左值，因此可以对该结果再次赋值。例如，对于赋值语句"(x=3)=5;"，由于括号的优先级比后面的等号高，故先执行"x=3"将 3 赋给 x；同时"x=3"得到的运算结果为左值，必须由一个可被赋值的变量 x 代表，即"(x=3)"由"(x)"代表后接着进行"(x)=5;"的运算，从而得到等价的新赋值语句"x=5;"，最终将 5 赋给 x，并由左值 x 代表"x=5"的运算结果。不能认为"x=3"是一个无意义的操作，如果等号运算符被重载，"x=3"将导致调用该重载函数，而函数调用是可能产生输出的。

2.4.2　指针运算及其结合方向

在汇编语言中，地址运算的形式为"新地址=旧地址 ± 偏移量"，故不能将两个地址相加。C 语言或 C++的指针存放的是地址，因此两个指针变量不能相加，只能对地址进行偏移计算。对于"short* p;"定义的指针 p，"p+1"表示相对 p 后移 1 个 2 字节"short"数值，"p-1"表示相对于 p 前移 1 个 2 字节"short"数值；而对于定义"double *q;"，"q+1"表示相对于 q 后移 1 个"double"数（即 8 个字节），"q-1"相对于 q 前移 1 个"double"数（即 8 个字节）。由此可见，偏移量 1 所代表的字节数同指针所指向的类型有关。

由表 2.7 可知，单目运算符"++""&""*"和"−"等都是自右向左运算的。最常用的是通过指针取内容运算"*"，其运算及解析顺序实例参见图 2.1 及图 2.2。对于图 2.1 定义的"short **r=&p"，指针变量 r 的地址（即"&r"的值）为$(00001030)_{16}$，指针变量 r 存放的值是指针变量 p 的地址$(00001028)_{16}$。通过指针取内容运算（即"*r"）可以得到变量 p 的值$(00001020)_{16}$，即 $*r=*(00001028)_{16}=(00001020)_{16}$。

由于 r 是一个双重指针类型"short **"，故"*r"的结果$(00001020)_{16}$就是一个单重指针"short *"，该结果指向一个"short"类型存储单元（即变量 a），或者说$(00001020)_{16}$是"short"类型存储单元 a 的地址。再次对"*r"进行指针取内容运算，才能得到"short"类型的变量 a 的值。再次对"*r"进行指针取内容运算（即完成"**r"运算），才能最终得到"short"类型变量 a 存储的值 1，该值占用内存中 2 个字节的内存单元，即 $**r=**(00001028)_{16}=*(00001020)_{16}=*(0001)_{16}=1$。

注意，"**r"的运算顺序是先计算紧靠 r（即右边）的"*"，再计算远离 r（即"*r"左边）的"*"，即运算符"*"的运算是自右向左结合的。与"*"取内容和"="赋值改变操作数的值不同，加减等运算不改变任何操作数的值。例如，假设"x=1""y=2""z=3"，在以下数值表达式语句中，算术运算不改变 x、y、z 的值。

x+y*z+4;

由于乘号"*"的优先级比加号"+"高，因此先计算"y*z"，得到结果 6，于是上述表达式语句可转换为"x+6+4"。由于"x+6+4"中两个加法运算符的优先级相同，根据表 2.7 所给出的自左向右的结合规则，因此先计算左边的"x+6"，得到计算结果 7，再和右边的操作数 4 相加，得到结果 11。该结果是一个整型数值，存储在没有地址的通用寄存器中，因此上述表达式的运算结果是无址右值。而对于表达式"x+y*(z+4)"，其计算过程为：x+y*(z+4)=x+y*7=x+14=15。

2.4.3 关系运算及结果转换

当两个整数进行比较的时候，可使用 ">=" ">" "<" "<=" "==" "!=" 等运算符，其运算结果为布尔值（即 true 和 false）。例如，"5>=3" "5>3" "5<3" "5<=3" "5==5" "5!=5" 的结果分别为 true、true、false、false、true、false。当不通过比较产生布尔值时，操作数非 0 时转换为 true，为 0 时转换为 false。若将布尔值自动转换为整数，true 代表 1，而 false 代表 0。

将数学表达式转换为 C 语言或 C++ 的数值表达式时，尤其要注意运算符的优先级和结合方向，否则就可能得到错误的计算结果。假设 x=1、y=2、z=3，数学表达式 "$z>y>x$" 的结果为布尔值 true，而 C++ 表达式 "$z>y>x$" 的结果为布尔值 false。注意，C++ 关系运算 ">" ">=" "==" "!=" "<" "<=" 的运算结果为布尔值。鉴于布尔值 false 可用 0 表示、true 可用 1 表示，于是 C++ 表达式 "$z>y>x$" 自左至右的计算顺序如下。

z>y>x=true>x=1>x=false=0 。

最终得到的计算结果为 false（即 0），与数学表达式 "$z>y>x$" 的结果相反。数学表达式 "$z>y>x$" 转换为 C++ 的表达式为 "z>y && y >x"。其中，逻辑与 "&&" 运算的优先级比 ">" 低，要等 "z>y" 和 "y>x" 都运算完毕后，才能进行逻辑与 "&&" 运算，这相当于数学表达式 "$z>y>x$" 的 "$z>y$" 和 "$y>x$" 同时计算。C++ 表达式 "z>y && y >x" 的计算顺序如下。

z>y && y >x=true&&y >x=true&&true=true=1。

最终得到的计算结果为 true（即 1）。假设 x=4，数学表达式 "$5>x>3$" 的结果为 true，而 C++ 表达式 5>x>3=true>3=1>3 的结果为 false。前述数学表达式和 C++ 表达式的结果并不相符。数学表达式的分式转换要注意分子和分母的整体性，在 C++ 中可用圆括号将分子和分母分别括起来，否则分数线转换为 C++ 除法时可能仅用了部分分母和分子数据。例如，数学分式 $\frac{x+y}{y+z}$ 转换为 C++ 表达式的正确形式为 "(x+y)/(y+z)"，千万不要错误地写成 "x+y/y+z"。

运算符 "++" 和 "--" 分为前置运算和后置运算两种类别。前置运算 "++C" 或 "--C" 的运算规则是：先进行 "++" 和 "--" 运算，再取 C 的值当作左值结果。后置运算 "C++" 或 "C--" 的运算规则是：先取 C 值当作右值结果，再对 C 进行 "++" 和 "--" 运算。前置运算 "++C" 或 "--C" 的运算结果是有址左值，代表该左值结果的变量是 C。后置运算 "C++" 或 "C--" 的运算结果是无址右值。因此，前置运算 "++C" 或 "--C" 的传统左值结果可被继续赋值，等价于对代表该传统左值结果的传统左值变量 C 进行赋值。

```
int   C=0, X, Y;
X=++C;      //先执行 C=C+1，故 C=1；再将代表传统左值结果的 C 的值赋给 X，故 X=1
Y=C++;      //先将 C 的值赋给 Y，故 Y=1；再执行 C=C+1，故 C=2，C++ 的结果是右值 1
++C=5;      //等价于 C=C+1，再执行 C=5；但 C++=5 是错的，因为 C++ 的结果是右值
```

由上可知，"-- (++C)" 是正确的。因为圆括号的优先级较高，故括号中的 "++C" 先于 "--" 进行运算；"++C" 的运算结果是左值，该左值将作为 "--" 运算的操作数，而 "--" 运算正好需要左值操作数。而 "(X--)++" 是错误的，因为 "X--" 的运算结果是右值，该右值将作为后续 "++" 运算的操作数，但该 "++" 运算要求操作数必须为左值。

整数 X 乘以 2 相当于 X 左移 1 位，X 除以 2 相当于 X 右移 1 位。左移和右移是字位二进制运算，运算速度远比算术运算快。"C=X<<3" 相当于 C=X*2^3⇔C=X*8；"C=X>>4" 相当于

C=X/2⁴ 用 $C=X/2^4 \Leftrightarrow$ C=X/16。运算符 "~" 也是字位运算符，用于对整数的每位二进制逐位求反。例如，对于 32 位整数 C=0xF73A5742，其二进制数为 $(11110111001110100101011101000010)_2$，对其逐位求反（即 "X=~C"）的结果为 $X=(00001000110001011010100010111101)_2=0x8C5A8BD$。

条件运算符 "?:" 是一个三目运算符，需要提供 3 个操作数或者表达式。"?" 前面的操作数是一个布尔值，":" 两边的操作数的类型必须相同或者相容。当 "?" 前面操作数或表达式的布尔值为 true 时，取 ":" 左边的数值作为条件运算的结果，否则取 ":" 右边的数值作为条件运算的结果。条件表达式可用来代替 C++ 的部分 if-else 语句。例如，"y=x>0?x: –x;" 等价的 C++ 语句为 "if(x>0) y=x; else y=-x;"。

2.5　结构与联合

简单类型只能描述事物某一方面的特性，而结构类型用于聚合属性，从而形成对象的完整描述。联合用于从不同角度观察同一属性，即同一属性用不同的类型描述。

2.5.1　结构体

描述人员的年龄可用简单类型 "int"，描述人员的工资可用 "double" 类型。如要描述人员的完整信息，则需要聚合前述原子特性，可用 "struct" 类型来聚合人员的原子特征。在使用 struct 定义类型时，C 语言或 C++ 通常以分号结束，如下所示。

```
struct Person{           //定义人员的类型 Person，用于聚合以下成员来描述其原子特性
    char *name;          //定义人员的姓名作为成员
    int birthYear;       //定义人员的出生年份作为成员
    double salary;       //定义人员的工资作为成员
};
```

可以在定义一个结构类型的同时，定义该类型的变量或者函数；也可在类型定义完成后，再定义该类型的变量或者函数。例如，可以在定义结构类型 "Person" 的同时定义该类型的变量 liShiZhen；也可以在结构类型 "Person" 定义完成后，再定义该类型的变量 huaTuo 和 bianQue。C++ 兼容 C 语言关于结构类型及其变量的定义和初始化方法，如下所示。

```
struct Person{
    const char *name;    //定义实例数据成员 name，不允许修改 name 指向的姓名
    int birthYear;       //定义实例数据成员 birthYear
    double salary;       //定义实例数据成员 salary
}liShiZhen;              //在定义 Person 类型的同时，定义该类型的变量 liShiZhen
struct Person huaTuo;    //定义 Person 类型后，再定义变量 huaTuo
Person bianQue;          //可省略 struct，直接定义 Person 类型的变量 bianQue
```

在 C 语言中，结构类型的成员可被任意函数访问，相当于是一个 "公开的"（public）成员。对于基于 "Person" 类型定义的变量，可以初始化其每个实例数据成员，这些成员的内存是连续分配的。在 C 语言中，可以使用 "{…}" 初始化结构类型变量的成员，使用运算符 "." 逐个访问或修改该变量每个成员的值。在使用 "{…}" 初始化变量的实例数据成员后，未初始化的实例数据成员的值默认为 0 或者 nullptr。

【**例 2.9**】结构类型及其变量的定义和初始化。

```
struct Person {
    cons t char* name;
    int birthYear;
    double salary;
}liShiZhen = { "LiShiZhen", 1518, 703 };      //初始化所有实例数据成员
struct Person huaTuo={ "HuaTuo", 145, 0 };      //初始化所有实例数据成员
Person bianQue = { "BianQue", -310 };      //初始化部分实例数据成员
void main( ){
    bianQue.name = "BianQue";      //初始化单个实例数据成员
    bianQue.birthYear = -310;      //初始化单个实例数据成员
    bianQue.salary = 428;      //初始化单个实例数据成员
}
```

在独立定义一个变量的同时系统会为该变量分配内存，因此有独立变量名即代表内存有址。同一类型的变量占用的内存字节数都相同，例如，liShiZhen、huaTuo、bianQue 所占用的内存字节数分别为"sizeof liShiZhen""sizeof huaTuo""sizeof bianQue"，它们的字节数均等于"sizeof(Person)"。注意"Person"是类型名，在"sizeof"表达式中必须用括号括起。在结构体或者类"Person"中没有定义多态函数成员，且使用 x86 编译模式和 32 位整数的编译环境时，"Person"占用的字节数 sizeof(Person)=sizeof(const char *)+sizeof(int)+sizeof(double) =4+4+8=16。

指针 name 指向单独分配的一块内存，该内存用于存储"Person"对象的真实姓名。C++所有指针变量的存储单元的字节数都是相同的，例如，对于"char *""int *""double *""Person *"类型的指针，它们的存储单元占用的字节数都是相同的。而存储指针的字节数取决于计算机硬件的地址长度和编译程序，前述指针在 x86 编译模式 VS2019 下均用 4 个字节存储。变量 liShiZhen、huaTuo 的内存布局如图 2.5 的实线部分所示，注意，图中虚线部分的字符串并不是对象 liShiZhen 或 huaTuo 内存的一部分。因此，不能因为 liShiZhen 和 huaTuo 的真实姓名 LiShiZhen 和 HuaTuo 的长短不同，就认为两个对象各自占用的内存字节数 sizeof liShiZhen≠sizeof huaTuo。

图 2.5 变量 liShiZhen 和 huaTuo 的内存布局图

结构类型的成员可以定义为任何类型，包括简单类型（如"char""int"等）以及复杂类型（如数组、结构、联合等），由此会形成嵌套的复杂的类型定义。当定义一个"工人"（即"Worker"）类型时，"工人"的实例数据成员"证件"可定义为"struct"类型，该类型包括实例数据成员"身份证"和"工作证"。

```
struct Worker{      //嵌套的结构类型定义
    char *name;
    int birthYear;
    double salary;
    struct Identification{ //在结构类型 Worker 中嵌套定义了 Identification 类型
```

```
        char *citizenID;
        char * employeeCard;
    }credential;
};
```

如果希望定义一个人员花名册，并快速完成人员查找任务，可以将人员以二叉树的形式组织和存储。二叉树的节点存放人员的姓名、工资等基本信息，其左子树以及右子树分别用指针 left 和 right 表示。前述人员类"Person"的定义可修改为以下形式——用二叉树存储。

```
struct Person{
    const char *name;          //指向人员的姓名
    int birthYear;             //存放人员的出生年份
    double salary;             //存放人员的工资信息
    Person   *left, *right;    //指向左子树和右子树
};
Person bianQue={"BianQue", -310, 428, 0, 0};        //0 表示空指针 nullptr，而非整数 0
Person liShiZhen={"LiShiZhen", 1518, 703, 0, 0};    //C++建议用关键字 nullptr 表示空指针
Person huaTuo={"HuaTuo", 145, 0, &bianQue, &liShiZhen};
```

注意，在定义及初始化变量 huaTuo 时，huaTuo 的左子树初始化为 bianQue，即有 huaTuo.left= &bianQue；huaTuo 的右子树初始化为 liShiZhen，即有 huaTuo.Right=& liShiZhen。而 bianQue 和 liShiZhen 的左右子树均初始化为空指针，这 3 个人员的内存布局如图 2.6 所示。

图 2.6　3 个人员形成的二叉树内存布局图

2.5.2　联合体

联合"union"也可用于定义复杂的类型，但与结构"struct"不同的是：它的每个实例数据成员不独立分配内存，而是共享字节数最多的那个实例数据成员的内存。修改联合内任何一个实例数据成员的值，都将影响该联合其他实例数据成员的值。当然，修改字节数少的实例数据成员的

值，将只影响字节数多的实例数据成员的一部分值。在定义"union"类型的变量并用"{…}"初始化时，默认按第一个实例数据成员的类型初始化；若初始值的字节数大于第一个实例数据成员的类型字节数，则该初始值将被截断，并取其低地址单元存储的值作为初始值。

【例 2.10】联合成员共享字节数最多的实例数据成员的内存。

```
union Long {            //自定义"union"类型 Long，成员 c、s、x 共享内存
    char    c;          //c 共享 x 的内存
    short   s;          //s 共享 x 的内存
    long    x;          //sizeof(long)=sizeof(x)
};
void main( ){
    Long    y = { 0X1234567L };    //截断取 1 个字节 0x67 的值，初始化所有成员
    char c = y.c;       //c='g'，对应的 ASCII 值为 0x67
    short s = y.s;      //s=103，对应的十六进制值为 0x67
    long z = y.x;       //z=103，对应的十六进制值为 0x67
    y.x = 0X1234567L;   //修改 x 所有字节单元
    c = y.c;            //c='g'，对应的 ASCII 值为 0x67
    s = y.s;            //s=17767，对应的十六进制值为 0x4567
    z = y.x;            //z=19088743，对应的十六进制值为 0x1234567
    y.c = 'h';          //修改字节 y.c=0x68，y.x=0X1234568
}
```

"Long"的变量 y 在执行"y.x=0X1234567L"后，其十六进制内存布局如图 2.7 所示，左边为高地址字节，右边为低地址字节。由于"char"类型的成员只占 1 个字节，故成员"y.c"只使用最右边的 1 个字节，以此类推，"y.s"使用最右边的 2 个字节，而"y.c"和"y.s"均共享成员"y.x"4 个字节的内存。

图 2.7 "Long"的变量 y 的十六进制内存布局图

结构和联合的数据成员都可以定义为位段类型。位段类型必须是字节数小于或等于"long long"类型的简单类型，如有符号或无符号的"char""short""int""long""long long"以及枚举等类型。但是，任何指针类型的成员都不能定义为位段类型，因为指针存储的"地址"的字节数是固定的。后续章节将会介绍"class"定义的"类"类型，"class"可和"struct"等价地相互转换，因此"class"类型的实例数据成员也可定义为位段类型。位段成员定义如下：

```
struct A{
    //char A::*u:2;    //错误：实例数据成员指针 u 不能定义为位段成员
    char x:3;          //使用 3 位二进制存储
    char y:4;          //使用 4 位二进制存储
    char z:5;          //使用 5 位二进制存储
}m;                    //sizeof(A)=sizeof m=2 字节
struct B{
    //char A::*u:2;    //错误：实例数据成员指针 u 不能定义为位段成员
    char x:3;          //使用 3 位二进制存储
    char y:4;          // x 和 y 共享一个字节，之后空闲 7 个字节：即按松散方式对齐
    long long z:5;     //使用 5 位二进制存储，分配 long long 大小的内存空间
}n;                    //sizeof(B)=sizof n=16 字节
```

位段成员在分配内存时按指定的二进制位数进行分配；如果相邻实例数据成员的数据类型相同，多个相邻的位段成员可以共享连续字节中的若干二进制位。上述类型 A 的对象将分配 2 个字

节的存储空间。由于现代计算机的地址是按字节编制的，而位段成员是按二进制位分配内存的，因此位段成员被认为是没有地址的，故不能取得也不得访问位段成员的地址。因此，取 m 的位段成员 y 的地址 "&m.y" 是错误的。但是，获取和访问非位段成员的地址是允许的。

联合的实例数据成员也可以定义为位段类型，联合的所有（位段或非位段）成员共享内存。C 语言和 C++支持没有对象的文件作用域的匿名联合，此时其成员可当作文件作用域的变量使用。这种联合在定义时必须使用 static 修饰，其对象的内存按最大成员分配，其他成员共享最大成员的内存。定义如下。

```
static  union{         //此匿名联合无类型名，必须用 static 表示属于文件作用域
    int    u;          //u、v、w 的作用域超出 union，可当作函数外部静态变量使用
    int    v;          //u、v、w 的作用域超出 union，属于当前文件作用域
    int    w;
};                     //没定义变量。由于匿名联合无类型名，以后也不可以定义变量
```

在当前文件作用域，上述定义相当于定义了 3 个共享内存的模块变量 u、v、w。因此，相当于对 u、v、w 进行了如下定义。

```
static int    u;       //文件作用域定义变量 u，初始值默认为 0
static int &v=u;       //文件作用域定义变量 v，共享 u 的内存
static int &w=u;       //文件作用域定义变量 w，共享 u 的内存
```

C 语言的"struct"和"union"提供了"定义"新数据类型的方法，但是这种新数据类型的定义是不完备的。因为它只定义该类型的作用域，而未定义数据成员的计算或操作。因此，只有当 C++将函数成员引入"struct"和"union"中以后，"struct"和"union"定义的类型才能名副其实地作为新数据类型（或者简称为"类"）。

练习题

【题 2.1】如何将十六进制数字 0、1、2、3、4、5、6、7、8、9、a、b、c、d、e、f 转换为十六进制数值？

【题 2.2】布尔类型只取 false 和 true 两个值，按理 1 位二进制数即可表示，为何布尔变量必须分配 1 个字节存储？

【题 2.3】简单类型的数值自动转换为其他类型时，需遵守什么转换规则？

【题 2.4】编译程序会根据需要转换 auto 和 register 变量的类型吗？如果会进行类型转换，将在什么条件下进行？

【题 2.5】为什么 const 和 volatile 能同时用来定义同一个变量？

【题 2.6】在采用 x86 模式的编译环境下，指针变量存储地址需要的字节数是多少？"int*"和"void*"指针变量的内存单元字节数相同吗？

【题 2.7】常量 5、3.2、"abc"的默认类型是什么？

【题 2.8】若给出以下声明。

```
char    c, *pc;
const   char   cc='a';
const   char   *pcc;
char    *const   cpc=&c;
```

```
const   char * const cpcc=&cc;
char    *const *pcpc;
```

则下面的赋值哪些是合法的？哪些是非法的？为什么？

（1）c=cc;　　　　　（10）*pc="ABCD"[2];

（2）cc=c;　　　　　（11）cc='a';

（3）pcc=&c;　　　　（12）*cpc=*pc;

（4）pcc=&cc;　　　　（13）pc=*pcpc;

（5）pc=&c;　　　　　（14）**pcpc=*pc;

（6）pc=&cc;　　　　　（15）*pc=**pcpc;

（7）pc=pcc;　　　　　（16）*pcc='b';

（8）pc=cpcc;　　　　　（17）*pcpc='c';

（9）cpc=pc;　　　　　（18）*cpcc='d';

【题 2.9】试计算 "15+3*7>>2-4>2==3>4" 的整型结果。

【题 2.10】试计算 "2+sizeof(char[12])+(1, 2, 3)*7" 的整型结果。

【题 2.11】试将数学表达式 $3+5x+\dfrac{x+2}{y+1}+4$ 转换为 C++ 的表达式。

【题 2.12】试画出 "int *(*p)[4]" 的类型解释顺序图，并对变量 p 的类型进行分步骤解释。

【题 2.13】枚举类型能用于结构体定义实例数据成员的位段吗？为什么？

【题 2.14】结构与联合在成员内存的分配上有何区别？如何使用 "{…}" 初始化其变量？

第3章
语句、函数及程序设计

C++的语句有空语句、数值表达式语句、复合语句、if 语句、switch 语句、for 语句、while 语句、do 语句、break 语句、continue 语句、标号语句、goto 语句等。使用这些语句可以完成任何规模的任务，但通常会将大的任务划分成若干子任务或者模块，然后通过定义函数来描述要完成的子任务或模块。这种分而治之的策略是最基本、最有效的程序设计方法。

3.1   C++的语句

C++的语句包括空语句、数值表达式语句、return 语句、复合语句、goto 语句、if 语句、switch 语句、for 语句、while 语句、do 语句、break 语句、continue 语句、asm 语句和 static_assert 断言语句等。若干语句构成一条复合语句或一个函数的函数体，用于完成稍微复杂的任务。类型、变量和函数定义形成程序，从而能够完成更为复杂的任务。

3.1.1   简单语句

空语句是最简单的顺序执行语句，仅仅由一个分号";"构成，表示不完成任何操作或动作。因此，分号";"并不是 C++语句的结束标志。常见的顺序执行语句是数值表达式语句，由数值表达加分号";"构成。最常见的数值表达式语句是赋值语句，包含赋值运算符 "=""+=" 等，并由分号";"结束。赋值表达式的结果为左值，可对结果再次赋值。例如，在定义 "int x，y;"以后，如下语句都是合法的数值表达式语句。

```
x=3;          //赋值语句：x=3。结果为左值，由 x 代表，可被再次赋值，如(x=3)=4⇔x=4
x+=3;         //赋值语句：相当于 x=x+3。结果为左值，由 x 代表，可被再次赋值
x++;          //后置++：取 x 值作为右值，结果为 6，然后执行语句 x=x+1=7。不能对 x++赋值
y=x++;        //先取 x 值 7 并赋给 y，后执行语句 x=x+1。最终结果 y=7 为左值，由 y 代表
++x;          //前置++：先执行语句 x=x+1=9，最终结果为左值，并由 x 代表（x=9）
++x=1;        //++x 结果为左值，由 x 代表，即++x=1⇔(x=x+1)=1⇔(x=10)=1⇔x=1
y = ++x;      //++x 为左值，由 x 代表（x=2），然后将 x 赋给 y，最终结果为左值，由 y 代表
++ ++x;       //++x 为左值，由 x 代表（x=3），故可再前置++，最终结果为左值，由 x 代表
(--x) --;     //--x 为左值，由 x 代表（x=3），故可再后置--。取 x 为整型表达式右值结果 3，然后完成 x--
x += 1;       //等价于 x=x+1，最终结果为左值，由 x 代表（x=3）。类似运算有 "*=" "%=" 等
y=(++x)++;    //最终结果为右值 4，赋给 y（而后 x=5）。最终结果为左值，由 y 代表
sin(3.1416);  //若先 "#include <math.h>"，则为合法函数调用，最终结果为右值
y + 3;        //合法语句：对于 "int" 类型变量 y，y+3 常被优化掉。y 为对象则不优化掉
```

3 + 4;	//合法语句：常量 7 会被优化掉
x > 2?3 : 4;	//合法语句：会被优化掉。x=5，表达式最终结果为右值 3
y >> 1;	//合法语句：$(100)_2$ 右移 1 位得到 $(10)_2$，最终结果为右值 2。y=4 不变
y << 2;	//合法语句：$(100)_2$ 左移 2 位得到 $((10000)_2$，最终结果为右值 16。y 不变

在上述语句中，"(++x)++" 中的括号一定不能去掉。对于 "++x++" 中的两个 "++"，由于它们的优先级相同，故运算时要考虑 "++" 的结合方向，而 "++" 的结合方向是自右至左，故应先算 x 右边的 "++"，因此，"++x++" 等价于用括号提高优先级的 "++(x++)"。注意，后置运算 "x++的" 结果为右值，该结果是不能用于括号左边的 "++" 运算的，因此，"++x++" 或 "++(x++)" 均为错误的表达式。

另外，自 "y+3" 开始的最后 5 个语句，最后会被编译程序优化掉，因为它们没改变任何变量的值，也没产生任何的输出，几乎没有起任何作用。函数调用 "sin(3.1416)" 不会被优化掉，尽管该调用没改变任何变量的值，而且也没产生任何输出，但是编译程序不知道 sin(…) 函数会做什么，它假定 sin(…) 函数能做包括输出的任何事情，故不会优化掉 "sin(3.1416)" 函数调用。

由 "{ }" 括起的语句称为块语句，又称为复合语句。复合语句可被看作一个语句，再出现在另一个复合语句的内部，即复合语句可以被嵌套定义。复合语句的内部可定义局部变量，不同层次复合语句中的变量具有不同的作用域。作用域可以是变量、参数或函数可被访问的范围。作用域越大的变量被访问的优先级越低，如果内外多层定义了同名变量 x，则在内层复合语句中访问 x 时，优先访问的是当前层内定义的变量 x。

当一个函数（如 main()）定义了返回类型时，必须使用语句 "return 数值表达式;" 返回。若主函数 main() 的调用者是操作系统，则返回值用于将程序执行状态告诉操作系统，Windows 操作系统和 UNIX 操作系统习惯返回 0 表示程序执行正常。当 main() 函数的返回类型定义为 void 时，即 main() 不需要返回值时使用 "return;" 返回；否则，需要使用 "return 数值表达式;" 返回一个值。

在 "return 数值表达式;" 中，数值表达式的类型不一定要和函数的返回类型完全相同，只要两者的类型能够相容即可，或者说数值表达式能够向返回类型转换即可。例如，main() 的返回类型为 "int" 时，可以使用 "return 2.2;" 返回，此时 2.2 会被截断并转换为整数 2 返回。除了简单类型之间能进行相容转换外，父子类型之间也能进行相容转换。

当 C++ 的函数被编译为汇编语言时，整型函数的返回值通常存储在 EAX 中。鉴于双精度浮点函数的返回值需要 8 个字节，故通常使用两个寄存器（即 EAX+EDX）存储返回值。结构和联合等类型的值需要的字节数可能更多，此时 EAX 或者 EAX+EDX 存储的是返回值的地址，可以通过地址访问相应的使用大量字节存储的返回值。

3.1.2　转移语句

转移语句（即 goto 语句），是结构化程序设计不提倡使用的语句。因此，在循环语句和多分支语句中，goto 语句常被中断语句（即 break 语句）或继续语句（即 continue 语句）所取代。goto 语句的使用格式为 "goto 标号;"。其中，标号是指 C 语言或 C++ 所允许的标识符，通常以 "标识符: 语句" 的形式定义标号。恰当地使用 goto 语句可以提高程序执行的效率。

goto 语句可在同一个作用域之内向某个标号转移，或者从内层作用域向外层作用域转移。当 goto 语句从外层作用域向内层作用域转移时，标号必须在内层所有局部变量的定义及其初始化之前。从外层作用域向内层作用域转移与结构化程序设计的思想背道而驰，它会导致程序难以调试及后期难以维护。因此，这种转移即使编译程序允许，也是不提倡的用法。

如果定义了多个层次的作用域，不同层次之间可以定义相同的变量名，同一层次之内不能定义相同的变量。如果两个平行的复合语句的作用域都是第 *N* 层，能否在这两个复合语句内定义相同的标号取决于编译器，能否从其中的一条复合语句转移到另一条复合语句也取决于编译器。但无论怎样，标号必须出现在前述复合语句局部变量的定义及初始化之前。如【例 3.1】展示了 goto 语句的正确与错误用法。

【例 3.1】转移至某层的标号时，标号必须在该层局部变量的定义及初始化之前。

```
void   main( ) {
    //以下为第一层作用域开始
    int a = 0, b = 0, c = 0;
    goto abc;              //转移至同层作用域的标号 abc，即下一条语句
abc: a = 1;               //任意一个语句之前都可以定义标号
    {//复合语句 1：第二层作用域开始
bcd:                      //该标号出现在同层局部变量的定义及初始化之前
        int d=1, b=2;     //定义了局部变量并同时初始化
        b = c+d ;
        goto cde;         //可以向外层作用域（即第一层）的 cde 标号转移
        goto lmn;         //正确：VS2019 允许同层作用之间的转移
        goto efg;         //错误：efg 在第二层局部变量 a、b 的定义及初始化之后
    }//复合语句 1：第二层作用域结束
    c = a + b;
    goto abc;             //在同一个作用域（即第一层）内转移
    goto bcd;             //正确：VS2019 允许向内层转移，没有跳过第二层 b、d 的定义及初始化
    goto efg;             //错误：efg 在第二层局部变量 a、b 的定义及初始化之后
cde: {//复合语句 2：第二层作用域开始，但和复合语句 1 不属于同一个作用域
        int a=2, b=2;     //定义了局部变量并同时初始化
efg:
        b = a + c;
        goto bcd;         //正确：转移标号在同层局部变量的定义及初始化之前
    }//复合语句 2：第二层作用域结束
    goto lmn;             //正确：a、b 没用在定义及初始化之后
hij: {//复合语句 3：第二层作用域开始，但和复合语句 1、2 不属于同一个作用域
        int a , b;        //局部变量 a、b 没有在定义的同时初始化
        a= 1;
lmn:
        b = a + c;
        goto bcd;         //正确：转移标号在同层局部变量的定义及初始化之前
    }//复合语句 3：第二层作用域结束
}
```

VS2019 不支持在多个第 *N* 层作用域的不同复合语句内定义同名标号，但支持在多个第 *N* 层作用域的复合语句之间进行跨块转移。但是，这种跨块同层转移的用法是一种不值得提倡的用法，而从块外向块内转移则更是一种不提倡的用法，这些用法不符合结构化程序设计的思想，可能导致程序交付之后维护变得非常困难。当然，同一条复合语句之内的转移以及从内层向外层转移是所有编译程序都允许的。

3.1.3　分支语句

分支语句有 3 种形式：（1）if（布尔表达式）语句 1；（2）if（布尔表达式）语句 1 else 语句

2；（3）switch 多分支语句。其中布尔表达式的运算结果是布尔值（即 false 或 true），布尔表达式是指用 "&&" "||" 运算符对布尔值进行运算构成的表达式。对于 ">=" ">" "<" "<=" "==" 和 "!=" 等运算符，它们构成的关系表达式进行运算的结果是布尔值，故 "&&" "||" 运算符也可用来连接关系表达式。

第（1）种形式的 if 语句没有 else 部分，通常称为 if 语句，当布尔表达式的值为 true 时就执行语句 1 部分，值为 false 时或者语句 1 执行结束后就执行 if 语句后面的语句。第（2）种形式的 if 语句有 else 部分，通常称为 if-else 语句，当布尔表达式的值为 true 时就执行语句 1 部分，否则就执行语句 2 部分；语句 1 或语句 2 执行结束后继续执行 if 语句后面的语句。if 语句何时结束取决于它所包含的语句 1 或者语句 2。

例如，当年份 year 满足如下条件之一时，这一年是闰年：（1）年份是 4 的倍数而不是 100 的倍数；（2）年份是 400 的倍数。如果使用 if 语句，可以编写例 3.2 所示的程序。其中，if 语句的布尔表达式可以简化成 "year % 4 ==0 && year % 100!=0 || year % 400==0"，这是因为运算符 "%" 的优先级高于 "==" 和 "!="，而 "==" 和 "!=" 的优先级又高于 "&&" 和 "||"，"&&" 的优先级又高于 "||"。

【例 3.2】输入年份并输出其是否是闰年。

```
#include<iostream>
using namespace std;
void main( )
{
    int   year;
    cin >> year;
    if (year % 4 ==0 && year % 100!=0 || year % 400==0)//如果是闰年
        cout << "yes";          //语句 1：输出是闰年
    else
        cout << "no";           //语句 2：否则输出不是闰年
}
```

上述的"语句 1"或者"语句 2"仅允许是一条语句，如果需要某个分支容纳多条语句，则可以将多条语句形成一条复合语句，将这个用"{ }"括起的复合语句作为 if 语句的分支。此外，"语句 1"或者"语句 2"并没有限定语句的类型，若新的语句是 if 语句，就会形成嵌套的 if 语句，也可以是 for、do、while 循环及其他任何语句。

由于 if 语句的"布尔表达式""语句 1""语句 2"均属于同一作用域，因此其任何标号都可以在本层作用域使用 goto 语句转入。即使"语句 1"或"语句 2"定义了嵌套的 if 语句，它们前面的标号也和当前 if 语句属于同一个作用域。注意，else 总是和最近的 if 配对，在如下嵌套的 if 语句中，else 和条件 if(N>0)配对形成 if-else 语句，并成为 if(X>0)后面所需要的"语句 1"。

```
if (X>0)    abc: if (N>0) cde: S = 0; else efg: S = 1;
goto abc;    //正确：在同一作用域转移
goto cde;    //正确：在同一作用域转移
goto efg;    //正确：在同一作用域转移
```

以上 goto 语句都是正确的，标号 abc、cde、efg 和 if(X>0)属于同一个作用域，也和 3 条 goto 语句同属一个作用域，因此 3 条 goto 语句都能找到相应标号并进行转移。当然，如果"语句 1"或"语句 2"是复合语句，则复合语句块会构成一层新的作用域，若其中定义了局部变量并同时进行了初始化，当 goto 语句要从外层作用域转入复合语句内时，goto 语句的标号需要出现在这些局部变量的定义和初始化前面。

由于非 0 值可以表示 true,因此"if (year % 100 !=0)"可以简化为 if (year % 100),虽然"year % 100"是算术表达式,但由于其结果要作为 if 条件的布尔值结果,故这个表达式的结果也会转换为布尔值。在一般情况下,"year % 100"是算术表达式,若其计算结果不等于 0,则"year % 100"转换为布尔值时为 true;否则"year % 100"的结果将转换为 false。在使用运算符"? :"代替 if-else 语句时,一定要注意":"两边操作数的类型必须相同或相容。可使用如下数值表达式语句取代例 3.2 的 if-else 语句。

```
cout<<(year % 4 ==0 && year % 100 || year % 400==0 ? "yes": "no");
```

第(3)种分支语句"多分支语句"是用 switch 定义的语句,它用字节数不大于"long long"类型的表达式的值去测试多个分支。注意,关系表达式和布尔表达式的结果为 false 或 true,这两个值在运算过程中可能会自动转换为 0 或 1。因此,关系和布尔表达式的值也能用来测试多个分支。多分支语句 switch 的使用格式如图 3.1 所示。

图 3.1 中的 expression 是其计算结果的字节数不大于 long long 整型的表达式。花括号"{"后面可以出现类型定义(即 type_definition);case 部分的"integal_constant_expression"是要测试的不大于"long long"类型的常量值,该常量值可以是编译时可计算的常量表达式,例如 false、'A'、8、false<true、3+sizeof(printf("no"))等。

图 3.1　多分支语句 switch 的使用格式

在多分支语句 switch 语句中,statement 表示任何形式的一条语句,包括赋值语句、复合语句、分支语句、转移语句以及循环语句等类别的语句,甚至可以是另一条被嵌入到当前 switch 语句中的 switch 语句。关键字 default 表示不满足其他所有分支测试值的默认分支,从图 3.1 来看,default 前后均可以有 case 测试分支,而且 default 前后也可以没有任何 case 测试分支。如果 case 测试分支的语句中没有 break 语句,紧随其后的 case 测试分支的语句将被执行。

switch 语句使用花括号"}"作为其结束标志。若在 switch 语句的花括号"{}"内部定义了变量,则形成了一层新的复合语句局部作用域,其中变量的访问规则同样是局部优先。而在使用 goto 语句时,也遵循之前谈到的转移规则:无论是外层转移到 switch 的内层作用域,还是多个同层但非同一作用域之间的转移,都必须在所有局部变量定义及初始化之前定义标号。

例 3.2 的 if-else 语句有两个分支,可很容易地转换为 switch 语句。C++通常将布尔类型当作整型来处理,if 语句中的条件表达式最终的结果为一个布尔值,布尔值 false 和 true 可以分别看作整型值 0 和 1。将例 3.2 的 if-else 语句转换为 switch 语句,布尔值转换为测试分支的测试值,得到的等价的程序如例 3.3 所示。

【例 3.3】输入年份并输出其是否是闰年。

```cpp
#include<iostream>
using namespace std;
void main( )
{
    int    year;
    cin >> year;
    switch (year % 4 == 0 && year % 100 || year % 400 == 0) //表达式有整型值
    {
        typedef    const char*CS;        //定义新的类型
        case 1: cout << "yes";           //语句 1：输出是闰年。case 1 也可以写作 case true
                break;                   //必须使用 break 语句，否则继续输出 no
        case false:                      //可认为是 case 0
                cout << "no";            //语句 2：输出非闰年。false 可用整数 0 替换
    }                                    //花括号"}"结束 switch 语句
}
```

在第一个测试分支"case 1:"的语句中，如果不放置 break 语句，则执行完第一个测试分支的语句后，会接着执行第二个测试分支"case false:"的语句。在 switch 语句中，break 语句的作用是跳过此后的所有语句，到本 switch 语句结束后的第一条语句位置。因为例 3.3 的 switch 语句实际使用的是布尔值，即总共只有两个不同的值 false 和 true，故最多只需要两个不同的分支，故"case false:"也可以使用"default:"替代。多个不同的测试分支可以共用一组语句，但是这些测试分支的测试值不能相同。

【例 3.4】多个分支共用一组语句的用法。

```cpp
#include<iostream>
using namespace std;
void main( )
{
    short int y;
    cin >> y;
    switch (y) {  //y 是字节数不大于"long long"的类型
        int a, b; //定义但未同时初始化：外部 goto 语句可转到 switch 内任何位置
        case 1:   cout << "yes";
                  break;        //将跳过所有后续测试分支直到 goto dead
        case 2:   //共用 case 4 测试分支的语句
        case 3:   //共用 case 4 测试分支的语句
    dead:         //定义 switch 作用域内的标号 dead，也可出现在"case 4:"之后
        case 4:   cout << "no";
    }             //花括号"}"结束 switch 语句
    goto dead;    //正确：必须在 switch 内定义并同时初始化的局部变量之前
}
```

3.1.4　循环语句

循环语句一共有 3 种类型：for 循环、while 循环和 do 循环。3 种语句基本上是可以相互转换的，for 循环常用于循环或者迭代次数明确的循环。当不满足其布尔表达式的循环条件时，3 种循环语句都将退出自己的循环体，从而结束循环。3 种循环语句的语法图如图 3.2 所示。

图 3.2　3 种循环语句的语法图

图 3.3　计算累加和的程序流程图

在 for 循环的第一个分号 ";" 之前，可以定义若干变量并对其进行初始化，或者使用一个表达式（即 expression），这个表达式叫作循环初始化表达式；两个分号之间的表达式叫作条件表达式或者布尔表达式，当满足条件表达式的条件或其布尔值为真时，才能执行其后的循环体（即 statement）；最后一个表达式叫作循环末表达式，是在循环体执行完之后执行的表达式，该循环末表达式执行完毕后接着检查条件表达式，以确定能否再次执行循环体。周而复始，直到条件表达式的布尔值为 false。

例 1.1 的计算累加和程序需要循环执行累加语句，其等价的流程图如图 3.3 所示。其中虚线框起的部分可用 for 循环实现，"S=S+X" 是 for 循环的循环体，"S=0,X=1"是 for 循环的循环初始化表达式，"X<=N" 是 for 循环的条件表达式，"X=X+1" 是 for 循环的循环末表达式。计算累计和的程序如例 3.5 所示。

【例 3.5】编程计算累加和 $S = \sum_{X=1}^{N} X$ ，其中 $N \geq 1$。

```
#include <iostream>      //由于要使用 cin 和 cout, 故必须先 "include<iostream>"
using namespace std;     //cin 和 cout 是在名字空间 std 中定义的, 必须 using
int main( ) {            //操作系统通过 "int" 类型的返回值知道 main()的执行状况
    int   N, X, S;       //定义 3 个变量: 累加边界 N、循环变量 X 以及累加和 S
    cout <<"Please input N: ";     //首先提示要输入 N, 通过 "<<" 函数输出提示信息
    cin >> N;            //然后输入 N, 通过运算符重载函数 ">>" 完成输入
    for(S=0, X=1; X<=N; X=X+1)     //循环末表达式 X=X+1 可用++X 或者 X++表示
        S = S + X;       //将 X 累加至 S, 循环体只能是一个（复合）语句
    cout <<"\nThe cumulative sum S is "<< S << endl;  //累加结束, 输出 S
    return   0;          //返回执行状态给操作系统, 0 表示成功,
}
```

在例 3.5 中，循环初始化表达式是一个逗号表达式，由赋值表达式 "S=0" 和 "X=1" 加逗号 "," 构成。逗号是一个双目运算符，即逗号左边和右边各有一个操作数。逗号左边的操作数是 "S=0"，在完成对 S 初始化为 0 后，左边操作数的结果取 S 的值 0；逗号右边的操作数是 "X=1"，在完成对 X 初始化为 1 后，右边操作数的结果取 X 的值 1。逗号表达式的最终结果取右边操作数的值 1。

若 for 循环的循环体是一个复合语句，当使用 goto 语句转入复合语句的内部时，须遵守之前

转入复合语句内层作用域的规则，这种转移也是不提倡使用的，除非必须使用。for 循环的循环体可以是一个新的 for 循环语句，如此便形成了嵌套的 for 循环语句。循环体可以是任何类型的语句，如 if 语句、switch 语句、while 语句、do 语句以及数值表达式语句等。在 for 循环的循环初始化表达式中，C++允许声明、定义和初始化变量。最新的 C++编译器，如 VS2019 等，甚至允许在 if 和 while 语句的条件表达式中声明和定义变量。例如，可以在"if(int z=1)"或"while(int z=1)"中定义变量 z，此时条件表达式将被编译为"z!=0"，因此，若在"while(int z=1)"的循环体将 z 设为 0，循环将会在下一次检测"z!=0"后结束。

二维数组的运算通常会用到双重循环，应对每一维定义一个循环变量进行运算。同理，三维数组应该定义 3 个循环变量进行运算。在存储二维数组的数据时，实际上是依次将二维转换为一维存储的，因为计算机的内存只能按一维线性空间进行编址。在存储二维数组的数据时，C 语言和 C++采取的存储方法是：先存储第一行的所有元素，再存储第二行的所有元素，直到最后一行的元素存储完毕。

例如，对于"int a[3][4]"定义的数组 a，其元素在内存中的存储顺序依次为：a[0][0]、a[0][1]、a[0][2]、a[0][3]、a[1][0]、a[1][1]、a[1][2]、a[1][3]、a[2][0]、a[2][1]、a[2][2]、a[2][3]。注意，每一维的下标都是从 0 开始的。第一行的 4 个元素为 a[0][0]、a[0][1]、a[0][2]、a[0][3]，第二行的 4 个元素为 a[1][0]、a[1][1]、a[1][2]、a[1][3]，第三行的 4 个元素为 a[2][0]、a[2][1]、a[2][2]、a[2][3]。计算数组 a 所有元素的累加和的程序如例 3.6 所示。

【例 3.6】计算 int a[3][4]的所有元素的累加和。

```cpp
#include <iostream>
using namespace std;
void main( ) {    //使用 void 定义的函数不需要返回值
    int s=0, a[3][4];
    for(int row=0; row<3; row++)         //在 for 循环初始化表达式中定义变量 row
        for (int col = 0; col < 4; col++)    //按行输入每列元素
        {
            cout <<"\na[" << row << "," << col<<"]:";
            cin >> a[row][col];
        }
    for (int row = 0; row < 3; row++)      //第一维定义的循环变量为 row
        for (int col = 0; col < 4; col++)    //第二维定义的循环变量为 col
            s += a[row][col];
    cout << "\nThe cumulative sum is " << s << endl;
}
```

上述程序使用双重循环，加法的次数为 3×4=12 次，即对每个元素都进行了累加。也可以将双重循环改为单重循环，只要保证加法次数仍然为 12 次即可，即没有降低程序的计算复杂性。二维转为一维及双重循环改为单重循环的方法，可以用来模拟维数及维界动态可变的数组，这一思想可以用在有关数组的类的定义中。修改例 3.6 中的双重循环为单重循环进行累加后，得到的等价的累加和计算程序如例 3.7 所示。

【例 3.7】使用单重 for 循环计算 int a[3][4]中的所有元素的累加和。

```cpp
#include <iostream>
using namespace std;
void main( ) {    //使用 void 定义的函数不需要返回值
    int s=0, a[3][4], *p=&a[0][0];
    for(int row=0; row<3; row++)
        for (int col = 0; col < 4; col++)
        {
```

```
            cout <<"\na[" << row << "," << col<<"]:";
            cin >> a[row][col];
        }
        for (int x = 0; x < 12; x++)        //使用单重循环变量 x 计算累加和
            s += *(p+x);                    //等价于 "s+=p[x];"
        cout << "\nThe cumulative sum is " << s << endl;
    }
```

由图 3.2 可知，while 和 do 循环都没有类似于 for 循环的初始化表达式和循环末表达式，但是循环前的初始化和循环末的后处理都是必不可少的。因此，为 while 和 do 循环增加循环前的初始化和循环末的后处理是极其必要的。如果没有循环末的后处理来改变循环条件，则循环语句就会变成死循环。和 for 循环一样，while 循环也是在循环条件满足时才执行循环体中的语句，使用 while 循环计算数组元素累加和的程序如例 3.8 所示。

【例 3.8】使用 while 循环计算 int a[3][4]中的所有元素的累加和。

```
#include <iostream>
using namespace std;
void main( ) {            //使用 void 定义的函数不需要返回值
    int s=0, a[3][4], *p=&a[0][0];
    for(int row=0; row<3; row++){
        int col=0;        //while 循环前的初始化
        while (col < 4) //循环条件：col<4
        {
            cout <<"\na[" << row << "," << col<<"]:";
            cin >> a[row][col];
            col++;        //while 循环末的后处理成为循环体的一部分：改变循环条件
        }
    }
    int x=0;              //while 循环前的初始化
    while (x < 12)        //循环条件：x<12。while 循环体只能有一个语句
        s+=*(p+x++);      //通过后置 "++" 改变循环条件，等价于 "{ s+=*(p+x); x++; }"
    cout << "\nThe cumulative sum is " << s << endl;
}
```

与 for 循环和 while 循环不一样的是，do 循环首先无条件地执行一次循环体中的语句，然后再检查循环条件是否满足，如果满足则继续执行循环体中的语句，否则结束 do 循环语句的执行。改变循环条件的语句也是循环体语句的一部分，因此常用复合语句作为 do 循环的循环体语句。

【例 3.9】使用 do 循环计算 int a[3][4]中的所有元素的累加和。

```
#include <iostream>
using namespace std;
void main( ) {  //使用 void 定义的函数不需要返回值
    int s=0, a[3][4], *p=&a[0][0];
    for(int row=0; row<3; row++)
    {//for 循环体只能有一个语句，故这里必须用复合语句
        int col=0;        //在 while 循环前初始化 col
        while (col < 4) //循环条件：col<4
        {//while 循环体只能是一个语句，故此用复合语句作为一个语句
            cout <<"\na[" << row << "," << col<<"]:";
            cin >> a[row][col++];  //若不改变 col，则会陷入死循环
        }//while 循环体结束
    }//for 循环体结束
    int x=0;              //在 do 循环前初始化 x
    do{                   //do-while 之间只允许出现一个语句，故用复合语句
```

```
    s+=*(p+x);      //等价于 "s+=p[x];"
    x++;            //若不改变 x，则会陷入死循环
}while (x < 12);    //循环条件：x<12
cout << "\nThe cumulative sum is " << s << endl;
}
```

上述 do 循环使用了一个复合语句，也可改为等价的数值表达式语句，修改后等价的 do 语句为 "do s+=*(p+x++); while(x<12);"。也可用等价的 "do s+=p[x++]; while(x<12);" 替换前述 do 语句，因为单重指针 "int *p" 可以视为一维动态数组 "int p[ ]"。

3.1.5　break 和 continue 语句

中断语句 break 只能用在 switch、for、while 和 do 语句中，用于中断当前执行流程并跳过其后的所有语句，直接退出包含它的 switch 语句或者终止包含它的循环语句。例如，如果要找出 "int b[10]" 中第一个可被 3 整除的元素的下标及其元素值，并累加这个元素之前的所有元素，便可用 break 语句在找到这个元素后直接退出或者终止当前循环。

【例 3.10】找出 "int b[10]中" 第一个可被 3 整除的元素的下标及其元素值，并累加这个元素之前的所有元素。

```
#include <iostream>
using namespace std;
void main( )
{
    int x=0, s=0, b[10];
    cout<< "\nPlease input array elements: ";
    for(x=0; x<10; x++)      cin >> b[x];
    for(x=0; x<10; x++)
    {
        if(b[x]%3==0) //通过 "%" 检查 "b[x]" 能否被 3 整除
        {
            cout<<"\nb["<<x<<"]="<<b[x];      //如果能整除则输出元素的下标及元素的值
            break;    //能整除则退出当前循环，转移至其后的 cout 处执行
        }
        s+=b[x];      //累加之前的所有元素
    }
    cout<<"\nThe cumulative sum is "<<s;
}
```

关键字 continue 只能用在 for、while 和 do 循环语句中，用于中断当前循环的执行流程，跳过 continue 后面的所有语句，进入 for 语句循环未处理部分，再检查循环条件是否满足，如果循环条件满足则继续下一轮循环，不像 break 语句那样终止当前循环。continue 语句的主要功能是继续下一轮循环。

【例 3.11】仅仅累加 "int b[10]" 中的偶数元素。

```
#include <iostream>
using namespace std;
void main( ) {
    int x=0, s=0, b[10];
    cout<< "\nPlease input array elements: ";
    for(x=0; x<10; x++)      cin >> b[x];
    for(x=0; x<10; x++)
    {
        if(b[x]%2) continue;  //如果是奇数则忽略该元素，去检查下一个元素
        s+=b[x];              //否则将该偶数元素累加至 s
```

```
    }
    cout<<"\nThe cumulative sum is "<<s;
}
```

3.1.6   asm 和 static_assert 语句

关键字 asm 可在 C 语言或 C++程序中插入汇编代码，用于完成高级语言难以完成的功能。例如，使用 asm 可调用操作系统的中断服务程序，或将某个寄存器设置为特定值等。高级语言程序在编译成汇编代码后，一般不会使用某些重要的寄存器。如果实在要使用这些重要的寄存器，会在使用前先保存其值，用毕后再恢复其值。但是，对于通用寄存器（如 EAX、EDX 等），编译程序通常会随意地使用。

因此，即使我们能用 asm 插入汇编代码，也不能随便使用重要的寄存器，否则有可能导致程序崩溃。使用寄存器 AX 或 EAX 没有任何问题，但使用其他寄存器则要极其小心。在返回 32 位整型值的函数返回语句前，返回值一般存储在 32 位的 EAX 中，这取决于编译的 "int" 类型是否是 32 位整数，如果是 64 位或更多则可能存储在其他的寄存器中。

不同的编译器对 asm 的支持可能不同，语法格式也可能有所不同。例如，VS2019 编译器通常使用 "_asm" 插入汇编代码。需要注意的是，若在 asm 中使用 32 位整数，则要求运行环境或编译器支持 32 位。

关键字 static_assert 用于提供静态断言服务，即仅在编译时判定执行条件是否满足，如不满足则通过编译输出相关信息。static_assert 的使用格式为 "static_assert(条件表达式,"输出信息")"，其中 "条件表达式" 必须在编译时可计算，即必须是能得到布尔值结果的常量表达式。static_assert 主要用于检查程序的编译和运行环境。

【例 3.12】使用 asm 设置函数的返回值。

```
#include <stdio.h>
void f( ) {                            //说明函数 f()不返回值
    _asm mov EAX, 3                    //使用 32 位寄存器 EAX 保存整数 3
}//VS2019 用 EAX 保存返回值，相当于定义了 "int f( ){ return 3; }"
void main(void) {                      //说明函数 main()不返回值
    int(*pf)( ) = (int(*)( ))f;        //强制类型转换：认为函数 f()返回整型值
    static_assert(sizeof(int) == 4, "I need 32 bit compiler!");// "sizeof" 在编译时可计算
    printf("return=%d",(*pf)( ));      //调用 f( )函数，输出整型返回值 3
    _asm mov EAX, 0;                   //相当于定义 "int main(void)" 并返回 0 给操作系统
}
```

3.2   C++的函数

"分而治之"是软件设计的有效方法，是模块化程序设计的核心思想。将一个复杂的程序分解为若干模块，进而用 C++的函数实现这些模块的功能，这样不仅提高了复杂程序的开发效率，同时也使复杂程序变得更易理解和维护。函数说明、定义和重载为区分和实现不同模块提供了有效机制。为了提升函数和程序的执行效率，C++还提供了 inline、constexpr 等优化手段，并提供了线程并发执行的互斥手段。

3.2.1 函数说明与定义

函数说明和定义的语法流程图如图 3.4 所示。说明或定义的函数可分为 4 种作用域：（1）默认全局函数；（2）内联函数，即 inline 函数；（3）外部函数，即 extern 函数；（4）静态函数，即 static 函数。默认全局函数就是没有使用 inline、extern 及 static 定义的一种函数。内联函数（即 inline 函数）是一种在文件作用域内用 inline 说明或定义的局部函数，是一种直接将其函数体代码插入主调函数调用位置，以代替函数调用，从而提高程序执行效率的函数。

图 3.4　函数说明和定义的语法流程图

外部函数是指使用关键字 extern 说明或定义的函数，定义函数时可以同时定义该函数的函数体，说明函数时不能同时定义该函数的函数体。C 语言函数的作用域可分为两类：（1）全局函数，即任何代码文件（".cpp" 文件）均可访问或调用的函数；（2）静态函数，即仅限当前代码文件访问或调用的用 static 定义的局部函数。使用关键字 extern 说明的函数要么来自全局函数，要么来自静态函数。全局函数可以在当前代码文件或者其他代码文件内定义其函数体。

在 C 语言函数的外部使用 extern 说明的函数可能来源于当前代码文件（".cpp" 文件）定义的全局函数，也可能来源于其他代码文件、目标文件（如 ".obj" 文件）、静态链接库文件（如 ".lib" 文件）、动态链接库文件（如 ".dll" 文件）等定义的全局函数。在 C 语言函数的内部使用 extern 说明的函数可能来源于全局函数，也可能来源于当前代码文件中定义的静态函数。静态函数指的是使用关键字 static 定义的函数，其作用域仅限于当前代码文件（即 ".cpp" 文件），仅能够被当前代码文件内的函数访问或调用。

在说明完函数的作用域种类以后，接着说明函数的返回类型（type_specifier）。返回类型可以是一个简单类型（如 "int"），也可以是一个复杂的类型表达式。函数的返回类型同变量的类型说明基本一致，但是函数的返回类型受到一定限制。例如，函数不能返回一个数组，也不能返回另一个函数。替代的解决方案是：函数返回一个指向数组的指针，或者函数返回一个指向函数的指针。

函数的返回类型说明可以跳过或省略，此时，函数的默认返回类型为 "int" 类型。但是，对于以后要介绍的构造函数、析构函数、强制类型转换函数，不能认为它们的返回类型默认为 "int"，因为它们确实不用定义返回类型。如果某个函数确实没有返回值，可在函数名前用 void 表示无返回值。例如，主函数 main()如果说明为"void main( )"，则 main()的函数体就不需要返回值，就不能在函数体中写"return 0;"之类的语句。

在说明函数的返回类型以后，接着便是函数名（即 function_name）的说明。函数名可以是任何合法的 C++标识符，但要避免使用 if、while、int 等关键字作为函数名。主函数 main()是特定的供操作系统等调用的接口函数，因而在说明其函数参数和返回值的类型时，应当使用操作系统为其预定的格式"int main(int argc, char*argv[ ])"或者等价的"int main(int argc, char**argv)"。

在说明完函数名以后，接着便要在参数表"(参数列表)"内说明函数参数。参数说明可以直接跳过，即函数可以无参或参数表为空，这样的函数称为无参函数。无参函数的空参数表"( )"也可用等价的"(void)"表示。例如，在之前的例子程序中，函数说明"int main( )"等价于"int main(void)"。

在说明函数的参数以后，可以跳过后面的所有说明，绕过 block_statement（即函数体）说明，直接到分号";"处结束说明。凡是这种没有函数体的说明，都可以称为函数的原型声明。在经过 constructor_declaration_list 和 throw 以后，跳过函数体或者复合语句说明，然后直接到分号";"处结束函数说明，这样的函数说明通常是类的构造函数原型说明。如果有函数体的函数说明则被称为函数定义。

【例 3.13】定义函数"int strlen(const char*str)"，用于计算参数给出的字符串 str 的长度。编程从命令行输入一个字符串、计算字符串的长度并输出长度值。

```
#include <stdio.h>
int strlen(const char *s)        //参数为只读字符串首地址 s，返回类型为"int"
{                                //函数体（即复合语句）的形式
    int x=0;                     //定义变量 x 用于存放字符串长度
    while(s[x]!= '\0') x++;      //若字符不是结束标志'\0'，则字符串长度加 1
    return x;                    //返回字符串长度
}//注意：extern int strlen(const char *s){…}因有函数体，仍然算函数定义
int main(int argc, char *argv[ ])
{
    extern strlen(const char *); //省略了返回类型 int 的函数说明，因已有外部定义该行可省略
    if(argc!=2) { printf("The number of input string is wrong\n"); return 1; }
    int x=strlen(argv[1]);       // "argv[0]"存放的是当前程序的绝对路径名称
    printf("The lenth of the string is %d\n", x);
    return   0;                  //告知操作系统运行正常
}
```

上述 main()函数可以接收命令行参数，argc 是接收的命令行参数的参数个数，第一个命令行参数为"argv[0]"。"argv[0]"存放的是当前可执行程序的绝对路径名称，即一个包含了程序所在目录及该可执行程序名称的字符串。自"argv[1]"起存放的是该程序运行所需的若干命令参数字符串，main()函数可根据这些命令参数完成相应的功能。

3.2.2　头文件与说明

通常将函数说明而非函数定义放在头文件（".h"文件）中，因为头文件可以被代码文件（".cpp"文件）多次包含，即多次"#include"，所以如果在头文件中给出的是某个函数的定义，这样的定义就会因多次包含而产生重复定义。C++不允许一个函数或变量重复定义多次，但是允许一个函数原型或变量重复说明多次。如果我们将标准输入输出头文件"stdio.h"输出，就会发现其中所

有的函数都是函数原型说明而非函数定义，所有的变量声明都是变量说明而非变量定义。例如，在 "stdio.h" 中包括以下有关输入和输出函数的说明。

```
extern int scanf(const char*fmt, …);   //函数说明：返回值为成功输入的变量个数
extern int printf(const char*fmt, …);   //函数说明：返回值为成功打印的字符个数
```

上述说明若去掉 extern 也是函数原型说明，没有给出函数体的函数说明都是函数原型说明。无论是否使用 extern，只要给出了函数体，则这样的函数声明称为函数定义。以上 scanf() 函数是一个用于从键盘输入的函数，其只读字符串参数 fmt 用于描述输入格式。输入格式通常会包括占位符，如 "%c" "%d" "%p" "%s" 等。占位符 "%c" 表示要在该位置输入一个字符，"%d" 表示要在该位置输入一个整数，"%f" 表示要在该位置输入一个浮点数，"%lf" 表示要在该位置输入一个双精度浮点数，"%p" 表示要在该位置输入一个地址，"%s" 表示要在该位置输入一个字符串。fmt 后面的 "…" 表示省略参数，表示调用时该位置可以出现任意个任意类型的实参。

函数 printf() 用于输出结果，参数 fmt 和函数 scanf() 的 fmt 类似。输出时通常会给出结果的输出宽度，例如，"%8d" 表示输出的十进制数共有 8 个字符，"%12lf" 表示输出的双精度浮点数共有 12 个字符，"%6c" 表示输出一个字符但是占用 6 个字符位置。在输出浮点数时，还可以指出小数位数，如 "%12.2lf" 表示输出总共占用 12 个字符位置，其中小数部分占用 2 个字符位置。输出时默认进行右对齐，且不输出正负号。在宽度前使用 "+" 可强制输出正负号，若使用 "-" 则强制使输出结果左对齐。

在函数 scanf() 的省略参数位置，可出现若干输入变量的地址。输入变量的个数由 fmt 占位符的数量决定，每个占位符对应一个要输入的变量。scanf() 的返回值表示成功输入的变量个数。在调用 scanf() 函数和 printf() 函数时，编译程序会严格检查实参和形参的类型。如果实参的类型和形参的类型不同，或者实参类型不能自动向形参类型转换，则编译程序就会报告语义错误。scanf() 的形参类型由 "stdio.h" 说明，故在调用 scanf() 前必须先 "#include <stdio.h>"。

```
#include <stdio.h>
int x, y, a, b, c;
scanf("%d,%d", &x, &y);      //两个整型占位符，对应两个整型变量 x 和 y 的地址
a=scanf("%d%d", &x, &y);     //将成功输入的变量个数赋给变量 a，a 通常为 2
b=scanf("%d%d", &x, &y);     //将成功输入的变量个数赋给变量 b，b 通常为 2
```

上述第一个 scanf() 要求使用逗号分隔两个要输入的整数；第二个和第三个 scanf() 没有指定分隔符，可以使用逗号或者空格分隔两个要输入的整数。上述 scanf() 若成功地输入了变量 x 和 y，则 scanf() 的返回值为 2，故 a、b 的结果为 2。但是，若上述 3 个 scanf() 语句使用以下键盘输入。

```
4,5
6 7
8Ctrl+z
```

以上 Ctrl 表示 Ctrl 键，Ctrl+z 表示同时按 Ctrl 键和 Z 键。在 Windows 操作系统中，组合键 Ctrl+Z 表示输入文件结束；在 UNIX 操作系统中，组合键 Ctrl+D 表示输入文件结束。对于第一个 scanf()，结果为 x=4、y=5；对于第二个 scanf()，结果为 x=6、y=7、a=2；对于第三个 scanf()，结果为 x=8、y=7、b=1。因为遇到键盘设备文件结束，所以第三个 scanf() 只成功地输入了变量 x；y 未输入，保持原有的值 7 不变；b 为成功输入的变量个数，故其值为 1。

函数 printf() 用于输出数值表达式的值。例如，如果 "x=17;" "y=238;"，则 "a=printf("%d,%d", x, y)" 的输出结果为字符序列 "17,238"，该字符序列共有 6 个字符，因此 printf() 的返回值为 6，

故有 a=6。注意，printf()的返回值为成功输出的字符个数，变量 x 和 y 的前面没有取地址运算符"&"。

上述 scanf()和 printf()函数来自 C++的标准库，在调用之前使用"#include<stdio.h>"包含，编译程序会自动将被调函数同 C++的标准库连接起来。但是，并非所有的函数都来自 C++的标准库，某些函数可能来自 C 语言的标准或者非标准库。若使用上述格式的 extern 函数原型说明，则无法将 C++调用的函数同 C 语言的库函数连接起来。

此外，如果 C 语言的代码丢失而只剩下了".obj"或".lib"文件，此时就必须解决 C++程序同 C 语言的非标准库的连接问题。假定在 C 语言的非标准库"CLIB.LIB"中有一个用 C 语言编写的函数"long sum(int)"，C++程序想要调用这个"long sum(int)"函数，则 C++程序在调用这个 C 函数前必须使用"extern "C" long sum(int n);"进行说明，并在连接时添加"CLIB.LIB"库让编译程序连接即可。"extern "C""表示说明的函数原型源于 C 语言的函数库。

3.2.3 函数的参数说明

由于省略参数和非省略参数均通过压栈传递实参，因此这些实参会连续出现在栈中的一段内存中，只要知道了非省略参数的地址，便可以得到相邻的省略参数的地址。省略参数使用"…"说明，表示它所处的位置可以出现任意个任意类型的参数。

【例 3.14】编写对 n 个整数求和的省略参数的函数 sum()。

```
long sum(int n, …)              //函数定义只能进行一次：全局函数
{
    long s=0; int *p=&n+1;      //p 指向第一个作为 n 的邻居的省略参数
    for (int k=0; k<n; k++)    s+=p[k];
    return s;
}
void main( ){
    extern long sum(int n, …); //外部函数原型说明可以重复多次，此行可省略
    extern long sum(int n, …); //外部函数原型说明可以重复多次，此行可省略
    int a=4;
    long s=sum(3, a, 2, 3);    //省略参数位置出现 3 个实参，执行完后 s=9
    s= sum(0);                 //省略参数位置出现 0 个实参，执行完后 s=0
    s= sum(1, a);              //省略参数位置出现 1 个实参，执行完后 s=4
    s= sum(1, a, 2);           //省略参数位置出现 2 个实参，实际只用 1 个，执行完后 s=4
}
```

注意，"&n+1"的地址取决于 n 的类型，若 n 是 4 个字节的整型，则"&n+1"指向下一个 4 个字节的整数，即"&n+1"中的 1 表示一个 4 字节整数，"&n+1"表示下一个整数单元的地址；若 n 是 8 个字节的双精度浮点数，则"&n+1"中的 1 表示一个 8 字节双精度浮点数，"&n+1"表示下一个双精度浮点数单元的地址。

在说明或定义函数的参数时，可以指定参数的默认值，当调用函数没有传递实参时，就使用默认的缺省值作为实参值。参数的默认值可以是任意表达式，但式中不得出现同一参数表中的参数，因为 C++的国际标准没有规定参数的计算顺序，编译器可以自主选择自左至右还是自右至左计算，不同的参数计算顺序会产生不同的执行结果，从而可能会因编译不同而导致程序不可移植。

【例 3.15】定义默认参数函数"char *strstr(char *str, const char *substr, int start = 0)"，用于从字符串 str 的 start 位置开始找出子串 substr 出现的地址。

```
#include<stdio.h>
char *strstr(char *str, const char *substr, int start = 0)
```

```
{
    if (str == 0) return 0;              //若主串为空则返回空指针，0 可以表示空指针
    int i,  j,  ls,  lt;
    for (ls = 0; str[ls]!= 0; ls++);     //求主串长度
    for (lt = 0; substr[lt]!= 0; lt++);  //求子串长度
    if(start + lt > ls) return 0;        //若从 start 开始 str 不够容纳子串，则返回空指针
    for (i = 0; i <ls-lt; i++)
    {
        for (j=0;j<lt; j++)   if (str[i+j+start]!=substr[j])   break;
        if (j==lt) return str+i+start;  //返回找到的地址
    }
    return 0;                           //没有找到则返回空指针，0 可表示空指针
}
void main( ) {
    char str[ ] = "I see him while he see me!";
    const char *substr = "see";         //注意字符串常量"see"的类型为 "const char*"
    char *s = strstr(str, substr);      //等价于 "strstr(str, substr,0)"：从第 1 个字符开始查找
    printf("%s\n", s);                  //输出找到的字符串
    s = strstr(str, substr, 4);         //从第 4+1 个字符开始查找
    printf("%s\n", s);                  //输出找到的字符串
}
```

对于说明 "char *strstr(char *str, const char *substr, int start = 0)"，不能认为是用 0 对形参 start 进行了初始化，此时只是对形参 start 指定了默认值。注意，函数形参的初始化永远是在函数调用那一瞬间进行的，此时将实参的值传递给形参，从而完成形参 start 的初始化。如果函数调用时没有指定实参的值，则将预定义的默认值作为实参的值传递给形参，以完成 start 的初始化。

C++不允许默认值使用同一参数表中的形参。例如，若允许定义 "int x=3; void f(int a, int b=++a);"，即若允许 b 的默认值 "++a" 使用同一参数表的形参 a，则函数调用 "f(x)" 等价于使用默认值的调用 "f(x, ++x)"。此时，自左至右计算实参则调用 "f(x)" 等价于调用 "f(3, 4)"，自右至左计算实参则调用 "f(x)" 等价于调用 "f(4, 4)"，从而导致 f()使用不同编译器时的执行结果可能不同。这和 C 语言不能调用 "f(x++, x++)" 的原因相同，即因编译环境不同和执行结果不同而导致程序不可移植。

此外，在定义函数的默认值参数时，有默认值的参数必须出现在无默认值的参数的右边。这样，无默认值的形参在调用时就必须自左至右给出实参，直到遇到有默认值的形参而不必给出实参为止，这样就为程序员提供了 "到此为止" 的书写便利。因此，函数说明 "int f(int a, int b=0, int c)" 和 "int f(int a, int b=0, int c, int d=0)" 都是不正确的。另外，不能在说明和定义函数时，都对同一个参数指定默认值，即使默认值相同也是不行的。例如，如下程序在说明和定义 f()时，均对 f()的形参指定了默认值 w，这将产生语法错误。

```
int w=3;                 //w=3
int f(int=w);            //正确：第一次指定第 1 个参数的默认值，可无参数名
int s=w++;               //w=4
int f(int x=w){ return x;} //错误：再次指定默认值。即使用常量指定也不行
```

在 "stdio.h" 中说明的函数，其函数体应在 ".cpp" 文件中定义，该代码文件被编译为 ".obj" 文件，然后通过库管理程序形成 ".lib" 或 ".dll" 文件，随同编译程序一起提供给程序员使用。程序员也可以生成自己的 ".lib" 或 ".dll" 文件，并提供 ".h" ".lib" 或 ".dll" 文件给他人使用。

函数说明可以重复说明多次，但是函数定义只能定义一次。假如一个程序由 "a.cpp" 和 "b.cpp"

两个代码文件构成，它们都使用了"#include <stdio.h>"，这相当于在同一个程序中，对 scanf()和 printf()共说明了两次。如果在"stdio.h"中给出了 scanf()的函数体，即对 scanf()进行了函数定义，则代码文件共计两次包含"#include <stdio.h>"，就相当于对 scanf()进行了两次定义，重复定义会造成连接错误，这是 C++所不允许的。因此，在自己定义".h"头文件时，最好仅给出变量和函数的说明，而不应给出变量和函数的定义。

【例 3.16】编写程序计算并输出斐波那契数列的前 10 个整数。

```
#include <stdio.h>          //引入 printf()的说明，以便调用
#include <stdio.h>          //正确：可以再次引入 printf()的说明，多次说明是允许的
extern int fib(int n);      //对 fib()函数进行原型声明
int fib(int=10);            //可再次对 fib()进行原型声明，设参数的默认值为 10
int fib(int n)              //定义函数 fib()，fib()是自递归函数。因为有函数体，即使用 extern int fib(int n)也算定义
{
    if(n==1 || n==2) return 1;
    return fib(n-2)+fib(n-1);   //自递归：自己调用自己
}
void main(void)
{
    int n=1;
    for(n=1; n<=10; n++)
        printf("Fib(%d)=%d\n", n, fib(n));
    n=f( );                 //使用默认值 10 调用 f()，等价于 f(10)
}
```

在上述"int fib(int n)"的定义中，它通过"fib(n-2)"或"fib(n-1)"直接调用自己，这种调用叫作自递归函数，也叫直接递归函数。若一个函数调用其他函数，而其他函数最终又调用该函数，这样的递归函数称为间接递归函数。

在递归调用的过程中，实参的值不断下降，直到不满足继续递归的条件，然后直接返回一个值结束递归，这样的递归方法称为递归下降法。例如，在"int fib(int n)"函数中，递归下降的实参是 n，直到 n 下降到 1 或者 2 才不再进行递归调用。如果递归函数的递归控制不当，将因栈溢出而使程序被中止运行。

3.2.4 函数重载

函数名相同但参数个数或者参数类型有所不同的若干函数被称为重载函数。C++不允许仅仅返回类型不同而其他部分均相同的函数原型存在。除运算符"sizeof"".".".*""::"和三目运算符"?:"外，C++的绝大部分运算符都可称为运算符函数，例如，双目运算符"%"可称为拥有两个参数的函数，单目运算符"!"可称为仅有单个参数的函数。

对于进行简单类型数值运算的运算符来说，C++已经默认进行了运算符函数的重载。例如，对于"a+b"中的双目加运算符"+"，可将"+"看作双目加函数的函数名，C++为其提供了"+(int, int)""+(int, double)""+(double, int)""+(double, double)"等形式的重载函数，这些双目加重载函数的两个参数的类型均互不相同。由于面向简单类型运算的运算符已被默认重载，因此 C++只允许为类的对象的运算进行运算符重载。

对于两个原型不同的重载函数："char *strstr(char *str, const char *substr)"以及"const char *strstr(const char *str, const char *substr)"，在调用 strstr()函数时，编译程序将用实参类型匹配上述两个重载函数的形参，最终选择匹配度最高的那个 strstr()函数进行调用。因为两个 strstr()的第二个形参的类型完全相同，所以编译程序根据 strstr()的第一个形参决定调用哪个函数。

【**例 3.17**】编程搜索子串首次出现在主串中的开始地址。

```
#define _CRT_SECURE_NO_WARNINGS
#include<stdio.h>                    //包含了对 printf()函数的说明
#include<string.h>                   //包含了对 strstr()函数的说明
void main( ) {
    char vstr[ ] = "I see him!";     //vstr 的每个字符可被修改，可视为"char *"类型
    const char *cstr = "I see him!"; //cstr 指向的每个字符都不可修改
    //以下语句调用的是"char *strstr(char *str, const char *substr)"，因 vstr 可视为"char *"类型
    char *s = strstr(vstr, "see");
    printf("%s\n", s);
    //以下语句调用的是"const char *strstr(const char *str, const char *substr)"
    const char *t=strstr(cstr, "see");  //因为 cstr 的类型为 const char *
    printf("%s\n", s);
}
```

C++曾提供一个用于说明重载函数的关键字 overload，但现在的编译器比较智能，能够通过函数参数来识别重载函数。例 1.1 定义的两个函数"int f(int a)""int f(int a, int b)"就是重载函数，因为它们的函数名相同，但参数个数有所不同。在将它们编译为汇编语言代码后，它们的函数名分别为"@@f\$qi"和"@@f\$qii"，其中 i 代表函数 f(…)的参数类型"int"。由此可知重载是如何实现的，以及调用时是如何根据实参找到对应函数的。

编译程序通过匹配实参与形参来找到最合适的函数进行调用。如果重载时定义了默认参数、省略参数等多种函数，则可能给实参与形参的匹配和函数调用带来麻烦，即当实参用完还不能唯一确定要调用的函数时，编译程序就会报告所谓的二义性错误。

```
int f(int x, int y=3);
int f(int x, …);
f(2);      //二义性错误：实参 2 匹配上述"int"类型形参 x
```

编译时，函数调用 f(2)能和第一个函数匹配，等价于使用默认值参数调用 f(2, 3)；函数调用 f(2)也能和第二个函数匹配，因为省略参数"…"表示可以出现任意个任意类型的实参，故 f(2) 可用 0 个实参成功匹配"…"。由于最终不能唯一确定要调用的函数，因此编译程序会报告 f(2) 的调用出现二义性错误。

简单类型的运算符函数已由 C++默认重载，因此，在重载新的运算符函数时只允许面向复杂的类，即重载时必须至少有一个参数代表单个对象。关键字 this 的类型是对象指针类型，虽然它是简单类型，但不是自定义的指针。作为隐含参数，它可以代表单个对象，用于运算符实例函数成员的重载。除此之外，其他任何自定义的指针都不能代表对象。

3.2.5 inline 及 constexpr 函数

如果在函数名前加上 static，例如定义"static int strlen(const char *s)"，则定义的函数 strlen() 为静态函数，只能被同一个".cpp"文件中的函数访问，而不能被其他".cpp"文件中的函数访问，即静态函数局限于当前文件作用域。如果函数名不加 static，则定义的函数的作用域是全局作用域，或者说是作用于整个程序的，能够被该程序所有".cpp"文件的函数访问。

如前所述，在不同的作用域中可以定义同名的变量或函数。因此，在不同".cpp"文件形成的不同文件作用域内，可以定义函数原型相同的静态函数，也可以定义同名的静态变量。除了 static

可以授权变量和函数获得文件作用域外，inline 也可以授权被定义的函数获得文件作用域。在 VS2019 的 "解决方案->ConsoleApplication1->属性->配置属性->C/C++->语言->"设置"C++语言标准"为"ISO C++17 标准(/std:c++17)"后，inline 也可以用于说明静态模块变量，这种变量也可能被优化掉，其作用域相当于 static 局限于当前代码文件。通过 inline 定义的函数称为内联函数，内联函数的作用域局限于当前代码文件。

在进行函数调用时，除了完成函数体对应的计算指令外，还需要完成传递实参、保存寄存器、恢复寄存器以及平衡栈指针等操作，这些操作都是函数体计算指令之外的额外操作或开销，而真正用于函数体计算的指令（如 "add eax,dword ptr [ebp+12]"）很少。因此，通过 inline 关键字声明的被调函数为内联函数。由编译器将函数调用指令替换为函数体计算指令，不仅可以降低调用开销，而且能够提高执行效率。

如果将例 1.1 的 "f(int a, int b)" 定义为 "inline int f(int a, int b)"，则编译的汇编程序实现内联的过程为：挑出 "f(int a, int b)" 函数体真正用于计算的汇编指令，替换 main()中的 "PUSH 4""PUSH 3""CALL @@f$qii、ADD ESP,8" 等指令，并删除 "@@f$qii" 函数及其对应的汇编指令。这样的处理将大大缩短程序的执行时间，且程序的执行效率会大大提高。因此，当函数体的指令很少且调用开销较大时，将函数定义为内联函数可以提高程序的执行效率。但是，如果被调内联函数的函数体很长，并且该函数在程序的多个位置被调多次，则内联后的程序则可能更长更低效。

假如函数 g()和 h()的调用开销均为 10 条指令，其真正用于函数体计算的指令分别有 5 条和 20 条，程序 A 对 g()的调用以及程序 B 对 h()的调用都各有 100 处。当不使用 inline 定义函数 g()和 h()时，程序 A 和 B 编译后汇编程序的长度大致为：汇编程序 A 长=100*10+5=1005，汇编程序 B 长=100*10+20=1020。若使用 inline 定义函数 g()和 h()，则程序 A 和 B 编译后汇编程序的长度大致为：汇编程序 A 长=100*5=500，汇编程序 B 长=100*20=2000。由此可见，内联函数函数体长的程序经过内联处理后汇编程序更长。

在内联函数内部，不能使用分支、循环、多分支和函数调用等引起转移的语句；否则，在调用内联函数时，编译程序还是会将函数调用编译成调用指令，而不是用函数体指令替换每个调用，这种情况称为内联失败。此外，若内联函数的定义出现在内联函数的调用之后，或者其他函数访问了内联函数的入口地址，或者内联的函数成员为虚函数或纯虚函数，都会导致被声明为内联的函数内联失败。

内联失败并不表示程序有语法错误，也不表示程序不能正确编译执行。除了调用指令会被内联的函数体替换之外，内联函数同普通函数相比没有本质区别。因此，内联函数也可以进行重载或省略参数等。被内联的函数无论内联是否成功，其作用域都局限于当前 ".cpp" 代码文件，其他 ".cpp" 代码文件无法访问或调用。也就是说，被内联的函数相当于在函数前加了 static 说明。全局函数 main()不能声明为 inline 函数，否则操作系统无法找到并调用该 main()函数。

【例 3.18】定义计算圆周长和面积的内联函数。

```
inline double pi=3.1416;          //文件作用域 pi，须设置 "/std: C++17"。相当于 inline static double pi=3.1416
inline  double  girth(double r);  //函数原型声明：无函数体
inline  double  area(double r)    //函数定义：包括函数体
{ //不能在 area 内定义 inline 变量
    return  pi*r*r;               //pi 也可能被优化掉
}//inline 相当于在函数前加 static，故 area()只能在当前代码文件内调用
```

```
void main( )                    //全局 main()不能内联，否则操作系统无法找到入口
{
    double    m;
    m=girth(5.0);               //内联失败，编译为函数调用 call 的形式
    m=area(5.0);                //内联成功，编译为 m = 3.1416*5*5 的形式
}
double girth(double r) { return    pi*2*r; }//函数 girth()的定义在调用 girth()之后
```

关键字 constexpr 定义的函数默认是 inline 函数，是一种比 inline 代码优化程序更高的函数，因此，定义 constexpr 函数的要求也比 inline 函数更多，出现下述情形时编译器将报告语法错误：constexpr 函数内有 goto 语句或标号，有 try 语句块，调用了非 constexpr 的函数（如 printf()函数），定义或使用了 static 变量、线程本地变量等永久期限变量。

如前所述，全局 main()函数不能定义为 inline 函数，故也不能定义为有 inline 功能的 constexpr 函数。constexpr 表示函数适于优化，并非用于说明函数的返回值，故不能认为返回值是 const，即不能认为返回值是只读传统右值。

【例 3.19】使用 constexpr 定义非成员函数以及实例和静态成员函数。

```
struct S {
    int n;
    inline static int p=0;       //若未定义初始值，则默认为 0。不能在类外定义和初始化
    static constexpr int f( ) {   //定义 constexpr 函数
        int x = 3;               //在 constexpr 函数内，不能说明 x 为 static 变量
        return x;
    }
    constexpr int& g( ) {         //定义 constexpr 函数，返回可写传统左值
        return n;
    }
    const constexpr int& h( ){    //定义 constexpr 函数，返回只读传统右值
        return n;
    }
    int i( ) { return n; }        //定义非 constexpr 函数
};
constexpr int g(int x) {          //等价于 int (constexpr g(int x){
    S y{ 2 };                     //y.n=2，y 不能是 "static" 类型的变量
    y.g( ) = 3;                   //y.g( )返回传统左值，可被赋值
    //y.h( ) = 3;                 //错误：y.h( )返回传统右值，不可被赋值
    //y.i( );                     //错误：constexpr 函数 g()不能调用非 constexpr 函数 y.i( )
    if (x < 0)    return    y.g( ) + S::f( );
    return    x * y.n;
}
int main( )                       //全局 main()函数不能定义为 constexpr 函数
{
    constexpr int x= 3;           //constexpr 要求用编译时可计算的初始化表达式如 1+2 定义只读变量
    return g(1);
}
```

3.2.6　线程互斥及线程本地变量

当 main()启动多个线程的时候，如果多个线程操作同一个变量，则程序的行为将变得不可预料。另一方面，如果线程之间需要互斥执行，则这些线程必须共享一个互斥锁变量，被锁住的线程代码不能并发执行，即一旦进入这段代码就必须执行到开锁，期间不会调度其他线程进入执行状态。

类 "std::mutex" 可以用来定义互斥锁变量，该类提供了加锁 lock()与开锁 unlock()方法，以便锁住一段代码。有两种方式锁住一段代码：（1）基于作用域的 "std::lock_guard"，当作用域结束

时自动解锁；（2）基于致命区的加锁与开锁，由加锁与开锁锁住一段致命代码。方法（2）存在的问题是：一旦致命区中的代码出现异常，就会转移到异常处理程序，从而没有机会执行开锁操作，这将导致其他线程无法运行。

有的线程将死循环放入致命区代码中，这样的线程会一直执行而不会结束。主函数 main() 在使用 "std::thread" 类创建线程对象后，该线程便会启动和执行被线程对象关联的函数，而主函数也会作为主线程继续执行。新建线程可能会在主线程之后结束，这样新线程分配的资源就不会释放。只有在所有线程结束并释放资源后，主线程再结束才会比较安全。

因此，主线程通常需要等待其他线程结束。在 main() 中用其他线程对象调用 join() 函数，就会使 main() 等待该线程对象结束，然后 main() 会继续向前执行。当然，如果希望 main() 提前结束某个正在运行的线程对象，可直接调用这个线程对象的析构函数。

用 "thread_local" 定义的变量在每个线程对象启动后，线程对象都会为该变量分配内存并初始化或调用构造函数，从而使每个线程对象都有独立隔离的关于该变量的内存，不会使程序因线程共享访问而出现不可预料的执行状态。虽然 "thread_local" 定义的变量看起来像全局变量，但是每个线程都有隔离该变量的内存来进行独立访问，就像线程自己的局部变量一样，故这种变量又被称为线程本地变量。

【例 3.20】线程本地变量及线程的互斥执行。

```cpp
#include <stdio.h>
#include <thread>
#include <mutex>
std::mutex mtx;              //共享锁变量：用于线程实现互斥执行
struct S
{
    int i = 0;
    S( ) {
        mtx.lock( );      //加锁
        printf("S( ) called, i=%d\n", i);  //致命代码区
        mtx.unlock( );  //开锁
    }
};
thread_local S gs;         //线程本地变量 gs
void foo( )
{
    mtx.lock( );          //加锁
    gs.i += 1;            //开始执行致命代码区代码
    printf("In foo, gs is at %p, gs.i=%d\n", &gs, gs.i);
    mtx.unlock( );        //加锁
}
void bar( )
{
    //以下语句加锁，直到其所在当前作用域结束，即函数返回时自动解锁
    std::lock_guard<std::mutex> lock(mtx);
    gs.i += 4;
    printf("In bar, gs is at %p, gs.i=%d\n", &gs, gs.i);
    std::lock_guard<std::mutex> unlock(mtx); //若因前面代码异常，本行没执行也会解锁
    // "std::lock_guard" 在当前作用域结束时自动解锁;
}
int main( )
{
```

```
std::thread a(foo), b(bar);//创建两个线程对象，分别和函数 foo()、bar()关联
a.join( );        //等待线程对象 a 执行结束后，主线程继续执行
b.join( );        //等待线程对象 b 执行结束后，主线程继续执行
printf("In main，gs is at %p, gs.i=%d\n", &gs, gs.i);
}
```

程序的输出如下所示。

```
S( ) called，  i=0
S( ) called，  i=0
In foo，gs is at 001EB72C, gs.i=1
S( ) called，  i=0
In bar，gs is at 001EB72C, gs.i=4
In main，gs is at 001E4CF4, gs.i=0
```

由上例可知，main()、foo()、bar()3 个线程函数都创建了各自的线程本地变量 gs，3 个线程都各自修改和保存自己的 gs 值且互不相干，每个线程都维持着各自"gs.i 值"的正确状态，所以不会导致程序出现不可预料的状况。

3.3 作用域

变量、常量、函数可被访问的范围称为作用域。显然，全局变量和全局函数的作用域是整个程序，即所有模块和所有函数皆可进行访问；模块变量和模块函数的作用域仅限于当前代码文件，该文件的所有函数都能进行访问；函数内定义的静态或非静态局部变量，其作用域仅限于当前函数，其他任何函数都不能访问；常量的作用域仅限于当前表达式语句。在不同的数值表达式语句中，即使常量值相同也不能认为是同一个常量。

3.3.1 全局作用域与模块作用域

C++程序可由若干模块或代码文件构成，包括头文件（即".h"文件）、代码文件（即".c"或".cpp"文件）以及库文件（即".lib"或".dll"文件）。程序员只需要编写与问题求解相关的代码，而数学计算、界面处理等函数或功能由库文件提供。程序员也可以将自己编写的函数或类编译以后，通过库管理程序形成自己的库文件，供自己或他人在以后开发时使用。

一个代码文件可能会访问其他代码文件的变量和函数，被访问的全局作用域的变量或函数必须定义为全局变量或全局函数，而不能是用 static 定义的模块作用域的静态变量或者静态函数。在某个代码文件中，在函数外用 static 定义的变量称为模块静态变量，在函数内用 static 定义的变量称为函数静态变量。由于模块静态变量或函数的作用域为当前代码文件或模块，故模块静态变量或函数也可简称为模块变量或模块函数。

模块变量和模块函数不能被其他模块访问，即这些变量和函数属于当前模块作用域。因此，在不同的代码文件内，可以定义同名的模块变量和模块函数。由于全局变量和全局函数可被任意模块访问，因此一旦出现问题（如某个全局变量的值不符合预期），就必须检查所有可访问该全局变量的函数。由此可见，适当限制变量或函数的被访问范围有利于提高程序开发、调试和维护效率。

C 语言没有引入面向对象的概念，因此其作用域是面向过程，即面向函数的作用域。extern

外部变量也分两种，即模块外部定义的变量和函数外部定义的变量。模块外部定义的变量可能是在其他代码文件中定义的全局变量，而函数外部定义的变量可能是全局变量和当前代码文件中定义的模块静态变量。同理，extern 外部函数也分两种，即全局函数和当前代码文件中定义的模块静态函数。

全局变量和全局函数在整个程序范围内只能被定义一次。作为程序范围内的全局函数 main()，只能在程序的某个代码文件中唯一定义一次。全局变量和模块静态变量定义若仅说明变量的类型和名称，则其初始值默认为 0。若存在和全局变量（或函数）同名的模块静态变量（或函数），将优先访问作用域范围更小的模块静态变量（或函数）。

【例 3.21】程序由"A.cpp"和"B.cpp"两个模块构成，这两个模块编译并可连接形成一个可执行程序。

代码文件"A.cpp"的内容如下。

```
extern int x;              // "B.cpp"没定义全局变量 x，此 x 指的是"A.cpp"中自定义的全局变量 x
extern int x;              //可以多次说明 x
int x=2;                   //定义全局变量 x，只能在"A.cpp"或"B.cpp"中共计定义一次
static int u=5;            //模块静态变量 u，"A.cpp"或"B.cpp"均可定义各自的同名变量
int v=3;                   //定义全局变量 v，"A.cpp"定义后则"B.cpp"不能定义
static int y=3;            //模块静态变量可在"A.cpp"和"B.cpp"中各定义一次
int f( )                   //全局或非静态函数 f()在"A.cpp"和"B.cpp"中总共只能定义一次
{//作用域范围越小，被访问的优先级越高：局部变量总是优先于外部变量被访问
    int u=4;               //函数局部非静态变量：作用域为函数 f()内部
    static int v=5;        //函数局部静态变量：作用域为函数 f()内部
    v++;                   //优先访问自定义函数局部静态变量 v，不会访问函数外部的变量 v
    return u+v+x+y;        // "A.cpp"自定义的 y 被优先访问，不会访问模块外部的 y
}
static int g( )            //模块静态函数可在"A.cpp"和"B.cpp"中各定义一次
{
    return x+y;
}
```

代码文件"B.cpp"的内容如下。

```
extern int x;              //欲访问模块外部变量 x，即访问"A.cpp"定义的全局变量 x
extern int x;              //欲访问模块外部变量 x，允许多次说明
static int y=3;            //模块静态变量可在"A.cpp"和"B.cpp"中各定义一次
extern int f( );           //欲访问模块外部函数 f()，即"A.cpp"定义的全局函数 f()
static int g( )            //模块静态函数可在"A.cpp"和"B.cpp"中各定义一次
{
    extern int x;          //可再次说明（本行可省）访问外部的变量 x 即"A.cpp"的全局变量 x
    extern int y;          //访问函数外部变量 y（本行可省），优先访问本模块静态变量 y
    return x+y++;          //访问"A.cpp"的全局变量 x，优先访问"B.cpp"自定义的 y
}
void main( )               // "A.cpp"或者"B.cpp"只能有一个全局 main()函数定义
{
    int a=f( );            //a=15："A.cpp"定义的 f()返回后，f()中的 v 仍然存在，v=6
    a=f( );                //a=16："A.cpp"定义的 f()返回后，f()中的 v 仍然存在，v=7
    a=g( );                //a=5
    a=g( );                //a=6
}
```

3.3.2　局部作用域与块作用域

函数参数的作用域同函数的局部变量一样，即其作用范围仅限于该函数的内部。函数局部变量如果没有使用 static 定义，则其存储位置特性默认是"auto"类型的。存储位置特性为 static 的变量以及程序定义的全局变量，它们均"永久"存储在编译后的汇编代码的数据段中。对于例 3.21 的函数 f()定义的函数静态变量 v，在 main()函数调用 f()及 f()返回之后，v 的值仍然"永久"存在于数据段，main()的第二次 f()调用可以访问上次 f()调用后的 v 值。

函数参数及函数内未用 static 定义的局部变量，都存储在存储位置特性为 auto 的栈中。在被调函数的函数体执行前，先要将实参通过"压栈"的方式传递给形参，同时还要在栈中为函数的非静态局部变量分配内存；在被调函数返回之时释放非静态局部变量的栈中内存，并对实参通过"出栈"的方式释放其栈中内存。因为栈中函数的参数和局部非静态变量是自动分配和释放的，所以存储在栈中的局部非静态变量又可称为自动变量。

函数的非静态局部变量的存储位置也可定义为 register，顾名思义，这些变量的值也可以保存在寄存器（register）中，其好处是变量被访问和计算的速度更快。对于函数的非静态局部变量，C++编译器经常会进行存储优化，如果发现还有多余的未用的寄存器，就会将部分非静态局部变量转换为 register 变量。另一方面，当定义了过多的 register 变量而寄存器不够用时，就会将一部分 register 变量转换为局部自动变量。理论上，register 变量是没有内存地址的。但是，如果程序试图访问 register 变量的地址，编译器就会将 register 变量转换为使用栈的自动变量。

变量或函数的作用域可分多层。最外层的作用域为整个程序范围；稍小一点的是模块范围，即代码文件形成的作用范围；再小一点的是类或函数范围，这种作用域称为局部作用域。在函数作用域范围内，通过复合语句、循环语句以及多分支语句，又可嵌套地定义新一层的作用域，形成更多层次的作用域，这样的作用域称为块作用域。在不同作用域内，如果存在若干同名变量或参数，则作用域最小的变量或参数被优先访问。

外层作用域定义的标识符可在内层访问，但内层定义的标识符不能被外层访问，但 VS2019 允许访问内层定义的标号。变量、参数、函数名等标识符的作用域越大，其被访问的优先级就越低。如果内层定义了和外层同名的标识符，访问时优先访问内层定义的标识符。例 3.22 是多层复合语句作用域的用法展示，循环语句、复合语句以及多分支语句等都可以形成自己的作用域。

【例 3.22】多层复合语句作用域使用举例，作用域小的变量被优先访问。

```
int main( )
{//函数内第一层局部作用域开始：局部作用域或函数作用域
    int a=0, b=0, c=0;
    a=1;            // a 的作用域大于函数内第二层作用域即复合语句定义的 a
    {//函数内第二层局部作用域开始：块作用域
        int a=2, b=2;
        b=a+c;          //b=2，优先访问函数内第二层作用域的 a
    }//函数内第二层局部作用域结束
    c=a+b;          //语句处于函数内第一层作用域：访问该层的 a=1、b=0、c=1
    {//函数内新的第二层局部作用域开始
        int a=2, b=2;   //此 a、b 是新的变量，不是之前的第二层作用域变量 a、b
        b=a+c;          //b=3，本层（即第二层）作用域的 a=2 优先于外层 a=1 被访问
    }//函数内新的第二层局部作用域结束
    return 0;           //处于函数内第一层局部作用域，返回值 0 表示程序正常
}
```

作为上述函数第二层作用域的整个复合语句，在函数第一层作用域中被看成一条语句。如果不计 main() 的变量 a、b、c 的定义和初始化，将复合语句"{…}"整个看作一条语句，则主函数 main() 一共只有 5 条语句。

函数参数和局部自动变量的值存在栈中，当被调函数返回再由主调函数继续执行时，这些变量或参数的栈空间将被回收，因此局部变量的存储位置特性默认为 auto。在被调函数返回后，如果调用者试图用某种方法访问它们的值，将得到不可预料的随机执行结果，甚至导致更为严重的内存或页面保护错误。操作系统以分页的方式保护每个程序的内存，不允许一个程序访问其他程序的内存，一旦发现非法访问就会"杀死"当前访问程序。

若被调函数的参数或局部自动变量被引用，则主调函数可以借助这个引用变量继续访问被调函数的参数或局部变量。但是，这些参数或局部变量的栈内存在返回时已被自动回收，并且可能立即被其他线程、进程或程序分配占用。若再由主调函数通过引用去访问被其他程序占用的内存，就会被操作系统视为"非法访问"而"杀死"当前访问程序。栈的分配管理同操作系统和编译程序相关，例如，UNIX 和 Windows 操作系统的栈管理模式便不相同。Windows 操作系统的栈管理模式更易导致不可预期的结果。

【例 3.23】主调函数引用被调函数的局部自动变量将导致运行结果不确定。

```
#include <iostream>
using namespace std;
int   &f(int i)            //函数参数 i 可被视为存储于栈的变量
{
    int &j=i;              //引用存储于栈的变量 i
    return j;              //返回时 i 的内存被自动回收
}
int &g( )                  //g()返回的引用是存储于栈的自动变量 k
{
    int   k=6, &m=k;       //引用存储于栈的局部自动变量 k，相当于"auto int k"
    return m;              //返回时 k 的内存被自动回收
}
void main(void)
{
    int &x=f(10), x1=x;    //x1=x=10
    cout<<"x="<<x<<" x1="<<x1<<"\n";   //x 和 x1 的输出结果可能不同，因为重载函数<<也用了栈（x 引用的内存）
    int &y=g( ), y1=y;     //y1=y=6
    cout<<"y="<<y<<" y1="<<y1<<"\n";   //y 和 y1 的输出结果可能不同，因为重载函数<<也用了栈（y 引用的内存）
}
```

在 Windows 操作系统及 VS2019 环境下，输出结果 x 可能不为 10、y 可能不为 6，x、y 引用的是函数的非静态局部变量和函数参数。函数的局部静态变量"永久"存储于数据段，不会因函数返回就回收其占用的内存，因此，通过引用变量设法访问该局部静态变量将不会导致"非法访问"而被操作系统"杀死"。从主调函数引用被调函数中的局部静态变量，得到的访问结果是合法且符合预期的确定值。

3.4　生命期

常量、变量是否"永久"存储与它们的生命期相关。生命期指的是常量、变量生存活动的时间范围，而作用域指的是常量和变量可被访问的空间范围。函数局部自动变量的生命期容易理解，其生命期从函数被调用开始到函数返回为止。函数局部静态变量的生命期是自该函数第一次调用开始，直到整个程序运行结束，即直到 main()返回为止，在此期间它被"永久"存储在数据段。显然，全局变量的生命期是整个程序运行期间。

在 C++中，变量的生命期和作用域可能并不"一致"。全局变量的生命期和作用域是一致的，即可以在整个程序范围内访问到该变量，该变量也"永久"存在于整个程序的运行期间。模块静态变量的作用域仅限于当前代码文件范围内，但其生命期是自它第一次被访问开始，直到整个程序运行结束为止，即直到 mian()返回为止。在此期间，模块静态变量的作用范围只是整个程序活动范围的一部分。

对于函数内定义的自动变量或者函数参数，它们的生命期和作用域都局限于函数内部，即从函数开始运行，直到函数返回为止，因此其生命期和作用域表现出某种一致性。对于函数内定义的静态变量，其作用域局限于当前函数范围内，但其生命期是从该函数第一次被调用开始，直到整个程序运行结束为止，因为它和全局变量及模块静态变量一样，"永久"地存储在数据段。所以，第二次调用该函数时，还能访问第一次调用留存的静态变量的值。

常量或常量对象的生命期和作用域一致，均局限于它们所在的数值表达式，表达式计算结束则其生命期结束。但是，如果常量或常量对象被有址（或无址）引用变量引用，则编译时将分别在内存（或缓存）生成匿名变量，常量或常量对象将作为匿名变量的初始值，故它们的生命期将依附于匿名变量的生命期，将随匿名变量延长到所在函数返回时结束。同理，在将常量对象传给引用参数并调用该函数时，常量对象的生命期会随形参延长到函数返回时结束。

【例 3.24】在"A.cpp"和"B.cpp"构成的程序中，试分析常量、变量和函数的生命期和作用域。

代码文件"A.cpp"的内容如下。

```
int x=2;              //全局变量：生命期和作用域为整个程序
static int y=3;       //模块静态变量：生命期自第一次访问开始至整个程序结束
int f()               //全局函数 f()：其作用域为整个程序，生命期从调用时开始
{
    int u=4;          //函数自动变量：生命期和作用域为当前函数
    static int v=5;   //函数静态变量：生命期自第一次调用开始至整个程序结束
    v++;
    return u+v+x+y;   //f()的生命期在此结束
}
static int g() { return x; } //静态函数 g()：其作用域为"A.cpp"文件，生命期从调用时开始
```

代码文件"B.cpp"的内容如下。

```
extern int x;
static int y=3;       //模块静态变量：生命期自第一次访问开始至整个程序结束
extern int f();
static int g()        //静态函数 g()：其作用域为"B.cpp"文件，生命期从调用时开始
{
    return x+y++;     //x 由"A.cpp"定义，y 由"B.cpp"定义
}
void main()           //全局函数 main()：其生命期和作用域为整个程序
{
    int a=f();        //函数自动变量 a：生命期和作用域为当前函数
    const int&&b=2;   //传统右值无址引用变量 b 引用常量 2：产生匿名变量存储 2
    a=f();            //main()开始全局函数 f()的生命期
```

```
a=3;                    //常量 3 的生命期和作用域为当前赋值表达式
a=g( );                 //main()开始 "B.cpp" 的静态函数 g()的生命期
}//为 b 产生的匿名变量的生命期在 main()返回时结束
```

可以简单地认为，C++类型名的作用域和生命期是一致的，全局类型的生命期和作用域为整个程序，而局部类型的生命期和作用域则限于类或其所在的函数。但是，在有些面向对象的程序设计语言中，类型的生命期和作用域不一定一致。随着类型反射的概念引入 C++，也许类型生命期的相关概念将发生变化。

3.5　程序设计实例

栈是一种数据元素后进先出的数据结构，队列是一种数据元素先进先出的数据结构，这两种数据结构可以相互模拟，是两种非常常用的数据结构。在程序设计时，我们也经常使用模型，例如，使用有限自动机模型可以解决人带着狼、羊、草安全过河问题。

3.5.1　栈编程实例

栈可应用于火车调度和表达式计算。栈的数据元素可用一维数组（单重指针也可视为一维数组）存储，并且限定只能在数组的一端（即"栈顶"）操作，其中操作指的是从栈顶"压入"一个元素，或者从栈顶"弹出"一个元素。由于只能在数组的一端操作，故最后"压入"的元素被最先"弹出"。

如果用结构体定义一个数据元素为整型的栈类型"STK"，需要描述的内容包括：（1）栈的容量 v，即栈能存储的最大元素个数；（2）栈顶位置 t，即当前栈空闲的单元位置；（3）栈元素存放的首地址，即指针 e。单重指针 e 指向一块分配的内存，用于存放栈的数据元素，栈结构在"STK.h"中的定义如下。

```
struct STK{
    int *e;                                  //用于存放栈的数据元素
    int v;                                   //栈能存放的最大元素个数
    int t;                                   //栈顶位置或空闲位置
};
extern STK *const push(STK *const stk, int x);    //元素 x 压入 stk 指向的栈中
extern STK *const pop(STK *const stk, int &x);    //从 stk 指向的栈中弹出元素至 x
extern int top(STK *const stk);                   //得到 stk 指向的栈的栈顶位置
extern int vol(STK *const stk);                   //得到 stk 指向的栈的容量
extern void create(STK *const stk, int v);        //初始化 stk 指向的栈，最多存放 v 个元素
extern void destroy(STK *const stk);              //销毁 stk 指向的栈
```

对栈的主要操作包括：（1）压入；（2）弹出。除此之外，还需要提供另外两个操作：（1）判断栈是否空；（2）判断栈是否满。当栈刚刚创建时栈为空，此时栈顶位置 t=0，若将 t 看作位置偏移下标，则它指向"数组"的第一个元素。注意，C++的数组下标总是从 0 开始的。由于"数组"最多能存储 v 个元素，即从 0 到 v-1 位置可用于存储元素，因此在 t≥v 的位置表示栈满。通过栈顶位置和栈的容量，可以判定栈空和栈满。除此之外，还需要进行初始化及销毁操作。

【例 3.25】整型栈的函数定义及调用。在"STK.cpp"中定义栈的函数，在"USESTK.cpp"中调用栈的函数。

定义栈函数的"STK.cpp"如下所示。

```cpp
#include "STK.h"
STK *const push(STK *const stk, int x)
{
    if(stk->t>=stk->v) return 0;        //返回空指针 0，表示压入失败
    stk->e[stk->t++]=x;
    return stk;                         //返回非空指针 stk，表示压入成功
}
STK *const pop(STK *const stk, int& x)
{
    if(stk->t==0) return 0;             //返回空指针 0，表示弹出失败
    x =stk->e[--stk->t];
    return   stk;                       //返回非空指针 stk，表示弹出成功
}
int top(STK *const stk)
{
    return stk->t;                      //返回栈顶位置
}
int vol(STK *const stk)
{
    return stk->v;                      //返回栈的容量
}
void create(STK *const stk, int v)
{
    stk->e=(int*)malloc(sizeof(int[v]));//分配一块内存，用于存放栈的数据元素
    stk->v=stk->e?v: 0;                 //若分配成功，设置栈的容量为 v
    stk->t=0;                           //设置栈为空栈
{
void destroy(STK *const stk)
{
    if(stk->e) {                        //若 e 非空，则栈存在
        free(stk->e);                   //释放存栈元素的内存
        stk->e=0;                       //设置栈元素指针为空指针
        stk->v= stk->t=0;               //设置栈为不可用状态
    }
}
```

调用栈函数的"USESTK.cpp"如下所示。

```cpp
#include "STK.h"
#include "stdio.h"
void main( )
{
    STK s;
    int x;
    create(&s, 10);                     //初始化栈 s，最多可以存放 10 个元素
    push(&s,5);                         //将元素 5 放入栈 s 中
    push(&s,6);                         //将元素 6 放入栈 s 中
    push(push(&s,7),8);                 //将元素 7、8 放入栈 s 中
    pop(&s, x);                         //将元素 8 从 s 弹出至 x，x=8
    x=top(&s);                          //得到 s 栈顶位置，x=3
    x=vol(&s);                          //得到 s 栈的容量，x=10
    destroy(&s);                        //销毁栈 s
}
```

在 VS2019 环境下，创建一个名为 USESTK 的 console 工程，加入以上 3 个文件即可测试栈的功能。注意，在"push(push(&s,7),8)"中，"push(&s,7)"的返回值为"&s"，故可继续用返回值"&s"作为实参来调用"push"加入元素 8，以此类推，也可以进行栈顶元素的连续弹出。

3.5.2 队列编程实例

另一个常用的数据结构为循环队列。同样，也可以使用一个一维数组或单重链表来模拟循环队列。循环队列的主要操作有：（1）在队列尾部加入元素队列；（2）从队列首部取出元素；（3）判断队列是否为空；（4）判断队列是否已满。

注意，在头文件"QUE.h"中，只应包含关于变量和函数的说明，而不应包含它们的定义。否则，一旦程序在多个代码文件中"#include "QUE.h""，就会造成变量和函数在一个程序内被定义多次，这是编译程序连接时所不允许的。定义队列 QUE 的"QUE.h"如下。

```
struct QUE{
    int *e;                              //指向队列数据元素的首址
    int v;                               //队列能存放的最大元素个数
    int f;                               //队列首部位置
    int t;                               //队列尾部位置
};
extern QUE *const push(QUE *const q, int x);     //元素 x 压入 q 指向的队列尾部
extern QUE *const pop(QUE *const q, int &x);     //从 q 指向的队列首部弹出元素至 x
extern int empty(QUE *const q);                  //判断 q 指向的队列是否为空
extern int full(QUE *const q);                   //判断 q 指向的队列是否已满
extern void create(QUE *const q, int v);         //初始化 q 指向的队列
extern void destroy(QUE *const q);               //销毁 q 指向的队列
```

在创建或初始化队列时，分配大小为 v 个整型元素的内存块，用于存储队列的所有元素，此时队列为空，故设置 f=t=0。虽然队列的首尾指针 f、t 都会移动，但始终可以认为当队列为空时 f=t。当一个元素压入队列时，元素存储在 t 指示的队列尾部；当从队列取出一个元素时，从 f 指示的队列首部取出元素。

当从队首取出队列中的元素时，队首指针 f 不断追赶队尾指针 t，当队列元素为空时"f==t"；同理，将元素压入队列尾部的空闲位置时，队尾指针 t 不断追赶队首指针 f。但是，不能用 t 赶上 f 来表示队列满，因为"f==t"时表示队列已为空。队列满的条件设定为"t+1==f"，即队尾即将赶上队首的位置；考虑到队列为循环队列，因此"(t+1) mod v==f"时表示队列已满。

【例 3.26】在"QUE.cpp"中定义队列函数，在"USEQUE.cpp"中调用队列函数。

```
#include "QUE.h"
QUE *const push(QUE *const q, int x)
{
    if((q->t+1)%v==q->f) return 0;     //返回空指针 0，表示队列已满，压入失败
    q->e[q->t]=x;
    q->t=(q->t+1)%v;                   //队尾指针 t 循环移动
    return q;                          //返回非空指针 q，表示压入成功
}
QUE *const pop(QUE *const q, int& x)
{
    if(q->f== q->t) return 0;          //返回空指针 0，表示队列为空，弹出失败
    x =q->e[q->f];
    q->f=(q->f+1)%v;                   //队首指针 f 循环移动
```

```
        return  q;                    //返回非空指针 q，表示弹出成功
}
int empty (QUE *const q)
{
        return q->f== q->t;           //队列为空，返回真
}
int full(QUE *const q)
{
        return (q->t+1)%v==q->f;      //队列满，返回真
}
void create(QUE *const q, int v)
{
        q->e=new int[v];              //分配的内存有随机值，new int[v]()或 new int[]{}可将内存清零
        q->v=v;
        q->f=q->t=0;                  //设置队列为空
}
void destroy(QUE *const q)
{
        if(q->e) {                    //若 e 非空，则队列存在
            free(q->e);               //释放存储队列元素的内存
            q->e=0;                   //设置队列元素指针为空指针
        }
}
```

调用队列函数的"USEQUE.cpp"如下所示。

```
#include "QUE.h"
#include "stdio.h"
void main( )
{
        QUE q;
        int x;
        create(&q, 10);               //初始化队列，实际可以存放 9 个元素
        push(&q,5);                   //将元素 5 放入队列尾部
        push(&q,6);                   //将元素 6 放入队列尾部
        push(push(&q,7),8);           //将元素 7、8 放入队列尾部
        pop(&q, x);                   //将队列首部元素 5 弹出至 x，x=5
        x=empty(&q);                  //得到队列是否为空，x=0 表示队列非空
        x=full(&q);                   //得到队列是否满，x=0 表示队列不满
        destroy(&q);                  //销毁队列 q
}
```

在 VS2019 环境下，创建一个名为 USEQUE 的 console 工程，加入以上 3 个文件即可测试队列的用法。注意，在"push(push(&q,7),8)"中，"push(&q,7)"的返回值为"&q"，故可继续用来加入队尾元素 8，以此类推，也可以实现队首元素的连续弹出。

3.5.3　有限自动机编程实例

有限自动机可以解决人带着狼、羊、草安全过河的问题。有一个人带着狼、羊和草来到河的左岸，左岸只有一条无人摆渡的船。这个人要带着狼、羊、草从左岸安全到右岸，可是这条船最多只能装下一个人和其他三者之一，否则船便会沉没。如果没有人看管，狼会吃掉羊，羊会吃掉草。问如何过河才能保证狼、羊和草安全到右岸。

【例 3.27】使用有限自动机编程，解决人带着狼、羊、草安全过河问题。

当有限自动机处于某个状态时，它接收可行的输入动作，然后转移到另一合法状态。状态可

以用一串符号表示，也可以直接用整数编码表示；可首先用符号表示，然后改为用整数表示。用下画线"_"表示河流，Φ表示河流"_"左边或右边为空，人在河流"_"左边或者右边出现时用大写 M 表示，狼在河流"_"左边或者右边出现时用大写 W 表示，羊在河流"_"左边或者右边出现时用大写 S 表示，草在河流"_"左边或者右边出现时用大写 G 表示。初始状态为"GMSW_Φ"，安全过河状态为"Φ_GMSW"，人、羊在左岸而狼、草在右岸的状态为"MS_GW"。

输入动作可以用小写字母表示。这里，人单独过河用 m 表示，人带狼过河用 w 表示，人带羊过河用 s 表示，人带草过河用 g 表示。人带着狼、羊、草安全过河的有限自动机如图 3.5 所示，其中圆括号中的数值表示对应状态的整数编码。ERROR 状态表示错误陷阱，即狼吃掉羊或羊吃掉草的状态，一旦进入错误陷阱就永远处于该状态。当所有输入动作处理完毕并且最后状态为 9 时，则表示人带着狼、羊和草安全到右岸。由图 3.5 可知，该问题有两个最短的可行动作序列：smwsgms 和 smgswms。显然，smmmwsssgms 也是一个可行解，该问题的可行解有非常多个。

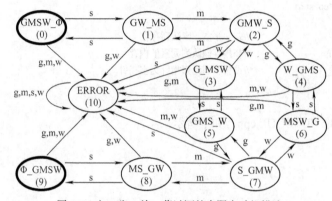

图 3.5　人、狼、羊、草过河的有限自动机描述

为解决人、狼、羊、草安全过河问题，可设状态变量 s 的初始值为 0，然后检查程序的命令行是否有输入，如果没有则输入一个动作序列字符串。根据现有状态 S 依次处理每个动作 a，然后转移到下一个新状态，直到所有动作处理完毕。程序如下。

```cpp
#include <iostream>
using namespace std;
int main(int argc, char*argv[ ]) {
    char a, *p, buff[256];        //一次键盘输入操作系统最多允许输入 255 个字符
    int   s = 0, k=0;             //有限自动机的初始状态为 s=0
    if(argc<=2) {                 //如果命令行没有输入动作序列
        cout << "Please input actions made of g, m, s, and w: ";
        cin >> buff;              //输入一个动作序列字符串
        p = buff;
    }
    else p = argv[1];             //命令行有输入动作序列"argv[1]"
    while((a = p[k++])!='\0'){    //从动作序列中取出一个动作送入 a
        switch (s) {              //检查当前状态 s
        case 0:                   //当前状态为 0
            s= (a == 's')?1:10;   //当前状态为 0 且输入动作为 s，则转移到状态 1
            break;
        case 1:                   //当前状态为 1
            switch (a) {
            case 'm':             //输入动作为 m
```

```
            s = 2;   break;        //当前状态为 1 且输入动作为 m, 则转移到状态 2
        case 's':                  //输入动作为 s
            s = 0;   break;        //当前状态为 1 且输入动作为 s, 则转移到状态 0
        default:                   //其他非法输入动作
            s = 10;
        };
        break;
    case 2:                        //当前状态为 2
        switch (a) {
        case 'g':                  //输入动作为 g
            s = 4;   break;        //当前状态为 2 且输入动作为 g, 则转移到状态 4
        case 'm':                  //输入动作为 m
            s = 1;   break;        //当前状态为 2 且输入动作为 m, 则转移到状态 1
        case 'w':                  //输入动作为 w
            s = 3;   break;        //当前状态为 2 且输入动作为 w, 则转移到状态 3
        default:                   //其他非法输入动作
            s = 10;
        };
        break;
    case 3:                        //当前状态为 3
        switch (a) {
        case 's':                  //输入动作为 s
            s = 5;   break;        //当前状态为 3 且输入动作为 s, 则转移到状态 5
        case 'w':                  //输入动作为 w
            s = 2;   break;        //当前状态为 3 且输入动作为 w, 则转移到状态 2
        default:                   //其他非法输入动作
            s = 10;
        };
        break;
    case 4:                        //当前状态为 4
        switch (a) {
        case 'g':                  //输入动作为 g
            s = 2;   break;        //当前状态为 4 且输入动作为 g, 则转移到状态 2
        case 's':                  //输入动作为 s
            s = 6;   break;        //当前状态为 4 且输入动作为 s, 则转移到状态 6
        default:                   //其他非法输入动作
            s = 10;
        };
        break;
    case 5:                        //当前状态为 5
        switch (a) {
        case 'g':                  //输入动作为 g
            s = 7;   break;        //当前状态为 5 且输入动作为 g, 则转移到状态 7
        case 's':                  //输入动作为 s
            s = 3;   break;        //当前状态为 5 且输入动作为 s, 则转移到状态 3
        default:                   //其他非法输入动作
            s = 10;
        };
        break;
    case 6:                        //当前状态为 6
        switch (a) {
        case 's':                  //输入动作为 s
            s = 4;   break;        //当前状态为 6 且输入动作为 s, 则转移到状态 4
        case 'w':                  //输入动作为 w
```

```
                s = 7;   break;          //当前状态为 6 且输入动作为 w, 则转移到状态 7
            default:                      //其他非法输入动作
                s = 10;
            };
            break;
        case 7:                           //当前状态为 7
            switch (a) {
            case 'g':                     //输入动作为 g
                s = 5;   break;          //当前状态为 7 且输入动作为 g, 则转移到状态 5
            case 'm':                     //输入动作为 m
                s = 8;   break;          //当前状态为 7 且输入动作为 m, 则转移到状态 8
            case 'w':                     //输入动作为 w
                s = 6;   break;          //当前状态为 7 且输入动作为 w, 则转移到状态 6
            default:                      //其他非法输入动作
                s = 10;
            };
            break;
        case 8:                           //当前状态为 8
            switch (a) {
            case 'm':                     //输入动作为 m
                s = 7;   break;          //当前状态为 8 且输入动作为 m, 则转移到状态 7
            case 's':                     //输入动作为 s
                s = 9;   break;          //当前状态为 8 且输入动作为 s, 则转移到状态 9
            default:                      //其他非法输入动作
                s = 10;
            };
            break;
        case 9:                           //当前状态为 9
            s = (a == 's')?8:10;         //当前状态为 9 且输入动作为 s, 则转移到状态 8
            break;
        default:                          //当前状态为 10: 陷阱状态
            s = 10;                       //永远处于陷阱状态
        }
    }
    cout << ((s == 9) ? "successfully crossed!\n" : "failed to cross!\n");
    return s!=9;   //成功时返回 0, 告知操作系统程序正常结束
}
```

注意, 在上述程序中, argc 表示命令行参数的个数, 第一个参数 (即 "argv[0]") 永远是当前可执行程序的绝对路径文件名, 因此, 通过 "argv[0]" 可以得知当前程序在哪个目录下运行。无论是 Windows 操作系统还是 UNIX 操作系统, 均以主函数 main()返回 0 表示程序执行正常。当程序执行结束后, 操作系统能够获得 main()的返回值, 从而可以据此决定下一步该干什么。

练习题

【题 3.1】数值表达式语句必须用 ";" 结束吗? 复合语句必须用 ";" 结束吗?

【题 3.2】分支语句和多分支语句可以相互转换吗? 若可以, 应如何转换?

【题 3.3】对于返回类型为整型的函数, 函数的返回值存储在哪里?

【题 3.4】变量说明与变量定义的区别是什么? 函数说明与函数定义的区别是什么?

【题 3.5】头文件中应该包含变量和函数的定义吗？

【题 3.6】举例说明什么样的变量的生命期和作用域不一致？

【题 3.7】头文件"string.h"定义了函数原型"char *strcat(char *dest, const char *src)"。试定义函数 strcat(…)的函数体，将 src 指示的字符串添加到 dest 指示的字符串的后面，并将调用strcat(…)时的 dest 的原始值作为函数的返回值。

【题 3.8】为何要使用和定义 inline 函数？内联失败有哪些原因？

【题 3.9】为何函数内部定义的非静态变量叫作自动变量？自动变量和寄存器变量可以由编译程序相互转换吗？

【题 3.10】在 Windows 操作系统下使用 VS2019 编译如下程序，运行时输出的结果 ri 和 gi 相等吗？为什么？删除 printf 语句中的 8，结果有什么变化？再删除 printf 语句中的 7，结果又有什么变化？换用不同的操作系统或编译程序，运行的结果会不同吗？为什么？

```
#include <stdio.h>
int &f( ) {int  i=10;  int  &j=i;  return  j; }
int g ( ) {int  j=20;   return  j; }
void main (void) {
    int  &ri=f( );
    int  rj=g( );
    printf("ri=%d\trj=%d\n", ri, rj, 1, 2, 3, 4, 5, 6, 7, 8);
    int  &gi=f( );
    int  gj=g( );
    printf ("gi=%d\tgj=%d\n", gi, gj);
}
```

【题 3.11】如下声明和定义是否会导致编译错误？试指出出错原因。

```
float        g(int);
int          g(int);
int          g(int, int y=3);
int          g(int, …);
int          i=g(8);
```

【题 3.12】定义一个函数求包含 1 个以上整数的序列中的最大值，int max(int c, …)，整数个数由第一个参数 c 指定。

【题 3.13】对于定义"int a[10]; int *p=a;"，可以完成赋值运算"*(a+2)=10;"和"*(p+2)=10;"吗？可以完成"a++"和"p++"运算吗？"sizeof(a)"和"sizeof(p)"有何区别？

【题 3.14】编写程序，将命令行的所有参数按每行输出一个输出出来。

第4章
C++的类

本章介绍类的声明和定义方法、类的数据成员和函数成员、类的成员的访问权限、类的构造函数和析构函数、类的实例对象的初始化方法、类的实例函数成员的隐含参数以及类的数据成员的内存布局。

4.1 类的声明及定义

关键字 class、struct 或 union 都可以用来声明和定义类。其中，struct 和 union 是 C 语言原有的关键字，class 是 C++新增加的关键字。类将数据成员、函数成员和类型成员封装起来，并提供可供外部访问的接口，这不仅降低了程序复杂性，而且实现了错误局部化。

4.1.1 面向对象的基本概念

类即类型的简称，用于描述对象的共同属性（Attribute）和方法（Method）。在 C++中，类的属性用数据成员表示，类的方法用函数成员表示。在使用 class、struct 或 union 定义类时，C++提供了防止直接访问对象部件的封装机制，普通用户只能访问对象的公开部件。封装用于定义对象的属性和方法以及属性和方法的访问权限。封装提高了代码的安全性，也使程序更易维护。

对象即类的实例，也就是某个类的值。例如，对象"张三"是"人类"的一个值。对象可以是变量，也可以是常量。变量值的变化反映对象状态的变化，即反映对象属性值的变化。类是一种数据结构，而对象则代表一段内存，存储了数据结构的值。当产生一个对象时，必须调用构造函数初始化对象，为对象申请各种资源；当一个对象"死亡"时，则需要调用析构函数，释放对象占用的资源。

实例函数成员是指间接或直接通过对象（即实例）调用的函数成员，因此实例函数成员都有隐含参数 this。如果类没有自定义某些特殊的实例函数成员，例如没有自定义析构函数、构造函数、赋值运算函数，则 C++编译程序会为该类生成默认析构函数、构造函数、赋值运算函数。自动生成的构造函数参数表无显式参数，通常不会初始化数据成员，仅保证类的正常运作，如为维护函数的多态性进行最基本的初始化。

构造函数是类封装的特殊的实例函数成员，用于对对象的数据成员进行初始化，对象必须初始化且仅能初始化一次。构造函数是和类名同名的实例函数成员。如果对象的数据成员为内存指针，则通常需要为该数据成员分配内存；如果对象的数据成员为文件指针，则通常需要为该数据成员打开文件。内存和文件资源必须妥善管理，否则可能造成内存泄漏，或者文件因未关闭而不能再被打开。

构造函数是用来初始化对象的。构造函数为对象申请各种资源，用于初始化对象的数据成员。除了隐含参数 this 外，构造函数可以自带若干参数，用于初始化对象的数据成员。如果类没有自定义任何构造函数，则 C++编译程序可能会生成默认构造函数。默认构造函数是参数表无参的函数，它会为维护多态或晚期绑定进行必要的初始化。

析构函数是类封装的特殊的实例函数成员，用于对数据成员申请的资源进行回收。析构函数是和类名同名且名前有“~”的实例函数成员。析构函数用于释放构造函数申请的各种资源、文件资源或设备资源等。虽然析构函数可以执行多次，但是应当尽量避免资源被多次释放，正如文件和设备不能被多次关闭一样。

析构函数是用来毁灭对象的，析构过程是构造过程的逆序。无论是作为对象的实例数据成员，还是通过继承得到的父类对象，析构函数都会按照构造的相反顺序析构。无论是程序自定义的析构函数，还是 C++生成的默认析构函数，都是参数表无参数的实例函数成员，它只能有一个隐含参数 this。

构造函数和析构函数都不能定义返回类型。构造函数和析构函数一般定义为公开函数，但是也可以定义为私有函数或者保护函数，不过调用时要受到私有函数或者保护函数的访问权限约束。定义私有和保护的数据成员和函数成员，可以限制数据成员或函数成员的访问范围；而定义公开的数据成员和函数成员，是为了对外提供任何函数都可以访问的接口。

函数绑定是指为函数调用寻找入口地址并调用的过程。早期绑定是指在程序代码运行之前完成的绑定，通常由编译程序静态连接或者由操作系统动态连接完成。而在程序运行期间由程序自己根据调用对象的类型，寻找合适的多态函数入口地址并调用的过程称为晚期绑定。完成晚期绑定过程的代码由编译程序预先插入程序中，早期绑定不需要编译程序插入完成绑定过程的代码。

4.1.2　类及对象定义的实例

如果在类的外部定义函数成员，则必须在函数名前加上类名及作用域运算符“::”，以指明该函数成员所属的类，否则定义的函数将被当作不属于任何类的非成员函数。非成员函数不是任何类的成员，例如 C++的普通函数 main()就是非成员函数。

【例 4.1】在两个不同的代码文件中定义字符串类型和字符串对象。

代码文件“STRING.cpp”如下所示。

```
#include <alloc.h>
struct STRING
{
    typedef   char *CHARPTR;      //定义类型成员
    CHARPTR   s;                  //定义数据成员
    int   strlen( );             //定义函数成员
    STRING(const char*);         //定义构造函数
    ~STRING( );                  //定义析构函数
};
int STRING::strlen( )            //用作用域运算符“::”在类的外部定义函数 strlen()
{   int   k;
    for(k=0; s[k]!=0; k++);
    return k;
}
STRING::STRING(const char *t)    //用作用域运算符“::”在类的外部定义构造函数
{   int   k;
```

```
        for(k=0; t[k]!=0; k++);
        s=(char *)malloc(k+1);              //构造函数申请内存资源
        for(k=0; (s[k]=t[k])!=0; k++);
}//构造函数无返回类型，无须使用 return 语句返回值
STRING::~STRING( )                          //用作域运算符 "::" 在类的外部定义析构函数
{
        free(s);                            //析构函数释放构造函数申请的内存资源
}//析构函数无返回类型，无须使用 return 语句返回值
```

代码文件 "MYSTRING.cpp" 如下所示。

```
struct   STRING   x("simple");
void main( )
{
        STRING   y("complex");
        STRING   *z=&y;
        int   m=y.strlen( );
        m=z->strlen( );
}
```

上述 STRING 类的数据成员 s 用来存放字符串，函数成员 "strlen( )" "STRING(char *)" "~STRING( )" 分别为字串长度函数、构造函数和析构函数。构造函数和析构函数没有返回类型，故不能认为其返回类型默认为 "int" 类型。

在主函数 main()中，"y.strlen()" 表示通过对象 y 调用函数成员 strlen()，"z->strlen()" 表示通过对象指针 z 调用函数成员 strlen()。因为指针 z 指向对象 y，所以 "z->strlen()" 等价于 "y.strlen( )"，即最终通过 y 调用函数成员 strlen()。

除了可以通过 "." 和 "->" 调用函数成员外，还可以通过 "::" ".*" "->*" 调用某些类型的函数成员，这样调用函数成员都称为显式调用函数成员。除了构造函数和析构函数能被编译程序自动调用外，其他任何函数成员都只能被显式调用。构造函数只能被编译程序隐式或自动调用，析构函数还可以被程序员显式调用。

构造函数是唯一不能被显式调用的函数成员。上述程序定义了对象 x 和 y，编译程序在初始化对象 x 和 y 时，会分别自动调用 "STRING("simple")" 和 "STRING("complex")"，这种调用是在定义对象 x 和 y 时隐式进行的，而不是通过运算符 "." 或 "->" 显式调用的。

对于未初始化的 "class" "struct" "union" 类型的变量，如果这些类没有基类和对象成员，也没有自定义构造函数、虚函数、纯虚函数，则可以对这样的类的变量以 "{…}" 列表的形式初始化；对于这些类型没有初始化的全局变量和静态变量，C++编译程序将其实例数据成员的值默认初始化为 0 或 nullptr。

析构函数既能被显式调用，又能被隐式或自动调用。当一个对象的生命期结束时，编译程序会自动调用该对象的析构函数。在例 4.1 中，对象 y 的生命期在 main()返回时结束，此时编译程序将自动调用 y 的析构函数；而当对象 x 的生命期结束时，即整个程序运行结束时，编译程序将在收工函数中自动调用 x 的析构函数。

如果程序在运行时非正常退出，则析构函数就可能没被自动调用。此时，如果不显式调用对象的析构函数，就可能造成对象占用的资源无法回收。内存资源无法回收将导致内存泄漏，从而造成操作系统的内存资源紧张。因此，在通常情况下，应该使用 return 语句正常退出程序，或者使用 C++的异常处理机制处理异常。

用 exit()和 abort()退出程序不是一种好的习惯，因为 exit()和 abort()退出属于非正常退出，这将导致程序申请的系统资源无法释放。在 C++程序中，在使用 exit()退出时还会执行收工函数，而

当使用 abort()退出时不会执行收工函数，但两者都不析构当前函数已经构造的局部对象。因为 abort()退出不会执行收工函数，所以不会执行全局对象的析构，从而导致全局对象占用的资源无法回收。

【例 4.2】本例说明 exit()和 abort()的正确使用方法。

```
#include <process.h>
#include "string.cpp"          //不提倡这样包含例 4.1 的 string.cpp：因为 "string.cpp" 内有函数定义
STRING x("global");          //自动调用构造函数初始化 x
void main(void)
{
    short error=0;
    STRING y("local");          //自动调用构造函数初始化 y
    //根据 error 标志决定执行哪个分支
    switch(error) {
    case  0:    return;           //正常返回时自动析构 x、y
    case  1:    y.~STRING( );     //为防止内存泄漏，exit()退出前必须显式析构局部对象 y
                exit(1);
    default:    x.~STRING( );     //为防止内存泄漏，abort()退出前必须显式析构 x、y
                y.~STRING( );
                abort( );
    }
}
```

在例 4.2 中，程序包含了例 4.1 的代码文件 "STRING.cpp"，因为 "STRING.cpp" 内定义了函数，这不是提倡的 "#include" 用法，好在整个程序只 "#include string.cpp" 一次，不会出现函数被多次定义的问题。

例 4.2 程序声明了全局对象 x 和局部对象 y，在出现错误需要退出的情况下，程序就如何释放系统资源做了示范。若函数调用出现多层嵌套，就不要使用 exit()和 abort()退出，因为此时无法析构中间层函数的局部对象，但采用异常处理就能够很好地解决这个问题。

如果显式调用了析构函数，而隐式析构又照常进行，则同一对象会被多次析构，从而使同一系统资源反复释放。为了防止同一对象反复析构，析构后应设置已被析构的标志。虽然操作系统允许内存反复释放，但不允许文件和设备多次析构关闭。

【例 4.3】定义一个能防止反复析构的字符串类。

```
#define _CRT_SECURE_NO_WARNINGS //防止 strcpy 出现指针使用安全警告
#include <string.h>
#include <malloc.h>
#include <iostream>
using namespace std;
struct STRING {
    char* s;                    //若内存分配成功则 s 非空，可将 s 非空作为未析构标志
    STRING(const char*);
    ~STRING( );
};
STRING::STRING(const char* t)
{
    s = (char*)malloc(strlen(t) + 1);
    strcpy(s, t);
    cout << "CONSTRUCT: " << s;
}
STRING::~STRING( )
{
    if (s == 0)   return;        //去掉本行，s1 析构可能会输出两次
    cout << "DECONSTRUCT: " << s;
    free(s);
```

```
        s = 0;                              //在析构后设置析构标志 s 为空指针
    }
    void main(void)
    {
        STRING s1("String varible 1\n");
        STRING s2("String varible 2\n");
        STRING("Constant\n");
        s2.~STRING( );
        cout << "RETURN\n";
    }
```

程序的输出如下所示。

```
CONSTRUCT: String varible 1
CONSTRUCT: String varible 2
CONSTRUCT: Constant
DECONSTRUCT: Constant
DECONSTRUCT: String varible 2
RETURN
DECONSTRUCT: String varible 1
```

例 4.3 声明的变量 s2 显式调用了析构函数，并在析构后设置了 s 为空的析构标志。所以在 main()返回时，编译程序自动析构 s2 不会产生任何输出，也不会多次释放同一内存空间。虽然操作系统能对多次释放内存容错，但养成一个好的编程习惯还是很有必要的。

在上述程序中，"STRING("Constant\n")" 是一个常量对象，所在的语句是数值表达式语句。不能认为 "STRING("Constant\n")" 用于显式调用构造函数，常量对象显式调用构造函数的形式为 "STRING("Constant\n").STRING("Constant\n")"，这种调用是编译程序所不允许的，因为构造函数不能被显式调用。

对象在其生命期结束时自动进行析构，且对象自动析构的顺序和其创建顺序相反，例 4.3 的 s1 在 s2 之后自动析构。常量对象在输出 "RETURN" 之前析构，即常量对象在构造之后立即析构，这说明常量对象的生命期不是整个 main()运行期间，而是该常量所在的数值表达式的计算期间。数值表达式一旦计算完成，常量对象就会自动析构；若数值表达式有多个常量对象，则按创建顺序的逆序进行析构。

当程序员没有为类自定义任何构造函数时，如果该类自定义或继承了虚函数或纯虚函数，或者自定义了只读或引用数据成员但没指定默认值，或者该类的对象成员或基类必须用实参调用构造函数初始化，则编译程序会为该类自动生成拷贝构造、移动构造及没有显式形参的构造函数。若该类的基类或者对象成员存在析构函数，或者该类继承或自定义了虚函数或纯虚函数，若该类没有自定义析构函数，则编译程序会自动生成析构函数。

关键字 delete 除了可以用于释放指针指向的内存外，还可用于删除编译能够生成的函数成员，如构造函数、析构函数和赋值运算函数，禁止程序员自定义和调用被删除的函数成员。因此，在对没有显式形参的构造函数使用 delete 删除后，程序员不能调用没有实参的构造函数创建对象。

关键字 default 除了可以用于 switch 语句的默认分支外，还可用于接收编译能够生成的构造函数、析构函数或赋值运算函数，这样就避免在自定义这些函数成员时书写太多代码。编译程序自动生成的 3 个构造函数的原型是固定的，且生成的构造函数只完成多态功能维护，不会初始化对象的实例数据成员。

【例 4.4】使用 delete 禁止产生构造函数以及使用 default 接收构造函数。

```
struct A {
    int x=0;
```

```
    A( ) = delete;              //禁止产生构造函数 A( )
    A(int m): x(m) { }
    A(const A&a) = default;     //接收编译生成的浅拷贝构造函数 A(const A&)；A 没有指针成员，浅拷贝即可
};
void main(void) {
    A x(2);                     //调用程序员自定义的单参构造函数 A(int)
    A y(x);                     //调用编译生成的拷贝构造函数 A(const A&)
    //A u;                      //错误: 变量 u 要调用构造函数 A( )，但 A( )被禁止使用
    A v( );                     //正确: 说明外部无参非成员函数 v()，且返回类型为 A
}// "A v( );" 等价于 "extern  A v( );"
```

在类 A 没有自定义任何构造函数、析构函数和赋值运算函数的情况下，编译程序将自动为类 A 生成的实例函数成员有 6 个: A( )、A(const A&)、A(A&&)、A&operator=(const A&)、A&operator= (A&&)、~A()。定义赋值运算函数使用的函数名是 operator=，调用赋值运算函数时直接用 "="（如 "x=y"），相关概念将在第 11 章 "运算符重载" 进行介绍。使用 delete 或者 default 可禁止或者接收 struct、class、union 生成的上述实例函数成员。

4.2　成员访问权限及突破方法

类为数据成员、函数成员和类型成员提供了封装功能，为这些成员的访问规定了不同的权限。在访问对象的这些成员时，必须服从相应权限的约束。但是，也可以定义与成员存储位置相同的新类，然后通过将对应类的对象强制转换为新类对象，来突破对应类相应成员的访问权限约束。

4.2.1　成员的访问权限

成员的访问权限使用关键字 private、protected 和 public 声明。其中，private 声明的成员是私有的，仅同一类中的成员函数能够访问私有成员；protected 声明的成员是受保护的，其所在类及派生类的成员函数可以访问 protected 成员；public 声明的成员是公开的，任何成员或非成员函数都能访问 public 成员。

对于由 class 定义的类，在刚进入 class 类体的内部时，成员的访问权限默认为 private；对于由 struct 和 union 定义的类，在刚进入类体的内部时，成员的访问权限默认为 public，这种规定保证了 C++对 C 语言的兼容。如果希望在类体中定义新的访问权限，可以通过 private、protected 和 public 设置新权限。

不管是什么访问权限的成员，都可以被该类的友元函数访问。对类的成员的访问主要包括:（1）类型成员的使用；（2）数据成员的取值、赋值、取地址以及取内容等；（3）函数成员的调用及取函数成员的入口地址等。由于不能显式地调用构造函数，也就不能获取构造函数的入口地址，否则通过该地址便可以显式调用构造函数。

构造函数和析构函数的访问权限通常声明为 public，但是也可以声明为 private 和 protected，只要访问它们时遵守相应的访问权限限定即可。将类的构造函数的访问权限定义为 private 或者 protected，意味着只有得到允许的函数才能创建该类的对象，如被声明为该类友元的函数或者该类派生类的函数成员。

【例 4.5】定义 FEMALE 类，以保护女性的隐私。

```
class   FEMALE{              //进入 class 类体，默认访问权限为 private
    int   age;              //age 为私有的，仅 FEMALE 的函数和友元函数可以访问
```

```
public:                      //访问权限设定为 public
    typedef char *NAME;      //类型名 NAME 不占对象内存，访问权限为公开的，所有函数都能访问
protected:                   //访问权限设定为 protected
    NAME nickname;           //nickname 仅能被 FEMALE 及其派生类函数、友元函数访问
    NAME getnickname( );     //函数成员 getnickname()不占对象内存，其访问权限同数据成员 nickname 一样
public:                      //访问权限设定为 public
    NAME name;               //数据成员 name 为公开的，所有函数都能访问
};
FEMALE::NAME FEMALE::getnickname( )
{
    return  nickname;        //正确，FEMALE 类的函数可访问自己的所有成员
}
void  main(void)
{
    FEMALE  w;
    FEMALE::NAME n;          //正确，NAME 是公开的，可被 main()访问
    n=w.name;                //正确，任何函数都能访问公开的 name
    //n=w.nickname;          //错误，main()不得访问保护成员 nickname
    //n=w.getnickname( );    //错误，main()不得调用保护的函数成员 getnickname()
    //int  d=w.age;          //错误，main()不得访问私有成员 age
}
```

本例没有将 main()定义为类 FEMALE 的友元函数，否则 main()便可以访问 FEMALE 类的所有成员。除了进入类体时的默认访问权限、继承时的默认继承方式不同外，struct 的其他用法和class 完全一样，它定义的类可和 class 定义的类等价转换。union 声明的联合体也是一种面向对象的类型，因此 union 声明的类也可以有构造函数、析构函数以及其他实例或者静态函数成员。

【例 4.6】定义联合的数据成员为"long"类型，定义取其低地址数据的函数成员。

```
#include <stdio.h>
union LONG{                  //进入 union 联合体，访问权限默认为 public
    unsigned int x;          //x 为 y 的低地址存储单元
    unsigned long y;         //数据成员 y 为"long"类型
    unsigned GetLow( );      //在 union 中定义实例函数成员
    LONG(unsigned long);     //在 union 中定义构造函数
};
LONG::LONG(unsigned long z){  y=z; }
unsigned   LONG::GetLow( ){ return  x; }
void main(void)
{
    unsigned   long dw=0x7654321L;
    LONG       wd(0x1234567L);
    printf("%x\n",wd.GetLow( ));
    printf("%x\n",LONG(dw).GetLow( ));         //LONG(dw)为常量对象
    printf("%x\n",LONG(0x76L).GetLow( ));      //LONG(0x76L)为常量对象
}
```

4.2.2　突破成员的访问权限

C++的封装能够阻止无意识的越权访问，却不能阻止有意识的越权访问。C 语言和 C++的强制类型转换提供了几乎无限制的类型转换能力，通过强制类型转换改变对应成员的访问权限，从而可以访问原有类型所不允许访问的数据成员。

【**例 4.7**】定义两个结构相似的类，以特洛伊木马方式访问另一个类，输出后者的用户口令。

```
#include <conio.h>
#include <iostream>
using namespace std;
class USER
{
    char passwd[10];           //访问权限默认为 private，表示是受保护的
public:                        //访问权限设定为 public
    char name[10];             //name 访问权限为 public
    USER(const char *user);
};
USER::USER(const char *user)
{
    cout<<"Please input password:";
    for(int i=0; i<10; i++) {
        name[i]=user[i];
        passwd[i]=getch( );
    }
}
struct TROJAN_HORSE           //定义另一个类，其结构同 USER 类相似
{                             //访问权限默认为 public
    char passwd[10],name[10];
};
void main(void)
{
    USER w("Wang");
    cout<<"\nWang's password=";
    for(int i=0; i<10; i++)    //口令为 10 个字符
        cout<<((TROJAN_HORSE *)&w)->passwd[i];
}
```

TROJAN_HORSE 和 USER 的结构完全相同，只是对应数据成员的某些访问权限不同。例如，USER 私有成员 passwd 和 TROJAN_HORSE 公开成员 passwd 存储位置对应一致。若将 USER 类型的对象 w 强制转换为 TROJAN_HORSE 类型，便可以访问到对象 w 的私有数据成员 passwd。

4.3　内联、匿名类及位段

内联可以提高程序的执行效率，也可以用于定义类的函数成员。对于其他位置不使用的临时类，就可以将其定义为匿名类。数据成员按位拼接成若干字节，既可以节省对象的存储空间，也便于实现类似开关的控制和访问。这些概念在程序设计时经常用到。

4.3.1　函数成员的内联

不管是否出现 inline 内联关键字，在类体内定义函数体的任何函数都会自动成为内联函数。内联函数成员也可以在类体外定义，但必须用 inline 关键字显式地加以说明。和以前介绍的非成员函数一样，内联函数成员通常是函数体较小的函数。

若内联函数成员使用了分支、循环、开关及函数调用等分支类型的语句，或在还未定义其函数体以前调用了该内联函数成员，或该函数成员被定义为虚函数或者纯虚函数，则该内联函数成员的内联动作就会失败。内联失败不代表编译程序会报告语法错误，而是意味着该内联函数成员

将被当作常规的函数成员调用。

【例4.8】定义复数类型 COMPLEX。

```
class COMPLEX
{
    double r, v;                        //分别存储复数的实部和虚部
public:
    COMPLEX(double rp, double vp=0){    //自动成为内联构造函数：因为定义了函数体
        r=rp; v=vp;
    };
    inline double getr( );              //inline 关键字可以省略
    double getv( );
};
inline double COMPLEX::getv( )          //定义为内联函数成员
{
    return v;
}
void main(void)
{
    COMPLEX c(3, 4);                    //d.r=3，d.v=4，不使用 vp 的默认值 0
    COMPLEX d(3);                       //d.r=3，d.v=0，使用 vp 的默认值 0
    double   r=c.getr( );               //内联失败：getr()的函数体尚未定义
    double   v=c.getv( );               //内联成功：此前已定义函数体
}
inline double COMPLEX::getr( )          //定义为内联函数成员，但此前内联失败
{
    return r;
};
```

复数类型的函数成员 getr()、getv()及构造函数 COMPLEX()均被声明为内联函数。在调用 getr()以前，getr()的函数体还未定义，因此 getr()内联失败。鉴于构造函数 COMPLEX(double rp, double vp=0)没有申请任何系统资源，故没有定义析构函数。

注意，尽管此类只定义了一个构造函数，但该构造函数使用默认值参数 vp=0，因此可以认为该类同时定义了两个构造函数：（1）单参数构造函数 COMPLEX(double rp)，它将用 v=0 初始化数据成员 v；（2）双参数构造函数 COMPLEX(double rp, double vp)，它将用调用时传递的实参 vp 初始化 v。

由于匿名类没有类名，故不可以定义构造函数和析构函数。而在类体外定义函数成员时也需要类名，因此，匿名类的函数成员不可以在类体外定义，只能在类体内定义该函数成员的函数体，从而使其默认成为内联的函数成员。当然，匿名类不能自定义构造函数和析构函数并不意味着编译程序不会为它自动生成构造函数和析构函数。

【例4.9】定义产生随机数的匿名类。

```
#include <iostream>
using namespace std;
struct {                    //定义一个匿名类：没有生成构造函数，兼容 C 语言
    int x=0;
    int random( ) {         //自动成为内联函数成员：定义了函数体
        return x=(23*x+19)%101;
    }
}r={1};                     //只能在此定义变量或对象，以后再无机会
struct   {                  //定义一个匿名类：自动生成构造函数，因为有虚函数 f()
    int   x=2;
```

```
        virtual int f( ){ return x; }   //定义虚函数 f()：自动内联失败
}s;//s.x=2，必须调用无参构造函数。不能定义"s={5}："，因为无法定义有参构造函数
void main(void)
{
        int t=r.x+s.x;          //t=1+2=3
        for(int i=0; i<10; i++)    cout<<r.random( )<<"\n";
}
```

4.3.2　无对象的匿名联合

对于无对象的匿名联合，C++完全兼容 C 语言的定义及其用法，并且没有做新的扩展。无对象的匿名联合具有如下特点：（1）必须定义存储位置特性 static；（2）只能定义公开实例数据成员；（3）其实例数据成员和联合本身的作用域相同；（4）所有实例数据成员共享存储空间。

对于函数外部无对象的匿名联合，其实例数据成员被编译成共享内存的模块静态变量。对于函数内部无对象的匿名联合，如果该联合前面出现了 static，则其实例数据成员被编译为共享内存的局部 static 变量；否则，其实例数据成员将被编译为共享内存的局部 auto 变量，若没有初始化这些实例数据成员，则它们的值将是栈上的随机值。

【例 4.10】定义无对象的匿名联合。

```
static union {          //无对象的外部匿名联合必须定义为 static
    //private:          //错误：不能定义私有成员，这是为了同 C 语言兼容
    int x, y, z;        //将 x、y、z 编译为共享内存的模块静态变量
};
//int z;                //错误：z 和联合成员 x、y、z 的作用域相同，不能定义同名变量
class CLERK {
    union {             //无对象的内部匿名 union 等价于 static union，有对象时不等价
        int   wage;     //wage、income 和 union 的作用域均为 CLERK，相当于
        int   income;   //在 CLERK 内定义了共享内存的 wage 和 income
    };
    char* name;         //wage 和 name 属于同一层作用域 CLERK
    //int   wage;       //错误：作用域 CLERK 内已定义 wage（来自联合成员）
};
int f(void)
{
    static union {      //在 static 定义的没有对象的内部匿名 union 中
        int u;          //u、v 将被编译为共享内存的 f()的局部静态变量
        long v;         //相当于在函数 f()中定义了静态变量 u、v（被共享内存）
    };                  //未初始化，静态变量 u、v 的值初始为 0
    return v += y;      //因内存共享，故局部静态变量 u=v
}
int g(void)
{
    union {             //在没用 static 定义的没有对象的内部匿名 union 中
        int u;          //u、v 将被编译为共享内存的 g()的局部自动变量
        long v;         //相当于在函数 f()中定义了静态变量 u、v（被共享内存）
    };                  //未初始化，自动变量 u、v 的值为随机值
    return v += y;      //因内存共享，故局部自动变量 u=v
}
void main(void)
{
    x = 3;              //因内存共享，故模块静态变量 x=y=z=3
    int w = f( );       //w=3，f()的静态变量 v 的值=3
```

```
w = f( );          //w=6, f()可以访问上次调用 f( )静态变量 v 的值
x = 3;             //因内存共享，故模块静态变量 x=y=z=3
w = g( );          //w=随机值，g()的自动变量 v 的值为随机值
}
```

例 4.10 在函数外部定义了 static 的没有对象的匿名联合，其成员 x、y、z 可被看作共享内存的模块静态变量，改变 x、y、z 中任意一个成员的值都将同时改变其他两者的值，即相当于定义了"static int x; static int &y=x; static int &z=x;"。

若 CLERK 内定义的 union 有对象，如果在 union 前没有出现 static，则该对象为实例数据成员，否则该对象为静态数据成员，静态数据成员的概念参见第 5 章。注意，函数 f()的 union 前面出现 static，u、v 被编译为 f()的共享内存的局部静态变量；而函数 g()的 union 前面没有出现 static，u、v 被编译为 g()的共享内存的局部自动变量。

4.3.3　局部类及位段成员

局部类是指类体中或函数体中定义的类。因为 C++不支持在函数内嵌套定义函数，故局部类的函数成员只能在局部类中定义函数体，从而使该函数成员自动成为 inline 函数成员。但是，inline 是否成功则要由之前所描述的条件决定。

【例 4.11】定义一个产生随机数的局部类。

```
#include <iostream>
using namespace std;
void f( ){                      //C++规定不得在函数 f()中嵌套定义新的函数
    class   RANDOM{
        int x;
    public:
        int random( )           //自动成为内联函数成员
        {   return x=(23*x+19)%101;   }
        RANDOM(int s)           //自动成为内联构造函数
        {   x=s;   }
    };
    int   x=0;
    RANDOM   r(x+1);            //定义并自动调用构造函数初始化对象 r
    static RANDOM   s(0);       //s 的生命期直到程序运行结束
    for(x=0; x<10; x++) cout<<r.random( )<<"\n";
}
void main(void) {  f( );   }
```

类 class、struct 和 union 的实例数据成员都能定义为位段，但位段成员的类型必须是字节数较少的数据类型，如"char""short""int""long""long long"等有符号或无符号类型，不能是浮点型、数组和类等类型。枚举也是简单类型，通常用整型实现，因此枚举类型也能用来定义位段。

【例 4.12】定义用于生产过程控制的开关和状态指示灯类。

```
#include <iostream>
using namespace std;
enum ALPHA{a, b, c, d};
class   SWITCH{        //总位数 28 位，采用紧凑方式存储时需 4 个字节数
    int   power:3;
    int   water:5;
    int   gas:5;
    int   oil:6;
    int   start:1;
    int   alarm:3;
```

```
        ALPHA    stop:1;
        int    manual:4;
}x;
union    STATE{           //最大成员 vol 的内存为所有成员共享
        int    speed:9;       //总位数 9 位（需 2 个字节），共用 vol 的内存
        unsigned  run:2;      //总位数 2 位（需 1 个字节），共用 vol 的内存
        int  vol;            //当采用 x86 模式编译环境时占用 4 个字节
}y;
void main(void)
{
        int&&m = y.speed; //y.speed 为无址左值（注意，左值也可以当作右值）
        //int& n = y.speed;  //y.speed 无址，故不可被有址引用变量 n 引用
        //int&& p = y.vol;  //y.vol 为有址左值，故不可被无址引用变量 p 引用
        int& q = y.vol;
        //STATE&& r = y;  //y 为有址左值，故不可被无址引用变量 r 引用
        STATE& s = y;      //s 为传统左值有址引用变量，可引用有址传统左值 y
        cout<<"The size of int is "<<sizeof(int)<<" bytes\n";
        cout<<"The size of SWITCH is "<<sizeof(SWITCH)<<" bytes\n";
        cout<<"The size of STATE is "<<sizeof(STATE)<<" bytes\n";
        cout<<"The size of STATE& is "<<sizeof   s<<" bytes\n";
}
```

若数据成员采用紧凑方式存储，且编译环境为采用 32 位 x86 编译模式，则程序的输出如下所示。

```
The size of int is 4 bytes
The size of SWITCH is 4 bytes
The size of STATE is 4 bytes
The size of STATE& is 4 bytes
```

如果采用非紧凑方式存储数据成员，则 SWITCH 和 STATE 的字节数可能有所不同。由于现代计算机是按字节编址的，因此位段成员 speed 是没有地址的，即 speed 等位段成员都是有名"无址"的。故在主函数 main()中，"y.speed"可以被无址引用变量 m 引用，但不能被有址引用变量 n 引用。此外，由于引用变量 s 共享 STATE 对象 y 的内存，因此 s 的字节数 sizeof s=sizeof y=sizeof(STATE)。

4.4　new 和 delete 运算符

C 语言和 C++可以用 malloc()和 free()等函数管理堆空间内存。函数 malloc()负责分配内存，在分配内存之后，不调用构造函数构造对象；函数 free()负责释放内存，在释放内存之前，不调用析构函数析构对象。此外，C++还能用"new"以及"delete"等运算符管理堆空间内存。运算符"new"负责分配对象内存，在分配内存之后，调用构造函数构造对象；运算符"delete"负责释放内存，在释放内存之前，调用析构函数析构对象。

4.4.1　简单类型及单个对象内存管理

对于为简单类型分配的内存，如为"char""int""float""double"等分配的内存，上述两种管理内存的函数可以混合使用，即"new"分配的内存可以用 free()释放，malloc()分配的内存可以用"delete"释放。一般来说，如果一个 class 定义了构造函数和析构函数，并且在构造函数中

使用"new"分配了内存，则在析构函数中应使用"delete"释放在构造函数中用"new"分配的内存。

【例 4.13】定义二维整型动态数组的类。

```
#include <malloc.h>
#include <process.h>
class    ARRAY{              //class 类体的访问权限默认为 private
    int      *a;             //数据成员 a、r、c 的访问权限为 private
    int      r, c;
public:                      //访问权限改为 public
    ARRAY(int x, int y);     //构造及析构函数的访问权限为 public
    ~ARRAY( );
};
ARRAY::ARRAY(int x, int y)
{
    a=new int[(r=x)*(c=y)];  //可用 malloc()，整型数组 a 的元素无须构造
}
ARRAY::~ARRAY( )
{   if(a){ delete a; a=0;}}  //可用 free()，整型数组 a 的元素无须析构
ARRAY    x(3, 5);
void main(void)
{
    int error=0;
    ARRAY    y(3, 5), *p;
    p=new ARRAY(5, 7);       //不能用 malloc()，因为 ARRAY 有构造函数
    //无论是正常退出还是异常退出，本程序都不会出现内存泄漏情况
    switch(error) {
    case    0:  delete p;     //不能用 free()，因为 ARRAY 有析构函数
                return;       //正常退出
    case    1:  y.~ARRAY( );  //必须先析构再使用 exit()，防止内存泄漏
                delete p;     //不能用 free()，因为 ARRAY 有析构函数
                exit(1);      //先使用 delete 再使用 exit()，防止内存泄漏
    case    2:  x.~ARRAY( );  //必须先析构再使用 abort()，防止内存泄漏
                y.~ARRAY( );  //必须先析构再使用 abort()，防止内存泄漏
                delete p;     //不能用 free()，因为 ARRAY 有析构函数
                abort( );
    }
    //函数体在结束时的退出属于正常退出
    delete    p;              //不能用 free()，因为 ARRAY 有析构函数。
}
```

通过"new"产生的对象是有内存地址的，因此，"* new ARRAY(5, 7)"代表的对象为有址传统左值。编译程序不会自动调用通过"new"产生的对象的析构函数，必须由程序员使用"delete p"析构对象并释放对象所占用的内存。语句"delete p"将通过调用析构函数"p->~ARRAY()"，析构释放"p->a"指向的内存空间，然后调用"free(p)"释放对象占用的内存。

指针指向的内存由程序员负责分配与释放。因此，在用"new"或者 malloc()为指针分配内存后，无论是正常退出还是异常退出，都必须释放指针所指向的内存。上述程序在正常和异常退出时，都释放了 p 所指向的内存。在使用 exit()退出时，不会自动析构局部对象；而当使用 abort()退出时，全局和局部对象都不会自动析构。因此，当使用 exit()和 abort()退出时，应预先析构它们不自动析构的对象。

图 4.1（a）和图 4.1（b）说明了"new"和 malloc()在初始化对象时的不同。p 是一个指向 ARRAY

对象的指针，图 4.1（a）通过 p 为对象分配内存并调用构造函数，从而为 "p->a" 申请存储 35 个整数元素的内存。在图 4.1（a）的基础上，若分别使用 "delete p"（见图 4.1（c））和 "free(p)"（见图 4.1（d））的示释放内存，则 "free(p)" 不能释放存储 35 个整数元素的内存，从而造成内存泄漏并减少操作系统的内存，最终会导致操作系统无法运行新的应用程序，Windows 操作系统将因内存泄漏要求用户关闭应用程序。

图 4.1 两种内存管理方式

4.4.2 复杂类型及对象数组内存管理

在用 "new" 为数组分配空间时，数组的第一维下标可以是动态的，即可以使用任意整型表达式；而数组的其他维必须是静态的，即必须使用整型常量表达式。如果数组元素的类型为类，且希望用 "new" 创建对象数组，则该类应该自定义无参构造函数；如果类没有自定义任何构造函数，则可使用编译程序生成的无参构造函数。

【例 4.14】使用 "new" 为对象数组申请内存。

```
#include <iostream>
using namespace std;
class A{    //因 A 没有指针类型的数据成员，故可不为 A 定义析构函数
    int i;
public:
    A(int x) { i=x; }    //如未定义 A(int x)和 A( )，编译程序就会自动生成 A( )
    A( ) { i=0; }
};
void main(void)
{
    int   x(3);                        //等价于 int x=3
    cout<<"Please input x:";
    cin>>x;
    int *m=new int(5);                 //等价于 "m=new int; *m=5"
    int *n=new int[x];                 //全为随机值。new int[x]{1,2}将前 2 个元素置为 1 和 2，其他元素清零
    int (*p)[10]=new int[x][10];       //new int[x][10]()或 new int[x][10]{}将全部元素清零
    int (*q)[10][20]=new int[x][10][20]; //分配内存单元的值为随机值，第一维下标 x 可以是动态的
    A *r=new A(5);                     //调用构造函数 A(int)
    A *s=new A[x];                     //第 1 维下标可变。等价于 new A[x]()或 new A[x]{}，全部用 A()初始化
    A(*t)[3] = new A[x][3]{{A(1),A(2)}}; //第 1 行用 A(1)、A(2)、A()初始化，其他各行为随机值
    A(*u)[3] = new A[3][3]{{A(1),A(2)}}; //第 1 行用 A(1)、A(2)、A()初始化，其他各行用 A()初始化
    A(*v)[10][20]=new A[x][10][20];    //所有元素调用构造函数 A( )初始化
}
```

类 A 已经定义了构造函数"A(int x)",由于程序要为对象数组分配内存,故类 A 必须再定义无参构造函数"A( )"。"int x(3)""new int(5)""new A(5)"都是单个"对象"的初始化方法,此时"new A(5)"会调用单参数的构造函数初始化对象。而要构造"new A[x]"生成的对象数组,则必须按元素个数多次调用无参构造函数"A()",若例 4.14 定义"A( )=delete;"或不定义"A( )",则编译程序在为所有数组元素初始化对象时将报错。

例 4.14 的指针 r 指向单个对象,故可用"delete r"析构 r 指向的对象,并释放 r 指向的对象的内存;如果指针 s 指向对象数组,则必须用"delete [ ]s"析构数组中的每个对象,并释放整个对象数组占用的内存。不管对象数组的下标有多少维,都可以使用"delete[ ]"析构数组中的所有对象,并释放对象数组所占用的内存。

【例 4.15】定义字符串类,申请内存存放字符串的值。

```
#define _CRT_SECURE_NO_WARNINGS //防止 strcpy 出现指针使用安全警告
#include <string.h>
class STRING{
    char *str;        //构造函数必然会为 str 分配内存,所以必须定义析构函数来释放 str
public:
    STRING(const char *);
    STRING( ) { str=0; };
    ~STRING( ) { if(str){ delete str; str=0; }};
};
STRING::STRING(const char *s)
{
    if(str=new char[strlen(s)+1])  strcpy(str, s);  //构造函数为 str 分配内存
}
void main(void)
{
    STRING *a=new STRING("abc");
    STRING *b=new STRING[10];
    STRING (*c)[20]=new STRING[10][20];
    STRING d("abc");  //局部变量 d 在 main()返回时自动析构
    delete a;           // delete 析构单个对象并释放 a 指向的对象内存
    delete [ ]b;        //必须用"delete[]"析构所有对象并释放整个对象数组的内存
    delete [ ]c;        //同上,将调用析构函数 200 次
}
```

全局变量和局部变量保存的对象由程序在变量生命期结束时自动析构。但是,编译程序不会自动调用通过"new"产生的对象的析构函数,因此必须由程序员通过"delete"或者"delete[]"析构对象指针或对象数组指针所指向的对象。

在例 4.15 中,对象指针 a 和 b 的类型完全相同,但 a 和 b 分别指向单个对象和对象数组,因此必须分别用"delete a"和"delete [ ]b"释放内存。也就是说,如果能区分 x 指向的是单个对象还是对象数组,那么选择"delete x"还是"delete [ ]x"就不会成为问题。

但是,如果 x 是函数 func(STRING *x)的参数,那么在函数 func()中就无法确定 x 指向的是单个对象还是对象数组,因此也就无法确定是选择"delete x"还是"delete [ ]x"来析构对象以及释放对象占用的内存。

为此,只能对传给 x 的实参做出唯一选择或者约定,即假设所有实参都是指向对象数组的指针,若指向单个对象可用指向只有一个元素的数组表示。例如,在上述程序中,可以用"a=new STRING[1]"为 a 指向的单个对象分配空间,这样就可以在"func(STRING *x)"中统一使用"delete [ ]x"释放空间了。

注意，如果"func(STRING *x)"包含"delete x"或"delete [ ]x"，而且 d 是一个"STRING"类型的对象，就不要进行传递对象地址形式的函数调用"func(&d)"，因为 func()中的 delete 会析构对象 d，而调用返回后对象 d 的生命期并未结束，还可能访问实际上已经被析构的对象 d，这样会导致在运行时出现不可预料的错误。

上述类 STRING 定义了两个构造函数"STRING(const char *s)"和"STRING( )"。如果定义具有默认值参数的构造函数，例如定义"STRING(const char *s=nullptr)"，则这一个构造函数可以等价以上两个构造函数。同理，定义"STRING(const char c, int n=1)"等价于定义了两个构造函数：（1）单参数的定义"STRING(const char c)"；（2）两个参数的构造函数"STRING(const char c, int n)"。

"new"最终会调用 malloc()函数分配内存；而不同编译程序对 malloc()函数的实现不同，大部分编译程序不会对分配的内存进行初始化，也就是说分配后内存单元的值是"随机"的。当 malloc()分配内存失败时，如果函数指针_new_handler 的值为空，则"new"就会返回一个空指针；否则 new 就会调用_new_handler 指向的函数。指针_new_handler 以何种名称出现、以何种形式存在同编译程序有关。

一般情况下，函数指针_new_handler 的值为空。调用 set_new_handler()函数可以重新设置指针_new_handler 的值，使其指向某个自定义的存储管理函数 my_handler()。假如自定义的存储管理函数总能释放足够的空间，那么通过 set_new_handler()将_new_handler 指向 my_handler()后，每次调用"new"都能成功地分配内存。

"new"还可以用来对已经析构的变量重新构造，是否支持这种用法也同编译程序有关。利用例 4.15 定义的 STRING 类，可以编写如下程序来利用已经析构的变量 x。

```
STRING x ("Hello!"), *p=&x;
x.~STRING ( );              //析构 x
new (&x) STRING ("The World");    //重新构造 x
new (p) STRING ("The World");     //另一种形式重新构造 x
```

虽然上述用法可以节省栈空间，但有的编译程序可能不支持，故在实际编程时不提倡上述用法。

4.5　隐含参数 this

类有两种类型的函数成员，即实例函数成员和静态函数成员，前面介绍的函数成员都是实例函数成员。实例函数成员与静态函数成员的区别在于：静态函数成员可以使用 static 说明，实例函数成员不能使用 static 说明；实例函数成员比静态函数成员多了隐含参数 this。隐含参数 this 是实例函数成员的第一个参数，其类型与实例函数成员参数表后的修饰符有关，一般为指向此类对象的 const 指针。

当一个对象调用一个实例函数成员时，对象地址作为被调函数的第一个实参，通过压栈将实参传递给该函数的隐含参数 this。作为类 C 的实例函数成员，构造函数和析构函数的第一个参数也是 this。需要注意的是，构造函数和析构函数的隐含参数 this 的类型只能为"C *const"，而不能为"const C *const"或"volatile C *const"等。析构函数的参数表只能为空，也就是说，析构函数不可能有重载函数，因为无法做到参数个数或者类型有所不同。

对实例函数成员而言，引入 this 参数是有必要的：（1）使用 this 访问实例数据成员可以区分与其同名的成员函数参数；（2）在使用对象调用该实例函数成员时，this 将会指向调用当前函数的对象；（3）当函数需要返回一个对象时，或者返回针对调用对象的引用时，可以使用"*this"作为函数的返回值。

【例 4.16】定义一个二叉树类，在二叉树中查找节点。

```cpp
#include <iostream>
using namespace std;
class    TREE {
    int     value;              //节点的值
    TREE    *left, *right;       //节点的左右子树
public:
    TREE(int value, TREE*left = 0, TREE *right = 0);//构造树节点，0 表示空指针
    ~TREE( );
    const volatile TREE *find(int)volatile;
};
TREE::TREE(int value, TREE*left, TREE *right)  //this 指向要构造的对象
{
    this->value = value;        //等价于"TREE::value=value"或"(*this). value= value"
    this->left = left;          //可以用 this 区分实例数据成员和函数参数
    TREE::right = right;        //也可以用"TREE::"区分数据成员和函数参数
}
TREE::~TREE( )                  //this 指向要析构的对象
{
    if (left) { delete left; left = 0; }
    if (right) { delete right; right = 0; }
}
const volatile TREE* TREE::find(int v)volatile // this 指向调用该函数的对象
{
    if (v == value)             //如果 v 和节点的"this->value"的值相同，则找到节点
        return    this;         //必须用 this 返回，this 指向找到的节点
    if (v < value)              //条件满足时查找左子树，否则查找右子树
        return    left != 0 ? left->find(v) : 0;
    return    right != 0 ? right->find(v) : 0;
}
TREE    root(5);                //main()返回后将自动析构全局对象 root
void main(void)
{
    if (root.find(4)) cout << "Found \n";
}
```

二叉树的 3 个函数成员"TREE (int)""~TREE( )""TREE *find(int)"的实际参数个数分别为 2、1、2，构造函数和析构函数的隐含参数 this 的类型都为"TREE *const this"，而 find()函数的 this 的类型为"volatile TREE *const this"。由于隐含参数 this 是一个只读指针，故不能对 this 进行"++""--"或赋值等操作。

注意，find()的函数原型为"const volatile TREE* TREE::find(int v)volatile"，变量 root 的类型为 TREE。当使用"root.find(4)"调用函数"TREE::find()"时，root 的地址作为实参传递给 this，this 能接收这样的实参吗？根据 2.3 节的指针用法，即一个可写实体 root 的地址可以传递给指向 volatile 易变实体的指针 this，因此隐含参数 this 也可以用来接收实参 root。

此外，"TREE::find()"的返回类型为"const volatile TREE*"，而隐含参数 this 的类型为"volatile TREE *const"，若将返回值看作某个返回变量存储的值，该返回变量能够接受 this 向它赋值吗？

如果同时去掉返回变量和 this 中的 volatile，则返回变量和 this 的类型分别为"const TREE*"和"TREE *const"，此时 this 指向的是一个可写实体，根据 2.3 节的指针用法，它可以赋给指向只读实体的指针变量。

4.6 对象的构造与析构

若一个类自定义了构造函数，则其对象必须用构造函数初始化。若类未定义任何构造函数，则编译程序可能会生成默认无参的构造函数。可以采用"{ }"的形式初始化对象成员，也可在有构造函数时调用构造函数。对象数组的初始化必须调用无参构造函数。

4.6.1 构造函数及对象初始化

当类含有只读和引用实例数据成员时，如果这些只读和引用实例数据成员没有默认值，则必须为初始化这些成员自定义构造函数。假定类 A 存在一个类型为 B 类的实例数据成员，且 B 类所有构造函数都存在没有默认值的参数，则类 A 必须自定义构造函数来调用类 B 的有参构造函数，因为编译程序无法生成调用类 B 有参构造函数"A::A( )"。

构造函数必须在其参数表及":"的后面，调用其基类或虚基类的构造函数，初始化其只读和引用类型的实例数据成员，以及初始化类型为类的实例数据成员（简称对象成员）。构造函数参数表后的":"与"{"之间被称为该构造函数的初始化位置。在构造函数的函数体内，也可以对数据成员赋值，此种赋值虽具初始化的功能，但并不完全等价于初始化，例如只读和引用成员就不能在此赋值。

可写成员既可以出现在构造函数的初始化位置，也可以出现在构造函数的函数体内，因为可写成员是可以被多次赋值的。对于定义了默认值的实例数据成员，若它没有出现在构造函数的初始化位置，则编译程序会使用默认值对其初始化，否则该默认值将被编译程序忽略。默认值可以是简单类型的值或者类的对象。

类的基类或对象成员必须初始化，若它们没有显式出现在初始化位置，则它们会被编译程序自动初始化，即默认调用无参构造函数初始化。在自动初始化基类或对象成员时，编译程序将检查基类或对象成员所属的类。若它们的类自定义的构造函数全都有参，则编译程序会报告构造函数生成错误，因为编译程序不能随意调用有参构造函数。

大多数编译器都会遵循如下规则：基类及实例数据成员按其在类中定义的顺序初始化，而与它们出现在构造函数初始化位置的顺序无关。如果简单类型的实例数据成员没有出现在初始化位置，且没有为这样的实例数据成员指定默认值，则当它属于全局和静态对象时初始化为 0，否则它的初始值将是一个随机值。

少数编译器可能会按程序员指定的顺序初始化，这样会导致程序在不同的编译环境下结果不同，从而导致该程序对不同的编译环境是不可移植的。因此，建议程序员按公认的初始化顺序对虚基类、基类和实例数据成员进行初始化。此外还应注意虚基类初始化的优先级高于基类，基类初始化的优先级高于实例数据成员。

【例 4.17】定义包含只读、引用及对象实例数据成员的类，并定义相应类的构造函数。

```
class A{
    int   a;
```

```
public:
    A(int x) { a=x;}
    A(const A&x){ a=x.a; }
    A( ){ a=0; }
};
class B{
    const  int  b=0;        //指定数据成员 b 的默认值为 0
    int   c, &d, e, f;       //b、d、g、h 只能在构造函数体前初始化
    A    g, h;               //对象成员必被初始化
public:
    //类 B 的构造函数体前未出现 h，因此 h 默认用 A( )初始化
    //在以下 ":" 后的初始化位置，按公认的顺序初始化 b、c、d、e、f、g、h
    B(int y): d(c), c(y), g(y) ,b(y), e(y)//b 用 y 初始化，默认值被忽略
    {
        c+=y;
        f=y;                //f 在初始化位置有默认值，但被再次赋值为 y
    }
};
void main(void)
{
    int x(5);               // "int x=5" 等价于 "int x(5)"
    A a(x), y=5;            //若编译程序启用了优化，则 "A y=5" 等价于 "A y(5)"
    B b(7), z=(7,8);        //若编译程序启用了优化，则 "B z=(7,8)" 等价于 "B z(8)"
}
```

C++将简单类型看作简单的类，提倡用构造函数的形式初始化，例如 "int x=5;" 可以写成 "int x(5);"。同时，C++的类也兼容 C 语言的赋值初始化形式，如果一个类的构造函数只有一个参数，则可以采用赋值的形式初始化该类变量。例如，在上述程序中，类 A 的变量 y 采用赋值形式初始化，即以 "A y=5;" 的赋值形式初始化。

对于 "A y=5;"，不同编译器采用的编译方法可能不同：（1）先用 5 调用单参数的构造函数产生对象 A(5)，然后用 A(5)做实参传给 x 调用拷贝构造函数 A(const A&x)构造 y，当 y 构造完毕便析构常量对象 A(5)；如前所述，如果定义了无址引用参数的 A(A&&x)，则 "A u=A(5);" 更适合调用 A(A&&x)来移动构造 u。（2）如果编译程序启用了优化功能，则 "A y=5;" 等价于 "A y(5);"，而 "A u=A(5);" 等价于 "A u(5);"，即直接调用构造函数 A(int)构造 y 和 u。

当编译程序启用了优化功能时，由于 "A y=5;" 等号的右边是一个 "int" 类型的值，因此编译会调用单参数构造函数 A(int)构造 y。注意，类 B 的变量 z 也是采用赋值的形式初始化的。在定义 "B z=(7,8);" 的括号中，逗号表达式自左至右进行运算，结果为最后一项的值 8，因此 "B z=(7,8);" 等价于 "B z=8;"。

编译程序一般会按类 B 定义实例数据成员的顺序初始化实例数据成员。类 B 定义的实例数据成员包括只读成员 b、引用成员 d 以及对象成员 g 和 h，它们必须在构造函数的初始化位置初始化。注意，实例数据成员 b 在定义的同时指定了默认值，但在初始化位置对 b 进行了初始化，因此为 b 指定的默认值无效且被编译程序忽略弃用。

4.6.2 成员默认值及构造与析构

实例数据成员可以定义默认值。在构造函数的参数表和冒号后，若出现了实例数据成员的初始化，则该实例数据成员的默认值无效，否则用默认值初始化该实例数据成员。

【例 4.18】定义实例数据成员有默认值的构造函数。

```
#include <stdio.h>
struct A {
    const int x = 1;          //定义实例数据成员 x，并指定默认值 x=1
    A(int y):x(y+x){}         // x 已在初始化位置初始化，默认值 x=1 被弃用
}a(3);                        //默认值 x=1 被弃用：全局对象 a 初始化前 x=0，故 a.x=y+0=3
struct B {
    int x = 1;               //x 的默认值为 1，未在初始化位置初始化 x，故用 1 初始化 x
    A    y{10};              //y 的默认值为 A(10)。y 出现在初始化位置，故默认值被弃用
    B(int y):y(y+B::y.x){ }  //使用默认值初始化 x；y 弃用默认值，y 用新值初始化
}b(3);   // "b.x=1;" 在全局对象 b 初始化前，"B::y.x=0"，故有 b.y=3+0=3
void main( ) {
    A c(3);       // "A::x" 的默认值被弃用，c 初始化时 "c.A::x" 值随机，故 c.x=3+c.A::x=随机值
    B d(3);       // "B::x" 的默认值有效，"B::y" 的默认值 A(10)被弃用，故 d.y=3+ B::y.x 的随机值
    printf("a.x=%d,b.x=%d,b.y=%d,c.x=%d,d.x=%d,d.y=%d",a.x,b.x,b.y,c.x,d.x,d.y);
}//输出 a.x=3, b.x=1, b.y=3, c.x=随机值，d.x=1, d.y=随机值
```

若类的实例数据成员全为公开成员且没有自定义构造函数，则其对象可以用花括号的形式初始化，这是 C++提供的同 C 语言兼容的初始化方式。由于联合的所有实例数据成员共享内存单元，因此联合类型的对象只需初始化其第一个实例数据成员，剩余所有的实例数据成员也就被同时初始化了。对于可被编译程序自动生成的构造函数和析构函数，可使用 "delete" 删除，即禁止定义和使用这些函数，也可用 default 接受和认同编译程序生成的构造函数或析构函数。

【例 4.19】定义并初始化类的对象。

```
class A {
    int i;                  //定义了私有实例数据成员 i
public:
    int j;                  //定义了公开实例数据成员 j
    A( )=delete;            //删除，即禁止使用 "A::A( )"，也导致 A 不能定义任何对象
};
struct B {
    int i, j;               //B 的实例数据成员全部为公开成员
    B(int x,int y):i(x),j(y){};  //定义了构造函数
};
union C {                   //没有构造函数，可用 "{ }" 的形式初始化
    char c;
    int  i, j;
    ~C( )=default;          //认同 C++自动生成的析构函数
};
class D {                   //没有构造函数且全为公开实例数据成员，可用 "{ }" 的形式初始化
public:
    int  i;
    int  j;
};
void main( ) {
    //A a = { 1, 2 };       //错误，有私有成员 i，不能用 "{ }" 初始化
    B b = { 1, 2 };         //正确，等价于调用 "B(1,2)" 初始化，类 B 未定义任何构造函数也可如此初始化
    C c = { 58 };           //正确，只初始化其中的第一个成员
    D d = { 1, 2 };         //正确，可用 "{ }" 的形式初始化
}
```

如果需要同时构造对象数组中的多个元素，例如当用 "new" 产生一个对象数组时，就必须调用无参构造函数初始化所有数组元素；如果一次只构造和初始化一个数组元素，则可以调用任

何形参的构造函数。如果类自定义了任何构造函数，编译程序就不会自动生成参数表无参的构造函数。

如果编译程序自动生成了构造函数，这样的构造函数甚至不会初始化实例数据成员，因此这种构造函数和没有构造函数没有多大差别。但是，若类定义或继承了虚函数或纯虚函数，则编译程序自动生成的构造函数会进行多态绑定，虽然它同样不会初始化实例数据成员。

对于编译程序为某个类自动生成的构造函数，若该类的全局变量或静态变量包含实例数据成员，则这些实例数据成员的值默认为 0；若该类的自动变量或函数参数包含实例数据成员，或者该类通过"new"产生的对象包含实例数据成员，则这些实例数据成员的值默认为随机值。

【例 4.20】定义对象数组并初始化每个元素。

```
class A{
    int    a;
public:
    A( ){ a=0; };                   //自定义无参构造函数 A( )，同以下 2 个函数重载
    A(int x):a(x){ };               //重载的构造函数 A(int x)
    A(int x, int y):a(x+y){ };      //重载的构造函数 A(int x, int y)
};
class B{                            //未自定义构造函数，且没定义虚函数
    int b;                          //有私有成员：自动生成 B( )
}m;                                 //对于全局变量，有 "m.b=0"，非随机值
void main(void)
{
    A a[6]={3,(4,5),A(6),A(7,8),A( )};  //用类 A 自定义的构造函数构造
    A *b=new A[4];                  //用类 A 自定义的无参构造函数构造
    B c, *d=new B[4];              //调用 B( )共 4 次，每个对象取随机值
    delete [ ]b;                    // "new" 生成的对象，程序员必须负责析构释放
    delete [ ]d;
}
```

上述程序定义了一个 6 元素对象数组 a，初始化时调用的构造函数依次为 A(3)、A(5)、A(6)、A(7, 8)、A( )和 A( )，第六个元素默认调用无参构造函数。初始化对象数组 a 所用的构造函数都是类 A 自定义的构造函数。类 B 没有自定义任何构造函数，但类 B 有私有成员故生成构造函数 B( )，但 B( )没对其实例数据成员 b 进行初始化。对于类 B 的全局对象 m，其成员默认有 "m.b=0"；而对于非静态局部对象 c 和 d 指向的对象数组，所有这些对象的数据成员 b 的值为随机值。

4.7　类及对象的内存布局

类或对象的内存布局既同编译程序有关，也同计算机的硬件（如字长）有关。在不同的系统环境下编译时，相同的类所占用的内存大小可能不同。即使在相同的系统环境下编译，若编译程序采用的对齐方式不同，类所分配的内存大小也可能不一样。

编译程序采用的对齐方式有两种，即紧凑方式和松散方式。如果采用紧凑方式编译，则实例数据成员之间不会留下任何空闲字节，这种方式生成的汇编程序所占用的内存较少，但访问实例数据成员需要的时间可能较长。如果采用松散方式编译，则编译程序生成的汇编程序在执行时需要的内存较多，但执行时间可能较短。

在松散方式下，编译程序根据实例数据成员的类型进行边界对齐。如果实例数据成员的类型

为字符等单字节类型，则从开始地址能被 1 整除的内存单元开始存放该成员；如果实例数据成员的类型为短整型等双字节类型，则从开始地址能被 2 整除的内存单元开始存放该成员；如果实例数据成员的类型为整型等 4 字节类型，则从开始地址能被 4 整除的内存单元开始存放该成员；以此类推，可以得到当类有对象成员时的成员对齐边界。

编写通信软件时尤其要注意类的内存布局。在不同的计算机硬件系统或操作系统下，同样定义的类在编译后分配的内存的字节数可能不一样。若消息发送程序与消息接收程序采用的编译程序不同，就有可能因字节数不同而导致消息发送与接收失败。对于此类程序，一般采用紧凑方式编译，且消息一般声明为字符数组。

【例 4.21】在 32 位 x86 模式的松散方式编译环境下，定义一个最多存放 255 个字符且能进行累加和校验的消息结构。

```
#include <iostream>
using namespace std;
struct   MESSAGE {
    char    flag;        //消息类别标志：从地址 0 开始
    int     size;        //消息长度：松散方式从地址 4 开始
    char    buff[255];   //消息缓冲区：松散方式从地址 8 开始
    long    sum;         //消息累加和：松散方式从地址 264 开始
};
void main(void) {
    cout << "Size of int is " << sizeof(int);              //输出 4
    cout << "\nSize of long is " << sizeof(long);          //输出 4
    cout << "\nSize of Message is: " << sizeof(MESSAGE);   //输出 268
}
```

假定 MESSAGE 的起始地址为 0、sizeof(int)=4、sizeof(long)=4。在松散对齐方式下，实例数据成员 size 的开始地址应为 4，即需在 flag 和 size 之间添加 3 个空闲字节；同理，实例数据成员 sum 的开始地址应为 264，即需在 buff 和 sum 之间添加 1 个空闲字节。因此，在松散对齐方式下，sizeof (MESSAGE) = (1+3)+4+(255+1)+4 = 268。当 MESSAGE 的成员按紧凑方式对齐时，sizeof (MESSAGE) = 1+4+255+4 = 264。此时，编译程序计算的最大成员对齐边界为 4。

显然，在任何对齐方式下，字符类型的实例数据成员都可以紧接前一个成员存放。对于类型相同的相邻实例数据成员，因其大小一致、对齐边界一致，所以必定能够连续存放。例如，假定第一个整型实例数据成员的开始地址为 0，后续每个整型实例数据成员占用 4 个字节，则第二个整型成员的开始地址正好是能被 4 整除的地址 4。

指针变量存储的值为地址，但对特定的硬件及编译程序来说，指针变量的字节数是确定的。因此，对于实例数据成员为指针类型的类，指针成员的字节数也是确定的。倘若类由基类或虚基类派生，或类定义或继承了虚函数，则类的内存布局将变得非常复杂。以后如未做特别声明，类和对象的存储空间都按松散方式计算。可以设置编译开关来改变对齐方式。

如上所述，编译程序最终可以得到每个类的最大成员对齐边界。例如，假定类的最大成员为"double"类型，则类的最大成员对齐边界为 8 个字节。除了类的最大成员对齐边界外，当连续存放两个同类对象时，类或者对象也存在对象对齐边界的问题。例如，当定义对象数组时，每个元素以对象为单位进行边界对齐，按对象对齐边界所需字节数分配内存。

编译程序也会计算类或对象的对齐边界，它不仅同所有实例数据成员占用的最小字节数有关，还同类的最大实例数据成员对齐边界相关。若没使用 alignas(N)定义最大成员对齐边界，则类或对象的对齐边界=ceil(所有实例数据成员拼凑的最小字节数/最大成员对齐边界)*最大成员对齐边界。其中，ceil 为向上取整函数，例如 ceil(9.1)的结果为整数 10。

【例 4.22】在松散方式下定义描述学生身份的类并计算其对象分配的内存字节数。

```
#include <iostream>
using namespace std;
struct   PUPIL {
    long    SID;              //学生证号：地址从 0 开始
    char    gender;          //性别：地址从 4 开始
    char    name[15];        //姓名：地址从 5 开始
    short   age;             //年龄：地址从 20 开始
};
void main(void) {
    cout << "Size of short is " << sizeof(short);        //输出 2
    cout << "\nSize of long is " << sizeof(long);        //输出 4
    cout << "\nSize of PUPIL is: " << sizeof(PUPIL);     //输出 24
}
```

假定 SID 的开始地址为 0、sizeof(short)=2 以及 sizeof(long)=4。字符类型的成员 gender 可以紧接 SID 存放，每个元素和"gender"类型相同的 name 又可紧接 gender 存放，而 age 的开始地址正好为 20。因此，在松散方式下，类 PUPIL 的所有实例数据成员拼凑的字节数为 4+(1+15)+2 = 22 字节，类 PUPIL 的最大成员对齐边界=sizeof(long)=4，故类的对象对齐边界=ceil(22/4)*4=24 字节，即每个对象将按 sizeof(PUPIL)=24 个字节分配内存。

编译程序会自动计算类的最大成员对齐边界。默认从最小成员（即字符的成员）对齐边界开始，此时最大成员对齐边界的对齐字节数为 1。当类有"int"类型的实例数据成员时，最大成员对齐边界变为 sizeof(int)；当类有"float"类型的实例数据成员时，最大成员对齐边界变为 sizeof(float)；当类有"double"类型的实例数据成员时，最大成员对齐边界变为 sizeof(double)；当类 A 有类 B 类型的实例数据成员，且当前最大成员对齐边界小于 sizeof(B)时，最大成员对齐边界变为 sizeof(B)。

总之，当一个类被编译完毕，最大成员对齐边界也已算出。可使用 alignas(N)指定类的最大成员对齐边界为 N，若 N 大于编译程序计算得到的最大成员对齐边界，则该类的最大成员对齐边界最终被设定为 N，此时类或对象的对象对齐边界=ceil(所有实例数据成员拼凑的最小字节数/N)*N。否则，编译程序仍然使用自己计算得到的最大成员对齐边界。

【例 4.23】在"int"采用 32 位二进制及松散对齐方式下，计算以下类的最大成员对齐边界和类的对象占用的字节数。

```
#include <iostream>
using namespace std;
struct Empty {};
struct   Small {
    char c; //松散对齐：故 c 后空 3 个字节
    int f1;  //最大成员占用 4 个字节
};//拼凑的实际字节数=8，最大成员对齐边界为 4
struct   Cobble {
    char c; //松散对齐：故 c 后空 3 个字节
    int f1;  //c 及 f1 共占 8 个字节
    double f2;//f2 可以紧跟 f1 存放
};//拼凑的实际字节数=16，最大成员对齐边界为 8
struct alignas(16) CobbleNew {
```

```
        char c;          //松散对齐：故 c 后空 3 个字节
        int f1;          //c 及 f1 共占 8 个字节
        double f2;       //f2 可以紧跟 f1 存放，计算的最大成员对齐界为 8
};//拼凑的实际字节数=16，指定的最大成员对齐界为 16
struct Unpiece {
        int f1;          //松散对齐：故 f1 后空 4 个字节
        double f2;       //f1、f2 共占 16 个字节
        char c;          //c 可以紧跟 f2 存放，占 1 个字节
};//拼凑的实际字节数=17，计算的最大成员对齐界为 8
struct alignas(16) UnpieceNew
{
        int f1;          //松散对齐：故 f1 后空 4 个字节
        double f2;       //f1、f2 共占 16 个字节
        char c;          //c 可以紧跟 f2 存放，占 1 个字节
};//拼凑的实际字节数=17，指定的最大成员对齐界为 16
int main( )
{
        std::cout
            << "alignment of      char : " << alignof(char) << '\n'
            << "alignment of       int : " << alignof(int) << '\n'
            << "alignment of   double : " << alignof(double) << '\n'
            << "alignment of    Empty: " << alignof(Empty) << '\n'
            << "alignment of    Small: " << alignof(Small) << '\n'
            << "alignment of   Cobble: " << alignof(Cobble) << '\n'
            << "alignment of   CobbleNew: " << alignof(CobbleNew) << '\n'
            << "alignment of      Unpiece: " << alignof(Unpiece) << '\n'
            << "alignment of UnpieceNew: " << alignof(UnpieceNew) << '\n'
            << "Size of         Empty:" << sizeof(Empty) << '\n'
            << "Size of         Small: " << sizeof(Small) << '\n'
            << "Size of        Cobble: " << sizeof(Cobble) << '\n'
            << "Size of     CobbleNew: " << sizeof(CobbleNew) << '\n'
            << "Size of        Unpiece: " << sizeof(Unpiece) << '\n'
            << "Size of   UnpieceNew: " << sizeof(UnpieceNew) << '\n';
}
```

若 "int" 类型为 32 位整数，即占用 4 个字节，且 VS2019 编译器采用 x86 编译模式松散方式对齐，则程序的输出结果如下。

```
alignment of       char : 1
alignment of        int : 4
alignment of    double : 8
alignment of     Empty: 1
alignment of     Small: 4
alignment of    Cobble: 8
alignment of    CobbleNew: 16
alignment of      Unpiece: 8
alignment of UnpieceNew: 16
Size of          Empty:1
Size of          Small: 8
Size of         Cobble: 16
Size of      CobbleNew: 16
Size of         Unpiece: 24
Size of    UnpieceNew: 32
```

不同的编译系统在对象成员的内存分配方面可能有所不同，但是基本上都会采用相同的对象内存布局。

练习题

【题 4.1】为什么应在 ".h" 文件中声明变量或者函数，而不是定义变量或者函数？

【题 4.2】私有成员、保护成员和公开成员分别能被什么样的函数访问？

【题 4.3】在类中定义位段成员能使用 "double" 类型吗？

【题 4.4】定义内联函数有何好处？什么情况可能造成内联失败？

【题 4.5】函数参数的默认值可以使用同一个参数表的形参吗？

【题 4.6】对于 "stdio.h" 中说明的函数 printf()，语句 "printf(" %d, %d ", 23, 34L, 56)" 正确吗？为什么？

【题 4.7】运算符 "new" 和 "delete" 同 C 语言的内存管理函数有何区别和联系？

【题 4.8】对于定义的类 T，构造函数和析构函数的隐含参数 this 的类型是什么？隐含参数可以作为函数重载考虑的部分原因吗？构造函数和析构函数可以重载吗？

【题 4.9】实例数据成员公认按什么顺序进行初始化？

【题 4.10】当用 sizeof 计算类或对象的字节数时，得到的结果包含类型成员或函数成员代码所占用的内存吗？

【题 4.11】集合类的头文件 "Set.h" 如下，请定义其中的函数成员。

```
class  SET{
    int   *elem;          //set 用于存放集合元素
    int   card;           //card 为能够存放的元素个数
    int   used;           //used 为已经存放的元素个数
public:
    SET(int   card);      //card 为能够存放的元素个数
    ~SET( );
    int   size( );        //返回集合已经存放的元素个数
    int   insert(int v);  //插入 v 成功时返回 1，否则返回 0
    int   remove(int v);  //删除 v 成功时返回 1，否则返回 0
    int   has(int v);     //元素 v 存在时返回 1，否则返回 0
};
```

【题 4.12】二叉树类的头文件 "node.h" 如下，请定义其中的函数成员。

```
class   NODE{
    char  *data;
    NODE   *left, *right;
public:
    NODE(const char * data); //用于构造叶子节点
    NODE(const char *data，NODE *left, NODE *right);
    ~NODE( );
};
```

【题 4.13】队列（QUEUE）是一种先进先出表。队列通常有插入、删除、测空和清空等 4 种操作。"插入" 就是将一个元素插到队列尾部；"删除" 就是从队列首部取走一个元素；"测空" 就是检查队列是否为空，当队列为空时返回 1，否则返回 0；"清空" 即清除所有队列元素使其成空队列。请分配内存存放类型为整型的队列元素，并定义完成上述操作的公开成员函数。

【题 4.14】如果将例 4.16 中的 root 的定义改为 "const TREE root(5);"，程序还能正确编译吗？为什么？如果要消除编译错误，"TREE::find()" 函数的定义应如何修改？

第5章
成员及成员指针

本章将介绍指向实例数据成员及实例函数成员的指针。实例数据成员指针是相对于对象首址的偏移量，因此必须配合对象（即类的实例）才能访问相应实例成员。此外，本章还将介绍静态数据成员和静态函数成员的相关概念，这些成员被所有对象共享却又独立存在于对象之外。因为独立分配了内存单元，所以静态数据成员真正具有地址。静态成员指针存储的是静态成员的地址，就像 C 语言的普通指针存储地址一样，它也是可以前后移动的真正指针。

5.1　实例成员指针

运算符 ".*" 和 "->*" 均为双目运算符，其运算的优先级均为第 14 级，结合时按自左向右的顺序进行。运算符 ".*" 的左操作数为类的对象，右操作数为指向该对象实例成员的指针；运算符 "->*" 的左操作数为对象指针，右操作数为指向该对象实例成员的指针。

5.1.1　实例成员指针的用法

实例成员指针是一种新的数据类型，包括实例数据成员指针和实例函数成员指针。在获取实例成员的地址时，要注意实例成员的访问权限是否允许访问。普通变量、数据成员、函数参数、函数返回值都可以定义为成员指针类型。

由于 ".*" 和 "->*" 的右边为实例成员指针，左边必须是类的对象（即类的实例）或对象指针，因此在使用实例成员指针访问成员时，一定会和类的对象相关联。在类中，未用 static 定义的数据成员和函数成员均为实例成员，必须通过对象才能访问这些成员。由此可见，实例成员指针要和对象一起使用。

【例 5.1】定义用户银行账号及用于查询的相关实例函数成员。在口令正确的情况下，查询用户的工资及存款情况。

```
#define _CRT_SECURE_NO_WARNINGS //防止 strcpy 出现指针使用安全警告
#include <conio.h>
#include <string.h>
#include <iostream>
using namespace std;
class ACCOUNT {
    char password[10];        //实例数据成员
    int  salary, balance;     //实例数据成员
public:
```

```
        char name[10];
        int ACCOUNT::* get(const char* item, const char* pswd); //返回实例数据成员指针
        ACCOUNT(const char* name, const char* pswd, int salary, int balance);
    };
    ACCOUNT::ACCOUNT(const char* name, const char* pswd, int salary, int balance)
    {
        strcpy(ACCOUNT::name, name);
        strcpy(password, pswd);
        ACCOUNT::salary = salary;
        ACCOUNT::balance = balance;
    }
    int ACCOUNT::* ACCOUNT::get(const char* item, const char* pswd)
    {
        if (_stricmp(pswd, password)) return 0;
        if (_stricmp(item, "salary") == 0) return &ACCOUNT::salary;
        if (_stricmp(item, "balance") == 0) return &ACCOUNT::balance;
        return 0;
    }
    char* getpswd(const char* name)
    {
        int   i = 0;
        static char pswd[10];
        cout << "Mr. " << name << ", please input your password: ";
        while ((pswd[i] = _getch()) != '\r') if (i < 9) { i++; }
        pswd[i] = 0;
        cout << "\n\n";
        return pswd;
    }
    ACCOUNT yang("Yang", "123456789", 2000, 20000);
    ACCOUNT wang("Wang", "abcdefghi", 1000, 10000);
    void main(void) {
        ACCOUNT* y = &yang;  //定义非成员指针，即 C 语言的普通指针，y 为对象指针
        char* pswd = getpswd(yang.name);
        int   ACCOUNT::* p;       //定义实例数据成员指针 p
        p = y->get("balance", pswd);
        if (p == 0) {
            cout << "Password or inquiry item does not exist!\n";
            return;
        }
        cout << "You have $" << y->*p << " in account\n";
        cout << "Your salary is $" << y->*yang.get("salary", pswd) << "\n";
        pswd = getpswd(wang.name);
        cout << "You have $" << wang.*wang.get("balance", pswd) << "\n";
        cout << "Your salary is $" << wang.*wang.get("salary", pswd) << "\n";
    }
```

　　ACCOUNT 类定义了私有实例数据成员，其他函数不能直接访问这些私有数据成员。ACCOUNT 类也提供了公开实例函数成员 get()，在核对口令正确后，get()返回查询项目对应的实例成员指针。因此，只有在口令正确的情况下，才能通过 get()得到实例成员指针，才能访问被私有访问权限保护起来的实例数据成员。

　　实例数据成员指针实际上是一个偏移量，是某个成员的内存地址与所属对象的首址之差。当实例成员指针指向某个实例数据成员时，不能通过移动该指针指向其他实例数据成员。因此，也不能将实例成员指针强制转换为其他类型或者进行反向操作。否则，通过"转换成整型"→"整型数值运算"→"从整型转回"等操作，便可以间接地实现实例成员指针的移动。

5.1.2　实例成员指针的限制

　　实例成员指针不能移动的原因在于：（1）各个实例成员的类型或者字节数不同，指针移动后

指向的内存可能在另一个成员的中间，或者跨越两个及两个以上实例成员的内存单元；（2）即使移动前后指针指向的成员的类型正好相同，这两个成员的访问权限也有可能不同，移动指针后访问成员便可能出现越权访问问题。

【例 5.2】实例成员指针不能直接或者间接地移动。

```
#include <iostream>
using namespace std;
struct A{
    int   i;                    //实例数据成员 i：访问权限是公开的
private:
    double j;                   //实例数据成员 j：访问权限是私有的
public:
    int   f( ) { cout<<"Function f\n"; return 1; };
private:
    void  g( ) { cout<<"Function g\n";   };
} a;
void main(void)
{
    int   A::*pi=&A::i;         //实例数据成员指针 pi 指向 public 的 "A::i"
    int(A::*pf)( )=&A::f;       //实例函数成员指针 pf 指向 public 的 "A::f( )"
    long  x=a.*pi;             //等价于 x=a.*(&A::i)=a.A::i=a.i
    x=(a.*pf)( );              // ".*" 的优先级比函数调用 "( )" 低，故用 "(a.*pf)" 提高其优先级
    pi++;                      //错误，pi 不能直接移动，否则 pi 将指向私有实例成员 j
    pf+=1;                     //错误，pf 不能直接移动
    //x=(long) pi;             //错误，pi 不能转换为 "long" 类型，否则以下语句将间接实现 pi++
    //x+=sizeof(int);          //正确，通过长整型 x 的运算移动 pi
    //pi=(int A::*)x;          //错误，x 不能转换为成员指针
}
```

以上 main()定义了实例数据成员指针 pi，它被初始化为指向 public 成员 "A::i"，通过 "a.*pi" 便可以访问该公开成员。如果允许实例指针 pi 向下移动一个整型单元，pi 将指向 "double" 类型私有实例数据成员 j 的中间，并且 j 的内存的访问权限是私有的、不可被 main()访问的。如果实例成员指针 pi 可以移动，pi 移动后就可能指向私有成员，而通过 "a.*pi" 就可以访问到私有成员了。

在上述程序中，如果允许实例成员指针 pi 和其他类型（如长整型）进行相互转换，则最后 3 条语句就可以间接地实现实例数据成员指针 pi 的移动。

5.2　const、volatile 和 mutable

const 和 volatile 的使用范围几乎没有限制，而 mutable 只能用于修饰实例数据成员。const 用于说明变量、参数、成员、函数返回值不可修改；即使当前程序或线程如果没有修改变量的值，说明为 volatile 变量的值也可能自动发生变化；在当前对象不可修改时，mutable 提供了其实例数据成员可被修改的机动能力。

5.2.1　const 和 volatile 的用法

const 和 volatile 也可以用来定义类的数据成员、函数成员的参数及其返回类型。当类包含 const 或引用类型的实例数据成员时，如果没有为该实例数据成员指定默认值，就必须自定义构造函数

来初始化该成员，且必须在构造函数的初始化位置对其进行初始化；而含有 volatile 实例数据成员的类则不一定要自定义构造函数。

【例 5.3】定义类描述指导教师，允许更改指导教师的姓名，但不允许改变性别。

```
#define _CRT_SECURE_NO_WARNINGS //防止 strcpy 出现指针使用安全警告
#include <string.h>
#include <iostream>
using namespace std;
class TUTOR{
        char    name[20];    //可写数据成员 name
        const   char sex;    //只读数据成员 sex，没有指定默认值
        int     salary;      //可写数据成员 salary
public:
        TUTOR(const char *name, const TUTOR *t);
        TUTOR(const char *name, char gender, int salary);
        const char *getname( ) { return name; }
        char *setname(const char *name);
};
TUTOR::TUTOR(const char *n, const TUTOR *t): sex(t->sex)//在初始化位置初始化 sex
{
        strcpy(name,n);
        salary=t->salary;    //赋值与初始化的关系是：初始化是第一次赋值
}
TUTOR::TUTOR(const char *n, char g, int s): sex(g) //在初始化位置初始化 sex
{
        strcpy(name,n);
        salary=s;            //赋值可以进行多次，初始化只能进行一次
}
char *TUTOR::setname(const char *nm)
{
        return strcpy(name, nm);
}
void main(void)
{
        TUTOR   wang("wang", 'F', 2000);
        TUTOR   yang("yang", &wang);
        //*wang.getname( )='W';        //错误，不能修改 wang.getname( )指向的只读字符
        *yang.setname("Zang")='Y';     //正确，因为返回的指针指向的字符是可写的
}
```

以上程序在定义 const 成员 sex 的时候没有初始化，sex 实例成员的初始化在类的构造函数的初始化位置完成。注意，函数成员 getname()返回"const char *"类型的指针，故不能通过这种类型的指针修改它所指向的只读字符。实例函数成员 setname()返回"char *"类型的指针，可以通过这种类型的指针修改它所指向的可写字符。

到目前为止，所介绍的函数成员都是实例函数成员。实例函数成员的参数表后可以出现 const 或 volatile，它们用于修饰函数隐含参数 this 指向的对象。实例函数成员的参数表后出现 const，表示 this 所指向的对象是不能修改的只读对象，确切地讲，是不能修改 this 指向的对象的所有实例数据成员，但可以修改 this 指向的对象的非只读类型的静态数据成员。静态数据成员将在 5.3 节中介绍。

实例函数成员参数表后的 const 修饰隐含参数 this，当出现与显式参数表相同的同名实例函数成员时，如果这些实例函数成员的隐含参数 this 的修饰符不同，则这两个实例函数成员将被视为重载函数。如果实例函数成员参数表后出现 volatile 或者 const volatile，则可以参照 const 得出类

似的实例成员函数是否重载的结论。

　　在调用实例函数成员时，编译程序会将实参的类型同 this 的类型匹配，从而调用最合适的实例函数成员。可读写的普通变量或者对象应该调用参数表后不带 const 或者 volatile 的实例函数成员；const 对象则应调用参数表后出现 const 的实例函数成员；volatile 对象则应调用参数表后出现 volatile 的实例函数成员，以此类推。如果调用时不存在相应的实例函数成员，编译程序就会对函数调用报警或者报错。

　　【例 5.4】参数表后出现 const 和 volatile 的实例函数成员的调用。

```
#include <iostream>
using namespace std;
class A{
    int a;                      //实例数据成员 a 前没有 const
    const int b;                //实例数据成员 b 前有 const，b 不可修改
public:
    int f( ){                   //实例函数成员的参数 this 的类型为 A * const
        a++;                    //正确，this 指向的对象可被修改，故可修改成员 a
        //b++;                  //错误，b 是 const 只读成员，不可修改
        return a;
    }
    int f( )volatile{           //this 的类型为 volatile A * const
        a++;                    //正确，可以修改本类实例数据成员
        //b++;                  //错误，b 因*this 变为 const volatile，故 b 只读不可修改
        return a;               //因*this 使 a 变为 volatile int a，故取 a 值前 a 可能变化
    }
    int f( )const volatile{     //this 的类型为 const volatile * const
        //a++;                  //错误，因*this 使 a 变为 const volatile int a，故不能修改 a
        return a;               //因*this 使 a 变为 const volatile int a，故取 a 值前 a 可能变化
    };
    int f( )const {             //*this 为 const 对象，故其所有成员（包括 a）不可修改
        //a++;                  //错误，因*this 使 a 变为 const int a，故不能修改 a
        return a;
    }
    A(int x):b(x) { a=x; };     //this 类型为 A * const：this 为只读指针，*this 为可写对象
};
A w(3);                         //定义可写对象 w
const A x(3);                   //定义只读对象 x
volatile A y(6);                //定义易变对象 y
const volatile A z(8);          //定义只读易变对象 z
void main(void) {
    w.f( );                     //可写对象 w 调用 void f( )
    x.f( );                     //只读对象 x 调用 void f( ) const
    y.f( );                     // volatile 对象 y 调用 void f( ) volatile
    z.f( );                     //只读 volatile 对象 z 调用 void f( ) const volatile
}
```

　　以上程序定义的 4 个函数成员 f()互为重载函数，它们的显式形参表都没有定义任何形参，但是隐含形参 this 说明的类型各不相同，this 用于指向调用当前函数的对象。对象 w、x、y、z 都作为实参调用了函数 f()，但要调用 4 个重载函数中的哪个函数 f()，则取决于实参 w、x、y、z 和形参 this 的类型匹配结果。w、x、y、z 定义的类型不同，调用的函数 f()也各不相同。

　　凡是 const 能够出现的地方，volatile 也都可以出现，且它们可以同时出现。const 和 volatile

不能出现在构造函数或析构函数的参数表后，也就是说，在构造和析构一个实例对象时，对象必须是可以被修改的，不能处于不可被修改的只读状态；且对象必须处于稳定状态，不能处于随时可变的易变状态。

注意，实例数据成员的类型是随对象的类型变化的。例如，对象 w 是可以被修改的对象，则 w.a 也是可以被修改的；对象 x 是不可被修改的只读对象，则 x.a 也变成了不可被修改的只读成员。不仅实例数据成员的类型可以随对象类型的变化而变化，对象的类型也随时间变化而变化，以后在例 8.13 中可以看到：同一个对象在不同时刻，其类型是不同的。

如果实例函数成员的参数表后出现 volatile，则调用该函数成员的对象应该是易变对象，此时对象的实例数据成员的值随时可能发生变化，这通常意味着存在并发进程正在修改易变对象。C++ 编译程序几乎都支持编写并发进程，且不对易变对象做任何访问优化，即不利用寄存器存放中间计算结果，而是直接访问对象内存以获得对象的最新值。

【例 5.5】定义一个循环队列，允许插入和删除队列元素的操作并发执行。

```cpp
#include <iostream>
#include <mutex>
using namespace std;
class CYCQUE {
    int* queue, size, front, rear;
    std::mutex mylk;                //mylk 定义为实例数据成员，各队列对象可并发
public:
    int enter(int elem)volatile;    // volatile 意味另一个线程（如 leave）在修改当前对象
    int leave(int& elem)volatile;   // volatile 意味另一个线程（如 enter）在修改当前对象
    CYCQUE(int size);
    ~CYCQUE(void);
} queue(20);
CYCQUE::CYCQUE(int sz)
{
    queue = new int[size = sz];
    front = rear = 0;               //当 front==rear 时，循环队列为空
}
CYCQUE::~CYCQUE(void)
{
    while (rear != front);          //等待队列变空
    delete queue;
}
int CYCQUE::enter(int elem)volatile
{//采用作用域锁 std::lock_guard，正常或非正常退出该函数都会自动解锁
    std::lock_guard<std::mutex> lock((std::mutex&)mylk);
    if ((rear + 1) % size == front) return 0;   //若队列满则返回失败
    queue[rear = (rear + 1) % size] = elem;
    return 1;
}
int CYCQUE::leave(int& elem)volatile
{//采用作用域锁 std::lock_guard，正常或非正常退出该函数都会自动解锁
    std::lock_guard<std::mutex> lock((std::mutex&)mylk);
    if (rear == front) return   0;   //若队列空则返回失败
    elem = queue[front = (front + 1) % size];
    return 1;
}
void producer( ) { }                //生产者并发线程：可以在其函数体内不停地生产
void consumer( ) { }                //消费者并发线程：可以在其函数体内不停地消费
void main(void)                     //多个并发线程可操作队列对象 queue
{
```

```
    std::thread p(producer), c(consumer);//创建两个线程对象
    p.join( );        //等待线程对象 p 执行结束后，主线程继续执行
    c.join( );        //等待线程对象 c 执行结束后，主线程继续执行
}
```

上述程序定义了实例函数成员 enter()和 leave()，它们的参数表后面都出现了 volatile，说明这两个函数可能并发改变对象的值。可以在并发线程中分别调用上述两个函数。

5.2.2　mutable 实例数据成员

mutable 仅用于说明类的实例数据成员，C++的新标准支持该存储可变特性。当实例函数成员的参数表后出现 const 时，表示调用该实例函数成员的对象为只读对象，因此该函数不能修改其任何实例数据成员。但是，某些应用场合确实需要修改某个实例数据成员，此时可将该实例数据成员说明为 mutable，表示该实例数据成员是机动数据成员，这样就能修改该只读对象的实例数据成员了。

机动数据成员不能用 const、volatile 以及 static 定义或修饰。mutable 同 volatile 的不同之处在于：（1）mutable 只能修饰类的实例数据成员，而 volatile 可以修饰类的任何成员、任何变量、函数形参（包括 this 参数）和函数返回值；（2）mutable 修饰的实例数据成员的值不会自发改变，而 volatile 修饰的实例数据成员及变量的值可自发改变，因为 volatile 修饰的存储单元可被其他任何进程或线程修改。

在一些特殊的应用场合有必要使用 mutable。例如，当查询一个产品类 PRODUCT 的对象时，可调用实例函数成员 get()查询产品对象的信息，get()只应读取被查询产品对象的信息，而不应修改被查询产品对象的信息；但是，产品查询次数 count 应在每次调用查询时加 1，为此，可将实例数据成员 count 说明为 mutable，以便 get()在查询产品对象时修改 count 的值。

【例 5.6】定义产品类 PRODUCT，并提供产品查询和购买服务。

```
#define _CRT_SECURE_NO_WARNINGS //防止 strcpy 出现指针使用安全警告
#include <string.h>
#include <stdlib.h>
#include <iostream>
using namespace std;
class PRODUCT {
    char* name;            //产品名称
    int   price;           //产品价格
    int   quantity;        //产品数量
    mutable int count;     //产品查询次数
public:
    PRODUCT(const char* n, int m, int p);
    int buy(int money);
    void get(int& p, int& q)const;
    ~PRODUCT(void);
};
PRODUCT::PRODUCT(const char* n, int p, int q)
{
    name = new char[strlen(n) + 1];
    strcpy(name, n);
    price = p;
    quantity = q;
    count = 0;
}
PRODUCT::~PRODUCT( )
{
    if (name) {
```

```
            delete[] name;
            name = 0;
        }
    }
int PRODUCT::buy(int money)
{
        quantity -= money / price;
        return money % price;
}
void PRODUCT::get(int& p, int& q)const
{//查询时获取产品信息，但是不修改产品信息
        p = price;
        q = quantity;                  //当前对象是 const 对象，只能取其成员的值
        count++;                       //但 count 为 mutable 成员，可以增加查询次数 count
}
int main(int argc, char** argv)
{
        int    p, q;
        if (argc != 4) return 1;
        PRODUCT m(argv[1], atoi(argv[2]), atoi(argv[3]));
        m.get(p, q);
        cout << "Price=" << p << "    Quantity=" << q;
        return 0;
}
```

5.3　静态数据成员

　　静态成员包括静态数据成员和静态函数成员，它们有关访问权限的规定和实例成员一样。在类体内声明的静态数据成员用于描述类的总体信息，除了定义为只读类型并且在类体内以常量表达式初始化以外，静态数据成员都必须在类体外定义并且初始化。

5.3.1　静态数据成员的用法

　　类的总体信息包括类的对象总数、连接所有对象的链表表头等。即使没有产生任何对象，即对象的个数为 0，在类体外定义并分配内存的静态数据成员仍然存在，可见静态数据成员在物理上独立于对象分配内存。因此，在使用 sizeof 获得类或对象的字节数时，不包括静态数据成员的字节数，但逻辑上静态数据成员的内存又被所有对象所共享。

　　静态数据成员在对象之外分配内存，所有对象在逻辑上又共享这唯一内存。因此，若一个对象修改了静态数据成员的值，则意味着所有对象关于该成员的值同时被修改。在定义一个类时，类体中的静态数据成员只是一个说明，它未被定义和初始化，除非它被定义为只读静态数据成员并给出了初始值。

　　【例 5.7】定义链表，插入和删除节点分别由构造函数和析构函数自动完成。

```
class    LIST{
        int      value;
        LIST *next;
        static LIST *head;       //声明静态数据成员
public:
        LIST(int value);
        ~LIST( );
};
```

```
LIST *LIST::head=0;          //分配内存，定义并初始化静态数据成员
LIST::LIST (int v)           //构造函数是实例函数成员
{
    value=v;
    next=head;
    head=this;               //实例函数成员可操作对象，对象包含静态数据成员
}
LIST::~LIST( )
{
    LIST *p= head;
    if(head==this) head=this->next;
    else {
        while(p->next!=this) p=p->next;
        p->next=this->next;
    }
}
void main(void)
{
    LIST a(1);               //生成链首为节点 a 的链表
    LIST b(2);               //生成链首为节点 b、链尾为节点 a 的链表
    LIST c(3);               //生成链首为节点 c、链尾为节点 a 的链表
    b.~LIST( );              //从链表删除节点 b
}
```

以上程序定义了具有自动维护功能的链表。节点在定义时自动加入链表的链首，析构时节点将自动从链表中删除。链表的链首指针 head 在类 LIST 的体外定义、分配内存并初始化为空指针。在 C++中，关键字 nullptr 用于表示空指针，空指针也可以用 0 表示。因此，"LIST *LIST::head=0;"等价于"LIST *LIST::head=nullptr;"。

静态数据成员的访问共有 3 种形式。以上述程序为例，3 种访问形式为：（1）LIST::head；（2）a.LIST::head；（3）a.head。第一种形式表明静态数据成员可以脱离对象存在，例如，在初始化 LIST::head 时确实还没产生任何对象。第一种形式是提倡使用的访问形式，相对于第二种和第三种，一眼便知它是静态成员，可以脱离对象独立存在。

静态数据成员独立于对象之外分配存储单元，该存储单元不是任何对象的存储空间的一部分，但在逻辑上所有对象又都共享这一存储单元。所以，任何对象对静态数据成员的操作都会访问这一存储单元，从而影响共享这一存储单元的所有对象。

【例 5.8】定义描述个人信息的类，每个人都共享人口数量 total 这一信息。

```
#define _CRT_SECURE_NO_WARNINGS //防止 strcpy 出现指针使用安全警告
#include <iostream>
#include <string.h>
using namespace std;
class HUMAN {
    char name[11];
    char sex;
    int    age;
public:
    static int total;        //静态数据成员 total 用于描述人类总体信息
    HUMAN(const char* n, char s, int a);
    ~HUMAN( );
};
int   HUMAN::total = 0; //非只读静态数据成员必须在类体外定义并初始化
HUMAN::HUMAN(const char* n, char s, int a)
{
    strncpy(name, n, 10);
```

```
        sex = s;
        age = a;
        HUMAN::total++;          //自动维护人口数量：人口增长
    }
    HUMAN::~HUMAN( )
    {
        HUMAN::total--;          //自动维护人口数量：人口下降
    }
    void main(void)
    {
        cout << "HUMAN::total=" << HUMAN::total << "\n";
        cout << "sizeof(int)=" << sizeof(int) << "\n";
        HUMAN x("Xi", 'M', 20);
        cout << "sizeof(x)=" << sizeof(x) << "\n";
        cout << "sizeof(HUMAN)=" << sizeof(HUMAN) << "\n";
        cout << "HUMAN::total=" << HUMAN::total;
        cout << " x.total=" << x.total << "\n";
        HUMAN y("Yi", 'F', 18);  //同时改变 x.total 和 y.total
        cout << "HUMAN::total=" << HUMAN::total;
        cout << " x.total=" << x.total;
        cout << " y.total=" << y.total << "\n";
    }
```

程序的输出如下所示。

```
HUMAN::total=0
sizeof(int)=4
sizeof(x)=16
sizeof(HUMAN)=16
HUMAN::total=1 x.total=1
HUMAN::total=2 x.total=2 y.total=2
```

以上程序定义了类 HUMAN，它有 3 个实例数据成员和一个静态数据成员 total。注意，类 HUMAN 及其对象的内存共占用 16 个字节，显然，并不包括静态数据成员 total 占用的字节。从程序的输出可知，HUMAN::total、x.total 以及 y.total 的值同时被改变，这证明静态数据成员由所有对象共享。实际上，total 相当于一个有访问权限的全局变量。

5.3.2 静态数据成员的限制

作用域局限于类体内的类称为嵌套类，作用域局限于函数的类称为局部类。C++编译程序一般允许定义局部类，但局部类不能定义静态数据成员，否则便会造成静态数据成员的生存矛盾。因为在函数内部定义局部类后，还可定义该类的局部自动变量，以及该类的局部静态变量，这两种变量如果都共享静态数据成员，该成员在函数返回后会产生生存矛盾。

【例 5.9】函数中的局部类不能定义静态数据成员。

```
void f(void)
{
    class   T{              //定义局部类 T
        int   c;
        //static int d;      //错误：局部类不能定义静态数据成员
    };
    T a;                   //局部自动变量 a
    static T s;            //局部静态变量 s
}

void main( ){ f( ); f( ); } //第一个函数调用 f( )返回后 a.d⇔s.d⇔T::d，产生生存矛盾
```

在 main()第一次调用 f()返回后，f()的静态变量 s 仍然生存，而 f()的自动变量 a 已经死亡。作为 a、s 共享的静态数据成员 T::d，T::d 要么随对象 s 生存，要么随对象 a 消亡，于是 T::d 出现了生存矛盾。为了避免局部类静态数据成员出现生存矛盾，C++不允许局部类定义静态数据成员。

静态数据成员不得定义为位段类型，因为位段成员没有地址无法独立分配内存，而静态数据成员必须在对象之外独立分配内存。可写静态数据成员在类体内只是说明，故可在 ".cpp" 代码文件内多次 "#include"，如此形成的静态数据成员多次说明是合法的。如前所述，说明可以进行多次，但定义只能进行一次。因此，在类体外定义静态数据成员时，只能在某个 ".cpp" 代码文件中定义一次。

联合的所有实例数据成员共享字节数最多的实例数据成员的内存，全局联合和嵌套联合定义的静态数据成员不共享内存。嵌套联合是类体内定义的联合，局部联合是函数体内定义的联合。局部联合也是一种局限于函数体的类，故局部联合中不能定义静态数据成员，否则会产生如前所述的生存矛盾。类似地，联合的实例数据成员可以定义为位段，但静态数据成员不能定义为位段。

【例 5.10】非只读静态数据成员在类体外定义初始化时，必须以全局作用域形式定义并初始化，不能用 static 定义该成员使其局限于当前代码文件。

```
class   P {              //定义类
    int a;
    static int   p;      //说明类静态数据成员 p
    static int   q;      //说明类静态数据成员 q
    static const int r = 0; //定义类静态数据成员 r：初始化常量必须在编译时可计算
public:
    void inc( )const;
    P(int x) { p += x; };
};
int P::p = 0;            //正确，只能在某个 ".cpp" 代码文件中定义一次
//static int P::q = 0;   //错误，不能用 static 声明 P::q 局限于代码文件
void P::inc( )const      //const 说明调用 inc 的对象为只读对象
{
    //a++;               //错误，不能修改只读对象的实例数据成员
    p++;                 //正确，可以修改只读对象的普通静态数据成员
    //r++;               //错误，不能修改只读静态数据成员
}
union   UNTP {           //定义全局联合 UNTP
    int a;               //实例数据成员 a 共享 b 的内存
    long b;
    static int c;        //静态数据成员 c 的值被 UNTP 的所有对象共享
    static const long d=4;//静态数据成员 c、d 不共享内存
}m = { 2 };
int   UNTP::c = 3;
void main(void) {
    int n = m.a;         //m=2
    n = m.b;             //m=2
    n = m.c;             //m=3
    n = m.d;             //m=4
    m.a = 5;             //m.b=5
}
```

以上类 P 说明了两个无初始值的可写静态数据成员 p 和 q，p 和 q 只能在类体外以全局作用域的方式在某个 ".cpp" 文件中定义一次，全局作用域定义不能像 "static int P::q=0" 那样使用 static。此外，类 P 还在类体内定义了一个只读静态数据成员 "static const int r"，这样的 r 必须同时用编

译时可计算的常量表达式进行初始化。

如果希望以任意表达式初始化带有 const 定义的静态数据成员 r，此时要在 VS2019 的"解决方案->ConsoleApplication1->属性->配置属性->C/C++->语言->"设置"C++语言标准"为"ISO C++17 标准(/std:c++17)"则 r 可在类体内定义为"inline static const int r=x+printf("ab");"或"inline static const volatile int r=x+printf("ab");"的形式。按照 C++ 2017 国际标准，inline 表示要在类体内以任意表达式的值初始化，可用于 class、struct、union 等类定义的只读静态数据成员。

使用 inline 定义的模块（静态）变量和只读静态数据成员，分别称为内联模块（静态）变量和内联静态数据成员。内联静态数据成员 r 的内存在逻辑上仍由所有对象共享；而内联模块静态变量同模块普通静态变量一样，只能在该变量所属的".cpp"代码文件内访问。

5.4 静态函数成员

静态函数成员的访问权限及继承规则同实例函数成员一样。同样，静态函数成员也可以设置默认参数、省略参数以及进行重载。不同的是，实例函数成员的第一个参数为隐含参数 this，而静态函数成员则没有隐含参数 this。由于无法访问 this 指向的实例数据成员，因此静态函数成员一般用来访问类的静态数据成员。

5.4.1 静态函数成员的访问

调用静态函数成员同访问静态数据成员一样，可直接用"类名::静态函数成员"的形式调用，也可以用"对象.静态函数成员"和"*静态函数成员指针"等形式调用。同理，"类名::静态函数成员"是提倡的调用形式，因为它让人一眼就知道这种函数不同对象关联，一定是没有隐含参数 this 的静态成员函数。

【例 5.11】私有和保护的静态函数成员不能被任意函数如 main( )访问。

```
class A{
    static int  i, f( );      //定义两个私有成员，只能被类 A 的函数访问
protected:
    static int  g( );         //定义保护的静态函数成员，可被类 A 及其派生类访问
public:
    static int  m( );         //定义公开的静态函数成员，可被任意函数访问
};
int A::i=0;                    //非只读静态数据成员必须在类 A 体外定义并初始化
int A::f( ) { return  A::i; } //静态函数成员操作静态数据成员
int A::g( ) { return A::f( ); } //静态函数成员调用静态函数成员
void main(void)
{
    int  i=0;
    //i=A::f( );               //错误，main()不能访问私有函数成员
    //i=A::g( );               //错误，main()不能访问保护函数成员
    i=A::m( );
    A  a;
    //i=a.f( );                //错误，main()不能访问私有函数成员
    //i=a.g( );                //错误，main()不能访问保护函数成员
    i=a.m( );
    //i=a.A::f( );             //错误，main()不能访问私有函数成员
    //i=a.A::g( );             //错误，main()不能访问保护函数成员
    i=a.A::m( );
}
```

在以上程序中，私有和保护成员不能被普通函数 main()访问。当 main()被定义为类 A 的友元函数时，才可以访问类 A 的所有成员。在非成员函数（如 main()函数）中，也可以定义作用域仅限于 main()内的局部类，在该局部类中也可以声明友元函数，但不能定义友元函数的函数体。

5.4.2 静态函数成员的限制

构造函数、析构函数以及第 8 章将要介绍的虚函数和纯虚函数，都是有隐含参数 this 的实例函数成员。若函数成员的参数表后出现了 const 或 volatile，则该函数成员必然包含隐含参数 this。因此，这些函数成员一定是实例函数成员，不能同时用 static 定义为（没有 this 参数的）静态函数成员，否则编译程序将报错。

【例 5.12】不能用 static 定义有隐含参数 this 的函数成员。

```
class  A{
    static int a;
public:
    static int g( )const;    //错误，static 和 const A*const this 矛盾
    static int h( )volatile;//错误，static 和 volatile A*const this 矛盾
    static A(int,int);       //错误，构造函数中有 A*const this，不能用 static 定义
    static ~A( );            //错误，析构函数中有 A*const this，不能用 static 定义
};
union   B{
    static int f( );         //正确，可以定义静态函数成员
    static B(int,int);       //错误，构造函数不能用 static 定义
    static ~B( );            //错误，析构函数不能用 static 定义
};
void main( ){ }
```

同类的静态数据成员一样，静态函数成员在类体外定义时，其作用域默认为整个程序。要使函数成员具有局部作用域，可以使用 inline 定义静态函数成员；也可以在类的体内定义其函数体，此时相当于使用了 inline。局部类不能定义静态数据成员，但是却能够定义静态函数成员，但静态函数成员必须为 inline 函数，因为 C++不允许在函数内嵌套定义函数。

【例 5.13】静态函数成员的定义方法。

```
class A{
    double i;
public:
    static A& inc(A &);          //声明静态函数成员
    static A& dec(A &a)          {//在类体内定义静态函数成员：默认使用 inline
        a.i-=1;
        return a;
    }
};
A& A::inc(A&a)                   //不能定义 static    A&A::inc(A&a)
{
    a.i+=1;
    return a;
}
void main(void)
{
    struct B{                    //在 main()函数内定义局部类 B
        static int add(int x,int y)  //在类体内定义函数体：默认使用 inline
        {
            return x+y;
```

```
    };
};
B::add(2, 3);                          //调用 inline 函数 add()
}
```

类 A 声明了静态函数成员 A &inc(A &)，该函数在类体外定义函数体时，不能使用 static 使其作用域局限于当前模块。如果希望其作用域局限于当前模块，则可以在类体外用 inline 定义静态函数成员，使用 inline 具有使 inc 作用域局部化的作用。类 A 还定义了静态函数成员 A &dec(A &)。C++规定只要是在类体内定义了函数体，无论是成员函数还是非成员函数，这些函数都默认为使用 inline 定义函数。

此外，局部类 B 定义了静态函数成员 int add(int x,int y)，因为是在类 B 体内定义的函数体，所以该函数自动被视为 inline 静态函数成员。在类 B 体外定义函数 add() 的函数体，相当于在 main() 函数体内嵌套定义函数，而 C 语言或 C++不允许在函数体内嵌套定义函数，所以 add() 只好在类 B 体内定义函数体，即被默认当作使用 inline 定义的函数。

5.5　静态成员指针

静态数据成员独立分配内存并为所有对象共享，对共享该成员的所有对象来说，指向该成员的指针变量都保存了同样的地址。事实上，静态数据成员除了具有访问权限外，同普通全局变量没有本质上的区别，因此静态数据成员指针和普通变量指针的格式相同。

5.5.1　静态成员指针的用法

变量、数据成员、函数参数和函数返回值都可以定义为静态成员指针。静态成员指针包括静态数据成员指针和静态函数成员指针。事实上，静态函数成员指针同普通函数指针也没有本质区别。因此，静态函数成员指针和普通函数指针的格式相同。

【例 5.14】定义群众类，使每个群众共享人数信息。

```
#define _CRT_SECURE_NO_WARNINGS
#include <string.h>
#include <iostream>
using namespace std;
class   CROWD {
    int     age;
    char    name[20];
public:
    static int number;                  //定义静态数据成员
    static int getnumber( ) { return number; }
    CROWD(const char* n, int a) { strcpy(name, n); age = a; number++; }
    ~CROWD( ) { number--; }
};
int CROWD::number = 0;                   //非只读静态数据成员必须在类体外初始化
void main(void)
{
    int* d = &CROWD::number;            //普通变量指针指向静态数据成员，int *被当作静态数据成员指针
    int (*f)( ) = &CROWD::getnumber;    //普通函数指针指向静态函数成员，int(*)()被当作静态函数成员指针
    cout << "\nCrowd number=" << *d;    //CROWD 无对象时访问静态数据成员
    CROWD zan("zan", 20);
    cout << "\nCrowd number=" << *d;
    CROWD tan("tan", 21);
```

```
            cout << "\nCrowd number=" << (*f)( );
            CROWD wan("wan", 21);
            cout << "\nCrowd number=" << (*f)( );
    }
```

以上程序定义了一个普通变量指针和一个普通函数指针，分别指向静态数据成员和静态函数成员。无论类 CROWD 是否定义了对象，main()都可以获取公开静态数据成员 number 的地址，并可以用普通变量指针访问静态数据成员 number。同理，main()也可以获取公开静态函数成员 getnumber 的地址。但如果 number 和 getnumber 是私有或保护的，则 main()没有权限获取它们的地址，除非 main()是类 CROWD 的友元函数。

5.5.2　多种指针的混合用法

静态成员指针在访问它指向的内存单元（即静态成员）时，不需要和类的实例对象相关联，因此它同实例成员指针的用法有很大差别。在计算含有指针变量的数值表达式时，要注意各类指针的运算优先级和结合方向。"->*"和".*"的优先级为第 14 级，较普通指针取内容运算符"*"的优先级低 1 级。此外，"->*"和".*"的结合方向为自左至右，而"*"的结合方向为自右至左。"->*"和".*"的右边都必须是实例成员指针。

【例 5.15】本例说明了将数据成员定义为各种指针的用法。

```
struct A {
    int   a;            //实例数据成员 a
    int   *b;           //实例数据成员 b：指向"int"类型普通变量或静态数据成员
    int   A::* u;       //实例数据成员指针 u：指向 int 类型实例数据成员
    int   A::*A::*x;    //实例数据成员指针 x：指向实例数据成员的实例数据成员指针
    int   A::** y;      //实例数据成员 y：指向实例成员指针的普通指针
    int   *A::* z;      //实例数据成员 z：指向普通指针的实例数据成员指针
}z;
void main(void)
{
    int   i;
    int   A::**m;       //m 是指向"int A::*"类型的指针变量
    A* n = &z;
    z.a = 5;
    z.u = &A::a;        //取实例数据成员 A::a 的地址，得到实例数据成员指针，和 z.u 的类型相同
    i = z.*z.u;         //z.*z.u=z.*&A::a=z.a=5
    z.x = &A::u;
    i = z.*(z.*z.x);    //z.*(z.*z.x)=z.*(z.*&A::u)=z.*z.u=5
     i = n->*(n->*z.x); //i=n->*(n->*&A::u)=n->*(n->*&A::u)=n->*(n->u)=n->*&A::a=n->a=z.a=5
    m = &z.u;
    i = z.* * m;        // "*"比".*"的优先级高，先运算"*m"
    i = n->* * m;       // "*"比"->*"的优先级高，先运算"*m"
    z.y = &z.u;
    i= z.* * z.y;       //.的优先级最高，其次是*，再次是.*。故 z.**z.y=z.**&z.u=z.*z.u=5
    z.b = &z.a;         //z.b 也可指向 i 或 A 的 public 静态数据成员
    z.z = &A::b;
    i = *(z.*z.z);      //*(z.*z.z)=*(z.*&A::b)=*(z.b)=*&z.a=z.a=5
}
```

表达式"z.*(z.*z.x)"之所以要使用圆括号"()"，是因为如果不使用圆括号（即写成"z.*z.*z.x"），则在计算完最高优先级表达式 z.x 后，将计算"z.*z.*z.x"最左边的数值表达式"z.*z"，由于其".*"右边的 z 不是实例成员指针，因此编译程序将报告一个语法错误。

运算符".*"的结合方向为自左至右，连续出现".*"时应注意计算顺序。在"z.**z.y"中，

运算符 "." 的优先级最高，故最先计算 "z.y"；运算符 "*" 的优先级次之，故接着计算 "*z.y"；运算符 ".*" 优先级最低，故最后计算 "z.**z.y"。

同理，"*(z.*z.z)" 如果去掉圆括号写成 "*z.*z.z"，将会先计算最右边优先级最高的运算 "z.z"，然后将计算 "*z.*z.z" 最左边优先级次高的 "*z"，由于 z 不是一个普通指针变量，故编译程序将报告一个语法错误。

在计算表达式值的过程中，如果出现 "*&" 的运算形式，可以直接将 "*&" 去掉。因为 "*" 和 "&" 相当于数学中的互逆函数，对于 "*&(x)"，有 "*&(x)⇔*&x⇔x"，即可以直接去掉 "*&"。所以以上运算有 "z.*z.u⇔z.*&A::a⇔z.A::a⇔z.a"，因为 a 本身就是类 A 的对象 z 的成员。

5.6　联合的成员指针

联合类型的所有实例数据成员共享内存，尽管每个实例数据成员的类型可能不同，但它们在共享内存时都是按 "低字节地址" 对齐的。例如，假定最大实例数据成员占用了 12 个字节，而最小实例数据成员只需要 1 个字节，则在访问这个最小的实例数据成员时，对应高地址的字节是不访问的，而仅仅只能使用最低地址所对应的那个字节。

联合有两种类型的成员：实例成员和静态成员。联合的成员指针也分两种类型：实例成员指针和静态成员指针。另一方面，成员又分数据成员和函数成员，因此联合的成员指针又细分为：实例数据成员指针、实例函数成员指针、静态数据成员指针和静态函数成员指针。

【例 5.16】本例说明了联合类型的不同成员的指针的值是相同的。

```cpp
#include <iostream>
using namespace std;
//联合成员共享内存，只要初始化其中一个成员，则 x、y 被同时初始化
using namespace std;
//联合成员共享内存，只要初始化其中一个成员，则 x、y 被同时初始化
union A {
    static short u;              //静态数据成员 u 独立分配内存
    static long v;               //静态数据成员 v 独立分配内存，且和 u 地址不同
    short x;                     //2 字节的 x 共享 y 的内存，故 x 和 y 的偏移量相同
    long y;                      //y 是字节数最多的实例数据成员：4 字节
    long f( ) { return y;  }     //定义实例函数成员
    static long g( ){ return A::v; }   //定义静态函数成员
}a = { 0x888866L };//只需初始化第一个实例数据成员 x：x=0x8866，截断初始化
short A::u=0;                    //非只读静态数据成员必须在类体外初始化
long A::v=0;                     //非只读静态数据成员必须在类体外初始化
void main( ) {
    long (A::* m)( )=&A::f;
    long (*n)( ) = &A::g;
    short A::* p= &A::x;         //指向联合类型 A 的整型实例成员的指针
    long A::* q= &A::y;          //指向联合类型 A 的长整型实例成员的指针
    short * r=&A::u;             //指向联合类型 A 的短整型静态数据成员的指针
    long* s=&A::v;
    cout << p << "\n";           //输出 1：p 和 q 的输出相同，因 x、y 共享内存
    cout << q << "\n";           //输出 1
    cout << a.x << "\n";         //输出-30618：2 字节二进制补码最高位为 1
    cout << a.y << "\n";         //输出 34918：4 字节二进制补码最高位为 0
```

```
        cout << (a.*m)( ) << "\n";    //输出 34918
        cout << (*n)( ) << "\n";      //输出 0
        cout << a.*p << "\n";         //输出-30618
        cout << a.*q << "\n";         //输出 34918
        cout << *r << "\n";           //输出 0
        cout << *s << "\n";           //输出 0
}
```

由于联合的实例数据成员共享内存，因此只要初始化第一个实例数据成员即可，以上程序只初始化了实例数据成员 x。由于 x 为 "short" 类型，只占用 2 个字节，故只使用低字节值 0x8866 初始化 x；而作为长整型的 y 占用 4 个字节，所以未和 x 共享内存的 2 个高字节为 0。

从 x 的角度来看，0x8866 对应的 16 位二进制数为 $(1000100001100110)_2$，最高位为 1，表示一个负数，故最终按补码解释为 -30618；从 y 的角度来看，y 的 32 位二进制数为 $(00000000000000001000100001100110)_2$，最高位为 0，表示一个正数，故最终按补码解释为 34918。

联合实例数据成员的内存都是从低地址字节开始分配的，因此联合类型的不同实例数据成员的地址是相同的。上述程序的两个实例成员指针 p 和 q 的输出都为 1，因为它们指向的 x 和 y 共享内存。如前所述，此时的 "地址" 是一个偏移量，而此偏移量不是从起始位置 0 开始的，这是为了避免 "0 是空指针" 的问题。

不管是 class、struct 还是 union 类型，指向实例成员的指针都是不可前后移动的。且由于实例成员指针不能同其他类型相互转换，因此，指向联合某个实例成员的指针无法移动，通过它是不可能访问到联合的其他实例成员的；除非这两个实例成员的类型相同，不用移动指针就可以访问。

练习题

【题 5.1】实例成员指针和静态成员指针各包含哪两种类型的成员指针？

【题 5.2】实例数据成员指针存放的是真正的地址吗？实例数据成员指针可以和其他类型相互转换吗？

【题 5.3】mutable 成员是一种在什么情况下定义和使用的成员？mutable 成员可以同时为 static、const、volatile 或者 const volatile 成员吗？

【题 5.4】如果静态数据成员定义为非内联只读（即 const）的，是否必须使用编译时可计算的常量表达式对其进行初始化？能否在类体外对其进行初始化？该成员还是被所有对象共享吗？

【题 5.5】什么样的联合可以定义静态数据成员？为什么？

【题 5.6】局部类可以定义静态数据成员吗？为什么？局部类可以在其体外定义其函数成员的函数体吗？为什么？

【题 5.7】静态成员指针采用什么形式的指针定义其指针类型？静态成员指针与实例成员指针有何不同？能够随意获取一个静态成员的地址吗？

【题 5.8】定义指向一个联合某个实例数据成员的指针后，能否据此访问到该联合的其他实例数据成员？为什么？

【题 5.9】分析如下定义是否正确，若有错误，请指出错误原因。

```
        struct A{
            const static int x;
            static int y;
```

```
        static volatile int z;
    };
    const int A::x=5;
    static int A::y=6;
    static int A::z=7;
```

【题 5.10】分析如下定义是否正确，若有错误，请指出错误原因。

```
    class A{
        static  int  *j, A::*a, i[5];
    public:
        int  x;
        static  int  &k, *n;
    };
    int  y;
    int  A::i[5]={1, 2, 3};
    int  *A::j=&y;
    int  A::*j=&A::x;
    int  A::*A::a=&A::x;
    int  &A::k=y;
    int  *A::n=&y;
```

【题 5.11】定义三维坐标系的 POINT3D 类，并完成 POINT3D 声明中的函数成员定义。

```
class   POINT3D{
    int   x, y, z;
    static  int  total;        //点的总个数
public:
    POINT3D( );
    POINT3D(int, int, int);
    static int number( );      //返回点的个数
};
```

【题 5.12】定义描述有限自动机的类，状态转移可用链表实现。

```
class   STATE;              //前向声明
class   LIST {             //状态节点列表
    LIST   *next;          //下一状态转移节点
    char   input;          //输入动作
    STATE *output;         //转移的新状态
public:
    LIST(char a, STATE *o);   //私有，仅供 STATE 使用
    ~LIST( );
    LIST *&getNext( );         //返回 next
    char   getInput( );        //返回 input
    STATE *getOutput( ) ;      //返回 output
};
class STATE {
    char   *name;             //状态名
    LIST   *list;             //状态转移列表
    static   STATE*error;     //错误陷阱：一旦进入，永不转出
public:
    void enlist(char in, STATE *out);    //将状态转移节点插入 list
    const STATE *next(char in)const;     //输入 in 转移到下一个状态
    const STATE *start(const char *)const; //启动有限自动机，并返回最终状态
    STATE(const char *name);
    ~STATE( );
};
```

使用有限自动机编程解决如下问题。有一个人带着狼、羊和草来到河的左岸，左岸只有一条无人摆渡的船。这个人要将狼、羊和草从左岸安全带到右岸，可是这条船最多只能装一个人和其他三者之一，否则便会沉没。如果没有人看管，狼会吃掉羊、羊会吃掉草。问如何过河才能保证羊和草的安全？对上述类中的函数成员进行编程，并利用如下主函数进行测试。

```
void main( ){
    STATE start("WSGM_");              //有限自动机的启动状态
    STATE stop("_WSGM");               //有限自动机的停止状态
    STATE error(0);                    //有限自动机的出错状态
    STATE WG_SM("WG_SM");
    STATE WGM_S("WGM_S");
    STATE G_WSM("G_WSM");
    STATE SGM_W("SGM_W");
    STATE W_SGM("W_SGM");
    STATE WSM_G("WSM_G");
    STATE S_WGM("S_WGM");
    STATE SM_WG("SM_WG");
    start.enlist('s', &WG_SM);
    WG_SM.enlist('s', &start);
    WG_SM.enlist('m', &WGM_S);
    WGM_S.enlist('m', &WG_SM);
    WGM_S.enlist('w', &G_WSM);
    WGM_S.enlist('g', &W_SGM);
    G_WSM.enlist('w', &WGM_S);
    W_SGM.enlist('g', &WGM_S);
    G_WSM.enlist('s', &SGM_W);
    SGM_W.enlist('s', &G_WSM);
    SGM_W.enlist('g', &S_WGM);
    S_WGM.enlist('g', &SGM_W);
    W_SGM.enlist('s', &WSM_G);
    WSM_G.enlist('s', &W_SGM);
    WSM_G.enlist('w', &S_WGM);
    S_WGM.enlist('w', &WSM_G);
    S_WGM.enlist('m', &SM_WG);
    SM_WG.enlist('m', &S_WGM);
    SM_WG.enlist('s', &stop);
    stop.enlist('s', &SM_WG);
    if(start.start("smwsgms")==&stop) cout<<"OK";
}
```

提示：作为有限自动机的输入，人单独过河用字符 m 表示，人带狼过河用字符 w 表示，人带羊过河用字符 s 表示，人带草过河用字符 g 表示；声明有限自动机的 start、stop 以及 error 状态对象，如果 start.start("smwsgms")=&stop，则过河成功；如果 start.start("smwsgms") ==&error，则过河失败。

第6章
继承与构造

继承是类型演化的重要机制，也是软件重用的重要方法。派生类通过继承基类的数据成员和函数成员，实现了软件的数据重用和代码重用。此外，在继承和重用的过程中，对相关成员施加访问限制可以将软件的错误局部化，从而提高开发和维护效率。C++支持单继承和多继承，本章将介绍单继承以及对象的构造顺序。

6.1 单继承类

在继承已有类型的数据成员和函数成员的基础上，定义新类只需定义原有类型没有的数据成员和函数成员。新类可以接收单个类提供的数据成员和函数成员，也可以接收多个类提供的数据成员和函数成员，这两种继承形式分别称为单继承和多继承。

接收成员的新类称为派生类，而提供成员的类则称为基类。C++为派生类提供了多种继承方法：（1）在基类的基础上增加新的成员；（2）改变基类成员继承后的访问权限；（3）重新定义和基类成员同名的成员。

基类比派生类更为抽象和一般化，派生类比基类更为具体和个性化。例如，各种形状的图形都有定位坐标，相关操作包括得到定位坐标、移动图形到一个新坐标等，因此定位坐标可以定义为一个基类，任何更为具体的图形类型都是该基类的派生类。

联合既不能作为基类，也不能作为派生类。

【例6.1】定义图形的定位坐标 LOCATION 类。

头文件"location.h"内容如下。

```
class LOCATION {
    int   x, y;
public:
    int getx( ), gety( );
    void moveto(int x, int y);
    LOCATION(int x, int y);
    ~LOCATION( );
};
```

代码文件"location.cpp"内容如下。

```
#include "location.h"
void LOCATION::moveto(int x, int y)
{
```

```
        LOCATION::x=x;    //或者使用 "this->x=x;"
        LOCATION::y=y;    //或者使用 "this->y=y;"
}
int LOCATION::getx( ) { return x; }
int LOCATION::gety( ) { return y; }
LOCATION::LOCATION(int x, int y)
{
        LOCATION::x=x;
        LOCATION::y=y;
}
LOCATION::~LOCATION( ){ }
```

点是最简单的图形，点有定位坐标，点可以移动。在此基础上，点还有一个特性，即描述点的明暗可见特性。鉴于点和定位坐标的密切关系，点类 POINT2D 可以继承类 LOCATION 的定位坐标。

【例 6.2】将例 6.1 定义的类 LOCATION 作为基类，定义二维坐标系上的点派生类 POINT2D。创建工程加入 "location.cpp" 文件和以下代码文件。

```
#include<windows.h>                          //需要 Windows 操作系统的绘图函数
#include "location.h"                         //利用前面定义的 LOCATION 类
class POINT2D: public LOCATION {
        int visible;                            //点的明暗可见特性
public:
        int   isvisible( ) { return visible; };
        void show( );
        void hide( );
        void moveto(int x, int y);
        POINT2D(int x, int y) : LOCATION(x, y) { visible = 0; };
        ~POINT2D( ) { hide( ); };
};
void POINT2D::show( )
{
        HWND myconsole = GetConsoleWindow( );
        HDC mydc = GetDC(myconsole);
        visible = 255;
        COLORREF COLOR = RGB(visible, visible, visible);
        SetPixel(mydc, getx( ), gety( ), COLOR);
        ReleaseDC(myconsole, mydc);
}
void POINT2D::hide( )
{
        HWND myconsole = GetConsoleWindow( );
        HDC mydc = GetDC(myconsole);
        visible = 0;
        COLORREF COLOR = RGB(visible, visible, visible);
        SetPixel(mydc, getx( ), gety( ), COLOR);
        ReleaseDC(myconsole, mydc);
}
void POINT2D::moveto(int x, int y)
{
        int v = isvisible( );
        if (v) hide( );
        LOCATION::moveto(x, y);              //带类名访问 LOCATION::moveto
        if (v) show( );
}
void main(void)
{
        POINT2D p(3, 6);
        p.LOCATION::moveto(7, 8);           //带基类名访问 LOCATION::moveto，该 moveto( )函数并不显示点
        p.show( );
```

```
        p.moveto(9, 18);                //不带类名访问 POINT2D::moveto
}
```

在定义由 class 引出的 POINT2D 派生类时，public 右边的类 LOCATION 为基类，POINT2D 和 LOCATION 之间的 public 为基类的继承方式。POINT2D 类新增了数据成员 visible，visible 用于表示点的可见性。新增加的函数成员 isvisible()、show()、hide()和 POINT2D()分别用于得到点的可见性、显示、隐藏以及构造点。此外，POINT2D 类还根据点的明暗可见特性，重新定义了和基类成员同名的实例函数成员 moveto()。

在 POINT2D 类的体外定义"POINT2D::moveto()"函数时，"POINT2D::"用于表示 moveto() 是属于 POINT2D 类的函数成员。在"POINT2D::moveto()"的函数体中调用 moveto()时，可使用限定名"LOCATION::moveto()"调用基类的函数成员 moveto()，该函数并不显示点。

根据 3.1.1 小节可知，作用域范围越小的函数被调用的优先级越高。在"POINT2D::moveto()"中如果不用限定名调用 moveto()，则比"LOCATION::moveto()"作用域更小的函数成员"POINT2D::moveto()"将被优先访问，因此将导致"POINT2D::moveto()"无休止地递归调用"POINT2D::moveto()"。

派生类也可以用 struct 声明，使用 class 和 struct 声明的不同之处在于：使用 class 声明时，基类的继承方式和进入派生类体后的访问权限默认为 private；使用 struct 声明时，基类的继承方式和进入派生类体后的访问权限默认为 public。注意，使用 union 声明的类既不能作为基类，也不能作为任何基类的派生类。

基类的继承方式可以为 private、protected 或 public。对于用 class 声明的派生类，其基类的继承方式默认为 private，因此声明"class POINT2D: private LOCATION"等价于声明"class POINT2D: LOCATION"。类似地，声明"struct POINT2D: public LOCATION"等价于声明"struct POINT2D: LOCATION"。

当基类的成员继承到派生类后，该成员在派生类中的访问权限由基类的继承方式决定，因此慎重地选择基类的继承方式是面向对象程序设计的一个非常重要的环节。

6.2　继承方式

基类的所有成员继承到派生类后，会成为派生类成员的一部分，但其访问权限可能与基类相应成员的访问权限不同，这与继承时采用的继承方式直接相关。继承到派生类的成员如果访问权限不合理，可通过 C++提供的修改访问权限的方法对其加以修改。

6.2.1　继承后成员的访问权限

类的私有成员可以被类自身的函数成员和类的友元函数访问，不能被其他任何类或者任何非成员函数（即普通函数）访问。类的保护成员除了可被类自身的函数成员和友元函数访问外，还可以被自该类继承的派生类的函数成员访问。除此之外，类的保护成员不能被任何非友元的其他函数访问，类的公开成员可以被任何非成员函数和函数成员访问。由此可知，派生类函数成员可以访问基类的保护成员和公开成员。除非定义为基类的友元函数，否则派生类的函数成员不能访问基类的私有成员。

基类的成员继承到派生类后，其在派生类中的访问权限与继承方式有关。对于派生类继承的基类成员，其在派生类中的访问权限如表 6.1 所示。由于基类的私有成员不能被非基类友元的派生类函数访问，故基类的私有成员没有出现在表 6.1 中。

表 6.1   派生类继承的基类成员的访问权限

基类成员访问权限　　继承方式	private	protected	public
protected	private	protected	protected
public	private	protected	public

可以用一个简洁的办法记忆表 6.1。假定访问权限和继承方式满足 private<protected<public，如果基类成员的访问权限高于基类的继承方式，则基类成员继承到派生类后，该成员的访问权限和继承方式一致；否则，该成员继续保持其在基类时的访问权限不变。由此可见，当继承方式为 public 时，基类的所有成员继承到派生类后，其访问权限保持不变。

基类除私有成员不能被派生类的函数成员访问外，其他所有成员都可以被派生类的函数成员访问。但如果将派生类定义为基类的友元函数，则基类的私有成员继承到派生类后，其在派生类的访问权限为 private，并且可被派生类的所有函数成员访问。当派生类 POINT2D 不是基类 LOCATION 的友元类时，例 6.2 可被派生类 POINT2D 访问的成员及其相应访问权限如下。

private 成员如下。

```
int     visible;              //POINT2D 新增的数据成员
```

public 成员如下。

```
int     getx( );              //LOCATION 的函数成员
int     gety( );              //LOCATION 的函数成员
int     isvisible( );         //POINT2D 新增的函数成员
void    show( );              //POINT2D 新增的函数成员
void    hide( );              //POINT2D 新增的函数成员
void    moveto(int, int);     //POINT2D 新增的函数成员
void    LOCATION::moveto(int, int);  //LOCATION 的函数成员
LOCATION(int x, int y)        //LOCATION 的函数成员
~LOCATION( );                 //LOCATION 的函数成员
POINT2D (int, int);           //POINT2D 新增的函数成员
~POINT2D ( );                 //POINT2D 新增的函数成员
```

基类对象是派生类对象的一部分，基类对象先于派生类对象构造。在构造派生类对象时，将自动执行派生类的构造函数，并由其调用基类可被访问的构造函数，然后在派生类构造函数的初始化位置，按派生类定义其数据成员的顺序初始化派生类的数据成员，最后执行派生类自己的构造函数体。

注意，派生类一定会调用基类的构造函数，如果基类构造函数没有在派生类构造函数的初始化位置显式列出，则编译程序会自动调用基类的无参构造函数。如果基类定义的构造函数都是有参的，则编译程序将报告"基类没有定义无参构造函数"的错误；而如果基类没有自定义任何构造函数，则编译程序会自动为基类生成无参构造函数。

除了继承自基类的实例函数成员 moveto()，派生类 POINT2D 还定义了自己的 moveto()函数成员。对 POINT2D 类的对象和函数成员来说，类 POINT2D 自定义的 moveto()函数被访问的优先级

更高。因此，除非使用限定名 LOCATION::moveto()调用 moveto()，否则，在类 POINT2D 的函数成员 moveto()内调用的 moveto()一定是 POINT2D 自定义的 moveto()函数成员。

由于例 6.2 的派生类 POINT2D 的继承方式为 public，因此基类函数 getx()、gety()继承到派生类后的访问权限仍为 public。这对类 POINT2D 的对象来说是合理的，因为 POINT2D 也需要这样的函数成员。但是，基类函数 moveto()继承到派生类后的访问权限也为 public，这样就为派生类对象调用 LOCATION::moveto( )提供了可能，而派生类自己也定义了 public 的函数成员 moveto()，派生类对象应尽可能调用派生类自定义的 moveto()函数，除非必要，否则应尽可能避免调用基类的 moveto()函数。让基类函数 moveto()继承到派生类后的访问权限变为 private 或 protected，能避免派生类对象调用基类的 moveto()函数。

```
void main(void)
{
    POINT2D p(3, 6);
    p.show();
    p.moveto(9, 18);                //调用 POINT2D::moveto
    p.LOCATION::moveto(7, 8);       //限定访问 LOCATION::moveto
}
```

在以上程序中，main()还能通过派生类对象 p 调用基类的函数成员 LOCATION::moveto()，这是不合理的，也是不应该的。执行上述程序就会发现，点 p 从(9, 18)移动到(7, 8)后，点的显示位置并未改变，这是因为 LOCATION::moveto()不能改变 visible。为了防止 main()调用基类函数成员，类 POINT2D 应将基类的继承方式设置为 private 或 protected。

```
class POINT2D: LOCATION{//用 class 定义的基类的继承方式默认为 private
    int visible;
public:
    int    isvisible( ) { return visible; };
    void show( );
    void hide( );
    void moveto(int x, int y);
    POINT2D (int x, int y): LOCATION(x, y) { visible=0; };
    ~POINT2D (int x, int y) { hide( ); };
};
```

派生类 POINT2D 的函数成员可以访问基类的某些成员和派生类的全部成员，这些可访问的成员及其相应的访问权限如下。

private 成员如下。

```
int     visible;                    //POINT2D 新增的数据成员
int     getx( );                    //LOCATION 的函数成员
int     gety( );                    //LOCATION 的函数成员
void    LOCATION::moveto(int, int); //LOCATION 的函数成员
LOCATION(int x, int y)              //LOCATION 的函数成员
~LOCATION( );                       //LOCATION 的函数成员
```

public 成员如下。

```
int     isvisible( );               //POINT2D 新增的函数成员
void    show( );                    //POINT2D 新增的函数成员
void    hide( );                    //POINT2D 新增的函数成员
void    moveto(int x, int y);       //POINT2D 新增的函数成员
POINT2D (int x, int y);             //POINT2D 新增的函数成员
~POINT2D ( );                       //POINT2D 新增的函数成员
```

LOCATION 声明了 public 函数成员 moveto()、getx()和 gety()，当派生类 POINT2D 的继承基类的方式为 private 时，这些函数成员在 POINT2D 中的访问权限变为 private。而类 POINT2D 也需要访问权限为 public 的函数成员 getx()和 gety()，且这些函数的功能同基类的 getx()和 gety()完全相同。上述定义尽管解决了 LOCATION::moveto()继承后的不合理访问权限问题，但是又造成了 LOCATION::getx()和 LOCATION::gety()不可被派生类对象访问的问题。

6.2.2　访问权限的修改

为此，C++提供了修改基类成员继承到派生后的访问权限的方法，从而能够解决基类成员继承后不合理的访问权限问题。为了修改继承到派生类中的 LOCATION::getx()的访问权限，可以将 LOCATION::getx 放在派生类中希望的访问权限范围，或者使用 using LOCATION::getx 将 LOCATION::getx 放在派生类中希望的访问权限范围。类 POINT2D 的声明可修改如下。

```
class POINT2D: private LOCATION{
    int visible;

public:

    LOCATION::getx;                    //修改访问权限，还可被新定义的 getx 覆盖
    using LOCATION::gety;              //修改访问权限，还可被新定义的 gety 覆盖
    int   isvisible( ) { return visible; };
    void show( );
    void hide( );
    void moveto(int x, int y);
    POINT2D (int x, int y): LOCATION(x, y) { visible=0; };
    ~POINT2D ( ) { hide( ); };
}p(2, 3);
```

派生类 POINT2D 可以访问的基类和派生类成员及其相应的访问权限如下。

private 成员如下。

```
int     visible;                    //POINT2D 新增的数据成员
void    LOCATION::moveto(int, int); //LOCATION 的函数成员
LOCATION(int x, int y)              //LOCATION 的函数成员
~LOCATION( );                       //LOCATION 的函数成员
```

public 成员如下。

```
int     getx( );                    //LOCATION 的函数成员
int     gety( );                    //LOCATION 的函数成员
int     isvisible( );               //POINT2D 新增的函数成员
void    show( );                    //POINT2D 新增的函数成员
void    hide( );                    //POINT2D 新增的函数成员
void    moveto(int x, int y);       //POINT2D 新增的函数成员
POINT2D (int x, int y);             //POINT2D 新增的函数成员
~POINT2D ( );                       //POINT2D 新增的函数成员
```

需要指出的是，选用 private 作为继承方式通常不是最好的选择。如果派生类 POINT2D 选用 private 作为继承方式，却又未修改 "LOCATION::getx" 的访问权限，则 getx()在 POINT2D 类中的访问权限将变为 private，从而使以 POINT2D 类及其派生类无法访问 private 的 "POINT2D::getx"。

在派生类 POINT2D 中，使用 "LOCATION::getx" 或者等价的 "using LOCATION::getx" 修

改 getx()访问权限以后，通常不会在派生类中再自定义参数表和与基类 getx()相同的 getx()实例函数。此时，在没有派生关系的类或非成员函数中，通过 POINT2D 类对象调用 getx()，就是调用 LOCATION::getx。而一旦派生类 POINT2D 自定义了 getx()实例函数，则派生类 POINT2D 对象将优先调用自定义的 getx()实例函数，而基类的 getx()只能通过限定名 LOCATION::getx 去调用。

6.3 成员访问

当基类的数据成员和函数成员继承到派生类后，便有可能与派生类新定义的成员同名。最常见的同名是基类和派生类的函数成员同名，如例 6.2 中基类和派生类的 moveto()函数成员同名。对于定义多重继承的派生类，成员同名的现象更为普遍。由于一个基类可以用于定义多个派生类，因此基类的数据成员和函数成员的作用范围更大。如果希望访问基类作用范围更大的标识符，则可以用"基类类名::标识符"构成的限定名进行访问。

【例 6.3】以链表 LIST 类为基类定义集合 SET 类。

```cpp
class LIST{
    struct NODE{                //定义嵌套类
        int    val;
        NODE   *next;
        NODE(int v, NODE *p) { val=v; next=p; }
        ~NODE( ) { delete next;      next=0; }
    }*head;
public:
    int inserts(int);           //该 inserts()允许插入重复的元素
    int contains(int);          //判断链表中是否存在某个元素
    LIST( ){ head=0; };
    ~LIST( ) { if (head) {delete head; head=0; } }
};
int LIST::contains(int v)
{
    NODE *h=head;
    while((h!=0)&&(h->val!=v)) h=h->next;
    return h!=0;
}
int LIST::inserts(int v)
{
    if (contains(v)) return 0;
    head=new NODE(v, head);
    return 1;
}
struct SET: protected LIST{
    LIST::contains;             //可以重用基类的 contains( )，判断集合中是否存在某个元素
    int inserts(int);           //集合不允许插入重复元素，故须对 main( )隐藏基类的 inserts( )并定义新 inserts( )
    SET( )=default;             //告知编译程序生成默认无参构造函数，将自动调用基类 LIST( )
};
int SET::inserts(int v)
{
    if(!contains(v)&&LIST::inserts(v)) return 1;//用限定名 LIST::inserts(v)调用基类函数
    return 0;
}
void main(void)
{
    SET s;                      //变量 s 不能声明为 SET s( )，该声明等价于函数说明 SET s(void)
    s.inserts(3);               //等价于 s.SET::inserts(3)
}
```

类 SET 从基类 LIST 派生过来，但 SET 不能重用 LIST 的 insert()函数，因为 LIST 允许插入重复元素，但 SET 不允许插入重复元素。因此，SET 必须自定义 inserts()函数，以覆盖自基类继承的 inserts()函数，并对非成员函数 main()隐藏 "LIST::inserts()"。函数 "SET::inserts(int v)" 在检查基类链表不包含要插入的元素后，通过限定名调用 "LIST::inserts(v)" 实现自己的 inserts()。在main()定义派生类 SET 的对象 s 以后，"s.inserts(3)" 优先调用的是派生类自定义的实例成员函数 "int SET::inserts(int v)"。

6.4 构造与析构

构造函数决定了对象的初始状态，因此了解构造函数的执行过程非常重要。目前，所涉及的派生类都是单继承派生类，单继承派生类对象的构造过程比较容易理解。鉴于派生类对象的析构过程正好与其构造过程相反，因此本节仅介绍派生类对象构造函数的执行顺序，析构函数的执行顺序相反，这里不再讨论。

6.4.1 对象构造的执行顺序

派生类构造函数的执行顺序是：（1）若派生类存在虚基类，则先调用虚基类的构造函数；（2）若存在直接基类，则接着调用直接基类的构造函数；（3）然后按照派生类数据成员的声明顺序依次调用它们的构造函数或对其进行初始化；（4）最后执行派生类构造函数的函数体。这种初始化顺序可理解为具有 4 个优先级的初始化，但少数编译程序会按程序员指定的顺序进行初始化。

如果派生类定义了没有默认值的引用或只读实例数据成员，或者定义了必须调用有参构造函数初始化的对象成员，或者继承或自定义了虚函数或纯虚函数，或者其虚基类和基类必须用实参调用构造函数初始化，则派生类必须自定义构造函数，而不能依靠编译程序为其自动生成构造函数。

【例 6.4】派生类构造函数的初始化顺序由上述 4 个优先级确定，优先级相同时由定义顺序确定。

```
#include <iostream>
using namespace std;
class A{
    int a;
public:
    A(int  x):a(x) { cout<<a; }
    ~A( ) { cout<<a; }
};
class B: public  A{
    int  b, c;
    const int  d;        //存在没有默认值的只读实例成员，故类 B 须自定义构造函数
    A  x, y;             //类 A 的所有构造函数均带参数，故类 B 须自定义构造函数
public:
    B(int v): b(v),y(b+2),x(b+1),d(b),A(v) {
        c=v;
        cout<<b<<c<<d;
        cout<<'C';
    }
    ~B( ) { cout<<'D'; }
};
void main( ) { B z(1);   A&r=z;   }//z 为 main()定义的局部自动变量，等价于 "auto B z(1);"
```

上述程序定义了基类 A 和派生类 B，函数 main()定义了 B 类的一个对象 z。对象 z 在构造时首先调用基类的构造函数 A(int)，然后按照 B 类数据成员的声明顺序依次初始化数据成员 b、d、x、y，而不是按初始化位置列出的顺序初始化 b(v)、y(b+2)、x(b+1)、d(b)。但是，少数编译程序会按程序员指定的顺序 b(v)、y(b+2)、x(b+1)、d(b)进行初始化。类 B 定义了类型相同的数据成员 b、c，它们都应该在构造函数的初始化位置初始化，未初始化的 c 在 z 为自动变量时取随机值，然后 c 在构造函数的函数体内被重新赋值为 v。

上述程序进入函数 main()时构造 z，构造产生的输出为 123111C；在退出函数 main()时析构 z，析构产生的输出为 D321。因此，整个程序的输出为 123111CD321。基类 A 只定义了带整型参数的构造函数，构造 z 时自动调用构造函数 B(1)，B(1)将实参 1 传给基类 A 的构造函数 A(int x)。因此，初始化后基类对象的数据成员 a 的值为 1。

6.4.2 new、delete 引起的构造与析构

在例 6.4 的 main()中定义了传统左值有址引用变量 "A&r"，且 r 引用了子类 B 的有址左值变量 z。由于对象 z 的构造和析构由 main()自动完成，故引用变量 r 不需要负责对象 z 的构造与析构，因为 r 共享 z 的内存故没有必要再次构造和析构。但是，如果被 r 引用的对象是通过 "new" 生成的有址对象，则引用变量 r 必须用 "delete &r" 析构该对象，否则该对象将因未释放内存而产生内存泄漏。

【例 6.5】被引用的对象如果是通过 "new" 产生的，则必须通过引用变量进行析构。

```
#include <iostream>
using namespace std;
class A{
    int   i;
    int *s;
public:
    A(int x) { s=new int[i=x]; cout<<"(C): "<<i<<"\n"; }
    ~A( ) {delete s; cout<<"(D): "<<i<<"\n"; }
};
void sub1(void) {   A &p=*new A(1);   }
void sub2(void) {   A *q=new A(2); }
void sub3(void) {   A &p=*new A(3); delete &p; }
void sub4(void) {   A *q=new A(4);   delete q;   }
void main(void)
{
    sub1( );        //产生对象 A(1)，但没有析构：内存泄漏
    sub2( );        //产生对象 A(2)，但没有析构：内存泄漏
    sub3( );        //产生对象 A(3)，进行了析构
    sub4( );        //产生对象 A(4)，进行了析构
}
```

程序的输出如下所示。

```
(C): 1
(C): 2
(C): 3
(D): 3
(C): 4
(D): 4
```

在本例程序中，引用变量 p 引用的对象是由 "new" 生成的，必须通过该引用变量显式地析构对象。从程序的输出来看，"sub1( )" 和 "sub2( )" 没有析构 "new" 生成的对象，而 "sub3( )" 和 "sub4( )" 都析构了对象。因此，"sub1( )" 和 "sub2( )" 造成了内存泄漏。

注意，"new A(3)"的执行过程为：（1）先为对象"A(3)"分配一块内存，其大小为"sizeof(A)"；（2）调用构造函数初始化"A(3)"，构造函数为其成员 s 分配一块内存，该内存大小为"sizeof(int[3])"。由此可见，"new A(3)"导致总共分配了两块内存。

如果仅用"p.~A( )"析构由"new"生成的对象"A(3)"，则只释放了其成员"p.s"指向的大小为"sizeof(int[3])"的内存块，而没有释放 p 引用的对象"A(3)"所占用的内存，其占用的内存的大小为"sizeof(A)"。"new A(3)"从内存分配了两块内存，但"p.~A( )"只释放了一块内存，从而导致另一块内存被泄漏。

如果用"delete &p"处理由"new"生成的对象，则"delete &p"会完成以下两个任务：（1）通过"p.~A()"调用析构函数析构由"new"生成的对象"A(3)"，析构时释放"p.s"指向的大小为"sizeof(int[3])"的内存；（2）使用"free(&p)"释放 p 引用的对象"A(3)"占用的内存，该内存的大小为"sizeof(A)"。这样两块内存都被释放了，就不会造成内存泄漏。"delete q"的执行效果和"delete &p"类似，因为 q 和&p 都是指向 A 类对象的指针。

6.5 父类和子类

基类和派生类在 3 种情形下满足父子类关系。若使用父类定义变量或指针，则在编译时只检查它们访问父类成员的权限。因此，即使父类指针实际指向子类对象，早期绑定也只能调用父类的函数成员；除非将父类函数成员定义为虚函数进行晚期绑定，否则子类对象就会不合理地调用父类函数成员。

6.5.1 父类及其函数调用

如果派生类继承基类的方式为 public，则这样的派生类称为该基类的子类，而相应的基类则称为派生类的父类。C++允许父类指针直接指向子类对象，也允许父类引用变量直接引用子类对象。由此可见，父类指针既可能指向父类对象，也可能指向子类对象。因此，当用父类指针调用函数时，被调函数的理想的表现行为应该是：若父类指针指向的是父类对象，则被调函数应该是父类函数成员；若父类指针指向的是子类对象，则被调函数应该是子类函数成员。

但是，编译时是无法知道指向或引用的对象类型的，指向或引用的对象类型只能在程序运行时确定，故编译程序只能根据变量的类型定义进行静态语法检查，即把父类指针变量指向的所有对象都当作父类对象。在通过父类指针变量访问对象的数据成员或函数成员时，如果父类定义的成员访问权限不允许当前访问，则编译程序就会报告访问权限超出限制等错误。父类引用变量也存在类似的静态语法检查问题。

【例 6.6】定义点类，并通过点类派生出圆类。

```
#include <iostream>
using namespace std;
class POINT2D{
    int   x, y;          //x、y 的访问权限为私有
public:                  //以下 POINT2D 类的函数成员的访问权限均为公开
    int getx( ) { return   x; }
    int gety( ) { return   y; }
    void show( ) { cout<<"Show a point\n"; };
    POINT2D(int x, int y) { POINT2D::x=x; POINT2D::y=y; };
};
```

```
class CIRCLE: public POINT2D{//POINT2D 为父类，CIRCLE 为子类
    int r;
public:
    int getr( ) { return   r; }
    void show( ) { cout<<"Show a circle\n"; };
    CIRCLE(int x, int y, int r):POINT2D(x, y) { CIRCLE::r=r; };
};
void main(void)
{
    CIRCLE c(3, 7, 8);
    POINT2D *p=&c;       //满足父子关系直接赋值，否则需强制转换: p=(POINT2D*)&c
    cout<<"The circle with radius "<<c.getr( );
    cout<<" is at ("<<p->getx( )<<", "<<p->gety( )<<")\n";
    p->show( );
}
```

程序的输出如下所示。

```
The circle with radius 8 is at (3, 7)
Show a point
```

以上 POINT2D 和 CIRCLE 构成了父类和子类关系，故 CIRCLE 对象 c 的地址可以直接赋给父类指针 p，否则需进行强制类型转换后再赋值，即"p=(POINT2D*)&c"。p 被定义为指向 POINT2D 类型的指针，故编译程序允许 main()通过 p 调用 POINT2D 的公开函数成员。尽管父类指针 p 实际指向的是子类对象 c，但编译程序只能按父类 POINT2D 进行静态语法检查。由于函数 getr()不是父类的函数成员，故不能用"p->getr()"调用子类的实例函数成员"getr( )"。

虽然父类指针 p 实际指向的是子类对象，但由于编译程序只能做静态语法检查，故"p->show( )"调用的是父类的实例函数成员 show()。因此，"p->show()"输出的结果为"Show a point"，而不是子类对象的应有输出"Show a circle"。要让"p->show()"合理地输出"Show a circle"，就必须将 show()定义为虚函数（参见第 8 章）。同理，编译程序只能假定父类引用变量引用的都是父类对象。在通过引用变量访问对象的数据成员或函数成员时，不能突破父类对象为成员所规定的访问权限。

【例 6.7】父类引用变量可以直接引用子类对象，否则必须进行强制类型转换。

```
#include <iostream>
using namespace std;
class A{
    int a;
public:
    int getv( ) { return a; }
    A( ) { a=0; }
    A(int x) { a=x; }
}a;
class B: A{          //A、B 没有构成父子类关系
    int b;
public:
    int getv( ) { return b+A::getv( ); }
    B( ) { b=0; }
    B(int x):A(x) { b=x; }
}b;
class C: public A{ //A、C 构成父子类关系
    int c;
public:
    int getv( ) { return c+A::getv( ); }
    C( ) { c=0; }
    C(int x):A(x) { c=x; }
```

```
}c;
void main(void)
{
    A &p=*new C(3);              //父类引用变量可直接引用子类 C 的对象
    A &q=*(A *)new B(5);         //A 不是 B 的父类：必须进行强制类型转换来引用 B 类对象
    cout<<"p.getv( )="<<p.getv( )<<"\n";
    cout<<"q.getv( )="<<q.getv( )<<"\n";
    delete &p;                   //析构 C(3)的父类 A 而非子类 C：调用析构函数 A::~A( )
    delete &q;                   //对 B 类对象 B(5)调用析构函数 A::~A( )
}
```

程序的输出如下所示。

```
p.getv( )=3
q.getv( )=5
```

如果基类和派生类没有构成父子关系，且非成员函数 main()不是派生类的友元函数，则 main()定义的基类指针变量不能直接指向派生类对象，而必须通过强制类型转换才能指向派生类对象。同理，函数 main()定义的基类引用变量也不能直接引用派生类对象，而必须通过强制类型转换才能引用派生类对象。

6.5.2　友元和派生类函数中的父子类关系

非成员函数即 C 语言的普通函数，它不是任何类的实例或静态函数成员。如果上述普通函数 main()定义为派生类 B 的友元，则 main()定义的"A&q"可直接引用派生类 B 的对象，即不必通过强制类型转换就能引用（A &q=*new B(5)；）。类似地，派生类友元 main()定义的基类指针"A*p"也能直接指向派生类对象 b。

也就是说，在作为派生类友元的函数 main()中，基类和派生类默认满足父子类关系。这是因为基类对象继承到派生类后，可被视为匿名的具有某种访问权限的对象成员。而 main()函数作为派生类的友元函数，可以访问派生类的所有成员，包括作为匿名成员的基类对象。这种对基类对象的无障碍访问，就像基类以公开方式继承到派生类，使基类可被派生类当作父类看待。

在派生类的函数成员中，基类和派生类默认满足父子类关系，因为基类对象可被视作派生类的匿名成员，而派生类函数可以访问自己的所有成员，包括继承的作为匿名成员的基类对象。在派生类函数成员中，这种对基类对象的无障碍访问，使基类可被当作派生类的父类看待。因此，基类指针或引用可以直接指向或引用派生类对象。

【例 6.8】定义基类机车类 VEHICLE，并派生出汽车类 CAR。

```
class VEHICLE{
    int speed, weight, wheels;

public:
    VEHICLE(int spd, int wgt, int whl);
};
VEHICLE::VEHICLE(int spd, int wgt, int whl)
{
    speed=spd;
    weight=wgt;
    wheels=whl;
}
class CAR: private VEHICLE{ //非公开继承方式：不满足父子类关系
    int seats;
    friend void main(void);   //main()定义为派生类的友元函数，参见第 7 章
```

```
public:
    VEHICLE *who( );
    CAR(int sd, int wt, int st);
}car(4, 5, 6);
CAR::CAR(int sd, int wt, int st):VEHICLE(sd, wt, 4)
{
    seats=st;
}
VEHICLE *CAR::who( )
{    //在派生类的函数成员 who()中，基类和派生类默认满足父子类关系
    CAR c(3, 4, 5);
    VEHICLE *p = &c;        //基类指针直接指向派生类对象
    VEHICLE &q=c;           //基类引用直接引用派生类对象
    VEHICLE &r=*this;       //基类引用直接引用派生类对象
    p=this;                //基类指针直接指向派生类对象
    return   p;
}
void main(void) {
    VEHICLE* s = &car;      //在派生类友元 main()中，基类指针 s 可被视作父类指针
}
```

上述派生类 CAR 的函数成员 who()定义了基类指针 p 和基类引用 q、r，尽管从类型定义上看 CAR 不是 VECHILE 的子类，但由于 p 和 q 是在派生类函数成员 who()中定义的，此时默认 CAR 是基类 VECHILE 的子类。因此，p 可直接指向派生类对象，q 可直接引用派生类对象，不需要向基类进行强制类型转换。在派生类友元函数 main()中，基类指针（引用）可被视作父类指针（引用），因而可以直接指向（引用）子类对象。

6.6　派生类的内存布局

静态数据成员在对象之外独立分配内存，因此，在计算基类或派生类的内存空间时，不需要考虑基类或派生类的静态数据成员。此外，函数成员也不是对象内存的一部分，因此函数成员编译后得到的二进制代码不占用对象内存。

基类对象是派生类对象内存的一部分，通常出现在派生类实例数据成员之前。因此，派生类对象所占用的内存通常由两部分构成：（1）基类对象占用的内存；（2）派生类实例数据成员占用的内存。派生类对象的内存为这两部分内存之和。

【例 6.9】派生类对象内存字节数的计算，假设 VS2019 采用 x86 模式编译。

```
#include <iostream>
using namespace std;
class A{
    int   h, i, j;    //实例数据成员在对象内部连续分配内存
    static int k;     //静态数据成员在对象外部独立分配内存
}*pa;
class B: public   A{
    int   m,n,p;      //实例数据成员在对象内部连续分配内存
    static int q;     //静态数据成员在对象外部独立分配内存
}b;
int A::k=0;           //静态数据成员在对象外部独立分配内存
int B::q=0;           //静态数据成员在对象外部独立分配内存
```

```
    void f(A*pa){ }    //形参为父类指针，sizeof(pa)=4
    void g(A&ra){ }    //形参为父类引用
    void main(void)
    {
        pa = &b;       //父类指针 pa 可以直接指向子类对象 b
        A& ra=b;       //父类引用 ra 可以直接引用子类对象 b
        f(&b);         //父类指针形参 pa 可以直接指向子类对象实参
        g(b);          //父类引用形参 ra 可以直接引用子类对象实参
        cout << "sizeof(int)=" << sizeof(int) << "\n";
        cout << "sizeof(A)=" << sizeof(A) << "\n";
        cout << "sizeof(B)=" << sizeof(B) << "\n";
        cout << "sizeof(A*)=" << sizeof(pa) << "\n";
        cout << "sizeof(A&)=" << sizeof(ra) << "\n";
    }
```

在 "int" 类型为 32 位二进制的环境下，VS2019 采用松散对齐和 x86 模式编译，程序执行的输出结果如下。

```
sizeof(int)=4
sizeof(A)=12
sizeof(B)=24
sizeof(A*)=4
sizeof(A&)=12
```

"sizeof(A)=12" 说明类 A 的内存由 3 个大小为 4 字节的整型实例成员 h、i、j 构成。"sizeof(B)=24" 说明类 B 的内存包含类 A 的 12 字节，同时还包含 3 个大小为 4 字节的整型实例成员 m、n、p。"sizeof(A*)=4" 说明指针 pa 存储地址只需要 4 字节的内存，"sizeof(A&)=12" 说明引用 ra 共享 A 类对象的 12 字节的内存。例 6.9 的派生类 B 的内存布局如图 6.1 所示。

图 6.1　派生类 B 的内存布局

从子类 B 的内存布局来看，其首部恰巧就是父类 A 的内存布局，所以若把子类对象当作父类对象使用，不会导致父类对象所要求的内存布局与预期不一致的问题。另一方面，因为子类 B 采用的是 public 继承，故父类 A 代表的对象继承到子类 B 后，可将其视为子类 B 的 public 匿名对象成员。因此，这个 public 匿名对象成员可被所有函数访问，这正是 "父类指针直接指向子类对象，父类引用直接引用子类" 不需要进行强制类型转换的原因。

例 6.9 的 4 条语句 "pa = &b;" "A& ra=b;" "f(&b);" "g(b);"，均应用了父类指针直接指向子类对象、父类引用直接引用子类对象这一规则。但是，如果 A 和 B 不满足父子关系，比如类 B 采用 "class B: private　A{…}" 的定义形式，则基类 A 继承到派生类 B 后作为匿名对象成员是 private 的。而任何 private 成员对函数 main() 来说都是不可访问的，因而需要通过强制类型转换提供某种 "责任担保"，即必须通过强制类型转换进行赋值或函数调用（如 "pa=(A *)&b;" "A& ra=(A)b;" "f((A *)&b);" "g((A)b);"）。

练习题

【题 6.1】什么是单继承？继承的实质是什么？

【题 6.2】使用联合可以实现软件重用吗？为什么？

【题 6.3】继承基类的方式有哪些？不同的继承方式对基类数据成员继承到派生类后的访问权

限有何影响？

【题 6.4】在派生类的实例函数成员中，如果基类实例数据成员与派生类自定义的实例数据成员同名，优先访问的是基类的实例数据成员还是派生类的实例数据成员？如果它们还与该实例函数成员的参数同名，则优先访问的是谁？

【题 6.5】在将一个类做前向声明但还未完整定义的情况下，能否将该类的类名直接作为一个函数的参数类型？

【题 6.6】在什么情形下，基类和父类构成父子关系？构成父子关系有何好处？

【题 6.7】为什么在父类指针指向子类对象后，通过父类指针调用的函数仍然是父类的函数？

【题 6.8】派生类对象的内存单元包括基类和派生类的静态数据成员吗？包括基类和派生类的函数成员吗？

【题 6.9】定义描述个人信息的类 PERSON，记录个人身份证号 IDnumber；使用指针分配内存，用于记录个人姓名 name；定义实例函数成员 print()，用于输出个人基本情况；然后由类 PERSON 派生出子类 TEACHER，记录教师薪资 wage 并分配内存来记录其职称 title；定义实例函数成员 print()，输出教师的基本情况。

【题 6.10】包（BAG）是一种可以存储重复数据的类，而集合（SET）是不能存储重复数据的类。试定义如下 BAG 和 SET 中的所有实例函数成员。

```
class SET;
class BAG {
      int   *const e;          //用于存放整型数值
      const int m;             //能够存放的最大数值个数
      int n;                   //包中数值的个数
public:
      BAG(int m=0);            //构造一个最多能放 m 个数值的包
      BAG(const BAG&b);        //按照已有包深拷贝构造一个包
      int have(int v);         //判断一个数值是否在包中，若在则返回 1，否则返回 0
      BAG& put(int &v);        //将一个数值 v 放入包中，如果失败则设置 v=0，成功则设置 v=1
      BAG& remove(int &v);     //将数值 v 从包中去除，如果失败则设置 v=0，成功则设置 v=1
      ~BAG( );                 //析构函数
};
class SET : public   BAG {     //BAG 和 SET 满足父子关系
public:
      using BAG::have;         //判断一个数值是否在集合中，若在则返回 1，否则返回 0
      SET(int m = 0);          //构造一个最多能放 m 个数值的集合
      SET(const SET&s);        //深拷贝构造，BAG(const BAG&b)的 b 可直接引用 s
      SET& put(int &v);        //将一个数值 v 放入集合中，如果失败则设置 v=0，成功则设置 v=1
      SET& remove(int &v);     //将数值 v 从集合中去除，如果失败则设置 v=0，成功则设置 v=1
      ~SET( );
};
```

【题 6.11】对于如下类型声明，请分别指出类 A、B、C 可访问的成员及其访问权限。

```
class A{
      int a1, a2;
protected:
      int a3, a4;
```

```
public:

    int a5, a6;
    A(int);
    ~A(void);
};
class B: A{
    int b1, b2;
protected:
    A::a3;
    int b3, b4;

public:

    A::a6;
    int b5, b6;
    B(int);
    ~B( );
};
struct C: B{
    B::a6;
    int c1, c2;
protected:
    int c3, c4;

public:

    int c5, c6;
    C(int);
    ~C( );
};
```

【题 6.12】类的对象所分配的内存是否包含静态数据成员？基类对象的内存相对派生类对象而言，处于派生类对象的什么位置？

【题 6.13】若定义了一个引用对象的有址引用变量和一个引用对象的无址引用变量，它们能够引用什么样的对象？这两个变量编译成汇编语言后将被当作什么类型？在 C++ 程序中，上述两个变量的字节数分别是多少？

第7章
可访问性

对变量、形参、函数或者类的成员来说，它们的可访问性与它们的作用域相关。本章将介绍作用域运算符 "::"、面向过程的作用域、面向对象的作用域、名字空间等相关概念。此外，还将介绍友元函数访问类成员的方法，以及隐藏和覆盖类成员的方法。

7.1　作用域

作用域运算符 "::" 既是单目运算符，又是双目运算符。单目运算符 "::" 用于限定函数外的类型名、变量名以及常量名等，双目运算符 "::" 用于限定枚举元素、名字空间成员、类的数据成员、函数成员以及类型成员等。此外，对于基类可被派生类访问的成员，当该成员继承到派生类后，双目运算符 "::" 可用于修改它的访问权限。

7.1.1　面向对象的作用域

同括号运算符的优先级一样，"::" 的优先级为最高级，即第 16 级，"::" 的结合方向也是自左向右的。在类体外定义函数成员和静态数据成员时，必须用 "类名::" 限定函数成员和静态数据成员，以避免和同名的非成员函数、全局变量、模块变量等混淆，同时便于区分不同类定义的同名成员。

【例 7.1】在类体外使用作用域运算符定义二维及三维坐标点类的函数成员。

```
class   POINT2D{          //定义二维坐标点
    int   x, y;
public:
    int   getx( );          //获得点的 x 轴坐标
    POINT2D (int x, int y)
    {
        POINT2D::x=x;       //限定名 "POINT2D::x" 代表类的数据成员 x
        POINT2D::y=y;       //限定名 "POINT2D::y" 代表类的数据成员 y
    }
};
class   POINT3D{          //定义三维坐标点
    int   x, y, z;
public:
    int   getx( );          //获得点的 x 轴坐标
    POINT3D (int x, int y, int z)
    {
```

```
        POINT3D::x=x;        //限定名"POINT3D::x"代表类的数据成员 x
        POINT3D::y=y;        //限定名"POINT3D::y"代表类的数据成员 y
        POINT3D::z=z;        //限定名"POINT3D::z"代表类的数据成员 z
    }
};
//在类体外定义 getx( )，用"::"限定 getx()所属的类
int    POINT2D::getx( ) {return x;}
int    POINT3D::getx( ) {return x;}
static int x;                //非成员函数外的静态变量（或模块变量）x=0
int y;                       //非成员函数外的全局变量（或全局变量）y=0
void main(int argc, char *argv[ ]) {
    POINT2D    p(3,5);       //等价于自动变量定义"auto POINT2D p(3,5);"
    int x=p.POINT2D::getx( );//main()可以访问 POINT2D 中的公开函数 getx( )
    ::x=p.getx( );           //对模块变量 x 赋值，等价于"::x=p.POINT2D::getx( );"
    x=POINT2D(4,7).getx( );  //常量 POINT2D(4,7)的作用域仅限于表达式
}
```

上述程序定义了二维坐标点 POINT2D 类和三维坐标点 POINT3D 类。两个类都在类体外定义了函数 getx()，此时必须用双目作用域运算符"::"限定 getx()所属的类。此外，在 main()函数中，局部变量 x 如果和模块变量 x 同名，则必须使用"::x"访问模块变量 x。否则，将优先访问作用域更小的局部变量 x，故"x=p.getx( )"将对局部变量 x 赋值。

对于函数调用 p.getx()，编译程序通过检查 p 的类型 POINT2D，查看"POINT2D::getx()"可否在 main()中访问。由于 POINT2D 中 getx()的访问权限为 public，因此公开的"POINT2D::getx"可被主函数 main()访问。此时表达式"p.getx( )"等价于"p.POINT2D::getx( )"。

必要时，类型成员、数据成员和函数成员都可以用"::"限定。例如，在类 POINT2D 的构造函数中，数据成员 x、y 和构造函数的参数 x、y 同名，需要用限定名"POINT2D::x"访问数据成员 x。直接使用 x 表示访问构造函数的形参 x 而不是数据成员 x，因为构造函数的形参 x 的作用域更小，故形参 x 被访问的优先级比同名的数据成员 x 更高。

根据作用域是否同类相关，C++的作用域可以分为两类，即面向过程的作用域和面向对象的作用域。面向过程的作用域即传统的 C 语言的作用域。在面向过程的作用域中，词法单位的作用范围从小到大可分为 4 级：（1）常量作用于表达式内；（2）局部变量和函数形参作用于函数内；（3）模块变量和静态函数作用于代码文件内；（4）全局变量和全局函数作用于整个程序。

在例 7.1 中，常量对象 POINT2D(4,7)作用于表达式内；函数形参 argc 和局部变量 p 均作用于函数 main()内；模块变量 x 作用于当前".cpp"代码文件内，其他".cpp"代码文件不能访问；全局变量 y 和全局函数 main()作用于整个程序，可被所有".cpp"代码文件访问。具有第三种和第四种作用域的标识符可用单目运算符"::"限定。

在 C++面向对象的作用域内（即类的内部），词法单位的作用范围从小到大可以分为 5 级：（1）常量作用于表达式内；（2）局部变量和函数形参作用于函数成员内；（3）数据成员或函数成员作用于类或派生类内；（4）数据成员或函数成员作用于基类内；（5）数据成员或函数成员作用于虚基类内。

就像整型有变量和常量一样，类的类型也可以有变量和常量，类的类型的常量称为常量对象。类内产生的常量对象的作用域属于第（1）级，对于同一表达式两个值相同的常量对象，它们将被视为不同的实例对象。它们将根据表达式计算的先后顺序分别构造，然后在表达式结束时按照相反顺序析构。但若常量对象被无址引用变量引用，则其析构将延迟到引用变量的生命期结束。

类内标识符的作用域属于第 2 级到第 4 级，标识符可为局部变量、函数形参、数据成员、函

数成员等。标识符的作用域范围越小，被访问的优先级就越高。例如，在类的函数成员内，当函数参数、局部变量和数据成员同名时，优先访问的是函数参数和局部变量；如果希望访问数据成员，就必须用限定名"类名::数据成员名"访问。在构造函数"POINT2D:: POINT2D(int x, int y)"中，应使用限定名"POINT2D::x"访问数据成员 x；否则，如果仅用"x"，则访问的便是该构造函数的形参 x。

【例 7.2】使用链表定义容量"无限"的栈。

```cpp
#include <iostream>
using namespace std;
class STACK
{
    struct NODE{         //在类 STACK 中嵌套定义局部类 NODE
        int    val;
        NODE *next;
        NODE(int v);
    }*head;
public:
    STACK( ){ head=nullptr; }
    ~STACK( );
    int push(int v);
    int pop(int &v);
};
STACK::NODE::NODE(int v)  //作用域运算符"::"自左向右结合
{
    val=v;
    next=0;              //可用 0 和关键字 nullptr 表示空指针
}
STACK::~STACK( )
{
    NODE *p;
    while(head){         //析构时释放栈中所有元素
        p=head->next;
        delete head;
        head=p;
    }
}
int STACK::push(int v)
{
    NODE *h=new NODE(v);
    if(h==0) return 0;   //若压栈失败则返回 0
    h->next=head;        //栈顶元素设置为新压入的节点
    head=h;
    return 1;            //若压栈成功则返回 1
}
int STACK::pop(int &v)
{
    NODE *h=head;
    if(h==0) return 0;   //若出栈失败则返回 0
    head=h->next;
    v=h->val;            //换名形参存放栈顶元素
    delete h;            //释放栈顶元素
    return 1;            //若出栈成功则返回 1
}
void main(void)
{
    STACK stk;          //调用无参构造函数 STACK( )初始化 stk
    int   v;
```

```
        if(stk.push(5)==0){ cout<<"Stack overflow"; return; }
        if(stk.pop(v)==0){ cout<<"Stack underflow"; return; }
}
```

在上述程序中，类 NODE 嵌套定义于类 STACK 内，其构造函数在 STACK 的体外定义，此时用 "STACK::NODE::NODE(int v)" 定义构造函数。类 NODE 的构造函数 "STACK::NODE::NODE(int v)" 不能在类 STACK 类体内定义，因为它不是 STACK 的函数成员。

在 main()函数内定义变量 stk 时，不能使用 "STACK stk( );" 定义，因为它表示声明一个函数原型：函数名为 stk，没有参数，返回类型为 STACK。也就是说，说明 "STACK stk( );" 等价于 "STACK stk(void);"，其中 stk 为外部函数的函数名。

7.1.2　面向过程的作用域

总的来说，面向对象的作用域属于面向过程的作用域。因为在 C 语言中，struct 和 union 包含在面向过程的作用域中，所以 class 定义的类也包含在面向过程的作用域中。当类的函数成员访问的变量没有在类中定义时，可在更大的作用域（即面向过程的作用域）中寻找访问优先级更低的同名变量进行访问。

单目运算符 "::" 可以限定来自函数外部的变量、函数、类型以及枚举元素等，它们的作用域可能局限于当前代码文件，也可能跨越所有代码文件属于全局作用域。当类的函数成员要调用同名的非成员函数时，必须用单目运算符 "::" 限定要调用的同名非成员函数。

【例 7.3】基于操作系统支持的进程管理函数 fork()，定义类的函数成员 fork()用于管理进程。

```
extern int fork( );          //操作系统支持的由类库提供的 fork()外部函数
class Process{
    int processes;           //本进程 fork()的进程数
public:
    int fork( );
};
static int processes=1;      //总的进程数
int Process::fork( )
{
    processes++;             //根据面向对象的作用域，访问数据成员 processes
    ::processes++;           //访问模块变量，即 static 变量 processes
    return ::fork( );        //调用类库中的 fork()外部函数，去掉 "::" 会自递归
}
```

例 7.3 声明了操作系统支持的全局函数 fork()，该函数是由外部类库提供的用于生成进程的标准函数；然后定义了局限于当前 ".cpp" 代码文件的模块变量，即定义了仅供当前代码文件使用的静态整型变量 processes。在 "int Process::fork()" 函数成员内部，必须使用 "::processes" 才能访问静态整型变量 processes，因为数据成员 processes 的作用范围更小，被访问的优先级更高。

在同一个作用域范围内，如果变量或参数和类名同名，则可以用 class、struct 和 union 说明某个标识符为类名。

【例 7.4】定义一个部门的职员类。

```
#define _CRT_SECURE_NO_WARNINGS //防止 strcpy 出现指针使用安全警告
#include<string.h>
class  CLERK {
    char *clerk;
    CLERK  *next;                //等价于 "class CLERK *next;"，指向下一职员
```

```
public:
    CLERK(const char *, CLERK*); //等价于 "CLERK(const char *, class CLERK*);"
};
CLERK::CLERK(const char *name, CLERK *next = 0)
{
    clerk = new   char[strlen(name) + 1];
    strcpy(clerk, name);
    CLERK::next = next;        // "CLERK:: next" 限定 next 为数据成员
}
int CLERK;                     //定义整型变量 CLERK，和类名 CLERK 同名
class CLERK v("V", 0);         //如果省略 class，就不知道 CLERK 是类名
struct CLERK w("W", 0);        //等价于 "class CLERK w("W", 0);"
void main( ) { CLERK = 3; }    //访问整型全局变量 CLERK
```

上述程序在同一个作用域（即全局作用域）内定义了类 CLERK 和整型变量 CLERK，为了访问最外层的类名标识符，需要使用"class   CLERK"或者"struct CLERK"说明 CLERK 是类名而不是全局整型变量 CLERK。

7.2　名字空间

名字空间是 C++引入的一种新的作用域，用于减少软件项目中的命名冲突。同一名字空间中的标识符必须唯一，不同名字空间中的标识符可以相同。当一个程序使用多个名字空间而出现成员同名时，可以用名字空间名加作用域运算符限定各自的成员。

7.2.1　名字空间的基本用法

关键字 namespace 用于定义名字空间。名字空间必须在程序的全局作用域内定义，不能在类、函数及函数成员内定义，最外层名字空间的名称必须在文件作用域内唯一。C++程序默认的名字空间是没有名称的匿名名字空间，全局类型、全局变量、全局函数等都处于这个名字空间。

名字空间可以分多次定义，即可以先在初始定义中声明或者定义部分成员，然后在扩展定义中定义先前声明的成员，或者再声明或定义新的名字空间成员。名字空间初始定义和扩展定义采用相同的语法格式。

关键字 using 用于声明要使用的名字空间，例如，声明使用 C++的标准名字空间 std；或者用于声明要使用的名字空间特定成员。在声明要使用名字空间的某个特定成员之前，该成员必须已经在名字空间中进行了定义，或已经进行了 using 声明，后者常用于嵌套定义的名字空间。

【例 7.5】在程序中访问 ALPHA 名字空间定义的变量 x 及函数 g()。

```
#include <iostream>
using namespace std;         //声明使用标准名字空间 std
namespace ALPHA {            //初始定义名字空间 ALPHA
    extern int x;            //声明整型变量 x
    void g(int);             //声明函数原型 void g(int)
    void g(long) {           //定义函数
        cout << "Processing a long argument.\n";
    }
}
using ALPHA::x;              //using 声明使用名字空间特定成员：变量 x
using ALPHA::g;              //using 声明使用特定函数 void g(int)和 void g(long)
```

```
namespace ALPHA {              //扩展定义 ALPHA
    int x=5;                   //定义此前声明的整型变量 x
    void g(int) {              //定义此前声明的函数原型 void g(int)
        cout << "Processing a int argument.\n";
    }
    void g(void) {             //定义新的函数 void g(void)
        cout << "Processing a void argument.\n";
    }
}
int main(void) {
    g(4);                      //调用函数 void g(int)
    g(4L);                     //调用函数 void g(long)
    cout<<"X="<<x;             //访问整型变量 x
    //g(void);                 //在 using 之前无该原型，调用失败
    return 0;
}
```

程序的输出如下所示。

```
Processing a int argument.
Processing a long argument.
X=5
```

上述程序分两次定义了名字空间 ALPHA。初始定义声明了变量 x 和函数 g(int)，定义了重载函数 g(long)，其后的 using 只能使用名字空间 ALPHA 目前已经声明或定义的变量或函数。在上述程序中，"using ALPHA::x"声明要使用特定成员 x，"using ALPHA::g"声明要使用两个特定重载函数 g(int)、g(long)。

访问名字空间的成员有 3 种方式：（1）直接访问特定成员；（2）声明使用特定成员；（3）使用名字空间。直接访问特定成员的形式为"<名字空间名称>::<成员名称>"，这种形式总能唯一地访问名字空间成员。声明使用特定成员的形式为"using <名字空间名称>::<成员名称>"，此后不能在同一作用域内定义和该成员同名的变量或者函数。使用名字空间的形式为"using namespace <名字空间名称>"，此后在同一作用域内还可定义和名字空间成员同名的变量和函数。

【例 7.6】 访问名字空间 ALPHA 和 DELTA 中的成员，调用不同名字空间中的同名函数成员 g()。

```
#include <iostream>
using namespace std;
namespace ALPHA {
    void g( ) { cout << "ALPHA\n"; }
}
namespace DELTA{
    void g( ) { cout << "DELTA\n"; }
}
using ALPHA::g ;           //声明使用特定成员 "ALPHA::g()"
int main(void) {
    ALPHA::g( );           //直接访问特定成员 ALPHA 的 g( )
    DELTA::g( );           //直接访问特定成员 DELTA 的 g( )
    g( );                  //默认访问特定成员 ALPHA 的 g( )
    return 0;
}
```

程序的输出如下所示。

```
ALPHA
DELTA
ALPHA
```

上述程序定义了名字空间 ALPHA 和 DELTA，并通过"ALPHA::g( )"和"DELTA::g( )"直接调用了它们的函数成员。由于已经使用"using ALPHA::g ;"声明要使用特定成员"ALPHA::g"，故在主函数中调用"g( )"时，默认调用名字空间 ALPHA 中的函数"g( )"。

在声明使用特定成员和使用名字空间后，不同名字空间中的成员名称可能相同，在这种情况下，必须通过"<名字空间名称>::<成员名称>"直接访问同名成员。名字空间也可以像类那样嵌套，形成多个层次的作用域，因此在访问名字空间的成员时，可能会使用多个作用域运算符"∷"。

【例 7.7】定义并访问嵌套的名字空间的成员。

```cpp
#include <iostream>
using namespace std;
namespace ALPHA {           // ALPHA 的初始定义
    int x=7;
    void f( ) {cout<<"ALPHA's f( ).\n";}
    namespace DELTA{
        int x=9;
        void g( ) {cout<<"DELTA's g( ).\n";}
    }
}
using ALPHA::f;             //using 声明，全局名字空间限定 f
using ALPHA::x;            //using 声明，全局名字空间限定 x
using ALPHA::DELTA::g;     //using 声明，多重名字空间限定 g
using ALPHA::DELTA::x;     //using 声明，多重名字空间限定 x
void main(void) {
    f( );                  //调用"ALPHA::f()"
    ALPHA::f( );
    ::ALPHA::f( );         //调用"ALPHA::f()"
    g( );                  //调用"ALPHA::DELTA::g()"
    //cout<<x;             //错误，无法确定 x 属于 ALPHA 还是 DELTA
}
```

程序的输出如下所示。

```
ALPHA's f( ).
ALPHA's f( ).
ALPHA's f( ).
DELTA's g( ).
```

通过"using namespace <名字空间名称>"使用名字空间后，该名字空间的所有成员都能被该作用域的函数访问。如果名字空间 A 中包含"using namespace B"，则在某个作用域使用名字空间 A 后，该作用域的函数就可以访问名字空间 A 及 B 的所有成员。

7.2.2　使用名字空间的注意事项

在使用名字空间后，不会将名字空间中的任何变量或者函数加入当前作用域，因此可在当前作用域内定义和名字空间成员同名的变量和函数。当名字空间中的成员和程序的全局变量、模块变量和函数名同名时，可以通过单目运算符"::"限定要访问的程序全局变量、模块变量或函数名；当名字空间中的成员和程序的函数参数或局部变量同名时，使用非限定名优先访问的是函数参数或局部变量。

如果 ALPHA 是全局名字空间的名字，则可在 ALPHA 前面加上单目运算符"::"，即"using namespace ALPHA"和"using namespace ::ALPHA"等价；同理，在直接访问名字空间成员时，

"::ALPHA::f( )" 和 "ALPHA::f( )" 等价。

【例 7.8】定义并访问嵌套名字空间的成员。

```
#include <iostream>
using namespace std;
namespace   A {
    int   a = 0;
    namespace   B { int a = 0; }      //定义嵌套的名字空间 B
    namespace   C { int b = 0; }      //定义嵌套的名字空间 C
    namespace   D { int m = 0; }      //定义嵌套的名字空间 D
    using   namespace   B;
    using   namespace   C;
}
using namespace A;        //同时 "using namespace A::B" 及 "using namespace A::C"
namespace AD=A::D;        //为名字空间 A::D 定义别名 AD
using namespace AD;       //等价于 "using namespace A::D"
int a = 5;                //全局变量 a、A 的 a 及 B 的 a 同名
//int b=a;                //错误，无法区分全局变量 a 和名字空间成员 a
int c = ::a+A::B::a;      //正确，::a 访问全局变量 a
int d = b;                //正确，访问 A::C::b
int e = m;                //正确，访问 A::D::m
void main(void) {
    using namespace A; //使用名字空间 A
    int a = 7;             //正确，可定义和 A 的 a 同名的局部变量 a
    int d = a+b+m;         //正确，访问局部变量 a、A::C::b、A::D::m
    cout << "c=" << c << " d=" << d;
}
```

程序的输出如下所示。

c=5   d=7

上述程序在名字空间 A 中说明了要使用名字空间 B 和 C。一旦说明要使用名字空间 A，则名字空间 A、A::B、A::C 的所有成员都能被访问。上述程序还使用 "namespace AD=A::D;" 说明了名字空间 AD，AD 是名字空间 A 中嵌套定义的名字空间 D，即 AD 等价于 A::D。

使用名字空间与声明使用特定成员不同的是，声明使用特定成员会将该特定成员加入当前作用域，因此不能在当前作用域再定义和该特定成员同名的标识符。

【例 7.9】在当前作用域内使用名字空间特定成员后，不能再定义和该特定成员同名的标识符。

```
#include <stdio.h>
namespace A {
    float a = 0;
    double b = 0;
    float d(float y) { return y; }
}
namespace B {
    void g( ) { printf("B\n"); }
}
void main(void) {
    using A::a;            //以后可直接用 a 访问，但 b 必须用 A::b 访问
    using A::d;            //using 声明特定成员 A::d，以后可直接用 d 访问
    using B::g;            //using 声明特定成员 A::g，以后可直接用 g 访问
    //long a=1;            //错误，a 已被加入 main()的作用域，不可定义同名变量 a
```

```
        a = d(2.1);              //正确，调用 float A::d(float)
        g( );                    //正确，调用 void B::g( )
        printf("a=%f, b=%lf", a, A::b);//float 类型用%f 输出，double 类型用%lf 输出
}
```

上述程序定义了名字空间 A 和 B，并在 main()内使用特定成员 A::a、A::d 和 B::g，因此不能在 main()内再定义和特定成员同名的局部变量 a。

可以为名字空间定义别名，以代替过长和难懂的名字空间名称。对于嵌套定义的名字空间，使用别名可以大大提高程序的可读性。

在当前".cpp"代码文件内可定义匿名名字空间，同一个".cpp"代码文件可分多次定义匿名名字空间，并且匿名名字空间定义后即默认被自动使用（即 using）。对于不同的 ".cpp" 代码文件，若在它们的匿名名字空间内定义同名的全局变量、函数或类型成员，将不会引起二义性冲突，因为这些变量、函数或类型成员仅限于在各自的 ".cpp" 代码文件内访问。

【例 7.10】名字空间别名和匿名名字空间的用法。

```
namespace A{
    namespace B{
        namespace C{
            int   k=4;
        }
    }
}
namespace ABC=A::B::C;//定义别名 ABC
using ABC::k;           //声明使用特定成员 A::B::C::k，相当于定义全局变量 int k=4;
namespace {             //定义并自动使用匿名名字空间
    int   x=3;          //相当于在本文件中定义 static int x=3
    int   y=4;          //还可在另一个".cpp"代码文件的匿名名字空间内定义 y
}
namespace {             //继续定义并自动使用匿名名字空间
    int   f( ) { return   0; }
    class ANT{ int m, n, p; };
}
int   x=5;              //还可在当前作用域内定义 x
int   z=::x+y+k;        //正确，访问全局变量 x=5、匿名名字空间的成员 y
int main(void)
{
    ANT   a;           //正确，匿名名字空间已经定义了 class ANT
    //z=x;             //错误，无法区分 x 为全局变量还是匿名名字空间成员
    return f( );       //正确，匿名名字空间已经定义 static int f( )
}
```

上述程序嵌套定义了名字空间，通过为最内层名字空间 C 定义别名简化了名字空间成员的访问路径。在当前".cpp"代码文件内，定义的匿名名字空间被自动使用，即自动使用所有成员，而不是使用某个特定成员，因此在当前代码文件内可定义同名成员。对于非匿名名字空间使用特定成员，如"using ABC::k"或者等价的"using A::B::C::k"，则相当于在当前作用域定义了 int k=4，由于当前作用域为全局作用域，故 k 相当于全局变量。

7.3　成员友元

友元函数（简称"友元"）不是声明该友元的类的函数成员，但是它能像类的函数成员一样访

问该类的所有成员。友元分为普通友元和成员友元两种类型。普通友元是指将普通函数（即非成员函数）定义为某个类的友元，例如普通函数 main()可以定义为某个类的普通友元。成员友元是指将一个类的函数成员定义为另一个类的友元。

7.3.1 成员友元的一般用法

在进行类型封装时，通常要为类的私有成员或保护成员提供公开访问接口函数，但是通过公开访问接口函数访问这些成员的效率较低。如果将某个函数声明为要访问的类的友元，就可以不通过公开访问接口函数而直接访问该类的所有成员，从而大大提高该友元访问该类成员的效率。

【例 7.11】定义整型集合类和实型集合类，并用整型集合对象构造实型集合对象。

```
class INTSET{
    int *elems, card, maxcard;          //定义私有成员
public:
    INTSET(int maxcard);
    ~INTSET( ) { delete elems; };
    int getcard( ) { return card; };    //定义公开访问接口函数，用于访问私有成员 card
    int getelem(int i);                 //定义公开访问接口函数，用于访问私有成员 elems
};
INTSET::INTSET(int max)
{
    elems=new int[maxcard=max];
    card=0;
}
int INTSET::getelem(int i) { return elems[i]; };
class REALSET{
    float   *elems;                     //定义私有成员
    int   card, maxcard;                //定义私有成员
public:
    REALSET(INTSET &s);
    ~REALSET( ) { delete elems; }
};
REALSET::REALSET(INTSET &s)
{
    elems=new float[maxcard=card=s.getcard( )];
    for(int i=0; i<card; i++)
        elems[i]=s.getelem(i);
}
void main(void)
{
    INTSET iset(20);
    REALSET rset(iset);
}
```

构造函数 REALSET(INTSET &s)使用 INTSET 类型的对象 s 作为参数，在用 s 构造实型集合类 REALSET 的对象时，需要反复调用 INTSET::getelem(int i) 公开接口函数，以间接访问 INTSET 的私有数据成员 elems，这样的访问效率显然没有直接访问 elems 高。

有两种办法可以提高访问效率：（1）将 INTSET::getelem(int i)定义为 inline()函数；（2）将构造函数 REALSET(INTSET &)声明为类 INTSET 的成员友元，这个构造函数可以直接访问 INTSET 的所有成员。

友元使用 friend 声明。友元只是声明它为类的朋友，而不是该类的函数成员，故不受该类访问权限的限制，因此可随意在该类的 private、protected 或 public 下声明友元。如果一个类是另一个的友元类，则前者的所有函数成员都能访问后者的任何成员，包括类型成员、数据成员和函数

成员。

类的构造函数和析构函数也可以定义为另一个类的成员友元，由于构造函数和析构函数没有返回类型，故将它们定义为另一个类的友元时不需要指定它们的返回类型。对于其他具有返回类型的函数，在声明其为某个类的友元时，必须说明其真实的返回类型。

7.3.2 互为依赖的类的友元

不能将尚未完整声明的类作为函数参数，因为此时该类的字节数或者类型大小尚不确定。但是，相互依赖的类可以使用类的引用或类的指针作为参数，因为引用式指针都会被编译为汇编语言的指针类型，而存储地址的指针变量所需要的字节数总是固定的。

【例 7.12】将 REALSET 的构造函数定义为 INTSET 的成员友元。

```
class INTSET;      //前向声明：INTSET 字节数不定，但指针 INTSET*的字节数总是为 4
class REALSET{  //REALSET 的构造函数依赖于类 INTSET
    float *elems;
    int card, maxcard;
public:
    //不可定义 REALSET(INTSET)：INTSET 字节数不定
    REALSET(INTSET &s); // INTSET &s 被编译为汇编语言指针：字节数固定为 4
    ~REALSET( ) { delete elems; }
};
class INTSET{    //INTSET 依赖于类 REALSET 的构造函数
    int *elems, card, maxcard;
    friend REALSET::REALSET(INTSET &);     //INTSET &被编译为汇编语言的指针
public:
    INTSET(int maxcard);
    ~INTSET( ) { delete elems; };
    int getcard( ) { return card; };
    int getelem(int i) { return elems[i]; };
};
REALSET::REALSET(INTSET &s)
{//本函数声明为 INTSET 的友元，可直接访问 INTSET 的所有成员
    elems=new float[maxcard=s.maxcard];
    card=s.card;
    for(int i=0; i<card; i++)
        elems[i]=s.elems[i]; //友元 REALSET 可直接访问私有 elems
}
INTSET::INTSET(int max)
{
    elems=new int[maxcard=max];
    card=0;
}
void main(void)
{
    INTSET iset(20);
    REALSET rset(iset);
}
```

在上述程序中，由于 INTSET 和 REALSET 相互依赖，故必须先对其中一个做前向声明。程序将 REALSET(INTSET &)声明为 INTSET 的友元，该友元声明可以出现在 INTSET 类的任何访问权限下，因为 REALSET(INTSET &)不是 INTSET 的函数成员。

一个类的任何函数成员，如实例函数、静态函数、虚函数、构造函数以及析构函数等，都能成为另一个类的成员友元，而且能够同时成为多个类的成员友元。如果类 A 的所有函数成员都是类 B 的友元，则类 A 被称为类 B 的友元类，可在类 B 中以如下形式定义友元类 A：friend A、friend class A 或 friend struct A。

【例 7.13】将一个类的所有函数成员定义为另一个类的友元。

```
#include <iostream>
using namespace std;
class B;                  //前向声明：B 字节数不定。经过 x86 模式编译后，B&和 B*的字节数为 4
class A{
    int   i;
public:
    int set(B&b);
    int get( ) { return i; };
    A(int x) { i=x; };
};
class B{
    int i;
public:
    B(int x) { i=x; };
    friend A;            //类 A 的所有函数成员都为类 B 的友元，类 A 称为类 B 的友元类
};
int A::set(B&b)          //B 的友元函数 A::set(B&b)可以访问 B&b 的任何成员
{
    return i=b.i;
}
void main(void)
{
    A a(1);
    B b(2);
    a.set(b);
    cout<<"a.i="<<a.get( );
}
```

程序的输出如下所示。

a.i=2

在上述程序中，类 A 定义了函数成员 int set(B &b)、int get( )、A(int x)，这些函数成员都被定义为类 B 的成员友元。编译程序在编译函数 int set(B &b)的参数 b 时，会将引用类型的参数 b 编译为汇编语言指针。对采用 x86 编译模式的环境 VS2019 而言，指针只需 4 个字节的存储地址。

7.4　普通友元及其注意事项

任何普通函数即非成员函数，包括非成员函数 main()在内，都可以定义为类的普通友元。这种友元也称为非成员友元，声明其为友元的类称为宿主类。由于普通友元函数不是宿主类的函数成员，故普通友元可定义于宿主类的任何访问权限下。一个普通函数可以定义为多个类的普通友元。

7.4.1　普通友元的一般用法

将非成员函数定义为类的友元时，可以在类中同时定义该友元的函数体。由于函数体是在类体中定义的，因此该友元函数将自动成为 inline()函数，且其作用域局限于当前代码文件。但是，建议在类体外定义友元的函数体，因为此时类的所有成员都已定义完毕，作为该类的友元可以访问该类的所有成员。在类外定义友元时，如果希望友元具有局部作用域，可在函数前加上 inline

或 static。

普通友元像宿主类自定义的函数成员一样，可以访问该宿主类的任何成员，包括类型成员、数据成员和函数成员。

【例 7.14】定义普通函数 Inttoreal()将整型集合 INTSET 转换为实型集合 REALSET，同时定义它为类 INTSET 和 REALSET 的普通友元。

```
#include <iostream>
using namespace std;
class INTSET;
class REALSET{
    float *elems;
    int card, maxcard;
public:
    REALSET(int maxcard);
    ~REALSET( ) { delete elems; };                 //自动成为内联函数
    friend void Inttoreal(INTSET &, REALSET &);    // 将 Inttoreal()定义为 REALSET 的友元
};
REALSET::REALSET(int max)
{
    elems=new float[maxcard=max];
    card=0;
}
class INTSET{
    int *elems, card, maxcard;
    friend void main(void);                        //将非成员函数 main()定义为友元
    friend void Inttoreal(INTSET &, REALSET &);    //将 Inttoreal()定义为 INTSET 的友元
public:
    INTSET(int maxcard);
    ~INTSET( ) { delete elems; };
};
INTSET::INTSET(int max)
{
    elems=new int[maxcard=max];
    card=0;
}
void Inttoreal(INTSET &s, REALSET &r)   //定义非成员函数
{
    int i, j;
    j=r.card=s.card;                     //直接访问私有成员 r.card 和 s.card
    for(i=0; i<j; i++)   r.elems[i]=s.elems[i];
}
void main(void)
{
    INTSET   iset(20);
    REALSET rset(iset.maxcard);          // INTSET 的友元 main()可访问 INTSET 的私有成员
    Inttoreal(iset, rset);
}
```

在上述程序中，非成员函数 Inttoreal()被同时定义为两个类的普通友元，因此 Inttoreal()可以访问类 INTSET 和类 REALSET 的所有成员。该函数在类 INTSET 中处于访问权限 private 下，在类 REALSET 中处于访问权限 public 下。函数 main()也被定义为类 INTSET 的普通友元，因而主函数 main()可以访问类 INTSET 的任何成员。

全局函数 main()和析构函数不能重载，故不能定义多个 main()和析构函数友元。在出现多个非成员重载函数时，未声明为友元的非成员函数只能访问类的公开成员，只有声明为友元的非成员函数才能访问类的所有成员。此外，同普通函数和函数成员一样，友元的参数也可以省略或指

定默认值。

【例 7.15】定义类 SCORE，用于记录学生的姓名和成绩，并报告学生成绩是否优异。

```
#define _CRT_SECURE_NO_WARNINGS //防止 strcpy 出现指针使用安全警告
#include <string.h>
#include <iostream>
using namespace std;
class SCORE {
    int score;
public:
    char* name;
    friend void report(SCORE&);//定义普通友元 report(SCORE &)
    friend void report(SCORE& s, int excellent, int good);
    SCORE(const char* name, int score);
    ~SCORE( ) { delete name; }
};
SCORE::SCORE(const char* n, int s)
{
    strcpy(name = new char[strlen(n) + 1], n);
    score = s;
}
void report(SCORE& s)
{//该函数已经被定义为类 SCORE 的友元，可访问其私有成员
    if (s.score > 90) cout << s.name << " is excellent\n";
}
void report(SCORE& s, int excellent, int good = 80)
{//本函数已经被定义为类 SCORE 的友元，可访问其私有成员
    if (s.score > excellent)
        cout << s.name << " is excellent\n";
    if (s.score > good)
        cout << s.name << " is good\n";
}
void main(void)
{
    SCORE z("Zang", 92);
    report(z);                    //调用 report(SCORE &s)
}
```

在上述程序中，函数 void report(SCORE&)、void report(SCORE&, int, int)定义为类 SCORE 的普通友元，故它们都能访问类 SCORE 的私有成员。否则，这些函数不能访问 SCORE 的私有数据成员 score。

7.4.2　友元使用的注意事项

任何函数的原型声明及其函数体的定义都可以分开，但一个函数的函数体只能定义一次。在全局类中定义普通友元（即非成员函数作为友元）时，也可以同时定义这些函数的函数体，这些类中定义的友元函数将自动成为 inline()函数。

【例 7.16】在全局类中定义普通友元函数体的方法。

```
#include <iostream>
using namespace std;
class A{
    int i;
public:
    friend int get(A &a) { return a.i; };      //定义 get()函数体导致其自动 inline
    A(int x) { i=x; };                          //定义构造函数函数体导致自动 inline
};
```

```
void main(void)
{
    A a(1);
    cout<<"a.i="<<get(a);
}
```

程序的输出如下所示。

a.i=1

上述程序在类 A 中定义友元 get()的同时，定义了非成员函数 int get(A &a)的函数体，从而使该函数自动成为 inline 函数，其作用域也仅局限于当前 ".cpp"代码文件。int get(A &a)被编译为代码文件模块内的普通函数。

在类体中，定义了函数体的普通友元自动成为内联函数，该内联函数的存储位置特性默认为 static，即内联函数的作用域仅局限于当前代码文件。由于全局 main()函数的存储位置特性默认为 extern，因此不能在类体中定义全局 main()函数的函数体。全局函数 main()可以定义为类的普通友元，且必须在类体外定义 main()的函数体。

【例 7.17】全局函数 main()定义为普通友元的方法。

```
#include <iostream>
using namespace std;
class A{
    int i;
    friend void main(void);      //全局函数 main()定义为 A 的普通友元
public:
    A(int x) { i=x; }            //自动成为 inline()函数
};
void main(void)                  //全局函数 main()为 A 的普通友元
{
    A a(5);
    cout<<"a.i="<<a.i;           //故 main()可访问 A 的私有成员
}
```

在定义类 A 的友元 main()时，没有同时定义 main()的函数体，因此，main()是整个程序的全局入口函数，操作系统只接受全局 main()函数作为程序的入口。早期的 C 语言编译程序允许定义 static main()函数，而 C++编译程序大部分不允许定义 static main()函数。

派生类不能访问基类的私有成员，除非将派生类声明为基类的友元类，或将其所有函数成员声明为基类的友元。在使用 friend 声明函数或者类为某个类的友元后，这些友元都可以访问后一个类的所有成员。

成员函数或者非成员函数（如 main()）都可以成为某个类的友元，这两种友元分别称为成员友元和普通友元。类的友元可以访问该类的所有成员，不管是私有成员、保护成员还是公开成员。

【例 7.18】派生类函数成员访问基类的私有成员。

```
class C;                      //前向声明
class A {
    int a, b;
    friend void main(void);   //非成员友元函数 main()可访问 A 的所有成员
public:
    A(int x) { a = x; };
    friend C;                 //友元类 C 的所有函数都可访问 A 的所有成员
};
class B {
    int b;
```

```
public:
    B(int x) { b = x; };
    int f(C&c);                //参数须为 C&c，也可用 C*c 或 C&&c
};
class C : A {                  //默认为 private A：A 和 C 不构成父子关系
    int b;
    friend int B::f(C&c);      //成员友元 int B::f(C&c)可访问类 C 的所有成员
public:
    using A::a;                //继承到类 C 后 a 的访问权限改为 public，不可再定义同名的数据成员
    C(int x): A(x) {           //构造函数 C::C(int)是类 A 的成员友元
        b = x;
        A::b = x;              //A 的成员友元可访问 A 的所有成员
    };
};
int B::f(C&c) { return c.b; }  //成员友元 B::f()可以访问类 C 的所有成员
void main(void) {
    C x(7);
    int m = ((A*)&x)->b;       //普通友元 main()可访问类 A 的所有成员，如私有成员 b
    m =  x.a;                  //类 C 的成员 a 是公开的，可被 main()访问
}
```

以上程序定义了成员友元和普通友元，它们均可访问宿主类的所有成员。在类 B 中定义"int f(C&c);"时，只能使用类 C&或者 C*作为参数类型，不得如"int f(C c);"那样直接使用类 C 作为参数类型，因为类 C 到此位置只是一个前向声明，无法得到 sizeof(C)有多少字节。但是，任何引用变量或者引用参数都会编译为指针，而指针存储地址的字节数在编译时都是确定的。

友元关系是不能传递的，即一个函数定义为基类的友元后，并不代表它是其派生类的友元。例如，函数 main()是基类 A 的友元，但 main()不是 A 的派生类 C 的友元，因而 main()不能访问类 C 的私有成员或保护成员，只能访问类 C 的公开成员（如类 C 的构造函数）。在非成员函数（如 main 函数）中定义局部类时，该局部类可以说明某个函数为友元，但不能同时定义这个友元的函数体。但是，在全局类的嵌套类中定义友元函数时，可以同时定义该友元的函数体。

7.5 覆盖与隐藏

隐藏和覆盖是面向对象编程的常用方法。隐藏是指当基类成员和派生类成员同名时，通过派生类对象只能访问到派生类成员，而无法访问到其基类的同名成员，则称派生类成员隐藏了同名的基类成员；如果通过派生类对象还能访问到基类的同名成员，则称派生类成员覆盖了基类成员。

7.5.1 覆盖与隐藏的用法

对绝大部分数据成员和函数成员来说，派生类成员往往会覆盖基类的同名成员，C++提供了一种突破覆盖的访问方法，即使用"派生类对象.基类名称::成员名称"访问，在访问权限允许时即可访问到基类同名成员。类似地，另一种访问形式"派生类对象指针->基类名称::成员名称"也可在访问权限允许时访问到基类同名成员。

包（BAG）类是一种可以存放重复元素的类，而按照数学集合论的有关规则：集合（SET）类是不能存放重复元素的。但是，BAG 的某些函数可以被 SET 继承和重用，例如，判断 BAG 是否存在某个整型元素的函数，可被 SET 重用当作自己的函数成员继续使用。将整数加入 BAG 的

函数 pute()不用检查 BAG 中是否有相同元素，而将整数加入 SET 的函数 pute()必须检查 SET 中是否有相同元素，因此 BAG 的 push()函数继承到 SET 后不能被 SET 重用。

【例 7.19】基类成员的覆盖、隐藏与重用。

```
class BAG {
    int  *const e;        //有指针成员 e，浅拷贝容易造成内存泄漏
    const  int  s;
    int p;
public:
    BAG(int m): e(new int[m]), s(e ? m : 0) { p = 0; }
    virtual ~BAG( ) { delete e;        };    //必须自定义析构函数，因为 BAG 有指针成员
    virtual int pute(int f) { return p < s ? (e[p++] = f, 1) : 0; }    //允许重复的元素
    virtual int getp( ) { return p; }
    virtual int have(int f) { for(int i = 0; i < p; i++) if (e[i] == f) return 1; return 0; }
};
class SET : public BAG{        //SET 无数据成员，可直接利用编译为 SET 生成的析构函数。
public:
    int pute(int f)              //不允许重复元素：故在 SET::pute()中，必须覆盖 BAG::pute()
    { return have(f) ? 1 : BAG::pute(f); } //不能去掉 BAG::，否则自递归
    SET(int m): BAG(m) { }
};//因为 SET 没有数据成员，可直接使用编译程序自动生成的~SET( )，它将自动调用~ BAG::( )
void main( ) {
    SET s(10);
    s.pute(1);
    s.BAG::pute(2);      //在 main()中，BAG::pute()被覆盖，因为它还可被调用
    s.BAG::getp( );
    int x = s.getp( );   //BAG::getp()被重用，因为没有自定义 SET::getp()函数
    x = s.have(2);       //BAG::have()被重用，因为 SET 没有自定义 have()函数
}
```

注意，"int BAG::getp( )"和"int BAG::have(int)"可被 SET 继承并重用，被 SET 当作自己的"int SET::getp( )"和"int SET::have(int)"，因为 SET 没有自定义这样的实例函数。但是，函数"int BAG::pute(int)"允许元素重复，而"int SET::pute(int)"不允许元素重复，故"int SET::pute(int)"在 SET 中进行了覆盖性定义，尽管"int SET::pute(int)"是利用"int BAG::pute(int)"实现的。

在"int SET::pute(int)"的函数体中，在将判断元素加入 BAG 后不会出现重复元素的情况下，直接调用"int BAG::pute(int)"将其加入 BAG。在覆盖"int BAG::pute(int)"后，如果 main()还能通过派生类对象 s 调用"int BAG::pute(int)"，就可能造成 s 借助"int BAG::pute(int)"加入重复元素的问题。

为了对主函数 main()实现隐藏"int BAG::pute(int)"，可在 SET 类体的 private 或 protected 区域声明"using BAG::pute;"。这样声明以后，"int BAG::pute(int)"对 main()实现了隐藏，但对"int SET::pute(int)"函数而言还是一种覆盖，因为通过"BAG::pute(f);"仍然可以调用"int BAG::pute(int)"。若实例或静态数据成员也存在覆盖导致的"安全"隐患，则必须视实际情况做出将覆盖修改为隐藏的声明。

在上述派生类 SET 的函数成员 pute()中，通过派生类对象*this 可调用 BAG::pute()，然后可通过"(*this).BAG::pute (f)"或"this->BAG::pute (f)"调用，此时函数 SET::pute()覆盖函数 BAG::pute()不能视为有"安全"隐患，因为这是由 SET 类的实现者自己提供或保证的。当然，如果 BAG::pute()继承到 SET 后是私有或保护的，在不是 SET 友元的非成员函数（如 main()）中，main()无法通过 SET 类的对象调用"BAG::pute()"函数，在这种情况下函数"SET::pute()"隐藏了函数"BAG::pute()"。

7.5.2　使用 using 避免成员覆盖

关键字 using 用于引入一个"使用声明"，可用于名字空间名称、类名以及它们的成员。但是，using 不能把一个名字空间成员引入作为类的成员，也不能把一个类的成员引入作为名字空间的成员。可以用 using 声明同一个变量或函数多次，因为 C++允许变量或函数被多次声明，但一个变量或函数只能被定义一次。

但是，在一个派生类中，不能用 using 多次声明同一个基类成员，因为派生类里的"using 特定成员"带有一定的定义性质。例如，在"using 特定基类数据成员"后，派生类不能自定义同名的数据成员；但是在"using 特定基类函数成员"后，派生类还能自定义同名函数成员。基类成员继承到派生类时访问权限可能发生变化，可以通过 using 再次修改它在派生类中的访问权限。在一个 using 后面列出多个基类成员是不允许的。

【例 7.20】使用 using 修改自基类继承的成员的访问权限，并对 main()隐藏基类的部分同名函数成员。

```
class BAG {//BAG 内部有指针 e，易造成内存泄漏，应自定义构造函数
    int* const e;
    const   int   s;
    int p;
public:
    BAG(int m) : e(new int[m]), s(e ? m : 0) { p = 0; }
    BAG(const BAG& b) : e(new int[b.s]), s(e ? b.s : 0) //深拷贝构造必须为 e 重新分配内存
    { for (p = 0; p < b.p; p++) e[p] = b.e[p];      }
    BAG(BAG&& b) : e(b.e), s(b.s), p(b.p) {//浅拷贝构造不为 e 重新分配内存
        *(int**)&b.e = nullptr;      //移动语义：对象 b 的资源 b.e 已经移至新对象的 this->e，故设 b.e 为空
        *(int*)&b.s = p=0;       //移动语义：资源 b.e 已经转移，故相关资源数量设为 0
    }
    ~BAG( ) { delete e; };//不能用编译程序生成的析构函数，因为有自定义指针
    int pute(int f) { return p < s ? (e[p++] = f, 1) : 0; }   //允许重复的元素
    int getp( ) { return p; }
    int have(int f)
    {
        for (int i = 0; i < p; i++) if (e[i] == f) return 1;
        return 0;
    }
};
class SET : protected BAG {
    using BAG::pute;    //使基类函数成员成为私有成员（对外隐藏），派生类还可定义同名函数
public:
    using BAG::have;    //重用基类的实例函数成员
    BAG::getp;       //等价于"using BAG::getp;"：用于修改 SET::getp 的访问权限为 public
    int pute(int f)      //重新定义 pute()：不允许重复元素
    {   //基类的公开成员和保护成员（如 BAG::pute()）可被派生类函数成员访问
        return have(f) ? 1 : BAG::pute(f); //对内覆盖：BAG::pute()（对 SET::puts()）来说被覆盖了
    }
    SET(int m) : BAG(m) { }
    SET(const SET& s) : BAG(s) { }//基类构造函数的父类引用形参 b 引用子类对象 s
    SET(SET&& s) : BAG((BAG&&)s) { }//移动语义：浅拷贝构造
};//可使用编译程序自动生成的~SET( )，因为 SET 没有自定义数据成员
void main( ) {
    SET s(10);
    s.pute(1);
```

```
//s.BAG::pute(2);      //被隐藏不能调用：SET 中 int BAG::pute(int)为 private
//s.BAG::getp( );      //被隐藏不能调用：SET 中 int BAG::getp( )为 protected
int x = s.getp( );
x = s.have(2);
}
```

在定义"SET(const SET& s): BAG(s) { }"中，将 s 作为实参传递给"BAG(const BAG&b)"的形参 b，相当于对"BAG(const BAG&b)"的形参"const BAG&b"进行了初始化，即形参"const BAG&b=s"使父类引用形参 b 引用了 s 所引用的子类对象，由 6.5 节可知父类引用变量或参数引用子类对象是允许的。

在派生类"int SET::pute(int)"的函数体中，"SET::pute()"覆盖了基类函数"BAG::pute()"，之所以称为覆盖是因为还能调用"BAG::pute(f)"；而在主函数 main()中，"SET::pute()"隐藏了基类函数"BAG::pute()"，这是因为"int BAG::pute(int)"继承到派生类后，其访问权限由原来基类的 public 变成了派生类中的 protected，通过"using BAG::pute"又被改为派生类的 private 成员，故主函数 main()不能访问或调用该 private 函数成员。

SET 可访问的保护成员包括"BAG::BAG(int)""BAG::~BAG( )""int BAG::pute(int)""int BAG::getp( )""int BAG:: have(int)"，以及编译自动生成的"BAG & operator=(const BAG&)"和"BAG & operator=(BAG&&)"；可访问的公开成员包括"SET::SET (int)""int SET::getp( )""int SET::have(int)""int SET::pute(int)"、编译程序自动生成的"SET & operator=(const SET&)"和"SET & operator=(SET&&)"以及析构函数"SET::~SET( )"。

在例 7.20 中，BAG 自定义任何构造函数（如"BAG::BAG(int)"）后，编译程序不会为 BAG 自动生成构造函数，如"BAG::BAG( )""BAG::BAG(const BAG&)""BAG::BAG(BAG&&)"，可以认为这些函数将被隐藏而不能被调用。因此，在 main()函数以及 BAG、SET 的成员函数中，将不能直接或间接地调用"BAG( )""BAG(const BAG&)""BAG(BAG&&)"。例如，在 main()函数以及 BAG、SET 的成员函数中，将不能定义"BAG t;"之类的对象，试图调用被隐藏的"BAG::BAG( )"将被编译程序报错。

如果没有自定义"BAG::BAG( )"或者编译程序不能自动生成"BAG::BAG( )"，即使没有为 SET 定义任何构造函数，编译程序也不能成功地自动生成"SET::SET( )"函数。因为编译程序在生成"SET::SET( )"时要自动调用"BAG::BAG( )"，在没有自定义"BAG::BAG( )"或者编译程序没有自动生成"BAG::BAG( )"的情况下，"BAG::BAG( )"调用失败将导致"SET::SET( )"生成失败，造成派生类对象"SET s;"无法调用构造函数"SET::SET( )"进行初始化。

练习题

【题 7.1】当实例函数成员的参数和实例数据成员同名时，如何才能在该实例函数成员中访问同名的实例数据成员？

【题 7.2】常量对象和全局对象中谁的作用域更大？

【题 7.3】为什么要引入名字空间？名字空间能否在函数内部定义？能否在函数内部 using 名字空间？

【题 7.4】匿名名字空间能否分多次定义？它和没有对象的匿名联合有何区别？

【题 7.5】引入友元能带来什么好处？主函数可以定义为友元吗？可以在定义成员函数为友

元的同时定义其函数体吗?

【题 7.6】为什么有时必须覆盖或隐藏基类的函数成员?

【题 7.7】为统计正文的单词定义一个类,其类型声明的头文件"word.h"如下所示。

```
class   WORD {
    char    *word;              //节点的值存放字符串
    int     count;             //单词的重复次数
public:
    int gettimes( )const;       //得到重复次数
    int inctimes( );           //重复次数增 1
    const char *getword( )const;  //得到单词 word
    WORD (const    char *);
    ~WORD( );
};
```

定义其中的函数成员,要求构造函数使用运算符"new"为 word 分配空间,析构函数使用运算符"delete"回收分配的空间。

【题 7.8】利用上述 WORD 类实现一个单词表,其类型 WORDS 定义如下。

```
#define _CRT_SECURE_NO_WARNINGS       //防止 strcpy 出现指针使用安全警告
#include <string.h>
#include <iostream>
using namespace std;
class WORDS {
    WORDS* words;              //用于存放单词
    int    count;              //单词表已经存储的单词个数
    int    total;              //单词表最多能存放的单词个数
public:
    int insert(const char* w);  //将单词 w 插入单词表
    WORDS* const find(const char* w);  //从单词表中查找单词 w
    int gettimes( );
    void inctimes( );
    WORDS(int total);          //单词表最多能存储 total 个单词
    ~WORDS( );                 //析构单词表
};
void main(void)
{
    WORDS   ws(20);
    ws.insert("amour");
    ws.find("amour")->gettimes( );
    ws.find("amour")->inctimes( );
    cout << "Times of amour=";
    cout << ws.find("amour")->gettimes( );
}
```

请定义其中的函数成员,并用函数 main()进行测试。

【题 7.9】字符串类的类型声明如下。

```
#define _CRT_SECURE_NO_WARNINGS
#include <string.h>
#include <iostream>
using namespace std;
class STRING{
    char *str;                 //用于存储字符串
public:
    int strlen( )const;         //用于求字符串的长度
```

```
    int strcmp(const STRING &)const;        //用于比较两个字符串
    STRING &strcpy(const STRING &s);        //用于拷贝 s 至当前字符串
    STRING &strcat(const STRING &s);        //用于连接 s 至当前字符串
    STRING(const char *s);                  //用 s 构造字符串
    ~STRING( );                             //析构字符串
};
void main(void)
{
    STRING s1("I like apple");
    STRING s2(" and    pear");
    STRING s3(" and    orange");
    cout<<"Length of s1="<<s1.strlen( )<<"\n";
    s1.strcat(s2).strcat(s3);
    cout<<"Length of s1="<<s1.strlen( )<<"\n";
    s3.strcpy(s2).strcpy(s1);
    cout<<"Length of s3="<<s3.strlen( )<<"\n";
}
```

试定义字符串类的实例函数成员，这些函数成员可调用 C 语言的字符串运算函数。

【题 7.10】定义一个 Hash 表类，要求用数组存放 Hash 表元素，以字符串作为关键字查找表元素，元素中存储的值为整型，并提供用于插入、查询和删除 Hash 表元素的公开函数成员。

【题 7.11】定义一个 PASSWORD 类及一个 STUDENT 类。其中，PASSWORD 类能够存储及不回显输入密码；STUDENT 类能够存储学生的姓名及密码，输入姓名时在屏幕回显，输入密码时不回显。试用 PASSWORD 类派生出 STUDENT 类，定义其中的所有函数成员并用 main()进行测试。

```
#define _CRT_SECURE_NO_WARNINGS //防止 strcpy 出现指针使用安全警告
#include <iostream>
using namespace std;
#include <conio.h>
class PASSWORD {
    char *const p;          //用于存储口令
    const int t;            //用于存储最大口令长度
    int c;                  //用于存储口令字符实际个数，不含回车字符
public:
    PASSWORD(int t);        //t 为最大口令长度
    virtual char getChar( ); //返回输入的字符并显示'*'，回车不显示
    virtual int input(const char *h); //显示 h，调用 getChar()输入口令，返回口令字符个数
};
class STUDENT: PASSWORD {    //PASSWORD 用于存储学生姓名
    PASSWORD p;             //p 用于存储口令
protected:
    using PASSWORD::getChar; //用于输入姓名或者口令的一个字符
    using PASSWORD::input;   //用于输入姓名或者口令
public:
    STUDENT(int n, int p);   //n 为姓名最大长度，p 为口令最大长度
    virtual char getChar( );     //返回并显示输入字符，回车不显示
    int input(const char *n, const char *p); //n、p 分别为姓名和口令的输入提示
};
void main( ) {
    STUDENT s(20,10);        //姓名最大长度为 20，口令最大长度为 10
    int m=s.input("\nPlease input name:", "\nPlease input password:");
}
```

试说明 STUDENT 为什么要对 main()隐藏其基类的 getChar()函数？如果将派生类和基类的 getChar()的 virtual 都改为 static，为什么不能达到输入姓名时回显姓名的效果？

【题 7.12】标出如下程序中的语法错误位置，并指出错误原因。

```
struct A{
    char   *a, b, *geta( );
    char   A::*p;
    char   *A::*q( );
    char   *(A::*r)( );
};
void main(void) {
    A a;
    a.p=&A::a;
    a.p=&A::b;
    a.q=&A::geta;
    a.r=a.geta;
}
```

【题 7.13】完成如下栈类 STACK 的函数成员定义，类的头文件"stack.h"的内容如下。

```
#define _CRT_SECURE_NO_WARNINGS
#include <string.h>
#include <iostream>
using namespace std;
class   STACK{
    const   int   max;          //栈能存放的最大元素个数
    int       top;            //栈顶元素位置
    char    *stk;
public:
    STACK(int   max);
    ~STACK( );
    int   push(char v);         //将 v 压入栈，成功时返回 1，否则返回 0
    int   pop(char&v);          //弹出栈顶元素，成功时返回 1，否则返回 0
};
```

第8章
多态与虚函数

多态是面向对象程序设计最显著的特点，在运行时晚期绑定虚函数到具体类的实函数，使对象在运行的过程中做出同其类型相符的行为。多态需求是随着泛型的出现而出现的，当一个指针或者引用变量能够存储多种类型的数据时，就需要根据运行时变量关联的对象类型去调用相应的实函数。本章将介绍虚函数、抽象类以及绑定等相关概念。

8.1　虚函数

重载函数是一种静态多态函数，虚函数是一种动态多态函数。在编译时早期绑定完成重载函数的调用，在运行时晚期绑定完成虚函数的调用。虚函数到对象的函数成员的映射是通过存储在对象之中的一个指针完成的。因此，晚期绑定的效率实际上非常高，仅比早期绑定多一次指针访问。

8.1.1　虚函数的声明及定义

虚函数是用关键字 virtual 声明的实例函数成员。通常只需在基类中定义虚函数，派生类中原型"相容"的实例函数成员将自动成为虚函数。不管进行了多少级派生，虚函数的这一特性将一直传递延续。

实例函数成员原型"相容"是指：（1）该实例函数和基类的虚函数同名，并且除隐含参数的类型不同外，两个函数的所有显式参数类型都对应相同；（2）若基类虚函数的返回类型是基类指针 p（或引用 r），则派生类实例函数的返回类型必须是可向 p（或者 r）赋值的基类指针（或者引用），或者是可向 p（或者 r）赋值的派生类指针（或引用），否则两个实例函数的返回类型必须相同。

虚函数具有隐含参数 this，因此，虚函数不能定义为没有 this 的静态函数成员。构造函数虽然也有隐含参数 this，但要构造的对象类型明确且无须表现多态，构造函数不需要虚函数的多态特性，故 C++不允许将构造函数定义为虚函数或者纯虚函数。

对于父类指针或者父类引用类型的变量或参数，其指向或引用的对象既可能是父类对象，也可能是子类对象，因而运行时涉及的对象类型是不确定的，只有在运行时才能绑定真实类的实例函数。例如，delete 通过指针和引用析构时，便存在调用哪个类的析构函数问题。

因此，将基类析构函数定义为虚函数，将使派生类析构函数自动成为虚函数。当析构函数通过父类指针 delete 调用时，通过晚期绑定便可以找到真实类的析构函数，然后进行析构就不会造成内存泄漏。

当父类和子类都定义了原型"相容"的虚函数时，如果父类指针（或引用）指向（或引用）的是子类对象，则通过父类指针（或引用）调用的是子类的函数成员；如果父类指针（或引用）指向（或引用）的是父类对象，则通过父类指针（或引用）调用的是父类的函数成员。根据对象的真实类型不同而调用不同的实例函数，由此展现出的多种行为被称为虚函数的多态特性。

由于引用类型的变量被编译为指针，因此通过父类引用变量调用虚函数同指针调用一样表现出多态特性。虚函数是类自身的实例函数成员，而 friend 说明的函数不是当前类的成员，因此不能同时用 virtual 定义 friend 函数。此外，虚函数不能定义为 constexpr 函数，不能接受类似 inline 的优化而丧失虚函数入口，虚函数入口用于填写虚函数入口地址表，该地址表的首址将成为对象存储的一个内部指针。

【例 8.1】定义父类 POINT2D 和子类 CIRCLE 的绘图函数成员 show()。

```
#include <iostream>
using namespace std;
class POINT2D{
    int   x, y;
public:
    int getx( ) { return x; }
    int gety( ) { return y; }
    virtual POINT2D* show( ){ cout<<"Show a point\n"; return this;} //定义虚函数
    POINT2D(int x, int y) { POINT2D::x=x; POINT2D::y=y; }
};
class CIRCLE: public POINT2D{        //POINT2D 和 CIRCE 满足父子关系
    int r;
public:
    int getr( ) { return r; }
    CIRCLE* show( ) { cout<<"Show a circle\n"; return this;} //原型"相容"，自动成为虚函数
    CIRCLE(int x, int y, int r):POINT2D(x, y) { CIRCLE::r=r; }
};
void main(void)
{
    CIRCLE c(3, 7, 8);
    POINT2D *p=&c;                  //父类指针 p 可以直接指向子类对象 c
    cout<<"The circle with radius "<<c.getr( );
    cout<<" is at ("<<p->getx( )<<", "<<p->gety( )<<")\n";
    p->show( );
}
```

程序的输出如下所示。

```
The circle with radius 8 is at (3, 7)
Show a circle
```

在以上程序中，父类 POINT2D 的实例函数成员 show()被定义为虚函数，故子类 CIRCLE 中原型和父类 POINT2D::show()"相容"的实例函数成员 CIRCLE::show()将自动成为虚函数。根据父类指针 p 指向的对象类型 CIRCLE，"p->show( )"通过晚期绑定调用 CIRCLE 类的实函数，因此该调用产生的输出为"Show a circle"。

注意，对于上述两个实例函数有：（1）若将"POINT2D* show( )"改为"const POINT2D* show( )""volatile POINT2D* show( )"或"const volatile POINT2D* show( )"，则无论派生类实例函数"CIRCLE* show()"是否做对应修改都是函数原型"相容"的；（2）若"POINT2D* show( )"保持不变，只将"CIRCLE* show( )"改为"const CIRCLE* show( )""volatile CIRCLE* show( )""const volatile CIRCLE* show( )""const POINT2D* show( )""volatile POINT2D* show( )"或"const volatile POINT2D* show( )"，则派生类的实例函数同基类 "POINT2D* show( )"的函数原型不"相容"。类似地，对于"POINT2D& show( )"和"POINT2D&& show( )"，也可得出"相容"或不"相容"的结论。

8.1.2　虚函数的重载及内联

对于基类和派生类定义的若干虚函数，它们的显式参数表必须相同且返回类型必须"相容"，即它们的函数原型必须"相容"（因为隐含参数 this 类型不同而实际不完全相同），但它们的访问权限可以完全不同。在 C++的同一个类中，不能定义参数个数及类型完全相同、仅返回类型不同的静态函数成员；也不能定义参数个数及类型完全相同、仅返回类型不同的实例函数成员，包括基类继承下来的 this 说明相同的实例函数成员。

【例 8.2】虚函数的使用方法。

```
#include <iostream>
using namespace std;
struct A{
    virtual void f1( ){ cout<<"A::f1\n"; };    //定义虚函数 f1()
    virtual void f2( ){ cout<<"A::f2\n"; };    //this 指向基类对象定义虚函数 f2()
    virtual void f3( ){ cout<<"A::f3\n"; };    //定义虚函数 f3()
    virtual void f4( ){ cout<<"A::f4\n"; };    //定义虚函数 f4()
};
class B: public A{           //A 和 B 满足父子关系
    virtual void f1( ){      //virtual 可省略，f1()自动成为虚函数
        cout<<"B::f1\n";
    };
    void f2( ) {             //除 this 指向派生类对象外，f2()和基类函数原型相同，自动成为虚函数
        cout<<"B::f2\n";
    };
};
class C: B{                  //B 和 C 不满足父子关系，故 A 和 C 也不满足父子关系
    void f4( ) {             //f4()自动成为虚函数
        cout<<"C::f4\n";
    };
};
void main(void)
{
    C    c;
    A *p=(A *)&c;            //A 和 C 不满足父子关系，需要进行强制类型转换（见 6.6 节）
    p->f1( );               //调用 B::f1( )
    p->f2( );               //调用 B::f2( )
    p->f3( );               //调用 A::f3( )
    p->f4( );               //调用 C::f4( )
    p->A::f2( );            //明确调用实函数 A::f2( )
}
```

程序的输出如下所示。

```
B::f1
B::f2
A::f3
C::f4
A::f2
```

编译程序根据指针 p 的类型定义，静态检查 4 个函数调用的访问权限，由于它们都是类 A 的公开实例函数，因此 main()的前 4 个调用都是合法的调用。实际上，p 指向的是 C 类的对象 c，p

调用虚函数时，编译时首先检查类 C 是否定义了相应实例函数，如果类 C 没有定义则检查类 C 的父类 B 是否定义，如果类 B 也没有定义则检查类 B 的父类 A 是否定义，直到找到原型"相容"的实例函数然后调用。由于函数调用在运行时进行，此时不再进行语法检查，因此被调用实例函数的访问权限已无关紧要。例如，最终调用的"C::f4()"实际上是私有成员，按理说 main()不能调用访问权限为私有的实例函数。

注意，尽管派生类 B 没有定义虚函数 f3()，但基类 A 的虚函数特性将一直传承，故派类 C 的 f3()将自动成为虚函数。指针 p 实际指向的对象类型为 C，如果 p 调用的虚函数在类 C 没有定义，则 p 调用的是离类 C 最近的基类函数。例如，"p->f1( )"和"p->f2( )"调用类 B 的函数 f1()和 f2()；"p->f3( )"调用类 A 的函数 f3()。如果使用类名加作用域运算符"::"进行限定，则不使用多态。例如，在调用"p->A::f2( )"中用"A::"限定，则明确表示要调用类 A 的函数 f2()。

编译程序自动生成构造函数的前提为：（1）类没有自定义任何构造函数；（2）类继承或自定义了虚函数或纯虚函数，或类的对象成员必须用实参调用构造函数，或类的基类必须用实参调用构造函数进行初始化，或类本身有私有实例数据成员。因此，编译程序会为类 A 自动生成 A::A( )。编译程序自动生成析构函数的前提是：（1）类没有自定义析构函数；（2）基类或者对象成员存在析构函数，或者该类继承或自定义了虚函数或纯虚函数。只要没有自定义赋值运算函数，编译程序就会自动生成赋值运算函数。

C++可为类自动生成一些实例成员函数。例如，对类 A 来说，这些实例函数成员包括：（1）参数表无参的构造函数，如 A( )；（2）拷贝构造 A（const A&）和移动拷贝构造 A（A&&）；（3）拷贝赋值 A & operator=(const A&)和移动赋值 A & operator=(A&&)；（4）析构函数 A::~A( )。一旦类 A 自定义了任何构造函数，就会禁止编译程序自动生成任何构造函数。同理，一旦类 A 自定义了任何赋值函数，就会禁止编译程序自动生成任何赋值函数。

虚函数可以声明为 inline()函数，也可以重载、指定默认值或者省略参数。同实例函数成员一样，类体里定义了函数体的虚函数将自动成为内联函数。多个原型不同的虚函数也可以称为重载函数，重载时虚函数的参数个数或参数类型必须有所不同。虚函数是有 this 的实例函数成员，不能定义为没有 this 的静态函数成员。

【例 8.3】虚函数的重载方法。

```
#include <iostream>
using namespace std;
struct A{
    virtual void f1( ) { cout<<"A0"; }      //定义为虚函数
    virtual void f1(char c) { cout<<"A1"; } //重载的另一个虚函数
    void f1(int x) { cout<<"A2"; }          //该 f1()是重载函数，但不是虚函数
};
class B: A{                                 //A 和 B 不满足父子关系，但有派生关系
    void f1( ) { cout<<"B0"; }              //该 f1()自动成为虚函数
    void f1(int x) { cout<<"B2";    }       //该 f1(int)及继承的 A::f1(int)均不是虚函数
};
class C: B{//B 和 C 不满足父子关系，A 和 C 也不满足父子关系
    void f1( ) { cout<<"C0"; }              //自动成为虚函数
    void f1(char c) { cout<<"C1"; }         //自动成为虚函数
public:
    void f1(long x) { cout<<"C3"; }         //该 f1(long)是重载函数，但不是虚函数
};
void main(void)
```

```
{
    C c;
    A *p=(A *)&c;                  //不满足父子关系，需要进行强制类型转换
    p->f1('X');                    //调用 C::f1(char)
    p->f1( );                      //调用 C::f1( )
    c.f1(23L);                     //调用 C::f1(long)
}
```

程序的输出如下所示。

C1C0C3

基类 A 重载了多个同名函数 f1( )，其中"void f1(int)"为实例函数成员，"void f1( )"和"void f1(char)"均为虚函数。派生类 B 也重载了多个同名函数 f1( )，其中"void f1( )"和基类虚函数的原型"相容"，故"void f1( )"将自动成为虚函数，但"void f1(int)"为非虚实例函数成员。派生类 C 重载了多个同名函数 f1( )，其中"void f1( )"和"void f1(char)"将自动成为虚函数，而"void f1(long)"为非虚实例函数成员。

static 用于定义文件作用域的静态函数，以及定义类的静态函数成员；virtual 用于定义类的虚函数成员。因为 friend 声明的函数不是宿主类的函数成员，所以它不能和声明实例函数成员的 virtual 一起使用，除非被定义函数已经是另一个类的虚函数成员。virtual 肯定不能和 static 一起使用，因为 static 定义的任何函数都是没有 this 的，而 virtual 定义的函数都是有 this 的。除非 static 定义的函数是文件作用域的静态函数，或者是另一个类定义的静态函数成员，否则 friend 将找不到 static 函数，被编译程序报错。

【例 8.4】关于 static、virtual 和 friend 的使用方法。

```
static void p() {}          //非成员函数定义为静态函数
struct A{
    static  void h( ){};    //静态函数成员没有隐含参数 this
    static  void i( ) {};   //静态函数成员没有隐含参数 this
    virtual void j( ) {};   //虚函数成员有隐含参数 this
    virtual void k( ){};    //虚函数成员有隐含参数 this
};
struct B{
    friend static void A::h( );   //正确：A::h( )原来就是 A 的静态函数成员
    friend void A::i( );          //正确：A::i( )原来就是 A 的静态函数成员
    friend virtual void A::j( );  //正确：A::j( )原来就是 A 的虚函数成员
    friend void A::k( );          //正确：成员函数 A::k( )定义为 B 的友元
    //static virtual void m( );   //错误：有无 this 矛盾
    //virtual friend void n( );   //错误：是否成员函数矛盾
    friend static void p( );      //正确：非成员函数 p 已定义为静态函数
    friend static void q( ){};    //正确：自动生成静态非成员函数 q
    //friend static void r( );    //错误：找不到静态非成员函数 r 的定义
};
void main( ){ }
```

在上述程序中，类 A 的函数成员被定义为类 B 的成员友元；定义"static virtual void m( )"会导致函数 m( )有无 this 的矛盾；定义"virtual friend void n( )"会导致函数 n( )是否成员函数的矛盾，因此，对"m( )"使用"static virtual void m( );"说明和对"n( )"使用"virtual friend void n( );"

说明是错误的。

虚函数能根据对象的类型适当地绑定到实函数，且这种晚期绑定函数的效率非常高。因此，除了构造函数不能定义为虚函数以外，最好将所有实例函数成员全部定义为虚函数。注意，虚函数主要通过对象类型不同来表现出多态特性。由于 union 既不能作为基类，也不能用于定义派生类，因此不能在 union 中定义虚函数。

8.2 虚析构函数

析构函数除了类型固定不变的隐含参数 this 外，它的显式参数表不能再定义其他任何类型的参数。因此，析构函数不可能有重载函数，也不可能有指定默认值的参数或者省略参数。但是，与其他实例函数成员一样，析构函数也可以定义为虚函数。如果基类的析构函数定义为虚析构函数，则派生类的析构函数就会自动成为虚函数。

在形式如 "delete p;" 的语句中，p 可定义为指向父类对象的指针，为了使 "delete p" 能根据 p 指向的对象类型进行多态析构，最好将父类的析构函数定义为虚函数。同理，如果 "delete &q" 中的 q 为父类对象的引用，则父类的析构函数最好定义为虚函数。

特别需要注意的是，如果为基类和派生类的对象分配了动态内存，或者为派生类的对象成员分配了动态内存，则一定要将基类和派生类的析构函数定义为虚函数，否则便极有可能造成内存泄漏，甚至导致操作系统出现内存保护错误。

【例 8.5】输入职员的花名册，如果职员的姓名、编号和年龄等信息齐全，则登记该职员的个人信息，否则只登记职员的姓名。

```
#define _CRT_SECURE_NO_WARNINGS //防止 strcpy 出现指针使用安全警告
#include <stdio.h>
#include <string.h>
class STRING{
    char *str;
public:
    STRING(const char *s);
    virtual ~STRING( ) { if (str) {delete str; str=0;} };//定义为虚函数
};
STRING::STRING(const char *s)
{
    str=new char[strlen(s)+1];
    strcpy(str, s);
}
class CLERK: public STRING{
    STRING clkid;
    int age;
public:
    CLERK(const char *n,const   char *i, int a);
    ~CLERK( ){ }   //自动成为虚函数，将自动调用 clkid.~STRING( )和 STRING::~STRING( )
};              //~CLERK( )即使由编译程序自动生成，也将自动调用 clkid.~STRING 和 STRING::~STRING( )
CLERK::CLERK(const char *n, const char *i, int a):STRING(n), clkid(i)
{
    age=a;
}
const  int  max=10;
void main(void)
{
```

```
STRING *s[max];
int a, k, m;
char n[12], i[12], t[256];
printf("Please input name, number and age:\n");
for(k=0; k<max; k++) {
    scanf("%s",t);
    m=sscanf(t,"%8s %8s %d",n,i,&a)!=3;    //整数用%d 输出，字符串用%s 输出
    s[k]=m?new STRING(n):new CLERK(n,i,a);
}
for(k=0; k<max; k++)
    delete s[k];//若 s[k]指向 STRING 的对象，则实际调用~STRING( )析构
                //若 s[k]指向 CLERK 的对象，则实际调用~CLERK( )析构

}
```

本例程序定义了一个 STRING 类，用于存放职员的姓名或编号信息。派生类 CLERK 由基类和对象成员 clkid 构成，并为基类 STRING 的对象动态分配了内存。由于基类的析构函数被定义为虚函数，因此派生类的析构函数也会自动成为虚函数。

在"delete s[k]"中，基类指针 s[k]可以指向 STRING 类的对象，也可以指向 CLERK 类的对象。如果基类没有定义虚析构函数，则 CLERK 对象将被当作 STRING 对象析构，这个析构仅仅释放 str 指向的存放姓名的动态内存，而没有释放"clkid.str"指向的存放编号的动态内存，从而造成"clkid.str"分配的动态内存泄漏。

引用变量是被引用对象的别名，如果被引用的对象自身不能自动析构，例如，被 z 引用的对象是通过 new 生成的，那么就必须用"delete &z"析构被引用的对象，同时释放 new 为该对象分配的内存。如下程序先为引用变量 z 构造了对象，然后用"delete &z"析构被引用的对象。

```
STRING   &z=*new CLERK("zang","982021",23);
delete &z;   //析构对象并释放对象占用的内存
```

上述"delete &z"完成了两个任务：（1）调用析构函数析构对象"CLERK("zang", "982021",23)"，释放基类和对象成员各自为指针 str 分配的内存；（2）释放对象"CLERK("zang", "982021", 23)"所占用的内存。

如果将上述"delete &z"改为"z.~STRING( )"，因为 z 引用 CLERK 类的对象，且"~STRING( )"是虚函数，故会通过 z 找到 CLERK 的实析构函数"~CLERK( )"调用，但该调用只完成上述任务（1）而没完成任务（2）；如果改为"free(&z)"，则只完成上述任务（2）而没完成任务（1）。因此，使用"delete &z"完成全部动态内存的释放才是更好的选择。

最好将所有的析构函数都定义为虚函数，以便 delete 能够释放所有的动态内存。除了构造函数和静态函数成员不能定义为虚函数外，也应将所有实例函数成员都定义为虚函数，以便相关对象的函数调用表现出更合理的多态行为。

8.3 类的引用

变量、成员、参数、函数返回类型都可以定义为引用。被引用的对象可以是简单类型的变量和常量，也可以是复杂类型的存储对象的变量和常量。引用变量是被引用实体的别名，被引用的对象应当自己负责构造和析构，而引用变量本身没有必要负责构造和析构。

8.3.1 类的引用变量及其析构

如果类 A 的引用变量 r 引用了通过 new 生成的对象 x，而在退出 r 的作用域前没将 x 传到 r 的作用域之外，也没有析构 x 和释放对象 x 所占用的内存，那么就应使用"delete &r"析构 x 并释放它所占用的内存。注意，"r.~A( )"仅用于析构 x，而不能释放 x 所占用的内存，这样也会造成内存泄漏问题。

引用变量必须在定义的同时进行初始化，而引用参数则在函数调用的时候初始化。有址引用（即&引用）变量或者参数如果是传统左值，则必须用同类型的传统左值表达式初始化。无址引用（即&&引用）变量或者参数要用无址右值（如常量或对象常量）初始化。如果有址引用变量引用的对象不是通过 new 产生的，则它无须负责对被引用的对象进行析构。

常规对象常量的生命期局限于当前表达式，在表达式结束时就立刻进行析构。需要注意的是，无址引用变量引用的是对象常量，C++为无址引用引入了移动语义的概念，随着移动语义的引入，被无址引用的常量对象的析构将推迟到该无址引用变量的生命期结束。此时常量对象实际上被编译为存储于缓存的无址匿名只读变量。虽然无址引用变量不负责常量对象的析构，但被其引用的常量对象的析构确实与其生命期相关。

左值表达式之所以能够出现在赋值号的左边，是因为它一定由有内存地址的（即有址的）传统左值变量代表，故左值表达式可用于初始化同类型有址引用变量或参数。由于通过 new 分配的内存也是有地址的，故通过 new 产生的对象也是有址的，可被用于初始化有址引用变量或者参数。常量对象可被传统右值有址引用变量引用，编译会为被引用的常量对象生成匿名的有址只读变量，故其析构将延迟到传统右值有址引用变量的生命期结束。

【例 8.6】有址引用变量与无址引用变量的对象析构。

```
#include <iostream>
using namespace std;
class A {
    int   i;
public:
    A(int i) { A::i = i; cout << "A: i=" << i << "\n"; };
    ~A( ) { if (i) cout << "~A: i=" << i << "\n"; i = 0; };
};
void main(void)
{
    A a(1), b(2);        //传统左值有址对象 a、b：a 和 b 负责调用构造函数
    A &p = a;            //传统左值有址引用 p：p 不负责构造和析构 a
    const A&q=A(3);      //传统右值有址引用 q：q 不负责构造 A(3)，A(3)延迟析构
    A &&r = A(4);        //传统左值无址引用 r：r 不负责构造 A(4)，A(4)延迟析构
    const A &&s=A(5);    //传统右值无址引用 s：s 不负责构造 A(5)，A(5)延迟析构
    cout << "main return\n";
}                        //退出 main()时按逆序自动析构所有已构造的对象
```

程序的输出如下所示。

```
A: i=1
A: i=2
A: i=3
A: i=4
A: i=5
main return
~A: i=5
~A: i=4
```

```
~A: i=3
~A: i=2
~A: i=1
```

在例 8.6 的 main()函数中，使用&定义了有址引用变量 p，使用&&定义了无址引用变量 q，对两种引用变量初始化的区别在于：p 一定要用同类型左值初始化，而 r 一定要用无址右值对象初始化。当然，p 和 q 都是传统左值，还可以被再次赋值。无址和有址引用变量在拷贝构造和拷贝赋值时也不相同。有址引用变量的拷贝构造和赋值函数实现为深拷贝，而无址引用变量的移动拷贝构造和移动赋值函数实现为浅拷贝。无址引用变量和参数最好用常量对象初始化，否则移动拷贝构造和移动赋值可能引发内存保护错误。

【例 8.7】应用 delete 析构有址引用变量引用的通过 new 生成的对象。

```
#include <iostream>
using namespace std;
class A{
     int   i;
public:
     A(int i) { A::i=i; cout<<"A: i="<<i<<"\n"; };
     ~A( ) { if(i) cout<<"~A: i="<<i<<"\n"; i=0; };
};
void g(A &a) {cout<< "g is running\n"; }        //调用时初始化形参 a
void h(A &&a=A(5)) {cout<< "h is running\n"; }   //调用时初始化形参 a，A(5)为默认值
void main(void)
{
     A a(1), b(2);           //自动调用构造函数构造 a、b
     A &p=a;                 //p 本身不用负责构造和析构 a
     A &q=*new A(3);         //q 有址引用 new 生成的无名对象
     A &r=p;                 //r 有址引用 p 所引用的对象 a
     cout<<"CALL g(b)\n";
     g(b);                   //使用同类型的传统左值作为实参调用函数 g()
     h( );                   //使用无址右值 A(5)作为实参调用 h()，初始化 h()的形参 a
     h(A(4));                //使用无址右值 A(4)作为实参调用 h()，初始化 h()的形参 a
     cout<<"main return\n";
     delete &q;              //q 析构并释放通过 new 产生的对象 A(3)
}                            //退出 main()时依次自动析构 b、a
```

程序的输出如下所示。

```
A: i=1
A: i=2
A: i=3
CALL g(b)
g is running
A: i=5
h is running
~A: i=5
A: i=4
h is running
~A: i=4
main return
~A: i=3
~A: i=2
~A: i=1
```

引用变量通常不应负责析构对象和释放对象所占的内存，但上述 q 引用的是通过 new 生成的有址无名对象，因此在退出 main()时，必须用"delete &q"析构该有址无名对象并释放它所占用

的内存。"delete &q"将首先对 q 引用的对象调用析构函数，即执行"q.~A( )"；然后再释放被 q 引用的对象所占用的内存，即执行"free(&q)"。

在调用包含传统左值有址引用参数的函数时，应该将同类型的左值表达式传递给该引用参数，这样引用参数才能起到换名或共享实参内存的作用。如果将类型相异的左值表达式作为实参传递，则编译程序会给出一个错误警告或者直接报错。编译程序会将左值类型实参转换为有址引用参数所需的类型，这种自动类型转换的结果通常使左值实参成为无址右值，因而不能满足有址引用参数使用同类型左值初始化的要求。

8.3.2 类的引用参数及其析构

在调用包含无址引用参数的函数时，需要将无址表达式传给该无址引用参数。如果将同类型的传统左值或者有址变量作为实参传递，则编译程序会给出一个错误警告或直接报错。即使能通过类型转换将前述传统左值作为实参转换类型传递，这种用法也是不提倡的，尤其是当参数为引用对象的无址引用类型时。因为当函数返回时会析构该无址引用参数引用的对象，与该左值共享内存的实参被析构了，但该左值的生命期不应在此结束，它可能被主调函数继续使用。

对形参不是引用类型而是一般对象类型来说，形参相当于局限于当前函数的局部变量。因此，这种形参对象的析构是在函数调用返回时完成的，而该形参对象的构造则是在调用时通过值参传递完成的。如果定义了拷贝构造函数，将调用相应的拷贝函数完成。值参传递将实参对象数据成员的值相应地赋给形参对象的数据成员，而指针类型的数据成员则只浅拷贝复制指针的值赋给形参，而没有深拷贝复制指针所指向的存储单元内容的值。

因此，一般值参传递所进行的赋值又称为浅拷贝赋值，浅拷贝赋值会导致形参对象和实参对象的指针成员指向共同的存储单元。由此造成的后果是：在被调用的函数返回时，形参析构会释放其指针成员指向的内存，该内存可能又被操作系统立即分配给其他程序，而当前程序并不知道该内存已分配给其他程序。此时，不知道内存已被析构的实参对象若通过其指针成员访问该内存，就会造成一个程序非法访问另一个程序的内存，这就是操作系统经常报告的内存保护错误或者一般性保护错误。

【例 8.8】定义一个没有深拷贝构造函数的一维动态整型数组类，观察数组类作为形参类型时使用对象作为实参调用函数的运行效果。

```
#include <iostream>
using namespace std;
class ARRAY {
    int    size;
    int    *p;
public:
    int    get(int x);
    ARRAY(int s);
    ~ARRAY( );
};
int ARRAY::get(int x){ return p[x]; }
ARRAY::ARRAY(int s)
{
    int i;
    p=new int[size=s];
    for(i=0; i<s; i++) p[i]=1;
    cout <<"Construct ARRAY("<< s <<")\n";
}
ARRAY::~ARRAY( )
{
    int i;
```

```
        if(p) { delete p;    p=0;   }
        cout<< "Deconstruct ARRAY("<< size <<")\n";
    }
    void func(ARRAY y) { cout << "func: "; }
    void main(void)
    {
        cout << "main: ";
        ARRAY a(6);
        cout << "main: a[0]=" << a.get(0) << "\n";
        func(a);
        int *q=new int[6];    q[0]=8;
        cout << "main: a[0]=" << a.get(0) << "\nmain: ";
    }
```

程序的输出如下所示。

```
main: Construct ARRAY(6)
main: a[0]=1
func: Deconstruct ARRAY(6)
main: a[0]=8
main: Deconstruct ARRAY(6)
```

上述 func(ARRAY y)定义了类型为 ARRAY 的值参 y，在执行过程中，程序有两次析构输出。在函数 func()返回前析构生命期已经结束的形参对象 y，由于类 ARRAY 没有定义深拷贝构造函数，造成实参 a 和形参 y 的成员 a.p 和 y.p 指向同一内存，因此析构 y 时实际上也释放了 a.p 所指向的内存块。

如果此时释放的内存正好被另一个程序分配使用，则继续使用 a.p 访问的内存将是其他程序的内存，这将导致操作系统因内存保护而"杀死"当前程序。如果此时没有多进程、多线程程序运行，func()返回后该块内存又正好被分配给指针变量 q，那么通过 q 操作的内存将和 a.p 指向的内存相同，继续访问 a.p 得到的输出为 a[0]=8，而非 a[0]=1，这是因为"不相干"的变量因内存共享产生了副作用。

当非引用类型的形参对象 y 包含指针数据成员 p 时，必须进行深拷贝构造才能避免出现内存保护错误。在将实参对象 a 传递给形参 y 时，将调用自定义的深拷贝构造函数构造 y，该构造函数将为 y.p 分配新的内存，而后读取 a.p 所指向的内存的内容，并将其复制到新分配的内存中。由于 a.p 和 y.p 没有指向同一块内存，因此在 func()返回前析构 y 时将不会释放 a.p 指向的内存。

为了在传递实参 a 给形参 y 时能进行深拷贝构造，必须将深拷贝构造函数的形参定义为类的传统右值有址引用，并另外定义一个传统左值无址引用形参的移动构造函数，这样就能隐藏编译程序自动生成的深拷贝构造和移动构造函数，从而在传递实参时优先调用自定义的深拷贝构造和移动构造函数。移动构造函数通常实现为浅拷贝构造函数，由于浅拷贝构造函数不分配内存，故不会因为内存分配失败而产生异常。

【例 8.9】使用深拷贝构造和移动构造函数定义一维动态整型数组类。

```
#include <iostream>
using namespace std;
class ARRAY {
    int    size;
    int    *p;
public:
    int    get(int x);
    ARRAY(int s);
    ARRAY(const ARRAY &r);      //定义有址引用传统右值形参，以便隐藏编译生成的构造函数
    ARRAY(ARRAY &&r);           //定义无址引用传统左值形参，以便隐藏编译生成的构造函数
    ~ARRAY( );
```

```
};
int ARRAY::get(int x) { return p[x]; }
ARRAY::ARRAY(int s)
{
    int i;
    p = new int[size = s];
    for (i = 0; i < s; i++) p[i] = 1;
    cout << "Construct ARRAY(" << s << ")\n";
}
ARRAY::ARRAY(const ARRAY &r)
{
    int i;
    p = new int[size = r.size];
    for (i = 0; i < size; i++) p[i] = r.p[i];
    cout << "Construct ARRAY(" << size << ")\n";
}
ARRAY::ARRAY(ARRAY &&r) {
    p = r.p;                    //移动构造实现为浅拷贝赋值
    size = r.size;
    r.p=nullptr;                //r.p 指向的内存移动至 p 了，所以必须置 r.p 为空
    cout << "Movable Construct ARRAY(" << size << ")\n";
}
ARRAY::~ARRAY( )
{
    if (p) { delete p; p = 0; }
    cout << "Deconstruct ARRAY(" << size << ")\n";
}
void func(ARRAY y) { cout << "func: "; }
void main(void)
{
    cout << "main: ";
    ARRAY a(6);
    cout << "main: a[0]=" << a.get(0) << "\n";
    cout << "func: ";
    func(a);                    //调用时，以 ARRAY y(a)的形式深拷贝构造形参 y
    int *q = new int[6];    q[0] = 8;
    cout << "main: a[0]=" << a.get(0) << "\nmain: ";
}
```

输出的 a[0]在调用函数 func()的前后都为 1，这是因为定义了深拷贝构造函数 "ARRAY(const ARRAY &r)"，避免了实参和形参两个对象的内部指针指向同一内存，从而使 a.p 指向的内存不会因 func()返回而在析构时释放，因此 a[0]的值在函数 func()的调用前后保持不变。程序的输出如下所示。

```
main: Construct ARRAY(6)
main: a[0]=1
func: Construct ARRAY(6)
func: Deconstruct ARRAY(6)
main: a[0]=1
main: Deconstruct ARRAY(6)
```

上述程序定义了深拷贝构造函数 "ARRAY(const ARRAY &r)"，该函数采用传统右值有址引用参数；还定义了用于移动语义的浅拷贝构造函数 "ARRAY(ARRAY &&r)"，其形参 r 的类型 "ARRAY &&" 为传统左值无址引用，该函数以浅拷贝的方式对新对象进行初始化。

在调用函数 "func(a)" 时，将调用构造函数初始化 func()的形参 y。由于实参 a 是一个有址对象或变量，而接受有址实参的构造函数为 "ARRAY(const ARRAY &r)"，因此初始化 y 时将调用

自定义的深拷贝函数"ARRAY(const ARRAY &r)"。

若以常量对象"ARRAY(5)"调用 func(),即当调用为"func(ARRAY(5))"时,也将调用构造函数初始化 func()的形参 y。由于"ARRAY(5)"是一个无址对象常量,而接受无址实参的构造函数为"ARRAY(ARRAY &&r)",因此初始化 y 时将调用移动构造函数"ARRAY(ARRAY &&r)"。

当类不包含指针类型的数据成员时,可不定义上述拷贝构造函数,直接使用编译程序生成的拷贝构造函数;当类包含指针类型的数据成员时,为程序的运行安全防止内存泄漏起见,应定义参数类型为类的只读有址引用的深拷贝构造函数,并同时定义参数类型为类的传统左值无址引用的浅拷贝移动构造函数。

8.4　抽象类

纯虚函数是不必定义函数体的特殊虚函数。在定义虚函数时,说明其函数体"=0"表示定义的虚函数为纯虚函数。纯虚函数有隐含参数 this,故不能同时定义为静态函数成员。构造函数不能定义为虚函数,故也不能定义为纯虚函数;析构函数可以定义为虚函数,故也可定义为纯虚函数。

8.4.1　抽象类的定义及用法

含有纯虚函数的类称为抽象类,抽象类常常用作派生类的基类。如果派生类继承了抽象类的纯虚函数,却未定义原型"相容"且带函数体的虚函数;或者派生类自定义了基类所没有的新纯虚函数,不管新纯虚函数是否在当前派生类定义了函数体,当前派生类都会自动成为抽象类。

在多级派生的过程中,如果到某个派生类为止,所有的基类纯虚函数都在派生类中定义了函数体,并且该派生类没有自定义新的纯虚函数,则该派生类就会成为非抽象类(或者称为具体类)。只有非抽象类才能产生对象。

【例 8.10】多级派生中的抽象类与具体类。

```cpp
#include <iostream>
using namespace std;
struct A{                       //A 被定义为抽象类
    virtual void f1( )=0;
    virtual void f2( )=0;
};
void A::f1( ){ cout<<"A1"; }    //在当前类 A 定义 f1()函数体,A 仍然是抽象类
void A::f2( ){ cout<<"A2"; }    //在当前类 A 定义 f2()函数体,A 仍然是抽象类
class B: public A{              //覆盖 A::f2()的函数体,但未覆盖 A::f1(),B 仍为抽象类
    void f2( ) { this->A::f2( ); cout<<"B2"; }
};
class C: public B{              //A::f1()和 A::f2()均被覆盖定义,故 C 为非抽象类
    void f1( ) { cout<<"C1"; }
};
void main(void)
{
    C c;                        //只有具体类才能产生对象
    A *p=&c;                    // A 是 C 的父类:父类特性具有传递性
    p->f1( );                   //调用 C::f1()
    p->f2( );                   //调用 B::f2()
}
```

程序的输出如下所示。

C1A2B2

尽管 f1()和 f2()都在类 A 中定义了函数体，但是类 A 仍然被当作抽象类。由于纯虚函数可以不定义函数体，故抽象类不能定义或产生任何对象，包括用 new 创建对象、定义对象数组以及定义对象参数或函数返回对象。如果通过对象调用尚未定义函数体的纯虚函数，那么将导致程序出现不可预料的运行错误。

虽然抽象类自己不能产生任何对象，因而没有可被引用或指向的对象，但是抽象类可作为父类引用和指针。父类引用可以引用抽象类的具体子类对象，父类指针可以指向抽象类的具体子类对象，因为抽象类的子类可以是能够产生对象的具体类。

抽象类指针和引用可以调用抽象类的纯虚函数，此时调用的必然是抽象类的具体子类的虚函数，这是由纯虚函数和虚函数的多态特性所决定的。如果抽象类的具体子类没有定义这样的虚函数，那么会导致程序出现不可预料的运行错误。而调用抽象类的非虚实例函数，则不会出现不可预料的运行错误。

【例 8.11】抽象类不能产生实例对象的原因。

```
#include <iostream>
using namespace std;
struct A{                  //定义类 A 为抽象类
    virtual void f1( )=0;
    void f2( ) { };
};
struct B: A{               //定义抽象类 A 的具体子类
    void f1( ){ };
};
//A   f( );                //错误，返回类 A 意味着抽象类 A 要产生对象
//int g(A   x);            //错误，调用时要传递一个类 A 的对象
A &h(A &y);                //正确，A&可以引用具体子类 B 的对象
void main(void)
{
    //A a;                 //错误，抽象类不能产生对象 a
    A *p=new B;            //正确，可以指向具体子类 B 的对象
    p->f1( );              ///正确，调用 B::f1( )。按子类对象类型晚期绑定
    p->f2( );              //正确，调用 A::f2( )。非虚函数 A::f2( )按类型 A*早期绑定
}
```

内存管理函数 malloc()可以为抽象类对象分配空间，但不会调用抽象类的构造函数来初始化该对象，因此内存管理函数 malloc()不能完整地初始化抽象类对象（对象中的虚函数入口地址表示指针未被初始化）。只有成功完整地初始化了某个类的对象，才能通过抽象类指针或引用调用到这个类的虚函数。例如，上述程序若用 malloc()初始化"A *p=(B*) malloc(sizeof(B))"，则"p->f1( )"将出现不可预料的异常。

8.4.2　抽象类的应用实例

抽象类作为抽象级别最高的类，主要用于定义子类共有的数据成员和函数成员。抽象类的纯虚函数没有定义函数体，这意味着目前无法描述该函数的功能。例如，如果图形类是点、线和圆等类的抽象类，那么图形类的绘图函数就无法绘出具体图形。

【例 8.12】定义存储多个图形 GRAPH 的图形组类 GRAPHS 及其多态绘图函数，依次将图

形组类对象中存储的各种不同类型的图形绘制出来。

```cpp
#include <iostream>
using namespace std;
class GRAPH{//图形类必须定义为抽象类, 因其绘图函数 draw()无法定义函数体
    double x, y;
public:
    double getx( ) { return x; }
    double gety( ) { return y; }
    void move(double x1, double y1) { x+=x1; y+=y1; }
    virtual void draw( )const=0;       //必须定义纯虚函数
    virtual void hide( )const=0;       //必须定义纯虚函数
    GRAPH(double x1, double y1) { x=x1; y=y1; }
};
class POINT2D: public GRAPH{
public:                     //具体类 POINT2D 可以定义 draw()的函数体
    void move(double x, double y);
    void hide( )const{ cout<<"Hide a point\n"; }
    void draw( )const{ cout<<"Draw a point\n"; }
    POINT2D(double x, double y):GRAPH(x, y) { };
};
void POINT2D::move(double x, double y)
{
    hide( );
    GRAPH::move(x, y);
    draw( );
}
class CIRCLE: public POINT2D{
    double r;          //具体类 CIRCLE 的 draw()可以定义函数体
public:
    void move(double x, double y);
    void hide( )const{ cout<<"Hide a circle\n"; }
    void draw( )const{ cout<<"Draw a circle\n"; }
    CIRCLE(double x,double y,double r):POINT2D(x, y) { CIRCLE::r=r; };
};
void CIRCLE::move(double x, double y)
{
    hide( );
    GRAPH::move(x, y);
    draw( );
}
class GRAPHS{          //存储多个图形的图形组类
    struct GRAPHIC{
        GRAPH     *graph;
        GRAPHIC *next;
        GRAPHIC(GRAPH *g, GRAPHIC *n) { graph=g; next=n; };
        ~GRAPHIC( ) { delete graph; }
    }*head;
public:
    int push(GRAPH *g) { head=new GRAPHIC(g, head); return 1; };
    int remove(GRAPH *g);
    void draw( );
    GRAPHS( ) { head=0; };
    ~GRAPHS( );
};
int GRAPHS::remove(GRAPH *g)
{
    GRAPHIC *p, *q;
    p=q=head;
    while(p!=0&&p->graph!=g) {
        q=p;
        p=p->next;
```

```
        };
        if(p) return 0;
        if(q==p) head=p->next; else q->next=p->next;
        delete p;
        return 1;
    }
    GRAPHS::~GRAPHS( )
    {
        GRAPHIC *p=head;
        while(head) {
            p=p->next;
            delete head;
            head=p;
        }
    }
    void GRAPHS::draw( )
    {
        GRAPHIC *p=head;
        while(p) {
            p->graph->draw( );
            p=p->next;
        }
    }
    void main(void)
    {
        GRAPHS graphs;
        graphs.push(new POINT2D(3,5));      //最内层图形最后画出
        graphs.push(new POINT2D(7,8));
        graphs.push(new CIRCLE(2,3,9));
        graphs.push(new CIRCLE(5,6,7));
        graphs.push(new CIRCLE(4,7,3));     //最外层图形最先画出
        graphs.draw( );                     //输出 graphs 中的所有图形
    }
```

程序的输出如下所示。

```
Draw a circle
Draw a circle
Draw a circle
Draw a point
Draw a point
```

本例程序定义了抽象类，即图形类 GRAPH，并在其具体子类中定义了 GRAPH 的所有纯虚函数，因此具体子类 POINT2D 和 CIRCLE 都可以产生对象。对于图形组类 GRAPHS 中的"GRAPH *graph"，它实际指向 POINT2D 和 CIRCLE 具体子类对象，可以多态调用具体子类 POINT2D 和 CIRCLE 的绘图函数 draw()。

8.5 虚函数友元与晚期绑定

纯虚函数和虚函数都是类的实例函数成员，都能定义为另一个类的成员友元。由于纯虚函数一般不会定义函数体，此时纯虚函数就不应该定义为某个类的成员友元，成员友元应当是定义了函数体的函数。

8.5.1　虚函数作为友元

友元关系不能传递或者继承。如果类 A 的函数成员 f( )定义为类 B 的友元，那么 f( )就可以访问类 B 的所有成员，包括数据成员、函数成员及类型成员。但是，f( )并不能访问从类 B 派生的类 C 的所有成员，除非 A 的函数成员 f( )也被定义为类 C 的成员友元。

【例 8.13】纯虚函数和虚函数定义为友元的用法。

```
#include <iostream>
using namespace std;
class C;        //没有前向声明，就无法在后面使用 C&或者 C*等引用或指针类型
struct A {    //A 为抽象类
    virtual void f1(C &c)=0;    //f1( )为纯虚函数
    virtual void f2(C &c);      //f2( )为虚函数
};            //类 A 有虚函数且没自定义构造函数，编译程序自动生成构造函数
class B: A{  //类 B 没自定义构造函数且继承了虚函数，编译程序自动生成构造函数
public:
    void f1(C &c);             //f1( )自动成为虚函数，对 main( )隐藏 A::f1(C&)
};                            //类 B 是具体类
class C {
    char c;
    struct D { int x; };
    void f( ) { };
    friend void A::f1(C& c);    //允许但不一定有意义，A::f1(C &c)可能无函数体
    friend void A::f2(C& c);    //允许且有意义，A::f2(C& c)有函数体
public:
    C(char c) { C::c = c; };
};
void A::f1(C& c) {       //类 C 的成员友元 A::f1(C&)可以访问类 C 的任何成员
    C::D d = { 1 };      //访问私有类型成员 D
    f( );                //访问私有函数成员 f( )
    cout <<c.c<< "\n";   //访问私有数据成员 c
};
void A::f2(C& c) {       //类 C 的成员友元 A::f2(C&)可以访问类 C 的任何成员
    C::D d = { 2 };      //访问私有类型成员 D
    f( );                //访问私有函数成员 f( )
    cout <<c.c<< "\n";   //访问私有数据成员 c
};
void B::f1(C& c) {
    //C::D d = { 2 };
    //cout << c.c;       //错误，B::f1( )不是类 C 的成员友元，不能访问 c.c
};
void main(void)
{
    B b;                 //编译程序自动生成无参构造函数 B::B( )构造 b
    C c('C');
    A* p = (A*) new B;   //调用编译程序自动生成的 B::B( )，A 和 B 不是父子类
    p->f1(c);            //调用 B::f1( )
    p->f2(c);            //调用 A::f2( )
    delete p;            //必须使用 delete，否则会造成内存泄漏。对象无指针成员：等价于 free(p)
}
```

友元特性不能从基类 A 传递到派生类 B，即尽管将类 A 的函数"void f1(C &)"定义为类 C 的友元，也不会使类 B 的"void B::f1(C &)"成为 C 的友元。因此，类 B 的"void B::f1(C &)"

不能访问类 C 的私有成员和保护成员。

8.5.2　虚函数的晚期绑定

假定基类 B 及其派生类 D 都定义了虚函数，基类 B 和派生类 D 将分别产生虚函数地址表 TB 和 TD。在构造派生类 D 的对象 d 时，首先将 d 作为一个基类对象构造，故将 TB 的首址存放到 d 的起始单元，此时"B::B()"调用的虚函数将和 TB 中的虚函数绑定；然后一旦基类对象的构造函数"B::B()"执行完毕，在执行派生类的构造函数"D::D()"之前，会将 TD 的首址存放到 d 的起始单元，此后"D::D()"调用的虚函数就会和 TD 中的虚函数绑定。

同理，在析构派生类 D 的对象 d 时，一旦析构函数"D::~D()"的函数体执行完毕，就立即将 TB 的首址存放到 d 的起始单元，接着将 d 作为基类对象执行基类 B 的析构函数"B::~B()"，此后，"B::~B()"调用的虚函数就会和 TB 中的虚函数绑定。这样，对象 d 就会根据其类型的"变化"来调用正确的虚函数，从而表现出恰当的多态特性。

【例 8.14】构造函数和析构函数处理虚函数地址表首址的方法。

```cpp
#include <iostream>
using namespace std;
class A {
    virtual void c(){ cout<<"Construct A\n";    }
    virtual void d(){ cout<<"Deconstruct A\n"; }
    virtual void e(){ };
public:
    A(){ c(); };
    virtual ~A(){ d(); };
};
class B: A{
    virtual void c(){ cout<<"Construct B\n";    }
    virtual void d(){ cout<<"Deconstruct B\n"; }
public:
    B(){ c(); };    //等价于 B(): A(){ c(); };
    virtual ~B(){ d(); };
};
void main(void)
{
    B b;               //构造 b 时先将 b 当作基类对象构造
}                      //析构 b 时先将 b 当作派生类对象析构
```

程序的输出如下所示。

```
Construct A
Construct B
Deconstruct B
Deconstruct A
```

上述程序在开始构造派生类对象 b 时，b 的 VFT 首地址为基类 A 的虚函数地址表首址，故"A::A()"中的调用"c()"绑定到类 A 的"A::c()"，输出为"Construct A"；然后，将 b 的 VFT 首地址修改为类 B 的虚函数地址表首址，故"B::B()"中的调用"c()"绑定到类 B 的"B::c()"，输出为"Construct B"，如图 8.1 所示。

在开始析构派生类对象 b 时，b 的 VFT 首地

图 8.1　虚函数晚期绑定示意图

址为类 B 的虚函数地址表首址，故"B::~B( )"中的调用"d( )"绑定到类 B 的"B::d( )"，输出为"Deconstruct B"；然后，将 b 的 VFT 首地址修改为类 A 的虚函数地址表首址，故"A::~A( )"中的调用"d( )"绑定到类 A 的"A::d( )"，输出为"Deconstruct A"。

这也说明子类对象 b 的类型不是固定的，在构造和析构的某个时刻，子类对象被看作父类 A 的对象。在例 5.4 中，我们看到同一个成员的类型也不是固定的，它是随对象的类型不同而不同的。因此，对象及其成员的类型都不是固定不变的。

虚函数地址表 VFT 首地址存放在对象 b 的起始单元。根据对象 b 的类型，晚期绑定要调用的虚函数到相应的实例函数成员，从而使虚函数随 b 的类型不同而表现出不同的多态特性。晚期绑定比早期绑定多一次 VFT 首地址访问，这虽然在一定程度上降低了执行效率，但是，同虚函数的多态特性带来的优点相比，效率降低所产生的影响微不足道。

由此可见，虚函数地址表 VFT 首地址是由构造函数和析构函数维护的。用 malloc()的确可以为对象分配内存，但是由于 malloc()之后不会自动调用构造函数，故 VFT 首地址是没有得到正确初始化的，用 malloc()初始化的对象也就无法表现出良好的多态特性。

8.6　有虚函数时的内存布局

单继承派生类对象的内存由基类和派生类的实例数据成员构成。当基类或派生类定义了虚函数或者纯虚函数时，派生类对象的内存还包括虚函数入口地址表首址所占用的存储单元，该存储单元通常是包含虚函数的基类对象的初始单元。

8.6.1　基类有虚函数时的内存布局

如果基类定义了虚函数或者纯虚函数，则派生类对象将共享基类对象的起始单元，用于存放虚函数入口地址表首址。派生类的构造函数和析构函数会选择合适的时机，在共享的存储单元中更新基类和派生类的虚函数入口地址表首址。

【例 8.15】当基类有虚函数时派生类的内存布局。

```cpp
#include <iostream>
using namespace std;
class A{                        //基类 A 定义了虚函数
    static int   b;
    int   a;
    virtual int   f( );
    virtual int   g( );
    virtual int   h( );
};
class B: A{
    static int y;
    int x;
    int f( );
    virtual int u( );
    virtual int v( );
};
void main(void)
{
    cout << "sizeof(int)=" << sizeof(int) << "\n";
    cout << "sizeof(anypointer)=" << sizeof(void*) << "\n";
    cout << "sizeof(A)=" << sizeof(A) << "\n";
```

```
        cout << "sizeof(B)=" << sizeof(B) << "\n";
}
```

在 VS2019 采用 x86 模式编译时，程序的输出结果如下所示。

```
sizeof(int)=4
sizeof(anypointer)=4
sizeof(A)=8
sizeof(B)=12
```

在上述程序中，基类 A 定义了虚函数，因此，类 A 对象的内存包括实例数据成员 a 和虚函数入口地址表首址。派生类 B 只增加了一个实例数据成员 x，B 共用基类虚函数入口地址表首址所占用的存储单元。

由于所有指针的字节数相同，故有 sizeof(A)=sizeof(a) + sizeof(void *)=4+4=8，sizeof(B)= sizeof(A) + sizeof(x)=8+4=12。在基类 A 包含虚函数的情况下，虚函数入口地址表首址所占用的存储单元被派生类共享。派生类 B 的内存如图 8.2 所示，虚函数入口地址表不在类 B 的内存内。

图 8.2　派生类 B 的内存

8.6.2　基类无虚函数时的内存布局

如果基类没有定义虚函数，而单继承派生类定义了虚函数，则单继承派生类的内存由 3 个部分组成：第一部分为基类内存，第二部分为派生类虚函数入口地址表首址，第三部分为该派生类新定义的实例数据成员。

【例 8.16】当基类没有虚函数时派生类的内存布局。

```
#include <iostream>
using namespace std;
class A{
    static int    b;
    int    a;
};
class B: A{
    static int y;
    int x;
public:
    virtual void u( ) { };
    virtual void v( ) { };
};
void main(void)
{
    cout<<"Size of int="<<sizeof(int)<<"\n";
    cout<<"Size of pointer="<<sizeof(void *)<<"\n";
    cout<<"Size of A="<<sizeof(A)<<"\n";
    cout<<"Size of B="<<sizeof(B)<<"\n";
}
```

在 VS2019 采用 x86 模式编译时，程序的输出结果如下所示。

```
Size of int=4
Size of pointer=4
Size of A=4
Size of B=12
```

例 8.16 中的基类 A 没有定义虚函数，因此类 A 的内存只包括实例数据成员 a。派生类 B 定义了虚函数，并定义了一个实例数据成员 x，由此可得 sizeof(A)=sizeof(a)，sizeof(B)=sizeof(A) + sizeof(void *) + sizeof(x)。

在基类没有虚函数或纯虚函数，但派生类定义了虚函数的情况下，派生类在基类内存后面存放虚函数入口地址表首址。派生类 B 的内存如图 8.3 所示，虚函数入口地址表不在类 B 的内存内。

图 8.3　派生类 B 的内存

练习题

【题 8.1】什么样的函数能够定义为虚函数？为什么要使用虚函数？

【题 8.2】构造函数能否定义为虚函数？为什么？

【题 8.3】什么样的函数能够定义为纯虚函数？为什么要使用纯虚函数？

【题 8.4】什么样的类称为抽象类？抽象类可以产生对象吗？为什么？

【题 8.5】纯虚函数可以定义为 static 成员函数吗？

【题 8.6】析构函数可以定义为纯虚函数吗？

【题 8.7】从如下基类 base 派生多个类，每个类都定义 void isa( )函数，并调用 void isa( )输出每个类的类名。

```
#include <iostream>
using namespace std;
class    base {
public:
    base( ) { cout<<"Constructing base\n"; }
    virtual void isa( ) {cout<<"base\n";}
    ~base( ) { cout<<"Constructing base\n"; }
};
```

【题 8.8】在异质链表中，每个节点的类型不要求相同，节点指针通常使用父类指针。以大学学生及教职人员为例，学生信息包括姓名、年龄、社会保险号、年级和平均成绩等，职员信息包括姓名、年龄、社会保险号和工资等，教员信息包括姓名、年龄、社会保险号、工资和研究方向等。为大学学生及教职人员建立一个异质链表，插入、删除和输出他们的信息。

【题 8.9】指出如下程序的错误之处及其原因。

```
class    A{
    int    a;
    virtual int f( );
    virtual int g( )=0;
public:
    virtual A( );
} a;
class B: A{
    long f( );
    int    g(int);
} b;
A *p=new A;
B *q=new B;
int    f(A, B);
A g(B &);
int h(B *);
```

【题 8.10】在三维坐标系上定义 GRAPH 抽象类，该类具有基点坐标和图形显示等纯虚函数。从该类派生出正方体、球体等具体图形类，并为具体图形类定义相应的纯虚函数。

【题 8.11】为线性表定义一个抽象类，记录线性表的容量和当前元素个数，提供插入、删除、查找等纯虚函数。请从上述抽象类派生出线性表类，并用整型数组存放线性表整型元素。

【题 8.12】公司员工分为临时员工和正式员工两种类型，只有正式员工才能担任经理。每个员工都由一个经理主管，并由经理发放员工工资，只有老板才能发放经理工资。试定义公司员工、经理和老板 3 个类。

【题 8.13】广义表的元素要么是单个字符，要么又是一个广义表。试定义存放单个字符的类，该类提供输出元素字符的函数 print()。由上述类派生出广义表类，并定义插入函数 insert() 和广义表输出函数 print()。

第9章
多继承与虚基类

C++支持表达能力更强的多继承，多继承允许派生类有多个基类。单继承只允许派生类有一个基类，显然，单继承是多继承的一个特例。本章将介绍多继承的相关概念，包括虚基类合并、成员访问冲突以及构造与析构的执行顺序问题。

9.1 多继承类

单继承派生类只有一个基类或虚基类。在继承单个基类或虚基类成员的基础上，派生类可以定义新的数据成员和函数成员，以便描述新类特有的不同属性和功能。但是，在现实世界中，有许多事物需要继承多个基类的属性和功能。

9.1.1 无多继承的替代方案

多继承派生类有多个基类或虚基类。在继承多个基类或虚基类成员的基础上，多继承派生类可以定义新的数据成员和函数成员。显然，单继承是多继承的一种特例，多继承派生类具有更强的类型表达能力。

某些面向对象的语言只支持单继承。当需要定义多继承派生类的对象时，常常通过对象成员的聚合实现多继承。对象聚合在多数情况下能够满足需要，但当对象成员和基类的类型相同，或者在逻辑上和基类对象存在共享的内存时，就可能对同一物理对象内存重复初始化。

【例9.1】定义具有水平滚动条和垂直滚动条的窗口类。

```
class WINDOW{
    //...
public:
    WINDOW(int top, int left, int bottom, int right);
    ~WINDOW( );
};
class HSCROLLBAR{//定义水平滚动条
    //...
public:
    HSCROLLBAR (int top, int left, int bottom, int right);
    ~ HSCROLLBAR ( );
};
class VSCROLLBAR {//定义垂直滚动条
    //...
public:
    VSCROLLBAR (int top, int left, int bottom, int right);
```

```
    ~ VSCROLLBAR ( );
};
class SCROLLABLEWIND: public WINDOW{
    HSCROLLBAR   hScrollBar;   //委托 hScrollBar 代理水平滚动条
    VSCROLLBAR   vScrollBar;   //委托 vScrollBar 代理垂直滚动条
    //聚合 hScrollBar 和 vScrollBar 两个对象成员，代替多继承定义
public:
    SCROLLABLEWIND(int top, int left, int bottom, int right);
    ~SCROLLABLEWIND( );
};
SCROLLABLEWIND::SCROLLABLEWIND(int t, int l, int b, int r):
WINDOW(t, l, b, r), hScrollBar(t, r+1, b−1, r),
vScrollbar(b−1,l−1,b,r+1)
{
    //...
}
```

上述程序定义了一个窗口 WINDOW，一个水平滚动条 HSCROLLBAR 和一个垂直滚动条 VSCROLLBAR。具有水平和垂直滚动条的窗口类 SCROLLABLEWIND 继承了 WINDOW，并用聚合对象成员 HSCROLLBAR、VSCROLLBAR 代理水平和垂直滚动条，即通过委托代理模式完成水平滚动和垂直滚动。

这种委托代理模式对于某些应用是合适的，但对另一些应用则不一定合适。如果 WINDOW、hScrollBar 和 vScrollBar 分别初始化显示端口，则派生类 SCROLLABLEWIND 的对象就会多次初始化显示端口，从而导致显示屏因多次初始化显示端口而多次闪烁。从系统硬件的角度来看，计算机默认的主显示端口只有一个。

当然，对一个 SCROLLABLEWIND 对象来说，如果使用一个全局变量作为信号灯，那么就可以实现显示端口只初始化一次。但是，如果存在多个 SCROLLABLEWIND 对象，则需要建立对象和全局变量的绑定关系，而维护绑定关系及信号灯状态会比较麻烦。

9.1.2　多继承存在的问题

若用多继承方式定义派生类 SCROLLABLEWIND，则类 WINDOW、HSCROLLBAR 和 VSCROLLBAR 可全部定义为基类。上述定义可改为如下定义，但是仍然没有解决主显示端口多次初始化的问题。

```
struct SCROLLABLEWIND: WINDOW, HSCROLLBAR, VSCROLLBAR{
    //...
public:
    SCROLLABLEWIND(int top, int left, int bottom, int right);
    ~SCROLLABLEWIND( );
};
SCROLLABLEWIND::SCROLLABLEWIND(int t, int l, int b, int r):
WINDOW(t, l, b, r), HSCROLLBAR(t, r+1, b−1, r),
VSCROLLBAR(b−1,l−1,b,r+1)
{
    //...
}
```

多继承派生类可以定义任意数目的基类，但是不得定义名称相同的直接基类。当派生类有多个基类时，多个基类成员继承到派生类后可能同名，基类与派生类成员之间也可能同名。在出现成员同名的现象时，除了可以根据作用域大小确定访问的优先级外，还可用作用域运算符限定要访问的类的成员。

【例 9.2】基类成员继承后的同名问题。

```cpp
#include <iostream>
using namespace std;
struct A { int a; }; //未定义构造函数 A::A( )，可用{ }形式初始化
struct B { int a; }; //未定义构造函数 B::B( )，可用{ }形式初始化
struct C : A, B {
    int c;          //类 C 将继承 A 和 B 的两个成员 a
    int setc(int);
    constexpr C( ):A{2}, B{ }, c(0) { c = 2; };//A{2}使 c.A::a=2，B{ }使 c.B::a=0
};
int C::setc(int c) {
    C::c = c;       //使用作用域运算符 "::" 限定访问数据成员 C::c
    return c;       //返回的是参数的值，其作用域更小，访问优先级更高
}
void    main(void)
{
    A a;            //a.a 为随机值
    A b{ };         //b.a=0：C++规定，如果{ }中为空，则所有元素初始化为 0
    B*c=new B;      //c->a 为随机值
    B*d=new B{};    //d->a=0：C++规定，如果{ }中为空，则所有元素初始化为 0。等价于 new B()
    C g;            //c.A::a=2，c.B::a=0，c.c=2
    C* p = new C;   //p->A::a=2，p->B::a=0，p->c=2
    //int i = g.a;  //错误，出现二义性访问
    int j = g.A::a; //正确，全名限定访问 A::a
    j = g.B::a;     //正确，全名限定访问 B::a
    delete c;       //防止内存泄漏
    delete d;       //防止内存泄漏
    delete p;       //防止内存泄漏
}
```

上述基类 A 和 B 都定义了成员 a，成员 "A::a" 和 "B::a" 都被派生类 C 继承。为了避免出现二义性访问错误，必须使用作用域运算符 "::" 限定要访问的类的数据成员。函数 setc() 的参数 c 和数据成员 c 同名，根据面向对象的作用域原则，作用域小的标识符被优先访问，故优先访问的应该是函数参数 c，因此必须用作用域运算符限定访问数据成员 "A::a"。

当使用 constexpr 定义类 C 构造函数的时候，除了满足之前 constexpr 的定义要求外，还必须满足类 C 没有虚基类这一要求，constexpr 能提供实参为常量时的优化便利。此外，应当对类 C 的基类逐一进行初始化，未初始化的基类会默认用无参构造函数初始化，且所有实例数据成员 c 必须在构造函数的初始化位置初始化。在初始化的过程中，调用的所有函数（包括基类构造函数）都必须是 constexpr 的。

"A{2}, B{ }" 与 "A(2), B( )" 的不同之处是：若定义了构造函数 "A::A(int)" 和 "B::B( )"，则需要调用相应参数个数的构造函数初始化，否则直接对实例数据成员初始化，"B{ }" 直接将实例数据成员初始化为 0。因此，在函数 main() 中，定义 "A a;" 的结果 a.a 为随机值，而定义 "A b{ };" 的结果 b.a=0，定义 "B*c=new B;" 的结果 c->a 为随机值，定义 "B*d=new B;" 的结果 d->a=0。

9.2　虚基类

主显示端口 Port、菜单 MENU 和区域 REGION 3 个基类可以派生出窗口 WINDOW 和调色板 PALETTE 两个基类，并进一步派生出带有调色板的窗口 PALETTEWINDOW，如此便形成了以下

具有多重派生的类层体系。

```
class PORT{ /* ... */ };
class MENU{ /* ... */ };
class REGION{ /* ... */ };
class WINDOW: public PORT, public REGION{ /* ... */ };
class PALETTE: public PORT, public MENU{ /* ... */ };
class PALETTEWINDOW: public WINDOW, public PALETTE{ /* ... */ };
```

PALETTEWINDOW 的派生树如图 9.1 所示。PORT 是类 WINDOW 和 PALETTE 的基类，在 PALETTEWINDOW 依次构造 WINDOW 和 PALETTE 的过程中，WINDOW 和 PALETTE 将分别调用 PORT 的构造函数，从而将物理上唯一的主显示端口初始化两次。

将 PORT 同时说明为 PALETTE 和 WINDOW 的虚基类，就可以使 PALETTEWINDOW 只初始化一次主显示端口，因为同一棵派生树中的同名虚基类只构造一次。虚基类用关键字 virtual 声明，声明时 virtual 可以和继承方式 private、protected 以及 public 互换位置。

```
class WINDOW: virtual public PORT, public REGION{ /* ...... */ };
class PALETTE: public virtual PORT, public MENU{ /* ...... */ };
class PALETTEWINDOW: public WINDOW, public PALETTE{ /* ...... */ };
```

在同一棵派生树中，同名虚基类的内存或者对象将被合并，合并后构造函数和析构函数仅仅执行一次，因此物理的主显示端口 PORT 仅被初始化一次。虚基类的构造函数会尽可能最早执行，而虚基类的析构函数会尽可能最晚执行。上述声明产生的派生树如图 9.2 所示。

图 9.1　PALETTEWINDOW 的派生树　　　图 9.2　PALETTEWINDOW 的派生树和内存

注意，PORT 和 PALETTE 用虚线连接，表示两个逻辑 PORT 对象共享一个物理对象的内存；PORT 和 WINDOW 用实线连接，表示 PORT 的构造函数必须尽早执行。因为 PORT 是同时为 WINDOW 和 PALETTE 服务的，所以必须在两个 WINDOW 和 PALETTE 对象构造之前构造。由此可见，虚基类的构造优先级高于普通基类。同理，虚基类的析构优先级低于普通基类。

如果虚基类与基类同名，则它们将分别拥有各自的内存。在由基类、虚基类和派生类形成的派生树中，只有同名虚基类才共享内存，而同名基类则拥有各自的内存。虚基类和基类同名必然会导致二义性访问，编译程序会对这种二义性访问提出警告。建议当出现这种情况时，要么将基类说明为对象成员，要么将基类说明为虚基类。

【例 9.3】虚基类的二义性访问问题。

```
#include <iostream>
using namespace std;
struct A {
    int a;
    A(int x) { a = x; }
};
struct B : A {      //B 定义实基类 A
    B(int x): A(x) {   }
};
```

```
struct C {
    C() { }
};
struct D : virtual A, C {    //D 定义虚基类 A
    D(int x): A(x) { }
};
struct E : B, D, A {        //E 包含了实基类 A 和虚基类 A，B 也包含实基类 A
    E(int x): D::A(x), B(x + 5), D(x + 10), A(x+1) { }
};
void main(void)
{
    E   e(2);
    //cout<<"a="<<e.a;  //访问 e.a 出现二义性
    cout<<"e.B::a="<<e.B::a<<endl;
    cout<<"e.D::a="<<e.D::a<<endl;
}
```

程序的输出如下所示。

```
e.B::a=7
e.D::a=2
```

在上述 E 的派生树中，E 没有直接虚基类，只有来自 D 的间接虚基类 A。虚基类在所有基类之前构造，且每个虚基类在同一棵派生树中只构造一次。因此，在构造 E 时必须首先构造虚基类"D::A"，即使"E::E(int x)"将"D::A(x)"放在"D(x+10)"之后。但是，少数编译器会按照程序员指定的顺序初始化，这将导致程序在不同编译环境下不可移植。

虚基类具有比普通基类高的构造优先级。在虚基类"D::A"用"D::A(x)"构造之后，基类 D 就不能而且也不会再次构造其虚基类 A。在主函数 main()中，对象"e(2)"以"D::A(2)"构造虚基类 A，以"D(12)"构造普通基类 D。若基类 D 再次构造虚基类 A，则基类 D 必然以"A(12)"构造"A"，即"e.D::a"的值必然等于 12。从输出结果来看，D 并没有再次构造 A。

为解决"e.a"产生的二义性访问问题，要么将 E 的基类 B 说明为对象成员，要么将 B 的基类 A 说明为虚基类，或保持现状并使用"B::A"和"D::A"访问。若将 B 的基类 A 也说明为虚基类，则"e.B::a"及"e.D::a"都表示虚基类 A 的成员 a。使用"e.a"访问会产生二义性问题，可用"e.A::a""e.B::a"或"e.D::a"消除二义性。

只要一个基类或者虚基类定义的构造函数都是带参的，则派生类就必须自定义构造函数。此外，一个类如果定义了没有默认值的 const 成员、引用成员，或者它的对象成员的所有构造函数均带参数，或者它继承或自定义了虚函数或纯虚函数，则这个有名类也必须自定义构造函数。

9.3　派生类成员

多继承派生类继承了多个基类或虚基类的成员，因此成员同名和二义性访问的可能性更大。一方面，派生类成员可能和基类或虚基类继承后的成员同名；另一方面，基类或虚基类继承后的成员之间也可能出现同名。

9.3.1　无虚基类时的成员同名

当多个数据成员或函数成员的名称相同时，除了可以根据作用域大小确定访问的优先级外，还可以用作用域运算符限定要访问的成员。

【例 9.4】多继承派生类的成员同名问题。

```
struct A{
    int a, b, c, d;
};
struct B{
    int b, c;
protected:
    int e;
};
class C: public A, public B{
    int a;
public:
    int b;          //派生类自己的成员 b 的作用域比 A::b 和 B::b 小，被访问优先级更高
    using B::e;      //B::e 继承到类 C 后，访问权限指定为 public
    int f(int c);
};
int C::f(int c)
{
    int i=a;         //访问 C::a，其优先级高于 A::a
    i=A::a;          //限定名访问 A::a
    i=b+c;           //访问 C::b 和函数参数 c
    i=A::b+B::b;     //限定名访问 A::b 和 B::b
    return A::c;     //限定名访问数据成员
}
int main(void)
{
    C    x;
    int    i=x.A::a;
    i=x.b;           //访问 C::b，派生类自己成员的访问优先级高于基类 A::b 和 B::b
    i=x.A::b+x.B::b;
    i=x.A::c;
    return i;
}
```

在例 9.4 中，基类 A 和 B 有两个同名的数据成员 b、c。派生类 C 继承了基类 A 和 B 的所有成员，并自定义了数据成员 a、b 和函数成员 f。因此，在访问 C 的成员 b、c 时很可能产生二义性问题。派生类 C 的成员及其相应访问权限如下。

```
private:
    int C::a;
public:
    int A::a, A::b, A::c, A::d;
    int B::b, B::c, B::e;
    int C::b, C::f( );
```

9.3.2　有虚基类时的成员同名

在具有虚基类和基类的多继承派生类中，如果虚基类和基类的成员同名，根据面向对象的作用域规则，优先访问的是基类的数据成员和函数成员。如果派生类由两个直接基类派生，并且它们都定义了派生后可访问的同名成员，那么在通过派生类对象或函数成员访问时，访问到同名成员会导致二义性错误。

【例 9.5】访问多继承派生类函数成员的优先次序。

```
#include <iostream>
using namespace std;
struct A {
```

```
    int x=1;
    int y = 2;
    void f( ) { cout << "A\n"; };
};
struct B : virtual A {        //等价于"struct B: virtual public A"：A 和 B 满足父子关系
    void f( ) { cout << "B\n"; };
};
struct C : B {               //等价于"struct C: public B"：B 和 C 满足父子关系
    int x=3;
};
struct D : C, virtual A { };//C、A 均和 D 满足父子关系，可得 B 和 D 也满足父子关系
void   main(void)
{
    D   d;
    B* pb = &d;              //B 和 D 构成了父子关系：无须进行强制类型转换
    D* pd = &d;
    int m = pd->x;          //优先访问"C::x"而非"A::x"，故 m=3，即使 struct D: virtual A, C{}结果也一样
    m = pd->y;              //只能访问唯一的"A::y"，故 m=2
    pb->f( );               //调用"B::f( )"
    pd->f( );               //优先调用"B::f( )"，而非"A::f( )"
}
```

程序的输出如下所示。

B
B

图 9.3　类 D 的派生树

在上述程序中，C 的基类 B 定义了函数成员"void f( )"，虚基类 A 也定义了函数成员"void f( )"，派生类 D 继承了 C 和 A 的两个非虚函数成员"void f( )"，但是，"pd->f( )"调用的是基类 C 继承的非虚函数成员"void f( )"，即虚基类的函数成员的访问优先级更低。若将程序中所有的"void f( )"改为虚函数，或者将类 D 的声明改为"struct D: virtual A，C { }"，则"pd->f( )"总是优先调用基类 C 继承的函数成员"B::f( )"。

类 D 的派生树如图 9.3 所示，其中带方框的基类表示虚基类，类 C 继承了类 B 的函数成员"B::f( )"。类 A 是类 D 的虚基类，类 C 是类 D 的直接基类，为何 pd->f( )调用 B::f( )而不调用"A::f( )"呢？根据面向对象的作用域规则，如果虚基类和基类的数据成员或函数成员同名，则优先访问的是基类的数据或函数成员。

9.4　单重及多重继承的构造与析构

在多继承派生的情况下，尤其是当类的继承关系比较复杂时，类的构造与析构顺序更难把握。但是，构造与析构顺序对于理解对象的行为至关重要。本节仅讨论单继承与多继承派生类构造函数的执行顺序，析构函数的执行顺序正好同构造函数的执行顺序完全相反。当虚基类、基类和对象成员必须用实参调用构造函数初始化时，派生类必须自定义构造函数。

9.4.1　单继承的构造与析构

对于派生类的虚基类、基类、对象成员、const 成员以及引用成员等，如果它们没有定义自己

的构造函数,则编译程序可以为它们生成无参构造函数。如果它们没有在派生类构造函数初始化位置明显地构造,那么就会在执行派生类的构造函数时,按照它们的优先级和定义顺序,自动调用它们的构造函数。少数编译器按照程序员的指定顺序调用和初始化。

派生类对象的构造是一个递归过程:(1)按定义顺序自左至右、自下而上地构造所碰到的虚基类;(2)按定义顺序构造派生类的所有直接基类;(3)按定义顺序构造或者初始化派生类的所有实例数据成员,包括对象成员、const 成员和引用成员等;(4)执行派生类自己定义的构造函数体。对于虚基类、基类、对象成员、const 成员以及引用成员等,如果它们又是某个派生类类型的对象,则重复上述派生类对象的构造过程,但同名的虚基类在同一棵派生树中仅构造一次。

【例 9.6】多继承派生类的构造过程。

```cpp
#include <iostream>
using namespace std;
struct A {
    A( ) { cout << 'A'; }
    ~A( ) { cout << 'a'; }
};
struct B {
    B( ) { cout << 'B'; }
    ~B( ) { cout << 'b'; }
};
struct C {
    int a;
    int& b;
    const char c;
    C(char d) : c(tolower(d)), b(a) { a = d; cout << d; }
    ~C( ) {    cout << c; }
};
struct D {
    D( ) { cout << 'D'; }
    ~D( ) { cout << 'd'; }
};
struct E : A, virtual B, C, virtual D {
    A x, y;
    B z;
    E( ): z( ), y( ), C('C')    //A、B 的构造函数无参,C 的构造函数带参数
    {
        cout << 'E';
    }
    ~E( ) { cout << 'e'; }
};
void main(void) { E   e; }
```

程序的输出如下所示。

BDACAABEebaacadb

在上述构造函数"E( )"的参数表后面,调用无参构造函数的基类 A、B、D 和对象成员 x 可以省略,已列出的调用无参构造函数的对象成员 y、z 也可以省略,"E( )"照样会按照基类和对象成员的优先级及定义顺序,调用上述所涉及的所有无参构造函数初始化基类和对象成员。

类 E 由 4 个基类 A、B、C、D 构成,其中类 B 和 D 是虚基类,类 C 和 E 含有 const 成员、引用成员及对象成员。类 E 的派生图如图 9.4 所示,其中带方框的基类表示虚基类,"{}"括起的是聚合的 3 个对象成员 x、y、z。

图 9.4　类 E 的派生图

　　类 E 的派生图有 4 棵派生树，树根分别为 E 和聚合的 x、y 和 z。根据派生类的构造顺序，"E e;"定义的对象 e 的构造过程如下。

　　（1）依次构造 e 的虚基类 B 和 D。B 和 D 不再是派生类，也没有 const 成员、引用成员及对象成员，执行 B、D 的构造函数输出 B、D。

　　（2）依次构造 e 的直接基类 A、C。A 和 C 不再是派生类，C 有 const 成员和引用成员，这些成员的初始化不产生输出，执行 A、C 的构造函数输出 A、C。

　　（3）依次构造 e 的对象成员 x、y 和 z，它们的构造函数依次输出 A、A、B。

　　（4）最后执行 e 自己的构造函数输出 E。

　　注意，由程序的输出可知，析构过程是构造过程的逆序。

9.4.2　多继承的构造与析构

　　下面再举一个比较复杂的例子，派生类中包含了虚基类、基类及对象成员，并出现了多级派生。

　　【例 9.7】多继承派生类的构造过程。

```
#include <iostream>
using namespace std;
struct A { A( ) { cout << 'A'; } };
struct B {
    const A a;
    B( ) { cout << 'B'; }
};
struct C: virtual A { C( ) { cout << 'C'; } };
struct D{ D( ) { cout << 'D'; } };
struct E: A{ E( ) { cout << 'E'; } };
struct F: B, virtual C{ F( ) { cout << 'F'; } };
struct G: B{ G( ) { cout << 'G'; } };
struct H: virtual C, virtual D { H( ) { cout << 'H'; } };
struct I:E, F, virtual G, H {
    E   e;
    F   f;
    I( ) { cout << 'I'; }
};
void main(void) { I   i; }
```

　　程序的输出如下所示。

ACABGDAEABFHAEACABFI

　　在例 9.7 中，当派生图由多棵派生树构成时，每棵派生树中的同名虚基类仅构造一次。根为 I 的同一棵派生树有两个同名的虚基类 C，因而合并后同名虚基类 C 的物理对象仅构造一次；根为对象成员 e 的派生树没有虚基类；根为对象成员 f 的派生树有一个虚基类 C，这个虚基类 C 不能和树 I 中的虚基类 C 合并，因为它们分属于根 f 和根 I 两棵不同的派生树。

　　对象 i 的派生图如图 9.5 所示。其中，方框中的基类表示虚基类，"{}"中的成员为对象成员。对象 i 的派生图有 6 棵派生树，树根分别为 I、a(类 A)、a(类 A)、a(类 A)、e(类 E)和 f(类 F)，派生树 I 中的同名虚基类 C 被合并。多继承派生类 I 的对象 i 构造过程如下。

　　（1）按自左至右、自下而上的顺序扫描树 I 的各个分枝，依次构造首次碰到的虚基类 C、G 和 D。C 是一个派生类，须递归执行步骤（1）~（4），于是执行其虚基类 A 的构造函数输出 A，然后执行 C 的构造函数体输出 C；G 也是一个派生类，须递归执行步骤（1）~（4），故构造 G 时必先构造其基类 B，而构造 B 时必先构造其对象成员 a，故构造类 G 的输出为 ABG；D 不是派生类，其数据成员也不调用构造函数，故直接执行它的构造函数输出 D。因此，构造类 I 的虚基类 C、G 和 D 的输出为 ACABGD。

（2）按自左至右的顺序依次构造 I 的直接基类 E、F、H。E 是一个派生类须递归执行步骤（1）~（4），于是在构造 E 时必先构造其基类 A，故构造类 E 的输出为 AE；F 也是一个派生类须递归执行步骤（1）~（4），由于其虚基类 C 已构造好，不需要重复构造，故只需构造其基类 B，而构造 B 时必先构造其对象成员 a，故构造类 F 的输出为 ABF；派生类 H 的虚基类已全部构造，不再重复执行构造函数，仅需执行 H 的构造函数，故构造类 H 的输出为 H。因此，构造类 I 的直接基类的输出为 AEABFH。

（3）按定义顺序依次构造 I 的对象成员 e、f。e、f 都是派生类对象，递归执行步骤（1）~（4）可得构造对象成员 e 输出 AE，构造对象成员 f 输出 ACABF。因此，构造对象成员 e、f 的输出为 AEACABF。

图 9.5　对象 i 的派生图

（4）最后执行类 I 自己的构造函数体输出 I。

因此，构造对象 i 时按上述 4 个步骤初始化，总输出为 ACABGDAEABFHAEACABFI。

9.5　多继承类的内存布局

在派生类对象分配的内存中，多个同名虚基类共用一个内存副本，因此，在构造派生类对象时，对于多个同名虚基类共享的内存副本，只应初始化该共享内存副本一次，即多个同名虚基类仅执行一次构造函数；同理，在析构派生类对象时，对于多个同名虚基类共享的内存副本，只应该也仅能够执行一次析构函数。总之，在多个同名虚基类继承的过程中，派生类对象不会为每个同名虚基类分配内存，其构造函数和析构函数也仅能执行一次。

9.5.1　无虚基类时的内存布局

在派生类没有虚基类的情况下，计算派生类的内存比较容易。对于每个定义虚函数的基类，每个基类都会建立自己的虚函数入口地址表，都会在派生类中分配各自的虚函数入口地址表首址存储单元。派生类在初始化完毕所有的基类后，会提取派生类自己的虚函数入口地址表首址，更新所有基类的虚函数入口地址表首址存储单元。

【例 9.8】 没有虚基类的多继承派生类建立内存的过程。

```cpp
#include <iostream>
using namespace std;
class A {
    int a;
public:
    virtual void f1( ) { };//类 A 有虚函数
} m;                       //全局对象 m：m.a=0
class B {
    int b, c;
public:
    virtual void f2( ) { };//类 B 有虚函数
}n;                        //全局对象 n：n.a=0
class C {
    int d;
public:
    void f3( ) { };        //类 C 没有定义虚函数
}c;
class D : A, B, C {        //类 D 继承且自定义有虚函数
    int e;
public:
    virtual void f4( ) { };
}d;
class E : C, A, B {        //类 E 继承且自定义有虚函数
    int f;
public:
    virtual void f5( ) { };
};
void main(void) {
    A a;          //局部对象 a：a.a 的值为随机值，A::A( )只维护多态
    B b{};        //局部对象 b：初始化所有实例数据成员为 0，且 B::B( )维护多态
    cout << "sizeof(int)=" << sizeof(int) << "\n";
    cout << "sizeof(anypointer)=" << sizeof(void*) << "\n";
    cout << "sizeof(A)=" << sizeof   a << "\n";
    cout << "sizeof(B)=" << sizeof   b << "\n";
    cout << "sizeof(C)=" << sizeof   c << "\n";
    cout << "sizeof(D)=" << sizeof   d << "\n";
    cout << "sizeof(E)=" << sizeof(E) << "\n";
}
```

在 VS2019 采用 x86 模式编译时，程序的输出结果如下所示。

```
sizeof(int)=4
sizeof(anypointer)=4
sizeof(A)=8
sizeof(B)=12
sizeof(C)=4
sizeof(D)=28
sizeof(E)=28
```

例 9.8 定义了派生类 D、E，派生类 D 的第一个基类有虚函数，而派生类 E 的第一个基类没有虚函数。在派生类 D 中，为基类 A、B 分别分配虚函数入口地址表首址存储单元。在初始化基类 A、B 的过程中，将其虚函数入口地址表首址分别存入相应单元；当基类 A、B 初始化完毕，在开始执行派生类 D 的构造函数之前，将 D 的虚函数入口地址表首址存入上述存储单元。

同理，派生类 E 将为基类 A、B 分别分配虚函数地址表首址存储单元。在初始化基类 A、B 的过程中，将其虚函数入口地址表首址分别存入相应单元；当基类 A、B 初始化完毕，在开始执

行派生类 E 的构造函数之前，将 E 的虚函数入口地址表首址存入上述存储单元。派生类 D、E 的内存示意图如图 9.6 所示。

9.5.2 有虚基类时的内存布局

在派生类有虚基类的情况下，虚基类的内存建于派生类的尾部，虚基类的内存按虚基类的定义顺序建立，并且同一棵派生树重复出现的虚基类只建立一次。每个基类或者虚基类若定义有虚函数，则它们都会建立自己的虚函数地址表首址。派生类建立内存的顺序如下。

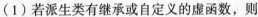

图 9.6　派生类 D、E 的内存示意图

（1）若派生类有继承或自定义的虚函数，则按定义顺序检查派生类的每个直接基类，若直接基类有继承或自定义的虚函数，则派生类分配并共享该直接基类的虚函数地址表首址，并为该直接基类分配内存，继续处理后续直接基类，直到遇到派生类的类体 "{"。若派生类的所有直接基类都没有继承或自定义虚函数，则为派生类单独分配虚函数地址表首址。

（2）依次扫描派生类在步骤（1）没有分配内存的直接基类以及所有可能的虚基类，如果遇到的是直接基类，则为其分配内存；如果遇到的是间接或直接虚基类，且派生类从未生成虚基类偏移表首址，则为该派生类生成其虚基类偏移表首址，对此后该派生类遇到的所有同名虚基类，派生类不再为它们生成虚基类偏移表首址。

（3）对于派生类自定义的实例数据成员，依次为它们分配相应的内存。

（4）对于派生类所有间接或直接虚基类，按出现顺序依次为虚基类分配内存，但同一棵派生树出现的重复的虚基类不再分配内存。

（5）如果直接基类、虚基类、实例数据成员的类型又是派生类，则按照步骤（1）~（4）递归执行。

【例 9.9】含有虚基类的多继承派生类的内存布局。

```cpp
#include <iostream>
using namespace std;
struct A { virtual void fa( ) { }; };
struct B {
    int b;
    void fb( ) {b=200;};
};
struct C { virtual void fc( ) { }; };
struct D : virtual B { virtual void fd( ) { }; };
struct E : virtual A {
    int   x;
    virtual void fe( ) { };
};
struct F :virtual A, virtual B {
    int   x;
    void ff( ) { };
};
struct G : B, virtual A {
    int   x;
    virtual void fg( ) { };
};
```

```
struct H : A, virtual B, virtual C {
    int    x;
    void ff( ) { };
};
struct I : A, virtual B, virtual C, D {
    int    x;
    virtual void fg( ) { };
};
struct J : virtual D, B,   virtual C, A {
    int    x;
    virtual void fk( ) { };
};
void main(void)
{
    cout << "sizeof(pointer)=" << sizeof(void*) << "\n";
    cout << "sizeof(A)=" << sizeof(A) << "\n";
    cout << "sizeof(B)=" << sizeof(B) << "\n";
    cout << "sizeof(C)=" << sizeof(C) << "\n";
    cout << "sizeof(D)=" << sizeof(D) << "\n";
    cout << "sizeof(E)=" << sizeof(E) << "\n";
    cout << "sizeof(F)=" << sizeof(F) << "\n";
    cout << "sizeof(G)=" << sizeof(G) << "\n";
    cout << "sizeof(H)=" << sizeof(H) << "\n";
    cout << "sizeof(I)=" << sizeof(I) << "\n";
    cout << "sizeof(J)=" << sizeof(J) << "\n";
    J   j;
    int x = j.B::b;        //直接基类 B::b，优先访问直接基类：参见面向对象作用域
    x = ((D&)j).b;         //访问虚基类 D 继承的 B::b，也可用 x=j.D::b 和 x=((D)j, b)取值
    ((D&)j)b=33;           //(CD&)j 为有址左值，等于 j.D::b=33。但((CD)j).b=33 非法，因为(D)j 是有址右值
    j.fa( );               //等价于 j.A::fa( )；
    j.B::fb( );            //优先访问直接基类 B::fb：参见面向对象作用域
    ((D&)j).fb( );         //调用 D 的 B::fb 修改 j 的成员。不保证((CD)j).fb 修改 j 的成员，因为(D)j 为有址右值
    j.fc( );               //等价于 j.C::fc( )；
    j.fd( );               //等价于 j.D::fd( )；
}
```

当 sizeof(int)=4 时，程序的输出如下所示。

```
sizeof(pointer)=4
sizeof(A)=4
sizeof(B)=4
sizeof(C)=4
sizeof(D)=12
sizeof(E)=16
sizeof(F)=16
sizeof(G)=20
sizeof(H)=20
sizeof(I)=24
sizeof(J)=32
```

例 9.9 定义了派生类 D、E、F、G、H、I 和 J，它们都有虚基类，其中 F、H 没有自定义虚函数。派生类 D、E、F、G、H、I 和 J 的内存布局如图 9.7 所示。对派生类对象调用构造函数进行初始化时，在所有直接基类或虚基类的构造函数执行完毕前，这些基类的虚函数地址表首址为基类自有的虚函数地址表首址。在进入派生类的构造函数体时，这些基类的虚函数地址表首址更新为派生类的虚函数地址表首址。

图 9.7 的内存布局是 VS2019 采用 x86 编译模式的编译结果，不同的硬件、操作系统、编译环境得到的内存布局可能不一样。其中，有"…表首址"的存储单元都相当于一个指针，它们要指向虚函数地址表或基类偏移表。随着 64 位计算机的普及，"long long"类型和指针类型都可能用 8 个字节存储。需要注意的是，静态数据成员不会出现在类的内存布局中，所有的函数成员的

代码也不会出现在其中。

D的虚函数地址表首址
D的虚基类偏移表首址
虚基类B：int b

（1）类D

E的虚函数地址表首址
E的虚基类偏移表首址
E的成员：int x
虚基类A：A的虚函数地址表首址

（2）类E

F的虚基类偏移表首址
F的成员：int x
虚基类A：A的虚函数地址表首址
虚基类B：int b

（3）类F

G的虚函数地址表首址
基类B：int b
G的虚基类偏移表首址
G的成员：int x
虚基类A：A的虚函数地址表首址

（4）类G

基类A：A的虚函数地址表首址
H的虚基类偏移表首址
H的成员：int x
虚基类B：int b
虚基类C：C的虚函数地址表首址

（5）类H

基类A：A的虚函数地址表首址
基类D：D的虚函数地址表首址
基类D：I的虚基类偏移表首址
I的成员：int x
虚基类B：int b
虚基类C：C的虚函数地址表首址

（6）类I

基类A：A的虚函数地址表首址
K的虚基类偏移表首址
基类B：int b
J的成员：int x
虚基类B：int b
虚基类D：D的虚函数地址表首址
虚基类D：D的虚基类偏移表首址
虚基类C：C的虚函数地址表首址

（7）类J

图 9.7　派生类 D、E、F、G、H、I 和 J 的内存布局

练习题

【题 9.1】什么是多继承派生类?

【题 9.2】什么是虚基类? 为什么要引入虚基类?

【题 9.3】当继承后派生类中的成员出现同名时，应如何解决同名成员的二义性访问问题?

【题 9.4】派生类在什么情况下必须自定义构造函数? 在什么情况下必须自定义析构函数?

【题 9.5】派生类构造函数执行的优先级如何划分?

【题 9.6】派生类析构函数执行的优先级如何划分?

【题 9.7】当一个类包含虚基类时，如何在派生类中存储该虚基类?

【题 9.8】定义以下两个类。

```
class fruit {
public:
    virtual char *identify( ) { return   (char*)"fruit"; }
};
class tree{
public:
    virtual char *identify( ) { return   (char*) "tree"; }
};
```

请派生出一些既是 fruit 又是 tree 的类及其派生类。例如以下的 apple 类。

```
class apple: public fruit, public tree{
    //…
}
```

为每个派生类定义一个函数成员 identify，该函数成员显示自己的类名，并显示类由哪些基类派生。例如，apple 类的函数成员显示如下信息。

(apple: fruit, tree)

苹果梨 apple_pear 类的函数成员显示如下信息。

(apple_pear: (apple: fruit, tree), (pear: fruit, tree))

【题 9.9】指出如下各类可访问的成员及其成员的访问权限。

```
class A{
    int    a;
protected:
    int    b, c;
public:
    int    d, e;
    ~A( );
};
class B: protected A{
    int    a;
protected:
    int    b, f;
public:
    int    e, g;
    A::d;
};
class C: A{
    int    a;
protected:
    int    b, f;
public:
    int    e, g;
    using    A::d;
};
struct D: B, C{
    int    a;
protected:
    int    b, f;
public:
    int    e, g;
};
```

【题 9.10】指出如下程序中 main() 的每行语句的输出结果。

```
#include <iostream>
using namespace std;
struct A{A( ) { cout<<'A';}};
struct B{B( ) { cout<<'B';}};
struct C: A{C( ) { cout<<'C';}};
struct D: A, B{D( ) { cout<<'D';}};
struct E: A, B, virtual C{
    D    d;
    E( ) { cout<<'E';}
};
struct F: A, virtual B, virtual C, D, E{
    C    c, d;
    E    e;
    F( ) { cout<<'F';}
};
void main(void)
{
```

```
    A   a;   cout<<'\n';
    B   b;   cout<<'\n';
    C   c;   cout<<'\n';
    D   d;   cout<<'\n';
    E   e;   cout<<'\n';
    F   f;   cout<<'\n';
}
```

【题 9.11】定义一个圆类 Circle 和一个三角形类 Triangle，Circle 类的数据成员包括圆心坐标（x,y）及其半径 r；Triangle 类的数据成员包括外心坐标（x,y）及其 3 个顶点坐标（x1, y1）、（x2, y2）、（x3, y3）。Circle 和 Triangle 都有构造函数、析构函数和绘图函数 "draw( )"。从三角形类派生出圆内接三角形类 TriangleInCircle，将 Circle c 作为 TriangleInCircle 的对象成员，定义圆内接三角形类的数据成员和函数成员 "draw( )"。

【题 9.12】栈是一种先进后出的数据结构，定义一个栈类 STACK，用于存放整型元素。试对栈类中的所有函数成员编程，并编写 main()函数测试栈的有关操作。

```
class STACK{
    int  *const  elems;          //申请内存用于存放栈的元素
    const  int    max;           //栈能存放的最大元素个数
    int    pos;                  //栈实际已有元素个数，栈空时 pos=0;
public:
    STACK(int m);                //初始化栈：栈最多存 m 个元素
    STACK(const STACK& s);       //用栈 s 深拷贝构造新栈
    STACK(STACK&& s);            //用栈 s 浅拷贝移动构造新栈
    virtual int   size( )const;  //返回栈的最大元素个数 max
    virtual int   howMany( )const; //返回栈的实际元素个数 pos
    virtual int   getElem(int x)const;  //取下标为 x 的栈元素，x>=0
    virtual STACK& push(int e);  //将 e 入栈，并返回原栈
    virtual STACK& pop(int& e);  //出栈到 e，并返回原栈
    virtual STACK& assign(const STACK& s);  //深拷贝赋 s 给栈，返回被赋原栈
    virtual STACK& assign(STACK&& s);       //浅拷贝移动赋 s 给栈，返回被赋原栈
    virtual void print( )const;  //自顶至底输出栈元素
    virtual ~STACK( );           //销毁栈
};
```

【题 9.13】可以用两个栈 STACK 模拟一个队列 QUEUE。试定义如下类中的所有函数成员，并编写 main()函数测试队列的有关操作。试问能否将两个栈都作为 QUEUE 的基类？

```
class QUEUE：public STACK{
    STACK   s;
public:
    QUEUE(int m);                //每个队列最多 m 个元素，要求队列最多能入 2m 个元素
    QUEUE(const QUEUE&q);        //用队列 q 深拷贝构造新队列
    QUEUE(QUEUE&& q);            //浅拷贝移动构造新队列
    virtual int howMany( )const; //返回队列的实际元素个数
    virtual int full ( )const;   //队列已满返回 1，否则返回 0
    virtual int   getElem(int x)const; //自队首取下标为 x 的元素，x>=0
    virtual QUEUE& push(int e);  //将 e 入队列，并返回原队列
    virtual QUEUE& pop(int &e);  //出队列到 e，并返回原队列
    virtual QUEUE&assign(const QUEUE&q);  //深拷贝赋 q 给被返回原队列
    virtual QUEUE &assign(QUEUE &&q);     //浅拷贝移动赋 q 给被返回原队列
    virtual void print( )const;  //自首至尾输出队列元素
    ~QUEUE( );                   //销毁队列
};
```

第10章
异常与断言

异常是一种意外破坏程序的正常处理流程、由硬件或者软件触发的事件；断言则是通过检测表达式的值来确定程序是否继续执行的函数。异常处理可以将错误处理流程同正常业务处理流程分离，从而使程序的正常业务处理流程更加清晰顺畅、异常发生后自动析构调用链中的所有对象，这也使程序降低了内存泄漏的风险。

10.1　异常处理

C 语言和 C++均提供了异常处理功能。C 语言只能处理 unsigned 类型的异常，C++则可以处理各种类型的异常，包括自定义的和继承的类类型的异常。C++提供了面向对象的异常处理功能，本节介绍 C++面向对象的异常处理机制。

10.1.1　抛出与捕获

异常既可以由硬件引发，又可以由软件引发。由硬件引发的异常通常由中断服务进程产生，如算术运算溢出和除数为 0 所产生的异常；由软件引发的异常用 throw 语句抛出，操作系统和应用程序都可能引发异常。

当程序引发一个异常时，会在引发点建立一个描述异常的对象，之后控制被转移到该异常的处理过程，在引发点建立的对象将传给异常处理过程的参数。在引发异常之前，可以先声明一个类类型，用于描述异常发生时的现场及错误信息，以便异常处理过程在捕获和处理异常时获得足够的信息。

通常使用 throw 引发异常，并使用 catch 捕获异常。引发异常后，首先在引发异常的函数内部寻找异常处理过程，如果函数内没有找到异常处理过程，则在调用该函数的函数内继续寻找，就这样一直找到顶层调用者 main()。如果 main()也没有异常处理过程，则由 C++的监控系统处理异常，监控系统通常会终止当前应用程序。

【例 10.1】定义类 VECTOR 并处理下标越界等异常。

```
#include <iostream>
using namespace std;
class VECTOR
{
    int* data;        //用于存储向量元素
    int   size;        //向量的最大元素个数
```

```
public:
    VECTOR(int n);              //构造最多存储 n 个元素的向量
    int& getData(int i);        //取下标所在位置的向量元素
    ~VECTOR( ) {if data{ delete[]data; data=nullptr:}};
};
class INDEX {                   //定义异常的类型
    int index;                  //异常发生时的下标值
public:
    INDEX(int i) { index = i; }
    int getIndex( )const { return index; }
};
VECTOR::VECTOR(int n)
{
    if (!(data=new int[size = n]))//分配内存失败则抛出异常
        throw(INDEX(0));        //抛出一个异常对象
};
int& VECTOR::getData(int i)
{
    if (i < 0 || i >= size)     //下标越界则抛出异常
        throw INDEX(i);
    return data[i];
};
void main(void)
{
    VECTOR v(100);             //定义向量最多存放 100 个元素
    try {
        v.getData(101)=30;     //调用 int &operator[ ](int i)发生下标越界异常
    }
    catch (const INDEX & r){   //捕获 INDEX 及其子类类型的异常
        int    i = r.getIndex( );
        switch (i) {
            case 0:        cout << "Insufficient memory!\n"; break;
            default:       cout << "Bad index is " << i << "\n";
        }
    }                          //C++的异常处理没有 finally 部分
    cout << "I will return\n";
}
```

程序的输出如下所示。

```
Bad index is 101
I will return
```

类 INDEX 用于处理下标越界或内存不足等异常，只有当出现异常时才产生该类对象。位于 try 中的语句可以引发多种类型的异常，因此，try 之后可以定义多种类型的异常处理过程，但程序至多执行其中一个异常处理过程。在相应的异常处理过程执行完毕之后，紧随其后的异常处理过程都将被忽略，程序将继续执行这些异常处理过程之后的语句。

10.1.2　异常的传播

异常处理过程在处理完异常之后，还可以执行没有操作数的 throw 语句，它将继续传播该类型的异常，没有操作数的 throw 语句只能在 catch 中执行。注意，有操作数的 throw 语句只应在 try 中发出，当然 catch 中也能 throw 一个新异常。无论 throw 语句是否含有操作数，throw 语句之后的所有语句都会被忽略，直到遇到与形参类型匹配的异常处理过程。

异常处理过程用关键字 catch 定义。异常处理过程必须定义且只能定义一个参数，该参数必须是省略参数或者是类型确定的参数。因此，异常处理过程不能定义 void 类型的参数，但是可以定义 const void *（即指针）类型的参数。此外，C++的异常处理没有 finally 部分。

【例 10.2】使用没有操作数的 throw 语句的方法。

```
#include <iostream>
#include <vector.h>
using namespace std;
void func(VECTOR& s)
{
    try {
        s.getData(101) = 30;   //下标越界将产生异常
    }
    catch (const INDEX &r) {
        cout << "Bad index is " << r.getIndex( ) << "\n";
        throw;            //没有操作数的 throw 继续传播异常，跳过后面的所有 catch
    }
    catch (…) {          //因异常被前一处理过程捕获，本过程没有捕获机会
        cout << "Any exception\n";
    }
    cout << "Done\n";    //因继续传播异常，本语句没有执行机会
}
void main(void)
{
    VECTOR v(100);
    try {
        func(v);          //调用 func(v)将产生 INDEX 异常
    }
    catch (const INDEX & r) {
        switch (r.getIndex( )) {
        case 0:    cout << "Insufficient memory!\n"; break;
        default:   cout << "Vector has bad index\n";
        }
    }
}
```

程序的输出如下所示。

```
Bad index is 101
Vector has bad index
```

在上述程序中，无论函数调用嵌套多少层新的函数调用，都可能将异常传播给程序的主函数。如果主函数没有捕获到之前产生的异常，或者捕获了但又继续传播原有异常，或者抛出了自己不处理的异常，操作系统将中断当前应用程序的执行。

10.2　捕获顺序

　　try 可能引发多种类型的异常，每种异常都定义了相应的处理过程。异常发生后，可以首先产生一个描述异常现场和错误的异常对象，然后使用关键字 throw 将其抛出以供异常处理过程捕获，异常处理过程按定义顺序依次匹配异常对象和异常处理过程形参。先声明的异常处理过程将先得到匹配和捕获的机会，因此可将需要先匹配的异常处理过程放在其他异常处理过程的前面。

　　如果基类 A 派生出派生类 B，并且 A 和 B 构成父子类关系，则 B 类异常对象也能被"catch(A)""catch(A&)""catch(const A)""catch(const A&)"等捕获。如果产生了一个 B 类有址异常对象，且"catch(const A&)"过程在"catch(const B&)"过程之前，则"catch(const A&)"过程将捕获子

类异常对象，从而使 "catch(const B&)" 过程没有捕获机会，而后者才是最合适的异常处理过程。catch 参数不能是&&定义的无址引用类型。

　　一般情况下，捕获子类异常的处理过程应放在捕获父类异常的处理过程之前。对于父类 A 及其子类 B 的异常对象，"catch(const B&)" 应该放在 "catch(const A&)" 之前。另外，"catch(const volatile void*)" 可以捕获任何指针类型的异常，"catch(…)" 可以捕获任何类型（包括指针类型）的异常，因此 "catch(…)" 应放在所有异常处理过程之后。

　　必须注意的是，catch 不能捕获&&类型的无址引用异常。这是因为 catch 链是一个由内层作用域向外层作用域传播或转移的过程，异常引发点生成的常量对象通常会在内层作用域析构，在使用移动构造函数构造或初始化 catch 的形参后，被&&参数引用的原始常量对象实际上已经不存在了，这会给程序带来极大的安全隐患。因此，C++不允许 catch 捕获&&引用的无址异常对象。

【例 10.3】定义 VECTOR 的 INDEX 和 SHORTAGE 异常处理过程。

```c
#include <stdio.h>
class VECTOR
{
    int* data;
    int  size;
public:
    VECTOR(int n);
    int& getData(int i);          //取下标所在位置的向量元素
    ~VECTOR( ) { delete[]data; };
};
class INDEX {
    int index;
public:
    INDEX(int i) { index = i; }
    int getIndex( )const { return index; }
};
struct SHORTAGE : INDEX {  // INDEX 是父类，SHORTAGE 为子类
    SHORTAGE(int i) : INDEX(i) { }
    using INDEX::getIndex;
};
VECTOR::VECTOR(int n)
{
    if (!(data = new int[size = n])) throw SHORTAGE(0);
};
int& VECTOR::getData(int i)
{
    if ((i < 0) || (i >= size)) throw INDEX(i);
    return data[i];
};
void main(void)
{
    VECTOR v(100);
    try { v.getData(101) = 30; }
    catch (const SHORTAGE&) {
        printf("SHORTAGE: Shortage of memory!\n");
    }
    catch (const INDEX & r) {
        printf("INDEX: Bad index is %d\n", r.getIndex( ));
    }
    catch (...) {
        printf("ANY: any error caught!\n");
    }
}
```

　　例 10.3 定义了父类异常 INDEX 和子类异常 SHORTAGE，在 main()中，应将 "catch(const

SHORTAGE&)"放在"catch(const INDEX&)"的前面；否则，抛出的 SHORTAGE 异常对象都会被"catch(const INDEX&)"过程捕获，"catch(const SHORTAGE&)"根本没有机会捕获该它捕获的 SHORTAGE 类型的异常对象。

对于未经处理的异常或传播后未经处理的异常，VS2019 编译器的应用程序将调用"void unexpected ( )"进行处理。在一般情况下，unexpected()通过指向"abort( )"的指针调用"abort( )"终止应用程序。应用程序可以调用 set_unexpected ()函数将指向"abort( )"的指针指向自定义的处理函数。函数 set_unexpected()的原型为"void (*set_unexpected (void (*)( )))( )"，该函数设置新处理函数来替代原有处理函数,然后返回一个指向原有处理函数的指针。注意,上述函数 unexpected()和 set_unexpected()随编译程序不同而不同，有的编译程序用 terminate()和 set_terminate()分别替代这两个函数。

10.3 函数的异常接口

为了使其他人能够方便地了解某个函数可能引发的异常，可以在声明该函数时列出该函数可能引发的所有异常，这样的异常声明称为函数的异常接口声明。通过异常接口声明的异常都是由该函数引发、而其自身又不想捕获和处理的异常。

10.3.1 异常接口声明

异常接口声明的异常出现在函数的参数表后面，用 throw 列出函数将要引发的异常类型。例如，若函数"func(void)"要引发 A、B、C 类型的异常或其子类型的异常，可声明"func(void)"的异常接口如下。

```
void func(void) throw(A, B, C);
```

如果 func()是一个类的函数成员，也可以声明如下类型的函数原型。

```
void func(void)const throw(A, B, C); //const 必须紧跟函数显式参数表
```

该声明表示实例函数成员 func()将引发 A、B、C 类型的异常或 A、B、C 类型的子类异常。除此之外，过程 func()不应该引发其他类型的异常，否则，调用者可能不会处理其他类型的异常，从而导致应用程序因有异常未被处理而被终止。函数引发的异常可以为任何简单或复杂类型的异常。

```
void fun1(void) throw(A, B *, C *[8]);
void fun2(void) throw(A, B(*), C (*)[8]);//等价于 void fun2(void) throw(A, B*, C (*)[10])
```

当函数没有定义异常接口时，该函数能够引发任何类型的异常。接口声明不是函数原型的一部分，因而不能作为函数是否重载的判定条件。可引发任何异常和不引发任何异常的函数的声明分别如下。

```
void anycept(void) { };          //可引发任何异常
void nonexcept(void) throw( ) { };    //不引发任何异常
void no_except(void) noexcept { };    //同上，不引发任何异常
```

关键字 throw 及其括号内的类型列表称为异常接口。关键字 noexcept 用于说明函数不引发任何异常，相当于使用 throw()定义异常接口。不能像函数成员参数表后的 const 或 volatile 一样，通过异常接口或 noexcept 来区分重载函数。

【例 10.4】对数组 a 的若干相邻元素进行累加。

```
#include <iostream>
using namespace std;
//以下函数 sum()不会处理它发出的 const char *类型的异常
int sum(int a[ ], int t, int s, int c) throw (const char *)
{    //以下语句若发出 const char *类型的异常，此后的语句不执行
    if (s < 0 || s >= t || s + c<0 || s + c>t) throw "subscription overflow";
    int r =0,x=0;
    for (x = 0; x < c; x++) r += a[s+x];
    return r;
}
void main( )
{
    int m[6]={1,2,3,4,5,6};
    int r=0;
    try{
        r=sum(m, 6, 3, 4);//发出异常后 try 中所有语句都不执行，直接到其 catch
        r=sum(m, 6, 1, 3);//不发出异常
    }
    //以下 const 去掉则不能捕获 const char *类型的异常，只读指针实参不能传递给可写指针形参 e
    catch(const char *e){ //还能捕获 char *类型的异常，可写指针实参可以传递给只读指针形参 e
        cout<<e;
    }//由于 throw 时未分配内存，故在 catch 中无须使用 delete  e
}
```

不抛出任何异常的函数抛出的异常以及抛出的异常是异常接口未声明的异常，都称为不可预料的异常。如果没有任何地方捕获不可预料的异常，则由不可预料的异常处理过程 unexpected 处理，unexpected()函数一般会调用 abort()终止应用程序的执行。unexpected()可以引发已经声明了的异常，或者引发一个 bad_exception 类型的异常。

10.3.2 noexcept 接口

C++的新版编译程序允许函数模板和模板实例函数定义异常接口，并且允许类模板及模板实例类的函数成员定义异常接口。当然，构造函数和析构函数也可以定义异常接口。关键字 noexcept 给编译程序提供了更大的优化空间，因此鼓励使用 noexcept 定义移动构造函数和析构函数，因为它们不分配内存，所以也不会引起异常。

保留字 noexcept、throw( )、throw(void)可以出现在任何函数参数表后面，包括 constexpr 函数和 Lambda 表达式的参数表后面。但 throw(除 void 外的类型参数)不应出现在 constexpr 函数的参数表后面，因为 constexpr 函数不能抛出任何异常，否则编译不能优化该函数的函数体，从而无法生成常量表达式。

【例 10.5】如何在类中定义 noexcept 异常接口。

```
#include <iostream>
using namespace std;
class STACK
{
    int* const    elems;                //申请内存用于存放栈的元素
    const int      max;                 //栈能存放的最大元素个数
    int      pos;                       //栈实际已有元素个数，栈空时 pos=0;
public:
    STACK(int m);                       //初始化栈：最多存放 m 个元素
    STACK(const STACK& s);              //用栈 s 深拷贝构造新栈
    STACK(STACK&& s)noexcept;           //用栈 s 浅拷贝构造新栈
    virtual int    size( )const noexcept;   //返回栈的最大元素个数 max
    virtual int gets( )const noexcept;      //返回栈的实际元素个数 pos
```

```
        virtual int gete (int x)const;          //返回 x 指向的栈的元素
        virtual STACK& push(int e);             //将 e 入栈，并返回栈
        virtual STACK& pop(int& e);             //出栈到 e，并返回栈
        virtual void print( )const noexcept;    //输出栈元素
        virtual ~STACK( )noexcept;              //销毁栈
};
STACK::STACK(int m) : elems(new int[m]), max(elems ? m : 0), pos(0)
{
        if (elems == nullptr) throw "memory allocation failed!\n";
}
STACK::STACK(const STACK& s) : elems(new int[s.max]), max(elems ? s.max : pos=0)
{
        if (elems == nullptr) throw "memory allocation failed!";
        for (pos = 0; pos < s.pos; pos++)  *(elems+pos) = s.elems[pos];
}
STACK::STACK(STACK&& s)noexcept : elems(s.elems), max(s.max), pos(s.pos)
{
        *(int**)&s.elems = nullptr;         //等价于(int*&)s.elems = nullptr;
        *(int*)&s.max = s.pos = 0;          //等价于(int&) s.max = s.pos = 0;
}
int STACK::size( )const noexcept { return max; }
int STACK::gets( )const noexcept { return pos; }
int STACK::gete (int x)const          //返回 x 指向的栈的元素
{
        if (x < 0 || x >= pos) throw "subscription overflowed!\n";
        return elems[x];
}
STACK& STACK::push(int e)
{
        if (elems == nullptr) throw "stack is illegal!\n";
        if (pos == max) throw "stack is full!\n";
        elems[pos++] = e;
        return *this;
}
STACK& STACK::pop(int& e)
{
        if (elems == nullptr) throw "stack is illegal\n";
        if (pos == 0) throw "stack is empty\n";
        e = elems[--pos];
        return *this;
}
void STACK::print( )const noexcept
{
        if (elems == 0) return;
        for (int x = 0; x < pos; x++)          cout << elems[x] << "   ";
        cout << "\n";
}
STACK::~STACK( )noexcept
{
        if (elems == 0) return;
        delete elems;
        *(int**)&elems = 0;         //等价于(int*&)elems = 0;
        *(int*)&max = pos = 0;      //等价于(int&) max = pos = 0;
}
void main( )
{
        STACK s(3);                //定义的栈只能放 3 个元素
        try { s.push(1).push(2).push(3).push(4); }
        catch (const char* m) {    //将捕获 4 入栈时发生的异常
```

```
        cout << m;
    }
}
```

在上述程序中，不会发生异常的函数使用 noexcept 进行了说明。main()定义的栈只能存放 3 个元素，当 4 入栈的时候必然抛出异常，并被"catch(const char* m)"捕获和输出。由于抛出的都是无须分配内存的字符串常量，故在 catch 的异常处理部分不需要使用 delete m。

具有移动语义的实例函数不分配内存，因此不会因内存分配失败而产生异常，这样的函数应定义为没有异常的函数，即参数表后出现关键字 noexcept 的函数。注意，noexcept 不是函数原型的一部分，不能据此区分两个函数是否重载。

10.4　异常类型

C++提供了一个标准的异常类型 exception，作为标准类库引发的异常类型的基类，exception 等类型的异常由标准名字空间 std 提供。exception 的函数成员不再引发任何异常，其中，函数成员 what()返回一个只读字符串，该字符串的值没有被构造函数初始化，因此必须在派生类中重新定义函数成员 what()。

```
class exception {
    //私有数据成员定义
public:
    exception( ) throw( );
    exception(const exception& rhs) throw( );
    exception(char const* const _Message, int) noexcept;
    virtual ~exception( ) throw( );
    virtual const char *what( )const throw( );
    //其他实例成员函数定义
};
```

异常类 exception 提供了处理异常的标准框架，当应用程序没有处理自 exception 继承的异常类对象时，应用程序的监控系统能够使用该框架完成适当的信息输出，即通过调用 what()等标准接口函数输出没有处理的异常的相关信息。

另一个标准异常类 bad_exception 是一个由 exception 派生的类型。该类的函数成员不再引发任何异常，函数成员 what()的返回值可以在派生时重新定义。该类型的异常通常由不可预料的异常处理过程 unexpected()发出，unexpected()通常调用 abort()终止当前程序，可以通过 set_unexpected()函数设置 unexpected()的替代函数。

```
class bad_exception : public exception
{
public:
    bad_exception( ) noexcept : exception("bad exception", 1) { };
};
```

C++为标准类库提供了各种各样的异常处理类。应用程序可以使用这些类库和相应的异常处理机制，也可以以上述异常类为基础派生出新的异常类。在目前广为流行的 GUI 应用中，可以利用 GUI 类库和相应的异常处理机制来编写应用程序。

C++标准类库的异常处理涉及文档处理异常、内存管理异常、资源管理异常、网络操作异常、数据库操作异常、ODBC连接异常、动态连接异常等各种类型的异常，使用时可查阅相关类库的联机资料。

10.5 异常对象的析构

异常处理也可能产生内存泄漏问题，而且这种问题常被人们忽视。程序在引发异常时产生一个异常对象，在这个对象作为实参传递给异常处理过程时也存在浅拷贝构造问题。因此，如果异常对象含有指向动态内存的指针成员，则异常对象所属的类也必须定义深拷贝构造函数、移动构造函数、深拷贝赋值运算函数以及移动赋值运算函数。

10.5.1 通过对象指针析构

异常对象也可以通过指针或引用传递。例如，在抛出一个指向A类对象的异常指针后，异常处理过程"catch(const A *a)"一定会捕获该异常。由于"catch(const A *a)"的指针形参传值更快，故建议定义"catch(const A *a)"形式的异常处理过程。但要注意，"catch(const A *a)"在处理完异常事件后，如果异常对象是通过new产生的，且没有必要继续传播异常指针事件a，就必须用"delete a"析构异常对象并释放异常对象占用的内存，以避免由异常对象引起的内存泄漏。

【例10.6】利用指针引发和捕获异常。

```
#define _CRT_SECURE_NO_WARNINGS
#define _CRT_SECURE_NO_WARNINGS //防止strcpy出现指针使用安全警告
#include <string.h>
#include <exception>
#include <iostream>
using namespace std;
class   excpt: exception {
public:
    excpt(const char* s) : exception(s){ };
    const char* what( )const throw( ){ return exception::what( ); };
    ~excpt( )noexcept=default;
};
void subr(void)
{
    try { throw new excpt("Dynamic exception error!\n"); }
    catch (const excpt * e) {
        cout << e->what( );
        throw;              //传播异常
    }
}
void main(void)
{
    try { subr( ); }          //产生异常对象，并引发excpt *类型的异常
    catch (const excpt * e) {
        cout <<e->what( );
        delete e;            //对于new产生的异常对象，必须析构异常对象并释放其内存
    }
}
```

上述程序在subr的catch处理完异常后，通过没有操作数的throw语句继续传播异常，并由主调函数main()的catch捕获。注意，在main()的catch处理完异常后，必须用delete析构异常对

象，并释放异常对象占用的内存，否则就会造成内存泄漏。

从函数引发异常到某个函数处理异常，这两个函数之间形成嵌套的调用链。在抛出异常后，程序沿调用链返回的方向搜索异常处理过程。在找到合适的异常处理过程后，程序就转移到该异常处理过程执行。因此，异常处理采用的是全局转移机制，编译程序会为异常处理建立调用链跟踪机制。

每个函数都可能产生局部对象，在正常情况下，局部对象在函数返回前自动析构。当异常出现在局部对象析构之前时，将沿调用链反向搜索已经构造的所有局部对象，C++的监控系统会自动析构这些局部对象。但是，监控系统不会析构 new 产生的局部对象，这类对象需要程序自己析构并释放内存。

【例 10.7】局部对象的析构过程。

```cpp
#include <exception>
#include <iostream>
using namespace std;
class EPISTLE : exception {      //定义异常对象的类型
public:
    EPISTLE(const char* s) :exception(s) { cout<<"Construct: " << s; }
    ~EPISTLE( )noexcept { cout << "Destruct: " << exception::what( ); };
    const char* what( )const throw( ) { return exception::what( ); };
};
void h( ) {
    EPISTLE h("I am in h( )\n");
    throw new EPISTLE("I have throw an exception\n");
}
void g( ) {    EPISTLE g("I am in g( )\n");     h( );   }
void f( ) {    EPISTLE f("I am in f( )\n");     g( );   }
void main(void) {
    try {     f( );      }
    catch (const EPISTLE * m) {
        cout << m->what( );
        delete m;
    }
}
```

程序的输出如下所示。

```
Construct: I am in f( )
Construct: I am in g( )
Construct: I am in h( )
Construct: I have throw an exception
Destruct: I am in h( )
Destruct: I am in g( )
Destruct: I am in f( )
I have throw an exception
Destruct: I have throw an exception
```

在上述 main()函数中，调用 f()将产生一个嵌套的调用链，在最内层的函数 g()产生异常以后，所有已构造的局部对象在函数返回过程中析构。函数 h()是最后调用的函数，故函数 h( )应该最先返回，且最先析构 h( )定义的局部对象。

10.5.2　未完成对象的析构

如果在执行构造函数的过程中引发了异常，则只会析构构造完毕的基类对象，没有构造好的派生类对象将不会析构。同理，如果派生类有虚基类和对象成员，则只有构造好的虚基类和对象成员将被析构。一个局部数组如果只构造好一部分元素，则只有一部分元素被析构。对于未完全构造好因而不能被自动析构的对象，必须在引发异常之前做好释放内存等善后处理工作。

【例 10.8】根据基类 PERSON 定义派生类 TEACHER。

```cpp
#define _CRT_SECURE_NO_WARNINGS //防止 strcpy 出现指针使用安全警告
#include <string.h>
#include <exception>
#include <iostream>
using namespace std;
class EPISTLE : exception {        //定义异常对象的类型
public:
    EPISTLE(const char* s) :exception(s) { }
    ~EPISTLE( )noexcept { cout << exception::what( ); };
    const char* what( )const throw( ) { return exception::what( ); };
};
class PERSON{
    char *name;
    int    age;
public:
    operator const char *( ) { return name; }
    PERSON(const char *n, int a) {
        try{
            name=new char[strlen(n)+1];
        }catch(""){//捕获任何异常：包括内存分配异常
            cout<<"Memory allocation failed!\n";
        }
        strcpy(name, n);
        age=a;
    }
    ~PERSON( )noexcept {
        cout<<"My name is "<<name<<"\n";
        delete [ ]name;
    }
};
class TEACHER: public PERSON{
    char *position;
public:
    TEACHER(const char *n, const char *p, int a);
    ~TEACHER( )noexcept { delete position; }
};
TEACHER::TEACHER(const char *n, const char *p, int a):PERSON(n, a)
{
    position=new char[strlen(p)+1];  //函数成员自己用 new 分配的内存
    strcpy(position, p);
    if(a<10) {
        delete   position;               //须先释放已分配但不能自动释放的内存
        throw new EPISTLE("I have throw an exception\n");
    }
}
void main(void) {
    try{
        TEACHER wang("wang", "professor",40);     //正常构造
        TEACHER zang("zang", "professor",5);       //抛出异常
    }
    catch(const EPISTLE *m) {
        delete m;
    }
}
```

程序的输出如下所示。

```
My name is zang
My name is wang
I have throw an exception
```

在 TEACHER 的成员函数引发异常时，能够自动析构已构造好的基类、虚基类或对象成员。但是，对于函数成员自己用 new 为 position 分配的内存，则需要在用 throw 抛出异常之前，自己

先释放通过 new 分配的内存，以免造成 new 分配的动态内存泄漏。

10.6　断言

断言（assert）用于调试程序，它不是一个关键字，而是一个带有整型形参的函数，调用前必须包含"assert.h"头文件。assert()函数的内部包含 if 语句，如果判定传递的实参的值为真，则程序可以继续正常执行；否则，将输出断言表达式、断言所在代码文件名称以及断言所在程序的行号，然后调用 abort()终止程序的执行。断言的函数原型如下。

```
void    assert(int    predicate);
```

断言是一种检查程序执行条件是否满足的机制。断言输出的代码文件名称已被编译程序固化。将编译后的执行程序复制到其他机器上，即使修改该执行程序的名称后运行，当 predicate 表达式的值为假时，断言输出的代码文件名称还是保持不变。

【例 10.9】断言的用法。

```cpp
#include <assert.h>
#include <stdio.h>
#include <stdlib.h>
class   SET {
    int* elem, used, card;
public:
    SET(int card);
    virtual int has(int)const;
    virtual SET& push (int);          //插入一个元素
    virtual ~SET( ) noexcept { if (elem) { delete elem;    elem = 0; } };
};
SET::SET(int c) {
    card = c;
    elem = new int[c];
    assert(elem);                     //当 elem 非空时继续执行
    used = 0;
}
int SET::has(int v)const {
    for (int k = 0; k < used; k++)
        if (elem[k] == v) return 1;
    return 0;
}
SET& SET::push(int v) {
    assert(!has(v));                  //当集合中无元素 v 时继续执行
    assert(used < card);              //当集合还能增加元素时继续执行
    elem[used++] = v;
    return *this;
}
void    main(void)
{
    static_assert(sizeof(int)==4);    //VS2019 采用 x86 编译模式时为真，不终止编译运行
    SET    s(2);                      //定义集合只能存放两个元素
    s.push(1);                        //存放第一个元素
    s.push(2);
    s.push(3);                        //因不能存放元素 3，断言为假，程序被终止
}
```

因为 assert()是一个函数调用，故可出现在任何语句可以出现的位置，一旦断言为假则中断程

序的执行。虽然断言可以用来检查某些条件是否满足，但是最好不要依赖断言完成检查，因为它随时可能终止程序的执行。assert()是运行时检查的断言，故可以使用任意表达式作为实参；而 static_assert()是编译时检查的断言，故只能使用常量表达式做实参。注意，assert()和 static_assert() 的检查时间不同，且 static assert 是一个保留字。

在不同目录下编译上述程序，断言为假时输出的文件名会不同。断言只应用于程序调试，不应用作程序的错误处理。在使用"#define　NDEBUG"后，其后出现的断言将被当作注释处理，即编译后不生成任何执行代码；在使用"#undef　NDEBUG"后，其后出现的断言将被编译成执行代码。默认时，编译程序按"#undef　NDEBUG"处理断言。

练习题

【题 10.1】什么叫异常？怎么在程序中引发异常？怎么捕获异常？

【题 10.2】在何种条件下，catch 参数类型为基类只读异常对象指针，但是该 catch 可以捕获派生类异常对象指针？

【题 10.3】如果有 catch(…)、catch(const void *)以及 catch(int *)3 个异常处理过程，应该如何摆放它们的位置？catch(const int *)能否放在 catch(void *)后面而不影响其捕获异常吗？

【题 10.4】在嵌套的函数调用链中发生异常时，所有已经构造的自动局部对象会自动析构吗？如果会，又将以什么样的顺序自动析构？

【题 10.5】对于已经用 new 分配内存，但发生异常时不能自动释放内存的指针变量，应当如何处理？

【题 10.6】为 STRING 类定义异常处理过程，以便当用 new 等分配堆空间不够时处理异常。

【题 10.7】为二维整数数组 ARRAY 定义异常处理过程，以处理下标越界和 new 等分配堆空间不够等异常。

【题 10.8】为循环队列 QUEUE 类增加异常处理过程，以便在队列为空或满时处理异常。

【题 10.9】为复数类 COMPLEX 定义异常处理过程，以便在除以零时处理异常。

【题 10.10】为什么定义异常类时最好从标准的异常类继承？

【题 10.11】什么是断言？编译时断言和运行时断言有何区别？

【题 10.12】如果程序已经完全调试成功，再也不会出现任何逻辑错误，应当如何处理断言？

第 11 章
运算符重载

运算符重载是 C++的一大特点，运算符重载增强了 C++的表达能力。虽然 C++默认提供赋值运算符重载，但这种浅拷贝赋值易造成内存泄漏。此外，类型转换在计算表达式和调用函数时起着至关重要的作用，通过提供适当的单参数构造函数以及进行强制类型转换重载，只需要重载少量的运算符函数就能满足计算要求。本章将介绍运算符重载及类型转换重载方法。

11.1　运算符概述

运算符有时称为运算符函数，运算符的操作数相当于函数参数。C++有单目、双目和三目运算符，这些运算符分别有 1 个、2 个和 3 个参数。纯单目的运算符有"!""~""sizeof""new""delete"等；纯双目的运算符有"[ ]""->""%""="等；既能作单目又能作双目的运算符有"+""−"&"*"等；选择运算符"?:"是一个三目运算符；而"( )"进行强制类型转换时为单目运算符，用作函数调用时为任意多目运算符。

11.1.1　结果为左值的运算符

运算结果为传统左值的运算符称为传统左值运算符，这样的运算符构成的表达式可以出现在等号左边。前置运算符"++""−−"以及赋值运算符"=""+=""*="和"&="等均为传统左值运算符。某些单目运算符要求其操作数为传统左值，如前置和后置运算符"++"和"−−"；还有一些双目运算符要求第一个操作数为传统左值，如赋值运算符"=""*=""&="等。而有些运算符仅要求其操作数为传统右值，如加、减、乘、除运算符等。

【例 11.1】传统左值运算符的用法。

```
void main(void)
{
    int x=0;
    ++x;         //前置运算符的操作数必须为传统左值
    ++ ++x;      //++x 仍为传统左值，故可连续运算，x=3
    −−x=10;      //−−x 仍为传统左值，故可再次赋值，x=10
    (x=5)=12;    //x=5 仍为传统左值，故可再次赋值，x=12
    (x+=5)=7;    //x+=5 仍为传统左值，故可再次赋值，x=7
}
```

在上述程序中，传统左值运算符运算的结果仍为传统左值，因此，必然有一个传统左值变量代表其运算结果，使由传统左值运算符构成的表达式可以出现在等号左边。对于"int"类型的变量 x，在数值表达式语句"(x=5)=12;"中，"(x=5)"中的"x=5"是一个传统左值表达式，代表该传统左值表达式的传统左值变量为 x，故"(x=5)=12;"等价于两个表达式语句"x=5;"和"(x)=12;"，即等价于"x=5; x=12;"。

不能认为"(x=5)=12;"等价于"x=12;"，因为在多进程的运行环境下，当前进程很可能在"(x=5)"处中断，此时若取 x 的值则有 x=5。另外，如果 x 是一个类的对象，且该类的"="运算符已被重载，则"(x=5)=12;"更不能被简单地认为等价于"x=12;"，因为"x=5"将调用函数"operator=()"，而该函数可能产生任意输出，并且也可能改变 x 的内部状态。

11.1.2 运算符重载的分类

除"sizeof"".""*"".*""::"和三目运算符"?:"外，所有剩余的运算符函数都可以重载。"＝""–>""()""[ ]"只能重载为实例函数成员，不能重载为静态函数成员或非成员（即普通）函数；"new"和"delete"不能重载为实例函数成员，即可以重载为静态函数成员或非成员函数；其他运算符都不能重载为静态函数成员，即可以重载为实例函数成员和非成员函数。

运算符重载函数的参数是面向类的单个对象的，而不是面向简单类型的变量或者常量的。如果将运算符重载为非成员函数，就必须至少定义一个类或者引用类的形参，而不能将参数定义为对象指针或者对象数组类型。引用类型可以是"&"引用或者"&&"引用。注意，指针是可被printf()输出的简单类型，故指针变量或形参一般不能代表一个对象，除了代表隐含形参的关键字this 指针外。

【例 11.2】将加法运算符重载为普通函数。

```
#include <iostream>
using namespace std;
class A{
    int x;
public:
    int getx ( )const{ return x; }       //隐含参数 this 的类型为 const A*const this，可代表对象
    A(int x) { A::x=x; }                  //隐含参数 this 的类型为 A*const this
};
int operator+(const A&x, int y)          //定义非成员函数：参数 const A&x 代表一个对象
{   return x.getx( )+y; }
int operator+(int y, A x)                //定义非成员函数：参数 A x 代表一个对象
{ return x.getx( )+y; }
//不能声明 int operator+(A[6],int);      //A[6]不是单个对象
//不能声明 int operator+(A*, int);       //A*是对象指针，属于简单类型，不能用于代表对象
void main(void)
{
    A a(6);                              //调用 A(int)时，实参&a 传递给隐含形参 this
    cout<<"a+7="<<a+7<<"\n";             //调用 int operator+(const A&, int)
    cout<<"8+a="<<8+a<<"\n";             //调用 int operator+(int, A)
}
```

程序的输出如下所示。

```
a+7=13
8+a=14
```

上述程序重载了两个加法运算符，代表对象的形参分别为"const A&"和"A"，分别用于"a+7"和"8+a"两种形式的运算。参数"const A&"要求实参为有址右值，参数"A"要求实参为有址

或者无址右值。在调用前述函数时，有址右值实参可用传统左值代替，因为传统左值也是有址右值，前述内容反之则不成立。引用参数"const A&"被编译为指针，因此实参传给引用形参时占用的栈内存较少。

11.1.3　成员与非成员重载

运算符"="">""( )""[ ]"不能重载为非成员函数，因而也就不能定义类的非成员友元（即普通友元）。注意，运算符"+="可以重载为非成员函数，故"int operator +=(int, A)"可以声明为某个类的非成员友元。例如，对于如下定义，很容易判断其是否正确。

```
int operator=(int, A);            //错误，该运算符不能重载为非成员函数（即普通函数）
int operator( )(A, int);          //错误，该运算符不能重载为非成员函数
int operator[ ](A, int);          //错误，该运算符不能重载为非成员函数
class A{
    friend int operator=(int,A);      //错误，不能定义为普通友元：原普通函数不存在
    friend int operator( )(A,int);    //错误，不能定义为普通友元：原普通函数不存在
    friend int operator[ ](A,int);    //错误，不能定义为普通友元：原普通函数不存在
    friend int operator += (int,A);   //正确
};
```

圆括号"( )"除了可以用于提高表达式的优先级外，还可用于进行强制类型转换和函数调用。运算符"="">""( )""[ ]"只能重载为类的实例函数成员，运算符"+="不能定义为静态函数成员，因此，不能在如下类 B 中声明或定义如下静态函数成员。

```
class B{
    static int operator +=(int, B);   //错误，不能定义为静态函数成员
    static int operator =(int, B);    //错误，不能定义为静态函数成员
    static int operator ( )(B, int);  //错误，不能定义为静态函数成员
    static int operator [ ](B, int);  //错误，不能定义为静态函数成员
    static operator int(B);           //错误，不能定义为静态函数成员
};
```

重载运算符时，要注意运算符是否为传统左值运算符，以及第一个参数是否要求为传统左值类型。如果运算符是传统左值运算符，即运算后的结果为传统左值，则重载后运算符最好返回非只读的有址引用类型。不建议将运算符的返回类型定义为无址引用类型，因为被无址引用的常量对象在返回前已进行析构，这样将导致该无址引用的返回值没有实用价值。因此，C++自动生成的移动赋值运算符返回的是传统左值有址引用类型。

重载为非成员函数的运算符可以声明为某个类的非成员友元（即普通友元），从而能够访问该类的所有成员，包括私有、保护和公开的类型成员、数据成员、函数成员。

【例 11.3】重载运算符为普通函数并声明为类的普通友元。

```
class A {
    int x, y;
public:
    A(int x, int y = 0) { A::x = x; A::y = y; }
    A& operator=(const  A&);      // "＝"返回类 A 的传统左值有址引用
    friend A operator － (A);          //单目运算符"－"重载为类 A 的非成员友元
    friend A operator + (const A&, const A&);//双目运算符"+"重载为类 A 的非成员友元
};
```

```
A operator⁻ (A a)              //非成员函数重载为单目运算符，返回类 A 非引用对象
{
    return A(⁻a.x, ⁻a.y);       //A(⁻a.x, ⁻a.y)为类 A 的常量对象：传统右值
}
A& A::operator=(const  A& y)   //重载为类 A 的实例函数成员，隐含参数为 this
{
    A::x = y.x;                //对于只读对象 y, 取其值 y.x 而不修改其值
    A::y = y.y;                //对于只读对象 y, 取其值 y.y 而不修改其值
    return  *this;             //返回*this 给传统左值有址引用作为返回值
}
A operator +(const A& x, const A& y)//重载双目运算符 "+" 返回类 A 非引用对象
{
    int u=x.x + y.x, v = x.y + y.y;  //对于只读对象 y, 取其值而不修改其值
    return A(u, v);            //A(x.x+y.x, x.y+y.y)为常量对象：传统右值
}
void main(void)
{
    A a(2, 3), b(4, 5), c(1, 9);
    c = a + b;                 //调用双目运算符 "+" 和赋值运算符
    (c = a + b) = b + b;       //赋值运算符重载为左值，可出现在等号左边
    c = -b;                    //调用单目运算符 "-" 和赋值运算符函数
}
```

在上述程序中，除重载的拷贝赋值运算符实例函数 "operator=" 外，其余运算符均声明为类 A 的非成员友元。赋值运算符的第一个参数为传统左值有址引用，表示调用赋值函数的第一个实参为传统左值；赋值运算符的返回类型为传统左值有址引用类型，表示赋值运算符的运算结果是一个传统左值，可以用 "(c = a + b) = b + b;" 对返回值如 "(c = a + b)" 继续赋值。

11.2　运算符参数

重载不改变运算符的优先级和结合方向。在一般情况下，重载也不改变运算符的操作数个数，即不改变重载运算符的形参个数。但是，纯单目的运算符 "++" 和 "--" 存在前置和后置两种运算，必须通过改变重载函数的形参个数来区分这两种运算：单个形参的重载函数表示前置运算；两个形参的重载函数表示后置运算，且第二个参数必须为 "int" 类型。双目运算符 "->" 重载为指针或引用也会改变运算符的形参个数。

11.2.1　自增与自减的重载

如果后置运算 "++" 和 "--" 重载为类的实例函数成员，则该函数成员除了有隐含参数 this 外，还必须在参数表声明一个 "int" 类型的参数。如果后置运算 "++" 和 "--" 重载为非成员函数，则该非成员函数必须声明两个形参：（1）第一个为类的传统左值有址引用；（2）第二个必须为 "int" 类型。如果前置运算 "++" 和 "--" 重载为类的实例函数成员，则该函数成员只需有一个隐含参数 this。如果前置运算 "++" 和 "--" 重载为非成员函数，则该非成员函数只需声明一个类的传统左值有址引用形参。

无论是前置运算还是后置运算，"++" 和 "--" 都会改变第一个形参对象的值。因此，在重载 "++" 和 "--" 时，最好将第一个形参定义为传统左值有址引用类型，以便能够修改调用时传

递的作为被引用对象的实参的值。因此，对于"++"和"--"重载为类的实例函数成员，该实例函数成员的参数表后面不要出现 const；对于"++"和"--"重载为非成员函数，其第一个形参的类型前面不要添加 const 定义，而要将其定义为类的传统左值有址引用类型。

在重载运算符时，如果函数的全部参数实际有两个参数（包括隐含参数 this 在内），则重载的运算符为双目运算符；如果函数的全部参数只有一个参数（包括隐含参数 this 在内），则重载的运算符为单目运算符。实例函数成员，如构造函数、析构函数、虚函数以及纯虚函数，都有隐含参数 this。

【例 11.4】定义 INT 类型对整型数值"装箱"，并重载"++"和"--"运算。

```
#include <iostream>
using namespace std;
class INT {
    int  a;                         //被"装箱"的基本数据类型"int"
    friend INT &operator --(INT&); //无 this，仅一个参数，前置运算"--"，返回传统左值
    friend INT operator --(INT&, int);//共两个参数，故为后置运算"--"
public:
    operator int ( ) { return a; }  //将 INT "拆箱"为"int"，强制类型转换重载（见后文）
    INT &operator ++();             //只有 this，前置运算"++"，返回传统左值
    INT operator++(int);            //共两个参数（包括 this），故为后置运算"++"
    constexpr INT(int x):a(x) { }   //constexpr: 在实参为常量时优化，不能删除 a(x)
};
INT &operator --(INT&x)             //前置运算"--"，返回传统左值有址引用
{
    x.a--;                          //前置运算"--"，先运算，后取值，返回对象 x
    return x;                       //返回当前 x，返回传统左值 x 可被继续赋值
}
INT operator--(INT&x, int)          //后置运算"--"，先取 x 的值构造返回值，后运算 x.a--
{
    return   INT(x.a--);            //后置运算"x.a--"，先取 x.a 构造返回值对象，后运算 x.a=x.a-1
}
INT &INT::operator ++( )            //前置运算"++"，对*this 先运算，然后返回*this 的引用
{
    a++;                            //前置运算"++"，先运算 this->a++，后取*this 返回值
    return   *this;                 //返回*this，返回传统左值可被继续赋值
}
INT INT::operator ++(int)           //后置运算"++"，先取*this 构造返回值，后对*this 进行运算
{
    return   INT(a++);              //后置运算"a++"，先取 this->a 构造返回对象，后运算 this->a++
}
void   main(void)
{
    INT a(5);
    cout << "a.a=" << --a << "\n";  //--a 先调用 INT &operator--(INT&)，再"拆箱"
    cout << "a.a=" <<++a<< "\n";    //++a 先调用 INT &INT::operator ++( )，再"拆箱"
    cout << "a.a=" << a-- << "\n";  //a--先调用 INT operator--(INT&x, int)，再"拆箱"
    cout << "a.a=" <<a++ << "\n";   //a++先调用 INT INT::operator ++(int)，再"拆箱"
}
```

程序的输出结果如下所示。

```
a.a=4
a.a=5
a.a=5
a.a=4
```

在上述程序中，运算符"++"和"--"要求操作数为传统左值，即重载函数的第一个形参应说明为传统左值有址引用。前置运算应该先运算再取值，后置运算应该先取值再运算。前置运算的结果应该定义为传统左值有址引用，因此前置运算符的返回类型应该定义为INT&类型。

上述后置运算"++"和"--"重载为双目运算符，重载时后置运算"++"和"--"的参数由一个变为两个。

11.2.2 重载->运算符

在重载运算符"->"时，该函数的参数个数应从两个变为一个。双目运算符"->"只能重载为实例函数成员，且重载后的实例函数成员只能有一个参数，返回类型必须为引用类型、指针类型或者成员指针类型。返回的实例成员指针可以指向实例数据成员或者实例函数成员。

【例11.5】重载运算符"->"，使其返回类型为指针或引用类型。

```
struct A {
    int a;
    int* operator -> ( ) { return &a; };
    A(int x) { a = x; }
} a(1);
class  B {
    A  x;
public:
    A* operator -> ( );    //重载"->"运算符为单目运算符，返回指针 A*
    B(int v) : x(v) { }
} b(5);
class  C {
    A  x;
public:
    A& operator -> ( );    //重载"->"运算符为单目运算符，返回引用 A&
    C(int v) : x(v) { }
} c(8);
class  D {
    A   x;
    A& f( ) { return x; } //定义实例函数成员 f()
public:
    A& (D::* operator-> ( ))( );//重载"->"运算符为单目运算符，返回实例函数成员指针
    D(int v) : x(v) { }
} d(9);
class  E {
    A   x;
public:
    A E::* operator-> ( );//重载"->"运算符为单目运算符，返回实例数据成员指针
    E(int v) : x(v) { }
} e(6);
A* B::operator-> ( ) { return &x; }
A& C::operator-> ( ) { return x; }
A&(D::*(D::operator->( )))( ) { return &D::f; }
A E::* E::operator-> ( )   { return &E::x; };
void   main(void)
{
    int i = *a.operator->( );       //等价于 i=a.operator->( )[0]=(&a.a)[0] =*&a.a=a.a
    i=b->a;                         //i=b.x.a=5
    b->a=i + 5;                     //等价于 b.x.a=10
    i=b.operator->( )->a;           //i=b.operator->()->a=(*&b.x)->a=(*&b.x).a=(b.x).a=b.x.a
    i=(*b.operator->( )).a;         //i=(*&b.x).a=(b.x).a=b.x.a=10
    i=c.operator->( ).a;            //i=c.x.a 等价于 8，c.operator->( )返回 A&即对象 c.x
    i=(d.*d.operator->( ))( ).a;
```

```
//i=(d.*d.operator->( ))( ).a=(d.*&D::f)( ).a=(d.D::f)( ).a=(d.f)( ).a=d.f( ).a=d.x.a
i=(e.*e.operator->( )).a;    //i=(e.*e.operator->( )).a=(e.*&E::x).a=e.E::x).a=e.x.a
}
```

重载之前，运算符 "->" 要求左操作数为指向对象的指针，右操作数必须为该对象的数据成员或函数成员。但是，在表达式 "b->a" 中，"->" 的左操作数 b 不是对象指针，而是 B 类的一个实例对象；右操作数 a 也不是 B 类的数据成员，而是 A 类的实例数据成员 a。由此可知，表达式 "b->a" 调用的运算符为 "->" 的重载函数 "A *operator ->( )"，而后编译程序会对调用返回值补充一个未重载的 "->" 运算符，即 "b -> a" 的等价于 "b.operator ->( )->a"。

11.2.3　单双目运算符的重载

有些运算符既可作为单目运算符，又可作为双目运算符，重载时必须注意运算符的实际参数个数。当纯双目运算符重载为实例函数成员时，实例函数成员都有一个隐含参数 this，因此重载时仅能在其显式参数表定义一个参数；当纯单目运算符重载为实例函数成员时，因为实例函数成员有一个隐含参数 this，故不能在显式参数表外定义函数参数。

【例 11.6】重载纯单目运算符 "!" 和纯双目运算符 "%"。

```
class INT{
    int x;
public:
    constexpr INT(int y):x(y){ };        //常量作为实参时，将优化对象构造，不能删除 x(y)，也可用 x{y}
    INT operator %(INT m)const        //纯双目运算符 "%"，实例函数参数表必须定义一个参数
    { return INT(x%m.x); };
    virtual INT operator !( )const        //纯单目运算符 "!"，实例函数参数表不能定义参数
    { return INT(!x); };
};
void main(void)
{
    INT a(5), b(3);
    b=a%b;//调用双目运算符 "%"
    b=!a;    //调用单目运算符 "!"
    b=7;    //7 转换为常量对象 INT(7)，调用编译程序自动生成的 operator=()函数
}
```

在例 11.6 中，运算符 "!" 为纯单目运算符，运算符 "%" 为纯双目运算符。重载后，实例函数成员 "INT operator !( )" 不能另外定义参数，而实例函数成员 "INT operator %(INT m)" 必须另外定义一个参数 m。除了构造函数外，实例函数成员都能定义为虚函数，因此，所有重载为实例函数成员的运算符都可定义为虚函数。

此外，例 11.6 在定义构造函数时使用了 constexpr，constexpr 在实参为常量时将优化对象的构造过程，所有实例数据成员必须在初始化位置初始化。因此，x 写成 "x(y)" 或 "x{y}" 的形式在初始化位置初始化，而不能在函数体中写成 "x=y" 的赋值形式替代，否则就无法实现对象构造过程的优化。注意，如果用 "x{}" 的形式初始化表示，则设 x=0。

有些运算符既能作为单目运算符，又能作为双目运算符，如果这样的运算符同时重载为非成员函数和实例函数成员，则这样的运算符在进行计算的过程中必须根据实参和形参的无二义性匹配结果，确定所用的运算符是单目运算符还是双目运算符。

【例 11.7】运算符函数的重载与调用。

```
class POINT2D {
    int x, y;
public:
    POINT2D(int m = 0, int n = 0) { x = m; y = n; }
```

```
        POINT2D operator −( ) { return *this; };                    //单目运算符 "−" 重载
        POINT2D operator −(const POINT2D&) { return *this; };       //双目运算符 "−" 重载
        POINT2D operator + (const POINT2D&) { return *this; };      //双目运算符 "+" 重载
        friend POINT2D operator+(const POINT2D& x)                  //单目运算符 "+" 重载
        {     return x;    };
        friend POINT2D operator+(const POINT2D& x, const POINT2D& y)//双目运算符 "+" 重载
        {     return POINT2D(x.x, x.y);   };
    };
    void main( ) {
        POINT2D p1, p2;
        POINT2D p3 = −p1;                   //调用 POINT2D operator − ( )
        POINT2D p4 = p1−p2;                 //调用 POINT2D operator − (const POINT2D&)
        POINT2D p5 = p1.operator− (p2);     //调用 POINT2D operator − (const POINT2D&)
        POINT2D p6 = +p1;                   //调用 POINT2D operator+( const POINT2D&)
        //以下语句调用 POINT2D operator+(const POINT2D&, const POINT2D&)
        POINT2D p7 = operator+(p1, p2);
        POINT2D p8 = p1.operator+(p2);//调用 POINT2D operator +( const POINT2D&)
        //POINT2D p9=p1+p2;           //错误，无法确定调用友元还是函数成员
    }
```

在例 10.7 中，p1+p2 既可匹配函数成员 operator+(const POINT2D&)，又可匹配非成员友元 operator+(const POINT2D&, const POINT2D&)，因为这两个重载函数都是双目运算符 "+"，故编译程序会报告函数调用出现二义性错误。此时，只能显式地使用 operator+(p1,p2)调用友元，或者使用 p1.operator+(p2)调用实例函数成员。

调用运算符有两种形式，一种是算术表达式形式，另一种是函数调用形式，这两种调用形式是等价的。例如，在上述程序中，p4 和 p5 的初始化均调用了重载的运算符实例函数成员 POINT2D operator −(const POINT2D&)，此时，p1−p2 只能调用唯一定义为双目运算符实例函数成员。

11.3　赋值与调用

前置运算 "++" 和 "−−" "=" "+=" "*=" "&=" 等都是传统左值运算符，因此这些运算符都应重载为返回非 const 的有址引用的运算符。编译程序为每个类提供默认的 "=" 运算符重载函数，以实现对象之间数据成员的复制或浅拷贝。

11.3.1　赋值运算符的重载

若类自定义或者重载了 "=" 运算符，则编译程序不会自动生成赋值运算符重载函数，所有的赋值运算将调用自定义的赋值运算符函数。当类的数据成员为指针类型时，应当自定义赋值运算符，以实现深拷贝赋值及防止内存泄漏。

【例 11.8】编译程序提供的默认赋值运算符。

```
#include <iostream>
using namespace std;
class A {
    int   a;
public:
    A(int x) { a = x; }
    A& operator =(const A& x) { a = x.a; return *this; }
    int geta( ) { return a; }
```

```
};
void main(void)
{
    A   a1(1), a2(2), a3(3);
    A& (A:: * g)(const A&);      //定义一个函数成员指针变量
    A& (A:: * h)(A&&);           //定义一个函数成员指针变量
    g = &A::operator=;           //指向自定义函数成员 A &operator = (const A &)
    //h = &A::operator=;         //错误：没有自定义函数成员 A &operator = (A &&)
    cout << "\na1=" << a1.geta( ) << " a2=" << a2.geta( ) << " a3=" << a3.geta( );
    (a1.*g)(a2);                 //等价于 a1=a2
    cout << "\na1=" << a1.geta( ) << " a2=" << a2.geta( ) << " a3=" << a3.geta( );
    ((a1.*g)(a2).*g)(a3);        //等价于(a1=a2)=a3
    cout << "\na1=" << a1.geta( ) << " a2=" << a2.geta( ) << " a3=" << a3.geta( );
    (a1.*g)((a2.*g)(a3));        //等价于 a1=a2=a3
    cout << "\na1=" << a1.geta( ) << " a2=" << a2.geta( ) << " a3=" << a3.geta( );
    a1 = a2;                     //调用自定义赋值运算符 A &A::operator=(const A &)
    a1 = A(4);                   //同上
}
```

程序的输出如下所示。

```
a1=1 a2=2 a3=3
a1=2 a2=2 a3=3
a1=3 a2=2 a3=3
a1=3 a2=3 a3=3
```

在上述程序中，类 A 重载了赋值运算符 "A& A::operator =(const A&x)"，故编译程序不再自动生成赋值运算符，因此指针 g 可以获得 A& A::operator=(const A &)的地址。但是，指针 h 无法获得 "A& A::operator = (A &&)" 的地址。如果去掉类 A 中自定义的赋值运算符，则编译程序会自动生成 "A& A::operator=(const A &)" 和 "A & A::operator=(A &&)" 赋值运算符，从而 g 和 h 可以分别获得这两个赋值运算符的入口地址。

因为类 A 只提供了赋值运算符 "A& A::operator=(const A&)"，故 "a1=a2" 和 "a1=A(4)" 都将调用该赋值运算符，尽管实参 "A(4)" 最好和 "A &&" 类型的形参匹配。若类 A 没有自定义任何赋值运算符，则编译程序会自动生成 "A& A::operator=(const A&)" 和 "A& A::operator=(A &&)"，则 "a1=a2" 将调用 "A& A::operator=(const A &)"，而 "a1=A(4)" 将调用 "A& A::operator=(A &&)"。因为 "A(4)" 是无址右值常量对象，它最适合匹配形参 "A&&"。

11.3.2 构造函数的重载

若类的数据成员包含指针成员，当新对象通过自定义的深拷贝构造函数初始化时，该指针成员应指向新对象为自己分配的内存，并应读取另一对象指针成员指向的内容，将其拷贝到新对象指针成员指向的内存。而当新对象通过移动构造函数初始化时，应将另一对象指针成员的值赋给新对象的指针成员，同时将另一对象指针成员的值设为空，即通过指针成员浅拷贝完成新对象构造，将另一对象的内存"移动"给新对象。

【例 11.9】定义一个字符串类，实现字符串连接等运算。

```
#define _CRT_SECURE_NO_WARNINGS
#include <string.h>
#include <iostream>
using namespace std;
class STRING {
    char *s;
```

```
public:
    STRING(const char *c) { strcpy(s = new char[strlen(c) + 1], c); }
    STRING(const STRING &s);                    //深拷贝构造函数
    STRING(STRING &&s) noexcept;                //移动构造函数
    virtual STRING& operator=(const STRING &s); //深拷贝赋值函数
    virtual STRING& operator=(STRING &&s) noexcept;//移动赋值函数
    virtual int operator>(const STRING &c)const { return strcmp(s, c.s) > 0; }
    virtual int operator==(const STRING &c)const { return !strcmp(s, c.s); }
    virtual int operator<(const STRING &c)const { return strcmp(s, c.s) < 0; }
    virtual char &operator[ ](int x) { return s[x]; }
    virtual STRING operator+(const STRING &)const;
    virtual STRING &operator+=(const STRING&s) { return *this = *this + s; };
    virtual ~STRING( ) noexcept { if (s) { delete[ ]s; s = 0; }; };
};
STRING::STRING(const STRING &s) {               //深拷贝构造函数
    STRING::s = new char[strlen(s.s) + 1];
    strcpy(STRING::s, s.s);                      //深拷贝
}
STRING::STRING(STRING &&s) noexcept {           //移动构造函数
    STRING::s = s.s;                            //浅拷贝：移动给当前调用对象
    s.s = nullptr;                             //移动后处理：防止 s.s 释放内存
}
STRING& STRING::operator=(const STRING &s)      //深拷贝赋值函数
{
    if (this == &s) return *this;               //防止 s1=s1 的赋值
    if(STRING::s!=nullptr) delete STRING::s;
    STRING::s = new char[strlen(s.s) + 1];
    strcpy(STRING::s, s.s);                      //深拷贝
    return *this;
}
STRING& STRING::operator=(STRING &&s) noexcept //移动赋值函数
{
    if (this == &s) return *this;
    if (STRING::s != nullptr) delete STRING::s; //防止内存泄漏
    STRING::s = s.s;                           //浅拷贝：移动给当前调用对象
    s.s = nullptr;                             //移动后处理：防止 s.s 释放内存
    return *this;
}
STRING STRING::operator+(const STRING &c)const
{
    char *t = new char[strlen(s) + strlen(c.s) + 1];
    STRING r(strcat(strcpy(t, s), c.s));
    delete[ ]t;
    return r;
}
void main(void)
{
    STRING s1("S1"), s2 = "S2", s3("S3");
    s1 = s1 + s2;//调用 operator+(const STRING&)const 及 operator=(const STRING &)
    s1 += s3;                                   //调用 operator+=(const STRING &)
    s3[0] = 'T';                                //调用 char &operator[ ](int x)
    cout << "s1=" << s1 << "\n";                //用 s1 调用 operator const char *( )，得到 s1.s
    cout << "s3=" << s3 << "\n";                //同上，得到 s3.s
    s3=STRING("movable");                       //移动语义，调用 STRING& operator=(STRING &&s)
}
```

程序的输出如下所示。

```
s1=S1S2S3
s3=T3
```

例 11.9 定义了具有移动语义的移动构造和移动赋值函数成员。但对取字符串的字符、赋值运算符等，重载的运算符函数成员没有检查下标越界。主函数 main() 返回时将按 s3、s2、s1 的顺序自动执行析构函数。

11.3.3　安全的编程方法

当类包含指针类型的数据成员时，必须重载拷贝构造函数和赋值运算符，完成深拷贝构造和深拷贝赋值操作，防止因浅拷贝导致的内存泄漏；或基于常量完成移动构造及移动赋值工作。假设类 T 包含指针类型的数据成员，为了安全、正确地定义和使用类 T，应注意以下几点：

（1）应定义"T(const T &)"形式的深拷贝构造函数；

（2）应定义"T(T &&) noexcept"形式的移动构造函数；

（3）应定义"virtual T &operator=(const T &)"形式的深拷贝赋值运算符；

（4）应定义"virtual T &operator=(T &&) noexcept"形式的移动赋值运算符；

（5）应定义"virtual ~T( )"形式的虚析构函数；

（6）在定义引用"T &p=*new T( )"后，要用"delete &p"删除对象；

（7）在定义指针"T *p=new T( )"后，要用"delete p"删除对象；

（8）对于形如"T a; T&&f( );"的定义，不要使用"T &&b=f( );"之类的声明和"a=f( );"之类的语句，否则容易引起不可预料的异常。

因为在上述函数 f() 的函数体内，通常要产生一个 T 类常量对象来作为函数 f() 的返回值，但是，即便移动语义延迟析构前述常量对象，返回时该常量对象还是析构了，因此该常量对象的指针成员已释放内存。返回值移动赋值给 a 后，导致 a 的指针成员指向释放的内存块，该内存块极可能被另一个程序申请，此后使用 a 的指针成员就变得"危险"了。

移动构造函数和移动赋值函数主要用于移动语义，这些函数接收的实参对象应该为无址表达式，即调用时通常使用常量对象传给它们的形参。例如，在 main() 函数中定义了 T 类对象 t，则"t=T( )"将使用常量对象"T( )"作为实参，在调用"T &operator=(T &&f) noexcept"时，常量对象"T( )"将作为实参传给形参"T&&f"。

移动语义带来的好处是：在常量对象的值多次传递的过程中，可以避免反复申请、复制和释放内存，从而提高整个程序的执行效率。如果不使用无址右值常量对象（如"T( )"）作为实参，而将 T 类变量 v 经过强制类型转换后作为实参传给形参 f，则调用"T &operator=(T &&f)noexcept"并经过移动处理后，v 的指针成员实际上已被置为 nullptr 了，变量 v 已变得没有用处了。

如果"T &operator=(T &&f) noexcept"不做移动后的处理，就会造成两个对象的指针成员指向同一内存。这两个对象总有一个先"死"，先"死"的对象会释放指针成员共同指向的内存，对另一个还存活的对象来说，它实际上也是过早地"作废"了。如果释放的内存被另一个程序申请到，并且存活的对象还试图通过指针成员访问该内存，就会导致一个程序访问另一个程序的内存，操作系统会因页面保护而"杀死"当前程序。

11.4　强制类型转换

函数调用是通过实参与形参的匹配完成的，运算符函数的调用也是这样。为了让实参对象能与不同类型的数据进行运算，并且对象能随意出现在双目运算符的左边和右边，可能需要重载很多运算符函数。

11.4.1　单个显式参数构造函数

参数表内有单个参数的构造函数能自动起到类型转换的作用，它可以将形参类型的值转换为当前类类型的对象。当运算时需要这样的类型转换时，编译程序就会自动调用构造函数完成实参到对象的转换。

【例 11.10】定义复数类型，实现加法运算。

```
class COMPLEX{
    double r, v;    //复数的实部 r 和虚部 v
public:
    COMPLEX(double r1, double v1){ r=r1; v=v1; }
    COMPLEX operator+(const COMPLEX &c)const
    { return COMPLEX(r+c.r, v+c.v); };
    COMPLEX &operator+=(const COMPLEX &);
    COMPLEX operator+(double d)const { return COMPLEX(r+d, v); };
    COMPLEX &operator+=(double);
};
COMPLEX &COMPLEX::operator+=(const COMPLEX &c)
{
    r+=c.r;   v+=c.v;
    return *this;
};
COMPLEX &COMPLEX::operator+=(double d)
{
    r+=d;
    return *this;
}
void main(void)
{
    COMPLEX    c1(2, 4), c2(3, 4);
    c1=c1+c2;    //调用 COMPLEX operator+(const COMPLEX &)
    c1=c1+'2';   //调用 COMPLEX operator+(double d)
    c1+=c2;      //调用 COMPLEX &operator+=(const COMPLEX &)
    c1+=2.5;     //调用 COMPLEX &operator+=(double d)
}
```

上述程序单元仅定义加法运算就已经重载了多个运算符。如果再定义减法运算，那么重载的运算符就更多了。为了减少运算符的重载个数，可以定义只有单个参数的构造函数，以便在必要时能完成其他类型到当前类型的转换。

T 类可定义单参数的"T::T(A)""T::T(const A)""T::T(const A&)"，必要时能完成 A 类型到 T 类型的强制转换。当 A 为对象类型时，建议只定义"T::T(const A&)"。例如，"COMPLEX(double)"能够把整型、字符型和双精度浮点型等数据自动转换为 COMPLEX 类型，因为整型、字符型等可以自动转换为双精度浮点型，而 COMPLEX(double)可用双精度浮点数构造出 COMPLEX 类型的对象。

【例 11.11】定义复数类型，实现加法运算。

```
class COMPLEX{
    double r, v;
public:
    COMPLEX(double r1){ r=r1; v=0; }
    COMPLEX(double r1, double v1){ r=r1; v=v1; }
    COMPLEX operator+(const COMPLEX &c)const
    { return COMPLEX(r+c.r, v+c.v); };
    COMPLEX &operator+=(const COMPLEX &c);
};
COMPLEX &COMPLEX::operator+=(const COMPLEX &c)
{
    r+=c.r;   v+=c.v;
    return *this;
};
void main(void)
{
    COMPLEX c1(2, 4), c2(3, 4);
    c1=c1+c2;    //调用 COMPLEX operator+(const COMPLEX &)
    c1=c1+'2';   //调用 COMPLEX operator+(const COMPLEX &)
    c1+=c2;      //调用 COMPLEX &operator+=(const COMPLEX &)
    c1+=2.5;     //先将 2.5 强制转换为常量对象 COMPLEX(2.5)，再做 "+=" 运算
}
```

例 11.11 通过定义 "COMPLEX(double r1)"，减少了运算符的重载个数。如果需要定义更多种类的运算，则 "COMPLEX(double r1)" 的好处将更加显著。本例的两个构造函数可等价地合并成一个构造函数 "COMPLEX(double r1, double v1=0)"，这将进一步减少函数的定义个数。

11.4.2　强制类型转换重载函数

有时需要将当前类的对象转换为其他类或者简单类型的值，为此，必须通过 "operator 类型表达式()" 重载强制类型转换函数。由于转换后的类型就是函数的返回类型，因此强制类型转换函数不需要定义返回类型。

【例 11.12】强制类型转换函数的定义及用法。

```
struct A{
    int   i;
    A(int v) { i=v; }
    operator int( )const{ return   i; }      //定义 A 类到 "int" 类型的强制类型转换函数
};
struct B{
    int   i, j;
    B(int x, int y) { i=x; j=y; }
    operator int( )const{ return   i+j; }    //定义 B 类到 "int" 类型的强制类型转换函数
    operator A( )const{ return A(i+j); };    //定义 B 类到 A 类的强制类型转换函数
};
void   main(void)
{
    A    a(5);
    B    b(7, 9);
    B    c(3, a);           //调用 A::operator int( )转换 a，等价于 B c(3, 5)
    B    d(a, b);           //调用 B::operator int( )转换 b，等价于 B d(5, 16)
    int   i=1+a;            //调用 A::operator int( )转换 a，i=6
    i=b+3;                 //调用 B::operator int( ) 将 b 转换成整数 16，i=19
    i=a=b;                 //等价于 a=b.operator A( )，i=a.operator int( )，i=16
}
```

在定义了强制类型转换函数之后，例 11.12 的程序虽然没有重载加法运算符，但能通过类型转换完成加法运算。在去掉类 B 的"operator A( )const"以后，程序略做修改就能正常工作，只要把最后一条语句"a=b"改为"a=(int) b"即可。"(int) b"会调用"b.operator int( )"将 b 转换为整数 16，而后因 a 与"int"类型不同而无法进行"a=16"赋值。但是由于定义了单参数构造函数"A(int)"，它能将整数 16 自动转换成 A 类对象 A(16)，因此编译程序将自动生成拷贝赋值运算符，然后再调用它完成 a=A(16)赋值运算。

在例 11.9 中，若 STRING 定义了强制类型转换函数"operator const char *( ){ return s; }"，就可以直接使用 printf()函数输出对象 s1，即使用"printf(s1);"即可输出 s1 的字符串 s1.s。因为 printf()的第一个参数要求是"const char*"类型，故编译程序会自动调用强制类型转换函数将对象 s1 转换为字符串 s1.s，即"printf(s1);"将被自动编译为"printf(s1.operator const char*( ));"。此外，显式强制转换"printf((const char *)s1);"也将被编译为"printf(s1.operator const char*( ));"。

11.5　重载 new 和 delete

实际上，在头文件"new.h"中，new()、delete()和 set_new_handler()都是全局函数。就像其他 extern 存储位置特性的标准全局函数一样，调用前必须在程序中包含声明这些函数的头文件。在头文件"new.h"中，定义的 new()和 delete()的原型如下。

```
extern void* operator new(unsigned bytes);        //函数参数为类型字节数
extern void operator delete(void const *ptr);      //函数参数 ptr 可接受任何具体类型指针的实参
```

函数 new()的参数就是待分配内存的字节数，注意，返回类型必须是"void*"。但是，在使用运算符 new 分配内存时，实际使用的实参是类型表达式，而不使用内存字节数作为 new 的实参。编译程序会根据类型表达式的描述，计算内存字节数并调用上述 new()函数。

用运算符 new 和 delete 管理内存可满足大多数应用程序的需要。但是在某些情况下，为了更高效地利用内存或克服机器内存不足的缺陷，需要重载 new 和 delete 来实现内存的精细管理。Windows 操作系统分配内存的单位为节，即 16 字节，哪怕是"new char"只需 1 字节的内存，操作系统也都会分配 16 字节的内存，因此会浪费掉大量的内存。

可在整个程序范围内重载内存管理函数，也可只针对某个类重载内存管理函数。针对特定的类重载内存管理函数更为常见，因为不同的类具有不同的结构和不同的内存需求。对于某个类重载的 new 和 delete 静态函数成员，在 new 分配内存后编译程序会自动调用构造函数，在执行 delete 释放内存前编译程序会自动调用析构函数。

运算符 new 和 delete 不能高效管理特别小的内存。每当用运算符 new 分配一块内存时，都会因为内存冗余而造成极大的内存浪费。对于特别大的类型的对象，相对而言这种浪费影响不大。此外，操作系统采用链表管理内存，太多的小块内存会影响内存搜索，从而严重降低内存的分配和释放速度。

在需要绘制大量点的绘图软件中，每个 POINT2D 点对象只包括两个整数，如果使用 new 创建了几万个 POINT2D 对象，而不重载运算符 new 将会浪费许多内存。重载 new 进行内存管理的一般策略为：先从操作系统分配一大块内存，然后再细分给 POINT2D 对象。这样就可大大减少内存浪费。在重载 delete 释放小块内存时，先将小块内存归还给大块内存，待大块内存收集完整时，再释放给操作系统。

【例 11.13】重载 new 和 delete，以便更好地为 POINT2D 类分配内存。

```cpp
class   POINT2D {
    int x, y;
    static struct Block {          //自定义的大块内存管理链表
        int xy[32][2];             //每个大块内存包含 32 个小块内存
        unsigned long used;        //小块内存使用位图标记
        Block* next;               //下一个大块内存链表
    } *list;                       //大块内存管理链表表头指针
public:
    int& X( ) { return x; }        //点坐标 x 访问函数
    int& Y( ) { return y; }        //点坐标 y 访问函数
    static void* operator new(unsigned);
    static void operator delete(void* const);
};
POINT2D::Block* POINT2D::list = 0;
void* POINT2D::operator new(unsigned bytes) //用链表实现，实际未用 bytes
{
    Block* r;
    for (r = list; r != 0; r = r-> next) {
        if (r-> used == 0xFFFFFFFFL) continue;
        for (int i = 0; i < 32; i++)
            if (!i && !(r-> used & 1) || !(r-> used >> i & 1)) {
                r-> used += 1L << i;
                return r-> xy[i];  //找到空闲小块内存
            };
    }
    r = new Block;                 //没有空闲小块内存，重新分配一大块内存
    r-> next = list;
    list = r;
    r-> used = 1;
    return r-> xy[0];
}
void POINT2D::operator delete(void* const p)
{
    Block* r, * q=0;
    for (r = list; r != 0; q = r, r = r-> next)
        for (int i = 0; i < 32; i++) {
            if (!(((r-> used >> i) & 1) && (r-> xy[i] == p)))continue;
            //搜索小块内存所在的大块内存
            r-> used -= 1L << i;
            if (r-> used) return;   //大块内存尚未收齐，小块内存则返回
            if (r == list) {
                list = r-> next;
                delete r;
                return;
            }
            q-> next = r-> next;    //从大块内存链表中摘除大块内存
            delete r;               //释放大块内存
            return;
        }
};
void main(void)
{
    POINT2D* p = (POINT2D*)POINT2D::operator new(sizeof(POINT2D));
    p->X( ) = 5;   p->Y( ) = 6;
    int x = p->X( ), y=p->Y( );
    POINT2D::operator delete(p);   //不能忘记释放 p 指向的内存
}
```

例 11.13 先粗分一大块内存，然后每次分配一个 POINT2D 对象，通过定义静态指针成员 list，实现了 POINT2D 的内存精细管理。重载的 new()函数没有处理 bytes 形参，不能一次连续分配多个点对象。

11.6　运算符重载实例

表、树、堆、栈、队列、数组、元组、链表等常用数据结构可以使用类描述，并且可以通过提供运算符重载函数简化数据操作。对于这些数据类型，最常见的运算符重载包括"+""−""="" [ ]""( )""<<"">>"等。

11.6.1　符号表运算的重载实例

符号表由一组"符号名，属性值"对偶组成，常见的运算包括查表、插入、删除等。通过为这些运算重载运算符函数，程序将变得更加简洁清晰且可读性更高。查表、插入以及删除运算可以分别定义为"[ ]""( )""−"运算。在重载"( )"运算符时，可以定义任意个参数，也可以省略参数。

【例 11.14】定义符号表及进行查表、插入及删除运算。

```
#define _CRT_SECURE_NO_WARNINGS
#include <string.h>
#include <iostream>
using namespace std;
class SYMTAB;
struct SYMBOL {          //由于构造函数和析构函数是私有的，故本类不能产生全局对象
    char *name;
    int   value;
    SYMBOL *next;
    friend SYMTAB;      //友元类能定义 SYMBOL 对象：可访问私有构造函数和析构函数
private:
    SYMBOL(const char *, int, SYMBOL *);
    ~SYMBOL( ) noexcept { delete name; }
};
SYMBOL::SYMBOL(const char *s, int v, SYMBOL *n)
{
    strcpy(name = new char[strlen(s) + 1], s);
    value = v;
    next = n;
}
class SYMTAB {
    SYMBOL *head;    //符号表的表头
public:
    SYMTAB( ) { head = 0; };
    const SYMBOL *operator( )(const char *, int);       //重载"( )"允许多个参数
    const SYMBOL *operator[ ](const char *);            //通过字符串查表得到符号
    int operator− (const char *);
    ~SYMTAB( ) noexcept;
};
SYMTAB::~SYMTAB( ) noexcept
{
    SYMBOL *p = head;
    while (p) {
        head = p -> next;
```

```
            delete p;
            p = head;
        }
    }
const SYMBOL *SYMTAB::operator( )(const char *s, int v)
{ //插入运算
    return head = new SYMBOL(s, v, head);
}
const SYMBOL *SYMTAB::operator[ ](const char *s)
{ //查表运算
    SYMBOL *h;
    for (h = head; h != 0; h = h-> next)
        if (strcmp(s, h-> name) == 0)    break;
    return h;
}
int SYMTAB::operator-(const char *s)
{
    SYMBOL *p, *q;
    for (p = q = head; p != 0; q = p, p = p-> next)
        if (strcmp(s, p-> name) == 0)    break;
    if (p == 0) return 0;
    if (q == head) head = p-> next; else q-> next = p-> next;
    delete p;
    return 1;
}
void main(void)
{
    SYMTAB    tab;
    const SYMBOL *s;
    s = tab("a", 1);                    //插入元素，函数有 3 个实参：tab、"a"、1
    s = tab("b", 2);                    //插入元素
    tab-"b";                            //删除元素，等价于 tab.operator-("b")
    if (s = tab["a"])                   //查表运算，s 存放查到的符号
        cout << "Symbol a=" << s-> value;
    if (!tab["b"])                      //查表运算
        cout << "\nSymbol b not found";
}
```

在上述程序中，类 SYMBOL 的构造函数和析构函数的访问权限均为 private，故只有 SYMBOL 的函数成员和友元才能产生 SYMBOL 的对象，这种定义方式只允许特定用途的类产生对象，从而可以降低出错概率并缩小错误排查范围。注意，查表和插入运算均声明为返回 "const SYMBOL*" 指针，通过该指针可以读取成员 name、value 和 next 的值，但不能修改该只读符号对象的成员值。

11.6.2　栈及队列运算重载实例

栈及队列是两种常用的数据结构。用两个栈可以模拟一个队列，或者用两个队列可以模拟一个栈。用两个栈模拟一个队列时，根据两个栈的使用方式不同，可以体现出面向对象的继承、聚合或委托等概念。

【例 11.15】利用两个栈模拟一个队列。

```
#include <iostream>
using namespace std;
class STACK {
    int* const    elems;        //申请内存，用于存放栈的元素
    const int     max;          //栈能存放的最大元素个数
```

```
        int     pos;                                //栈实际已有元素个数，栈空时 pos=0;
    public:
        STACK(int m);                               //构造栈：最多 m 个元素
        STACK(const STACK& s);                      //用栈 s 深拷贝构造新栈
        STACK(STACK&& s);                           //用栈 s 移动构造新栈
        virtual int   size( )const;                 //返回栈的最大元素个数 max
        virtual operator int( ) const;              //返回栈的实际元素个数 pos
        virtual int operator [ ] (int x) const;     //返回以 x 为下标的栈的元素
        virtual STACK& operator<<(int e);           //将 e 入栈，并返回当前栈
        virtual STACK& operator>>(int& e);          //出栈到 e，并返回当前栈
        virtual STACK& operator=(const STACK& s);   //s 深拷贝赋值给当前栈，并返回当前栈
        virtual STACK& operator=(STACK&& s);        //s 移动赋值给当前栈，并返回当前栈
        virtual void print( )const;                 //输出栈元素
        virtual ~STACK( );                          //析构栈
    };
    STACK::STACK(int m) :elems(new int[m]), max(elems ? m : 0), pos(0) {      }
    STACK::STACK(const STACK& s) : elems(new int[s.max]), max(elems ? s.max : 0) {
        if (elems == nullptr) throw "memory not enough\n";
        for (pos = 0; pos < s.pos; pos++)  elems[pos] = s.elems[pos]; //深拷贝
    }
    STACK::STACK(STACK&& s) : elems(s.elems), max(s.max), pos(s.pos) {
        *(int**)&s.elems = nullptr;                 //移动拷贝
        *(int*)&s.max = s.pos = 0;                  //移动后处理
    }
    int   STACK::size( )const { return max; }
    STACK::operator int( )const { return pos; }
    int STACK::operator [ ] (int x) const {
        if (x < 0 || x >= max) throw "subscription overflowed\n";
        return elems[x];
    }
    STACK& STACK::operator<<(int e) {
        if (elems == 0) throw "stack not initialized\n";
        if (pos == max) throw "stack is full\n";
        elems[pos++] = e;
        return *this;
    }
    STACK& STACK::operator>>(int& e) {
        if (elems == 0) throw "stack not initialized\n";;
        if (pos == 0) throw "stack is empty\n";
        e = elems[--pos];
        return *this;
    }
    STACK& STACK::operator=(const STACK& s) {
        if (this == &s) return *this;               //防止类似 "s=s;" 的语句出现问题
        if (elems) delete elems;
        *(int**)&elems = new int[s.max];
        *(int*)&max = elems ? s.max : (pos = 0);
        if (elems == nullptr) throw "memory not enough\n";
        for (pos = 0; pos < s.pos; pos++) {
            elems[pos] = s.elems[pos];              //深拷贝赋值
        }
        return *this;                               //返回当前栈
    }
    STACK& STACK::operator=(STACK&& s) {
        if (this == &s) return *this;               //防止 "s=s;" 出现问题
        *(int**)&elems = s.elems;                   //移动赋值
        *(int*)&max = s.max;                        //移动赋值
        pos = s.pos;                                //移动赋值
        *(int**)&s.elems = nullptr;                 //移动后处理
```

```
        *(int*)&s.max = pos = 0;
        return *this;
}
void STACK::print( )const {
        if (elems == 0) return;
        for (int x = 0; x < pos; x++)
                cout << elems[x] << "   ";
        cout << "\n";
}
STACK::~STACK( ) {
        if (elems == nullptr) return;
        delete elems;
        *(int**)&elems = 0;                             //防止再执行析构
        *(int*)&max = pos = 0;
}
class QUEUE : public STACK {
        STACK    s2;
public:
        QUEUE(int m);                                   //初始化队列：每栈最多 m 个元素
        QUEUE(const QUEUE& q);                           //用队列 q 深拷贝构造新队列
        QUEUE(QUEUE&& q) noexcept;                        //用队列 q 移动构造新队列
        operator int( )const;                            //返回队列实际元素个数，自动成为虚函数
        QUEUE& operator<<(int e);                        //将 e 入队列，并返回原队列，自动成为虚函数
        QUEUE& operator>>(int& e);                       //出队列到 e，并返回原队列，自动成为虚函数
        virtual QUEUE& operator=(const QUEUE& q);          //深拷贝赋值 q 给队列，返回被赋队列
        virtual QUEUE& operator=(QUEUE&& q) noexcept;      //移动赋值 q 给队列，返回被赋队列
        void print( )const;                              //输出队列，自动成为虚函数
        ~QUEUE( )noexcept;                               //销毁队列，自动成为虚函数
};
QUEUE::QUEUE(int m) : STACK(m), s2(m) { }
QUEUE::QUEUE(const QUEUE& q) : STACK(q), s2(q.s2) { }
//以下 QUEUE 移动构造时，也应对父类和对象成员移动构造，使"宏观"与"微观"一致。
//以下若父类用 STACK(q)、成员用 s2(q.s2)，则"微观"为深拷贝构造，而非移动构造
QUEUE::QUEUE(QUEUE&& q) noexcept : STACK(move(q)), s2(move(q.s2)) { }
QUEUE& QUEUE::operator=(const QUEUE& q) {               //深拷贝赋 q 给队列
        if (this == &q) return *this;
        *(STACK*)this = q;                               //等价于 STACK::operator=(q);
        s2 = q.s2;
        return *this;
}
QUEUE& QUEUE::operator=(QUEUE&& q)noexcept {            //浅拷贝移动赋值
        if (this == &q) return *this;
        *(STACK*)this = (STACK&&)q;                       //父类也应移动赋值："宏观"与"微观"一致
        s2 = (STACK&&)q.s2;                               //成员也应移动赋值："宏观"与"微观"一致
        return *this;
}
QUEUE::operator int( )const {                           //返回队列的实际元素个数 pos
        return STACK::operator int( ) + (int)s2;
}
QUEUE& QUEUE::operator<<(int e) {                       //将 e 入队列，并返回原队列
        if ((int)s2) STACK::operator<<(e);    else s2 << e;
        return *this;
}
QUEUE& QUEUE::operator>>(int& e) {                      //出队列到 e，并返回原队列
        if (s2 == 0)
                while (STACK::operator int( ))
                {
                        int f;
                        STACK::operator>>(f);
                        s2 << f;
```

```
        }
        s2 >> e;
        return *this;
    }
    void QUEUE::print( )const {             //输出队列
        for (int x = (int)s2 − 1; x >= 0; x−−)
            cout << s2[x] << "   ";
        for (int x = 0; x < STACK::operator int( ); x++)
            cout << STACK::operator[ ](x) << "   ";
        cout << "\n";
    }
    QUEUE::~QUEUE( )noexcept { }             //析构队列：基类和成员 s2 会被自动析构
    int main(int a, char** s)
    {
        QUEUE    q(10);                     //构造队列，最多 10 个元素
        q << 1 << 2 << 3;                   //q <<1，即 q.operator<<(1)返回 q，故可再用 2 入队列
        q.print( );                         //输出队列
        QUEUE    r(q);                      //调用深拷贝构造函数构造队列
        r.print( );
        int x = 20;
        x = q;                              //得到队列元素个数，等价于 x=q.operator int( );
        q >> x >> x;                        //出队列
        q.print( );
        x = q;                              //得到队列元素个数
        r = q;                              //赋值运算：r.operator=(q)
        r.print( );
        QUEUE t(QUEUE(10));                 //t 调用移动构造函数 QUEUE(QUEUE&& q) noexcept
        t << 6 << 7;                        //等价于 t.operator<<(6). operator<<(7)：t.operator<<(6)返回 t
        t.print( );
    }
```

在上述程序中，移动构造函数若定义为"QUEUE::QUEUE(QUEUE&& q)noexcept: STACK(q), s2(q.s2) { }"，将调用深拷贝构造函数"STACK(const STACK &)"初始化基类和对象成员 s2。也就是说，当子类 QUEUE 是浅拷贝移动构造时，父类 STACK 和对象成员 s2 却实现为深拷贝构造。显然，这种父子类深浅不一致的构造实现是不合理的。类似地，"QUEUE& QUEUE::operator= (QUEUE&& q) noexcept"也不能深浅不一致地实现。

如 6.5 节所述，在派生类 QUEUE 的构造函数中，STACK 和 QUEUE 自动满足父子类关系，因而父类引用变量可以引用子类引用变量所引用的子类对象。例如，在"QUEUE::QUEUE(const QUEUE& q): STACK(q), s2(q.s2){ }"中，函数调用 STACK(q)用引用子类 QUEUE 的实参 q 作为实参，传递给父类构造函数"STACK(const STACK& s)"的形参 s，实现父类引用形参 s 直接引用子类引用实参 q 所引用的子类对象，这种形实参引用是 C++编译程序允许的。

练习题

【题 11.1】什么是传统左值运算符？什么是传统右值运算符？重载类的传统左值运算符应返回什么样的类型？

【题 11.2】试举例说明哪些运算符的运算结果为传统左值？哪些运算符的第一个操作数必须为传统左值？

【题 11.3】当一个类包含指针类型的成员时，试举例说明如果不重载深拷贝构造函数有何危害？

【题 11.4】指出以下程序中的语法错误及其原因。

```
class A{
    static int a=1;
    const int    b;
protected:
    int    c, &d;
    int    A(int){ b=c=d=e=f=0; }
public:
    int    e, f;
    const int g=7;
    A &operator=(A &s){ return *this; };
} a={1, 2, 3,};
class B: protected A{
    int    b;
protected:
    using    A::a;
    B(int b){ b=b; };
    int    operator ?: (int, int){ return 0; };
public:
    static B(int x, int y){ b=x+y; };
    int operator int( ){ return 1; };
    operator A( ){ return A(0);} ;
    B(int x, int y, int z){ b=x+y+z; };
} b(5);
void main(void) {
    int    x;
    int    &y=x;
    int    &*z=&y;
    int    A::*p=&A::b;
    int    *q=&A::e;
    int    A::**r;
    x=b.b;
    x=b.f;
    y=x+a;
    y=B(6);
    a=B(3, 4, 5);
    r=&q;
    a.*q=6;
    *(a.*r)=9;
}
```

【题 11.5】指出 main()函数的变量 i 在每条语句执行后的值。

```
int    x=7;
int    y=::x+5;
struct A{
    int x;
    static int y;
public:
    A &operator +=(A &);
    operator int( ) { return x+y; };
    A(int x=::x+1, int y=::y+11) {
        A::x=x;
        A::y=y;
    }
};
A& A::operator +=(A &a) {
    x+=a.x;
    y+=a.y;
```

```
        return *this;
    }
    int A::y=20;
    void main(void) {
        A    a(2, 5), b(6), c;
        int   i, &j=i,*p=&A::y;
        i=b.y;
        j=b.x;
        i=*p;
        j=c;
        i=a+c;
        i=b+=c;
        i=((a+=c)=b)+9;
    }
```

【题 11.6】定义如下循环队列类型 QUEUE 中的函数成员。

```
class QUEUE{
    int    *const  elems;              //申请内存用于存放队列的元素
    const  int   length;               //队列的长度, 最多存放 length-1 个元素
    int    front, tail;                //队列首尾指针, 队列空时 front==tail;
public:
    QUEUE(int m);                      //初始化循环队列: 长度 length=m
    QUEUE(const QUEUE&q);              //用队列 q 深拷贝构造新队列
    QUEUE(QUEUE&& q)noexcept;          //移动构造: 浅拷贝构造新队列
    virtual int  Empty( )const;        //队列为空时返回 1, 否则返回 0
    virtual int  Full( )const;         //队列为满时返回 1, 否则返回 0
    virtual int  Length( )const;       //返回队列长度即 length
    virtual int  Front( )const;        //返回队列的队首即 front
    virtual int  Tail( )const;         //返回队列的队尾即 tail
    virtual int operator[ ] (int x)const;  //取下标为 x 的队列元素
    virtual QUEUE& operator<<(int e);  //将 e 入队列, 并返回原队列
    virtual QUEUE& operator>>(int& e); //出队列到 e, 并返回原队列
    virtual QUEUE& operator=(const QUEUE& q);  //深拷贝赋 q 给被赋值队列
    virtual QUEUE &operator=(QUEUE&& q)noexcept;//移动赋值: 浅拷贝赋值
    virtual void print( )const;        //输出队列
    virtual ~QUEUE( )noexcept;         //销毁队列
};
```

【题 11.7】利用习题 11.6 的两个队列类模拟一个栈, 定义如下栈类 STACK 的函数成员。

```
class STACK: public QUEUE{
    QUEUE   q;
public:
    STACK(int m);                      //每个队列长度为 m
    STACK(const STACK& s);             //用栈 s 深拷贝构造栈
    STACK(STACK&& s) noexcept;         //浅拷贝移动构造新栈
    virtual operator int ( )const;     //返回栈的实际元素个数
    virtual int Empty ( )const;        //返回栈是否已空, 空返回 1, 否则返回 0
    virtual int Full ( )const;         //返回栈是否已满, 满返回 1, 否则返回 0
    int operator[ ](int x)const;       //取下标为 x 的元素, 栈底元素下标为 0, 自动成为虚函数
    STACK& operator<<(int e);          //将 e 入栈, 并返回栈, 自动成为虚函数
    STACK& operator>>(int& e);         //出栈到 e, 并返回栈, 自动成为虚函数
    virtual STACK& operator=(const STACK& s);  //深拷贝赋 s 并返回被赋值栈
    virtual STACK& operator=(STACK&& s)noexcept; //移动赋值: 浅拷贝
```

```
        void print( )const;                        //输出栈，自动成为虚函数
        ~STACK( )noexcept;                         //销毁栈，自动成为虚函数
};
```

【题 11.8】定义一个位数不限的十进制整数类 DEC，完成加、减、乘、整除、求余等运算。
该类定义如下，试定义其中的函数成员。

```
#define _CRT_SECURE_NO_WARNINGS //防止 strcpy 出现指针使用安全警告
#include <stdio.h>
#include <string.h>
#include <stdlib.h>
#include <exception>
using namespace std;
class DEC {
        char* const n;                             //存放十进制数
public:
        DEC(long);                                 //长整数当作十进制数
        DEC(const char* d);                        //数字串当作十进制数
        DEC(const DEC& d);                         //深拷贝构造
        DEC(DEC&& d)noexcept;                      //浅拷贝移动构造
        virtual ~DEC( )noexcept;                   //析构

        virtual DEC operator−( )const;
        virtual DEC operator+(const DEC& d)const;
        virtual DEC operator−(const DEC& d)const;
        virtual DEC operator*(const DEC& d)const;
        virtual DEC operator/(const DEC& d)const;
        virtual DEC operator%(const DEC& d)const;
        virtual int operator>(const DEC& d)const;
        virtual int operator<(const DEC& d)const;
        virtual int operator==(const DEC& d)const;
        virtual DEC& operator=(const DEC& d);      //深拷贝赋值
        virtual DEC& operator=(DEC&& d) noexcept;  //浅拷贝移动赋值
        virtual DEC operator++(int);
        virtual DEC operator−− (int);
        virtual DEC& operator−− ( );
        virtual DEC& operator++( );
        virtual operator const char* ( )const;
};
```

【题 11.9】在下列程序中，main()函数的语句都进行了哪些类型转换？它们都正确吗？

```
struct Y;
struct X {
        int i;
        X(int);
        operator int ( );
        X operator +(Y &);
};
struct Y{
        int i;
        Y(int);
        Y(X &);
        operator int ( );
};
void main(void) {
        X x=1;
        Y y=x;
        int ret;
        ret=y+10;
        ret=y+10*y;
        ret=x+y−1;
```

```
        ret=x*x+1;
    }
```

【题 11.10】定义如下整数链表类中的函数成员。

```
class LIST{
    struct NODE{
        int    value;
        NODE *next;
        NODE(int, NODE *);
    } *head;
public:
    LIST( );
    LIST(const LIST &);                        //深拷贝构造
    LIST(LIST &&) noexcept;                     //浅拷贝移动构造
    virtual int find(int value)const;          //查找元素 value，找到则返回 1，否则返回 0
    virtual int operator [ ](int k)const;       //取表的第 k 个元素
    virtual LIST operator +(const LIST &);      //表的合并运算
    virtual LIST operator +(int value);         //插入一个元素
    virtual LIST operator –(int value);         //删除一个元素
    virtual LIST &operator +=(const LIST &);    //表的合并运算
    virtual LIST &operator +=(int value);       //插入一个元素
    virtual LIST &operator –=(int value);       //删除一个元素
    virtual LIST &operator =(const LIST &);     //深拷贝赋值
    virtual LIST &operator =(LIST &&) noexcept;//浅拷贝移动赋值
    virtual ~LIST( ) noexcept;
};
```

【题 11.11】定义如下集合类的函数成员。

```
class SET{
    int *elem;                                 //存放集合元素的动态内存指针
    int count, total;                          //目前元素个数及最大元素个数
public:
    SET(int total);                            //最多存放 m 个元素
    SET(const SET &);                          //深拷贝构造
    SET(SET &&) noexcept;                      //浅拷贝移动构造
    int find(int val)const;                    //找到值为 val 的元素则返回 1，否则返回 0
    int full(void)const;                       //集合满时返回 1，否则返回 0
    int empty(void)const;                      //集合空时返回 1，否则返回 0
    virtual SET operator +(const SET &)const;  //集合的并集
    virtual SET operator –(const SET &)const;  //集合的差集
    virtual SET operator *(const SET &)const;  //集合的交集
    virtual SET operator <<(int value);        //增加一个元素
    virtual SET operator >>(int value);        //删除一个元素
    virtual SET &operator + =(const SET &);    //集合的并集
    virtual SET &operator –=(const SET &);     //集合的差集
    virtual SET &operator * =(const SET &);    //集合的交集
    virtual SET &operator <<=(int value);      //增加一个元素
    virtual SET &operator >>=(int value);      //删除一个元素
    virtual SET &operator =(const SET &);      //深拷贝赋值
    virtual SET &operator =(SET &&)noexcept;   //浅拷贝移动赋值
    virtual ~SET( )noexcept;
};
```

【题 11.12】定义如下队列类的函数成员。

```cpp
class QUEUE{
    struct NODE{
        int    value;
        NODE *next;
        NODE(int, NODE *);
    } *head;
public:
    QUEUE( );                                      //构造空队列
    QUEUE(const QUEUE &);                          //深拷贝构造
    QUEUE(QUEUE &&) noexcept;                       //浅拷贝移动构造
    virtual QUEUE& operator=(const QUEUE &);        //深拷贝赋值
    virtual QUEUE& operator=(QUEUE &&) noexcept;    //浅拷贝移动赋值
    virtual operator int(void)const;                //返回队列元素个数
    virtual volatile QUEUE &operator>>(const int &)volatile; //从队列中取出一个元素
    virtual volatile QUEUE &operator<<(int)volatile;  //往队列中加入一个元素
    virtual ~QUEUE( )noexcept;
};
```

【题 11.13】定义一个存放单词的字典类，并编写其中的函数。

```cpp
class DICTIONARY {
    char ** const   words;   //用于存放单词
    const int max;           //字典可以存放单词的最大个数
    int pos;                 //当前可以存放单词的空闲位置
public:
    DICTIONARY (int max);                          //max 为最大单词个数
    DICTIONARY (const DICTIONARY&);                //深拷贝构造
    DICTIONARY (DICTIONARY&&) noexcept;            //浅拷贝移动构造
    virtual ~ DICTIONARY ( ) noexcept;             //析构
    virtual DICTIONARY& operator=(const DICTIONARY&);     //深拷贝赋值
    virtual DICTIONARY& operator=(DICTIONARY&&)noexcept;  //浅拷贝移动赋值
    virtual int operator ( ) (const char * w)const;  //查找单词位置，负数表示未查到
    virtual DICTIONARY& operator << (const char *w); //若单词不在字典中则加入
    virtual const char * operator [ ] (int n)const;  //取出第 n 个单词
};
```

第 12 章
类型解析、转换与推导

C++为简单类型提供了自动类型转换，即隐式转换；而类类型的对象也需要进行类型转换。可重载强制类型转换运算符，或定义仅有一个非默认值参数的构造函数，来完成一种类型向另外一种类型的转换。C++提供了多种强制类型转换关键字，还提供了类型自动推导机制，这对于高效可靠地开发软件系统至关重要。

12.1　隐式与显式类型转换

简单类型的转换可分为两种类别：（1）隐式转换或自动转换；（2）显式转换或强制转换。编译程序自动完成没有风险的隐式转换，即字节数较少类型向字节数较多类型的转换。若字节数较多的类型要向字节数较少的类型转换，就必须由程序员强制编译程序进行类型转换，并由程序员承担数据截断所导致的精度损失风险。

12.1.1　简单类型的隐式转换

不同类型占用的内存单元字节数不同。例如，布尔类型和字符（char）类型只占用 1 字节，即 size(char)=1；浮点数（float）类型占用 4 字节，即 size(float)=4；双精度浮点（double）类型占用 8 字节，即 size(double)=8；其他类型（如 short、int、long 等类型）占用的字节数则同操作系统和编译系统有关。这些类型占用的字节数大体上满足关系：sizeof(bool) ≤ sizeof(char) ≤ sizeof(short) ≤ sizeof(int) ≤ sizeof(long) ≤ sizeof(float) ≤ sizeof(double)。

当字节数少的类型向字节数多的类型转换时，一般不会引起数据的精度损失，这种无风险的转换由编译程序自动完成，这种不提示程序员的自动转换也称为隐式类型转换。隐式类型转换出现在如下几种情形：（1）初始化时；（2）赋值时；（3）运算时；（4）函数调用时。被转换的对象可能是常量、变量、实参、形参或者返回值。

若要隐式类型转换能够顺利进行，需要满足如下两个条件之一：（1）表达式结果类型的字节数小于有址实体类型的字节数；（2）表达式结果类型的字节数和有址实体的字节数相同，但前者是有符号类型，而后者是无符号类型。对象类型的转换可能需要借助强制类型转换重载函数或仅有一个非默认值参数的构造函数。

【例 12.1】赋值、调用及运算时的类型转换。

```
#include <limits>              //limits 定义了各种类型的最大值: int 最大值为 INT_MAX
long& dec(long& m)
{
    return --m;                //左值--m 的代表者为 m, 返回值将引用 m 所引用的左值
}
void main( )
{
    int   w = 'A';            //字符类型向整型自动转换, w=65
    unsigned int x = w;       //有符号 int 向无符号 int 自动转换, x=65
    long y = x;               //无符号 int 向有符号 long 自动转换, y=65
    double d = dec(y)+ 2.0;   //dec(y)转换为 double 类型后+2.0, y=64, d=66.0
    dec(y) = INT_MAX;         //INT_MAX 转换为 long 并赋给 dec(y), 即 y, y=2147483647
}
```

对于 "d = dec(y)+2.0;", 其计算过程为:（1）将 dec(y)从 long 类型转换为 double 类型;（2）和 double 类型的 2.0 相加;（3）将 double 类型的结果赋给 d。注意, 在 C++中, 2 和 2.0 默认分别为 int 和 double 类型, 而 2L 和 2.0F 则分别为 long 和 float 类型。

建议不要写成 "d = dec(y)+2;", 因为其计算过程为:（1）2 从 int 类型转换为 long 类型;（2）和 long 类型的 dec(y)相加;（3）将 long 类型的结果转换为 double 类型并赋给 d。由于 sizeof(double)>sizeof(long), 先将 long 类型转换为 double 类型后再相加, 同两个 long 类型相加后再转换为 double 类型相比, 后者结果为 long 产生溢出的概率更大。

一般来说, 如果能够完成隐式类型转换或者自动类型转换, 就意味着表达式的结果类型和要转换的目标类型相容。如果数值表达式在编译时是可计算的, 那么该数值表达式的结果就是某种类型的常量。在使用常量赋值或者作为实参调用函数时, 要注意常量的默认类型, 类型不相容时编译程序会报错。

【例 12.2】实参传递给函数时应和形参类型相同或相容。

```
#include <iostream>
using namespace std;
double area(double r)
{
    return 3.14159*r*r; //注意浮点常量 3.14159, 默认其为 double 类型
}
void main( )
{
    char m=6556806;     //6556790=0x640c86, 截断后 x=0x86=-122
    int x=2;            //常量 2 被编译程序默认当作 int 类型
    double a=area(x);   //形参 r 的类型和实参 x 的类型相容: 可自动转换
    a=area('A');        //字符'A'最终自动转换为 double 类型: 类型相容
    cout<<"Area="<<a; //常量"Area="的类型默认为 const char*类型
}
```

在上述程序中, 分别给出了 3 种类型的常量: int 类型、double 类型和 const char*类型。特别要注意 const char*类型的常量, 它不能向 char*类型的变量赋值, 也不能向 char*类型的形参传值。编译程序会对 "char *s="Area=";" 和调用 "strcpy("Area=", "A=");" 报错, 因为变量 s 和 strcpy 的第一个形参为 char *类型。

在前面介绍的面向对象的概念中, 当基类和派生类满足父子类关系时, 父类引用变量能够直接引用子类对象, 父类指针变量能够直接指向子类对象, 这也是类型相容的一种形式。因为在面向对象的思想中, 一个子类对象就是一个父类对象, 这种关系就是所谓的 isA 关系, 满足 isA 关

系的父类指针（或引用）同子类指针（或引用）相容。

12.1.2　简单类型的显式转换

当字节数多的类型向字节数少的类型转换时，因为数据截断会导致精度损失，所以编译程序会给出警告，不会自动进行类型转换。在此情况下，就应使用"(类型表达式)"进行强制类型转换。其中，"类型表达式"可能为"char""int""int *""int(*)[20]"等任意复杂的类型。如下代码将"double"类型强制转换为"char"类型，若造成精度损失则由程序员负责。

char x=(char) 65.3;

一般编译器在将整型变量赋给字符类型变量时，无须通过强制转换，它会自动对整型值进行截断处理，相当于进行了数据截断或丢失精度的隐式类型转换，更加严格的语法检查可能会报出警告提示或者错误。通过设置编译参数"将警告视为错误"，可使编译器将警告当作错误报告。因此，对于某些语法问题，有的编译器会给出警告，而有的编译器则直接报告错误，这只是因为它们的默认设置不同罢了。

例如，在 VS2019 编译器中，单击"解决方案资源管理器"窗口中的应用程序ConsoleApplication4，接着右击"配置属性"，然后单击"C/C++"下的"常规"，若选择"警告等级"为"启用所有警告(/Wall)"，就会对整型赋给字符类型变量报警；还可以设置"将警告视为错误"，这样就会直接将警告当作错误报告。VS2019 设置界面如图 12.1 所示。

图 12.1　VS2019 设置界面

编译时，编译程序试图计算常量表达式的值，如果不用截断就能顺利赋值给变量，则不会报警。而对于编译时不可计算的表达式，当发现被赋值变量占用的字节数较少时，则会直接给出警告提示。例如，在完成上述设置后，下述赋值会报告错误。

```
char u = 'a';        //编译时可计算，无截断，不报警
char v = 'a' + 1;    //编译时可计算，无截断，不报警
```

```
char w = 300;        //编译时可计算，有截断，要报警
int   x = 2;         //x 占用的字节数比 char 和 short 类型多，不报警
char y = x;          //编译时不可计算，可能截断，要报错
short z = x;         //编译时不可计算，可能截断，要报错
```

设置或者提升警告的级别后，在调用函数将实参表达式传递给形参时，若实参表达式可在编译时计算，能够不用截断传给形参则不会报警，否则编译程序就会报警。

【例 12.3】函数调用实参传递的截断问题。

```
int   sum(int x, int y) { return x + y; }
int   sum(int n, ...)
{
    int s = 0, h, *p = &n + 1;
    for (h = 0; h < n; h++)   s += p[h];
    return s;
}
void main( ) {
    int x = sum(2.0, 3.0);    //警告截断，应使用 sum((int)2.0, (int)3.0)
    int y = sum(3, 3, 4, 5);  //正确无警告：y=12
    int z = sum(3, 3, 4LL);   //匹配任意类型，无警告，x86 编译模式时 z= sum(3, 3, 0, 4)=7
}
```

函数 "sum(int n, …)" 定义了省略参数 "…"，由于该省略参数能够匹配任意个任意类型的实参，故编译时自第二个实参开始不会报警。对于 "y = sum(3, 3, 4, 5)"，由于第一个实参是整型类型，和形参类型 int 一致，故不会报警。对于 "z = sum(2.0, 3.0)"，由于第一个实参是 double 类型，和形参类型 int 不一致，故会报警。对于 "z = sum(3, 3, 4LL)"，若 VS2019 采用 x86 编译模式编译，则有 sizeof(int)=4 和 sizeof(long long)=8，常量 4LL 将占用 8 个字节，即相当于 2 个整数，故 "z = sum(3, 3, 4LL)" 等价于 "z = sum(3, 3, 0, 4)"。

12.1.3　简单类型的转换结果

按照 C 语言的习惯和约定，对于简单类型的表达式，在成功地进行强制类型转换后，所得到的结果是传统右值。因此，对于传统左值变量，例如 "int x=0;"，x 经过成功的类型转换 "((short) x)" 后，"((short) x)" 的结果会变为传统右值，故强制类型转换以后不能对 "((short) x)" 赋值。例如以下代码。

```
int x=0;
((short) x)=2;       //报错：转换后((short) x)为传统右值，故不能出现在等号的左边
((int) x) =7;        //VS2019 报错：传统右值不能出现在等号的左边。
((int &)x)=8;        //正确：x=8，用的不是最基本的简单类型，而是引用类型 int &
```

对于 "((int) x) =7;"，因为变量 x 本身为 int 类型，有的编译程序认为((int) x)没进行类型转换，直接认为 "((int) x)" 等价于 x，即 x 没进行类型转换还是一个传统左值，则 "((int) x)" 可以出现在等号左边。但是，VS2019 认为它进行了类型转换，得到的结果为传统右值，故 "((int) x)" 不能出现在等号左边。

当然，上述约定只是早期 C 语言和 C++ 的约定，多数编译器会采用 VS2019 的处理方法。关于 VS2019 的处理方法，对于简单类型的传统左值变量或者表达式，当其转换为另一种基本的简单类型后，所得到的结果会被认为是一个传统右值，故该转换结果不能再出现在等号的左边。

在将一个变量定义为传统右值变量后，不能通过赋值语句改变该变量的值。例如，对于定义

"const int y = 0;",不能通过赋值语句"y=5;"改变 y 的值。但是,在某些情况下,特别是在该变量是对象的实例数据成员的情况下,有时确实需要对该实例数据成员进行赋值,那么应该如何对其赋值呢?

【例 12.4】对象的只读实例数据成员的修改方法。

```
struct T {
    const int y = 0;
    int q( ) {
        *(int*)&y = y + 1;      //见 12.2.2 小节,等价于 const_cast<int &>(y)=y+1;
        return y;
    }
};
void main( ) {
    T m;
    int x = m.q( );
    x = m.q( );
}
```

如前所述,简单类型转换((int)y)的结果是传统右值,因此,赋值语句"((int)y)=7;"是错误的,是不能用来改变变量 y 的值的。此外,赋值语句"*&y=7;"也是错误的。因为*和&运算相当于数学上的两个互逆函数 f 和 f^{-1},由于 $f \circ f^{-1}(y) = y$,即由于*&y=y,"*&y"的运算结果还是为原来的 y,或者更严格地说,"*&y"还是原来的"const int"类型的 y。因此,不能对"*&y"(等价于只读变量 y)赋值,即不能写类似于"*&y=7;"的语句。

一个有效但危险的办法是通过强制类型转换实现。"&y"的类型解析过程如图 12.2 所示,第(4)步为"&y"的最终类型解析结果。取址运算"&y"的结果是一个指针,即*,由于它指向 y 且 y 的类型为"const int",故"&y"的最终类型为"const int *"类型。由此可见,"&y"指向的存储单元为"const int",即只读整型,故用"*"对"&y"的存储单元进行赋值运算"*&y=7;"是不允许的。如果"&y"指向的存储单元强制转换为可写整型,即"&y"的类型从"const int *"转换为"int *",便可以用*对该存储单元赋值,即可用"*(int *)&y=7"对 y 赋值。

图 12.2 "&y"的类型解析过程

运算"*&y"的结果类型解析方法如下:由于"&y"的结果类型为"const int *",因此"*&y"运算的结果类型为"*(const int*)",括号前的"*"和括号中"const int *"的指针"*"匹配,运算后去除一重指针剩下的类型为"const int",即有"*(const int *)"⇔"const int",即运算的结果类型是"const int",也就是说对该只读结果(即"*&y")赋值是不行的。因此,语句"*&y=7;"是错误的。

也可以从另一个角度解析运算的结果类型,从数学函数的运算角度来看运算"*&y":其中,"*"相当于函数 $f(\cdot)$,而"&"当于反函数 $f^{-1}(\cdot)$,运算"*&y"⇔ $f(f^{-1}(y))$ ⇔y,即"*&y"

的结果类型就是 y 的类型，因此不可对 "*&y" 代表的只读单元赋值，即语句 "*&y=7;" 是错误的。同理可知，对于类的数据成员 "int *const e"，运算 "&e" 的结果类型为 "int *const *"，如图 12.3 所示。

图 12.3　"&e" 的类型解析过程

同理，"*&e" 的结果类型为 "*(int *const*)" ⇔ "int *const"，即 "*(int *const*)" 的运算结果还是只读指针 "int *const"，因而不可对只读指针类型的结果 "*&e" 进行赋值。如果将 "&e" 的结果类型 "int* const*" 强制转换为 "int**"，即在 "&e" 前加上 "(int**)" 进行运算 "(int**)&e"，则 "(int**)&e" 运算后的结果类型为 "int**"，而 "int**" 左边的指针为可写指针 "int *"。由于双重指针 "**" 按结合性为自右至左运算，即先算右边的指针后算左边的指针，故用运算 "*" 和 "(int**)" 中最右边的 "*" 匹配，去除 "int**" 最右边的 "*" 后得到非 const 可写指针 "int*"，即对 "*(int**)&e" 的结果——可写指针 "int*" 进行赋值是允许的。因此，赋值语句 "*(int**)&e=new int[4];" 是允许的，这样可以实现对类型为 "int *const" 的实例数据成员指针 e 重新分配内存。

以上转换若是针对对象内部的实例数据成员 e，则上述强制类型转换在无双层保护的机制下是可行的，C++目前不能既对对象保护又对对象的成员保护。语句 "*(int**)&e=new int[4];" 等价于语句 "*const_cast<int**>(&e)=new int[4];"，也等价于语句 "const_cast<int*&>(e)=new int[4];"，const_cast 的相关内容参见 12.2.2 小节。从某种意义上说，即使 C++没有引入关键字 const_cast，直接用 C 语言的强制类型转换也是可行的。但是，如果 "去除 const" 的强制类型转换针对的不是对象的实例数据成员，而是针对非引用简单类型的全局变量、模块变量或自动变量，则是不可行的。

【例 12.5】简单类型只读自动变量的强制类型转换与赋值。

```cpp
#include <iostream>
using namespace std;
void main(int argc, char *argv[ ]) {
    const int x = 0;
    *(int *)&x = 2;                //debug 时 x 的值变为 2
    cout << "x=" << x<< endl; //但输出结果 x=0 不变
    int y = x;
    cout << "y=" << y << endl; //输出结果 y=0
    const_cast<int &>(x) = 10;//等价于*(int *)&x = 10
    y = x;
    cout << "y=" << y << endl;//输出结果 y=0
}
```

程序的输出结果如下。

```
x=0
y=0
y=0
```

对于只读非引用的简单类型的变量,不同的编译器可能有不同的实现方法。对于遵循 C++2017

标准的编译器，编译后会将该变量内存分配在一个受保护的区域，从而导致类型转换后的赋值无效，即最终不能修改受保护的原始变量的值。对于简单类型的只读引用变量，C++2017 标准不对它们提供内存保护功能，因为在逻辑上引用变量不分配内存。

对于只读非引用的类类型的变量，为何编译程序不提供内存保护功能呢？将整个对象（即一块内存）保护起来，对操作系统和编译程序来说不是什么难事，但是由于 mutable 实例数据成员的引入，要求在能够保护整块内存的前提下，让其中一部分数据成员不受保护，这就变成了一个较为困难的问题，这一功能即使能够实现也会付出极大的代价。这会导致对象内存的碎片化，进而要求系统提供"双层或多层保护"的功能。

正因为 C++不会对只读对象提供整块内存保护功能，所以使去除实例数据成员 const 的方法可行。例 12.4 修改对象只读实例数据成员的方法将长久有效，不会因为 const_cast 的引入就抛去 C 语言原有的强制类型转换方法。

12.2　cast 系列类型转换

除了继续支持 C 语言的强制类型转换外，C++还提供了 4 个新的强制类型转换关键字：（1）static_cast；（2）const_cast；（3）dynamic_cast；（4）reinterpret_cast。同 C 语言的强制类型转换用法基本相同，但 static_cast 在转换目标为左值时不能从源类型中去除 const 和 volitale 属性；const_cast 也同 C 语言的强制类型转换用法基本相同，但它能从源类型中去除 const 和 volitale 属性；dynamic_cast 将子类对象转换为父类对象时无须子类多态，而将基类对象转换为派生类对象时要求基类多态；reinterpret_cast 主要用于名字同指针或引用类型之间的转换，以及指针与足够大的整数类型之间的转换。

12.2.1　static_cast——静态转换

关键字 static_cast 类似于 C 语言或 C++的强制类型转换，其使用格式为"static_cast<T> (expr)"，用于将数值表达式 expr 的源类型转换为 T 目标类型。static_cast 仅在编译时静态检查源类型能否转换为 T 类型，运行时不做动态类型检查，故不保证转换的安全性。但是，它不能将指向 const 或 volatile 实体的指针转换为指向非 const 或 volatile 实体的指针，也不能将引用 const 或 volatile 实体的值转换为引用非 const 或 volatile 实体的值。换句话说，static_cast 不能去除源类型的 const 或 volatile。

【例 12.6】使用 static_cast 对数值表达式进行强制类型转换。

```
#include <iostream>
using namespace std;
const int x=0;            //x 为 const 全局变量，即只读全局变量，内存分配在受保护的区域
volatile int y=0;         //y 为可写易变全局变量
void main( ) {
    const int z=0;        //z 为 const 自动变量，内存分配在受保护的区域
    int w = static_cast<int>(x);   //正确：x 有 const 但被忽略，因为现在只读 x 的值，转换目标为右值
    //static_cast<int>(x) = 0;     //错误：转换结果为右值不能对其赋值
    //static_cast<int&>(x) = 0;    //错误：不能去除 x 的 const 只读属性，转换目标为左值
    //static_cast<int>(w) = 0;     //错误：转换结果为右值不能对其赋值
    static_cast<int&>(w) = 0;      //正确：转换为有址传统左值引用，可被赋值
    //*static_cast<int*>(&x) = 0;  //错误：无法去除 const 将源类型 const int *转换为 int *。转换用作左值
```

```
//static_cast<int&>(y) = 0;          //错误：无法去除全局变量 y 的 volatile 属性
const_cast<int&>(y) = 4;             //正确：可以去除全局变量 y 的 volatile 属性，::y=4
const_cast<int&>(x) = 3;             //正确：但运行时出现页面保护访问冲突
*const_cast<int*>(&x) = 3;           //正确：但运行时出现页面保护访问冲突
*(int*)&x = 3;                       //正确：但运行时出现页面保护访问冲突
*const_cast<int*>(&z) = 3;           //正确：运行无异常，但并不能修改 z 的值
cout << "z=" << z << endl;           //输出 z 的值，仍然为 z=0
*(int*)&z = 3;                       //正确：运行无异常，但并不能修改 z 的值
cout << "z=" << z << endl;           //输出 z 的值，仍然为 z=0
}
```

由例 12.6 可知，static_cast 无法去除 x、z 的 const 而使其成为传统左值而被赋值，不管是直接去除（如 "static_cast<int&>(x)"）还是间接去除（如 "*static_cast<int*>(&x)"）都不行。"static_cast<int&>(x)" 不能去除 "x" 源类型 "const int" 中的 const，但 "const_cast<int&>(x)" 可以去除其中的 const；"*static_cast<int*>(&x)" 不能去除 "&x" 源类型 "const int *" 中的 const，但 "*const_cast<int*>(&x)" 可以去除其中的 const。

即使编译时能够去除源类型中的 const，但是运行时要么对于全局变量会出现页面保护访问冲突，要么对于局部变量实际上不能修改只读变量的值。在使用 C 语言的类型转换 "(int*)" 时，"(int*)" 将 "&x" 源类型 "const int *" 中的 const 去除了，达到了和 "const_cast<int*>(&x)" 一样去除 const 的效果，但是对于全局变量 x，"*(int*)&x = 3；" 在运行时会出现页面保护访问冲突。

总之，不管是能够去除 const 的 const_cast，还是 C 语言的无所不能的强制类型转换，对于简单类型的只读的变量和函数参数，运行时最终无法改变它们的值。但是，对于例 10.6 对象的只读实例数据成员 max，C 语言的强制类型转换 "(int&) max" 和 "const_cast<int&>(max)"，最终都能改变该对象的只读实例数据成员 max 的值，这是因为 C++或操作系统目前还不能提供 "双层保护"。

static_cast 不要求被转换的实体为指针或者引用类型，除了转换目标为左值时编译会报错不能去除 const 或 volatile 以外，"static_cast<T>" 的类型转换和 C 语言的强制类型转换 "(T)" 几乎一样，其类型表达式 "T" 和 C 语言的类型表达式 "T" 格式相同。此外，对于数值表达式 "y" 的源类型 "volatile int"，static_cast 也不能在转换目标为左值时去掉源类型中的 volatile 属性。

由于 static_cast 不进行运行时的类型检查，故也不保证类型转换的安全性，有址引用和无址引用可以相互转换，但转换目标为左值时 static_cast 不能去除 const 或 volatile。常量和常量对象可被 static_cast 转换为传统右值有址引用、传统左值无址引用以及传统右值无址引用。因此，当函数参数为无址引用类型时，可以用无址常量或通过 static_cast 转换传递实参。

虽然 static_cast 没有进行运行时的类型检查来保证转换的安全性，但是将子类对象引用（或子类对象指针）向上转换为基类对象引用（或基类对象指针）是安全的。但是反过来向下转换则是不安全的，故转换前应使用 typeid 进行类型检查。当派生类有虚基类时，不允许将虚基类指针（或引用）通过 static_cast 转换为派生类指针（或引用），即派生类有虚基类时 static_cast 不能从虚基类向下转换。

12.2.2　const_cast——只读转换

关键字 const_cast 用于在源类型中去除或添加 const 和 volatile 属性，相比于 static_cast，其类型转换的意义更弱一些。const_cast 的使用格式为 "const_cast<类型表达式>(数值表达式)"。其中，类型表达式不能包含存储位置类修饰符，如 static、extern、auto、register 等。使用 static_cast、const_cast、dynamic_cast、reinterpret_cast 的类型转换都是显式类型转换。

【例 12.7】const_cast 只能转换为指针、引用或指向对象成员的指针类型。

```
class Test {
    int number;                          //对于可修改对象，该数据成员可被修改
public:
    const int nn;                        //无论何种对象，该只读数据成员都不可被写
    void dec( )const;                    //const 说明对象*this 不可写，故其成员不可写
    Test(int m): nn(m) { number = m; }
};
void Test::dec( )const {                 //this 的类型为 const Test*const，故 Test 对象不可修改
    //number--;                          //错误：当前对象不可写，故每个成员都不可修改
    const_cast<Test*>(this)->number--;   //this 去除 const 变为 Test*const，对象可写
    //nn--;                              //错误：nn 为 const，只读不可写
    const_cast<int&>(nn)  --;            //nn 去除 const 后可写
}
void main( ) {
    Test a(7);                           //a.number=7，a.nn=7
    a.dec( );                            //a.number=6，a.nn=6
    const int xx = 0;                    //xx 源类型为 const int
    const static int& yy=0;              //yy 源类型为 const int&
    volatile int zz = 0;                 //zz 源类型为 volatile int
    //以下语句去除 "&xx" 源类型 "const int *" 中的 const 后变为 "int *"：指向的单元可写
    int ww =*const_cast< int*>(&xx) =2;  //但并不能改变受保护的 xx，ww=2，xx=0
    ww = xx;                             //ww=xx=0：xx 受保护，xx 的值并未被修改
    a.*const_cast<int Test::*>(&Test::nn)=3;//对象实例成员不受保护可修改：a.nn=3
    ww = a.nn;                           //ww=3
    const_cast<volatile int&>(yy) = 4;   //添加 volatile，引用 yy 无内存不受保护，yy=4
    ww = yy;                             //ww=4
    const_cast<int&>(zz)=6;              //去除 "zz" 源类型 "volatile int" 中的 volatile：zz=6
    //const_cast<const int&>(zz)=6;       //错误：添加 const 后成为传统右值，不能赋值
    ww=const_cast<const int&>(zz);      //正确：添加 const 后成为传统右值，ww=6
    ww=*const_cast<const int*>(&zz);    //正确：添加 const 后成为传统右值，ww=6
    const_cast<volatile int&>(ww)=5;    //正确：添加 volatile：ww=5
}
```

由于源类型添加 const 后成为传统右值，因此不能对添加后的转换结果进行赋值，否则人们会误以为 const_cast 只能去除 const。实际上，const_cast 既可以去除 const，也可以添加 const；既能够去除 volatile，也能够添加 volatile。对于独立分配内存的简单类型的只读变量，如例 12.6 中简单类型的 x 和 z 以及本例的 xx，它们分配的只读内存会受到保护，因此，即使去除 const 后赋值，也不能改变它们的值。

对于未能独立分配内存的只读实例数据成员，如本例的实例数据成员 nn 不独立分配内存，以及逻辑上不分配内存的只读引用变量（如本例的 yy，理论上 yy 共享其他变量或常量的内存，自己不分配内存），编译程序不会提供对这些只读实例数据成员和变量的访问保护，const_cast 确实能够起到去除 const 的作用。

对于返回无址右值引用的函数 "int &&g( )" 和 "const int &&h( )"，它们之间的共同点是：无址右值一定是传统右值，不可能出现在等号左边。因此，"int &&g( )" 可等价地视为 "const int &&g( )"，故 "g( )=3;" 和 "h( )=3;" 都是错误的。虽然 "g( )" 的返回类型是 "int &&"，但它的返回结果通常是存储于缓存的无址常量，不同于传统左值无址引用变量 "int &&c" 存于缓存，因此 "c=3;" 是正确的，而 "g( )=3;" 是错误的。

不能用 const_cast 将无址常量、位段访问、无址返回值转换为有址引用。例如，对于无址常量 0，不能使用"const_cast<int &>(0)"转换为传统左值有址引用，也不能使用"const_cast<const int &>(0)"转换为传统右值有址引用。同理，对于上述返回无址右值的函数调用"g( )"和"h( )"，不能使用"const_cast<int &>(g( ))"和"const_cast<int &>(h( ))"转换为传统左值有址引用，也不能使用"const_cast<const int &>(g( ))"和"const_cast<const int &>(h( ))"转换为传统右值有址引用。

能出现在赋值号左边的独立变量都是有址传统左值，但是传统左值不一定都是有址的，例如例 2.5 "a.x=2；"中的位段"a.x"就是传统左值，但是它是依赖于独立变量 a 的有名无址的位段，位段是按二进制分配内存不是按字节编址的。"const_cast<T &>(expr)"和"const_cast<const T &>(expr)"转换的 expr 必须是"T"类型的有址变量或者有址表达式，返回带有"T&"类型的函数调用是一个有址表达式。有名独立变量一定是分配了内存的有址表达式，例如对于"const int xx=0；"，xx 就是有名有址的右值表达式，独立的有址引用变量和无址引用变量都是有名有址的表达式。不返回带有"&"类型的函数调用、位段访问及简单类型的常量等都是无址的。

【例 12.8】使用 const_cast 对引用变量或返回引用的函数调用进行转换。

```
#include <iostream>
using namespace std;
int x = 0;                                  //x 为传统左值：x 有址&x
int &a = x;                                 //a 为传统左值，可写 a=3：a 有址即&a=&x
const int &b = 0;                           //b 为传统左值，不可写 b=3：b 有址即&b
int &&c = 0;                                //c 为传统左值，可 c=3：c 有址即&c
const int &&d = 0;                          //d 为传统右值，不可 d=3：d 有址即&d
int &e( ) { return x; }                     //e( )为传统左值，可 e( )=3：有址即&e( )
const int &f( ) { return 0; }               //f( )为传统右值，不可 f( )=3：有址即&f( )
int &&g( ){ return 0; }                     //g( )为传统右值，不可 g( )=3：无址，不可写&g( )
const int &&h( ){ return 0; }               //h( )为传统右值，不可 h( )=3：无址，不可写&h( )
void main( ) {
    int &&a1=const_cast<int &&>(a);         //a1 无址引用 a 所引用的变量，a1 有址即&x
    int &&b1=const_cast<int &&>(b);         //b1 无址引用 b 所引用的常量，b1 有址即&b
    int &c1=const_cast<int &>(c);           //c1 有址引用 c 无址引用的常量，c1 有址即&c
    int &d1= const_cast<int &>(d);          //d1 有址引用 d 无址引用的常量，d1 有址即&d
    int &&e1=const_cast<int &&>(e( ));      //e1 无址引用 e()有址引用的左值，e1 有址即&e()
    int &&f1=const_cast<int &&>(f( ));      //f1 无址引用 f()有址引用的右值，f1 有址即&f()
    //int &g1 = const_cast<int &>(g( ));     //错误：无址表达式 g()不能转换为有址引用
    //int &g2 = const_cast<int &>(0);        //错误：无址表达式 0 不能转换为有址引用
    int &&g3 = const_cast<int &&>(g( ));    //正确：同类型无须转换 int &&g( )，无 const
    //int &h1 = const_cast<int &>(h( ));     //错误：无址表达式 h()不能转换为有址引用
    //int &h2 = const_cast<const int &>(0);  //错误：无址表达式 0 不能转换为有址引用
    int &&h3= const_cast<int &&>(h( ));     //正确：去除源类型"const int &&"中的 const
    //int &&h4 = const_cast<int &&>(0);      //错误：无址表达式 0 不能转换为无址引用
    //int &h4 = static_cast<int &>(0);       //错误：无址表达式 0 不能转换为有址传统左值
    const int &h4=static_cast<const int &>(0);   //正确：等价于 const int &h4=0
    const int &&h5=static_cast<const int &&>(0); //正确：等价于 const int &&h5=0
}
```

无论是&还是&&定义的变量、参数或者返回值，要判断它们是否有址，最简单的办法就是对其进行取址运算。例如，对于本例变量 a 和 d，允许取址运算"&a"及"&d"，因此变量 a 和 d

是有名有址的。而"&g( )"不被编译程序允许，因此返回"&&"类型的函数调用g()是无址的。

12.2.3 dynamic_cast——动态转换

关键字 dynamic_cast 主要用于子类向父类转换，以及有虚函数的基类向派生类转换，其使用格式为"dynamic_cast<T> (expr)"，要求类型 T 是类的引用、类的指针或者 void*类型，而 expr 的源类型必须是类的对象（常量或变量：向引用类型转换）、父类或者子类的引用或指针。dynamic_cast 转换时不能去除数值表达式 expr 源类型中的 const 和 volitale 属性。但是，没有 const 和 volitale 的数值表达式 expr 在转换时则可以添加 const 和 volitale 属性。

【例 12.9】使用 dynamic_cast 对数值表达式进行转换。

```
struct B { int m; };
struct D : public B { int n; };            //B、D 满足父子关系
struct E : virtual public B { int n; };    //B、E 满足父子关系
void main( ) {
    B b;                                   //b 是父类对象
    const B c;                             //c 是父类对象
    D d;                                   //d 是子类对象
    D* pd = static_cast<D*>(&b);           //语法正确但不安全：类型向下转换
    //E *pe = static_cast<E*>(&b);         //错误：E 有虚基类 B，不能向下转换
    B* pb = dynamic_cast<B*>(&d);          //语法正确且安全：类型向上转换
    void* pv1=static_cast<B*>(&d);         //语法正确且安全：类型向上转换
    void* pv2=dynamic_cast<B*>(&b);        //正确但无必要：&b 的类型就是 B*
    B* pb1 = static_cast<B*>(pv1);         //正确：pv1 为 void*向下转换
    //B *pb2 = static_cast<void *>(&b);    //错误：void *的值不能赋给 B *的变量 pb2
    volatile B* pb3=dynamic_cast<volatile B*>(&d);   //正确：安全，可添加 volatile
    //B* pb4 = dynamic_cast<B*>(&c);       //错误：不能去掉 const
    const B* pb5 = dynamic_cast<const B*>(&d);       //正确：安全，可添加 const
    const volatile B*pb6=dynamic_cast<const volatile B*>(&d);//正确：可添加 const volatile
    const B* pb7=dynamic_cast<B*>(&d);     //正确：安全，类型向上转换
    volatile B*pb8=dynamic_cast<B*>(&d);   //正确：安全，类型向上转换
    //B *pb9=dynamic_cast<B*>(pb8);        //错误：不能从 pb8 去除 volatile
    const volatile B*pb9=dynamic_cast<const volatile B*>(&c);
}
```

需要注意的是，当使用 dynamic_cast 时，程序在运行时会进行类型检查，类型检查涉及虚函数或多态。因此，当使用 dynamic_cast 自上向下转换时，被转换的基类对象必须包含虚函数或纯虚函数；否则转换失败，将返回一个空指针 nullptr。因此，在使用 dynamic_cast 时，最好先用 typeid 检查数值表达式的源类型，确保是子类对象时再向下转换。

当父类 B 和子类 D 使用 dynamic_cast 转换时，"dynamic_cast<D*>"的转换结果可以向上赋给"B *"类型的变量，"dynamic_cast<D&>"的转换结果可以向上赋给"B &"类型的变量，"dynamic_cast<D&&>"的转换结果可以向上赋给"B &&"的变量。不管是自下向上赋值，还是使用 dynamic_cast 自下而上转换，都不会有安全隐患，不需要父类有虚函数或纯虚函数。

以父类 B 和子类 D 的引用转换为例，自下向上的转换形式为"dynamic_cast<B&>(d)"，要求被转换的表达式 d 为子类对象，转换结果类型为父类引用"B&"；自下向上的赋值形式为 "B &r=d;"或者"B &s= dynamic_cast<D&>(b);"，要求等号右边是子类对象，等号左边是父类引用变量。尽管 s 最终引用的是 B 类对象 b，但是经过"dynamic_cast<D&>"类型转换后，等号右边

表达式的结果为子类对象。

"dynamic_cast<D&>(b)"是自上向下的转换，要求父类 B 必须有虚函数和纯虚函数才行，否则编译程序会报告错误"B 不是多态类型"。如果父类 B 有虚函数或纯虚函数，编译时就能通过语法检查，但是运行时"dynamic_cast<D&>(b)"转换失败，因为 b 不是"D&"要引用的 D 类对象，这也是检查 b 是否为子类对象的一个方法。此外，目标类型必须和被转换的源类型具有父子关系，否则只能使用 void*类型作为目标类型。

【例 12.10】使用 dynamic_cast 自上向下转换，被转换的父类对象必须包含虚函数或者纯虚函数。

```
#include <iostream>
using namespace std;
struct B {
    int m;
    B(int x): m(x) { }
    virtual void f( ) { cout << 'B'; }     //若无虚函数，"dynamic_cast<D*>(&b)"向下转换出错
};
struct D : public B {                      //B 是父类，D 是子类
    int n;
    D(int x, int y): B(x), n(y) { }
    void f( ) { cout << 'D'; }             //函数 f()自动成为虚函数
};
void main( ) {
    B a(3);
    B &b=a;
    D c(5,7);
    D &d=c;
    D *pc1 = static_cast<D*>(&a);          //语法正确但为不安全的自上向下转换
    pc1->f( );                             //输出 B
    D *pc2 = static_cast<D*>(&b);          //语法正确但为不安全的自上向下转换
    pc2->f( );                             //输出 B
    D *pc3 = dynamic_cast<D*>(&a);         //若 a 无虚函数 f( )，则自上向下转换错误
    pc3->f( );                             //运行异常：pc3 为 nullptr（a 非子类对象）
    D *pc4 = dynamic_cast<D*>(&b);         //若 b 无虚函数 f( )，则自上向下转换错误
    pc4->f( );                             //运行异常：pc4 为空指针（b 非子类对象）
    B *pb1 = dynamic_cast<D*>(&c);         //语法正确且为安全的自下向上赋值
    pb1->f( );                             //输出 D：正确的多态行为
    B *pb2 = dynamic_cast<D*>(&d);         //语法正确且为安全的自下向上赋值
    pb2->f( );                             //输出 D：正确的多态行为
    D &ra1 = static_cast<D&>(a);           //语法正确但为不安全的自上向下转换
    ra1.f( );                              //输出 B
    D &ra2 = static_cast<D&>(b);           //语法正确但为不安全的自上向下转换
    ra2.f( );                              //输出 B：根据虚函数入口地址表首址
    B &rc1 = dynamic_cast<D&>(c);          //语法正确且为安全的自下向上赋值
    rc1.f( );                              //输出 D：正确的多态行为
    B &rc2 = dynamic_cast<D&>(d);          //语法正确且为安全的自下向上赋值
    rc2.f( );                              //输出 D：正确的多态行为
    B &&rc3 = static_cast<D&&>(c);         //语法正确且为安全的自下向上赋值
    rc3.f( );                              //输出 D：正确的多态行为
    B &&rc4 = dynamic_cast<D&&>(c);        //语法正确且为安全的自下向上赋值
    rc4.f( );                              //输出 D：正确的多态行为
    B &&rc5 = static_cast<D&&>(d);         //语法正确且为安全的自下向上赋值
```

```
        rc5.f( );                               //输出 D：正确的多态行为
        B &rc6 = dynamic_cast<D&>(rc5);          //正确：自上向下转换，自下向上赋值
        rc6.f( );                               //输出 D：正确的多态行为
    }
```

在上述程序中，"pc3 = dynamic_cast<D*>(&a)"和"pc4 = dynamic_cast<D*>(&b)"编译时正确，但运行时将导致"pc3=nullptr"以及"pc4=nullptr"。因为被转换的对象指针为父类对象指针，而不是"dynamic_cast<D*>"所需要的子类对象指针，转换失败将导致"pc3=nullptr"以及"pc4=nullptr"。此后，调用"pc3->f( )"和"pc4->f( )"将导致程序运行异常。相较而言，"static_cast<D*>(&b)"不做运行时的类型检查，总会转换成功，故 pc2 的值不会为 nullptr，且主调对象与被调函数之间也形成了多态绑定。

dynamic_cast 不能将无址引用转换为有址引用，否则运行时类型检查将导致出现异常错误。dynamic_cast 在转换过程中不能去除 const 或 volatile，但是可以添加 const 或 volatile。而 static_cast 可以在有址引用和无址引用之间相互转换，但转换时不能去除源类型中的 const 或 volatile。const_cast 也可以在有址引用和无址引用之间相互转换，转换时能够对源类型去除或添加 const 或 volatile。const_cast 的类型转换能力较 static_cast 弱，它不能将无址简单类型常量、位段访问以及不返回&类型的函数调用转换为有址引用类型。

【例 12.11】运行时不能使用 dynamic_cast 将有址引用转换为无址引用。

```
struct B {
    int m;
    B(int x) : m(x) { }
    virtual void f( ) { cout << 'B'; }          //父类必须有虚函数才能向子类转换
};
struct D : public B {//B、D 必须具有父子关系，这样在 B 多态时才能用 dynamic_cast 向下转换
    int n;
    D(int x, int y) : B(x), n(y) { }
    void f( ) { cout << 'D'; }                  //自动成为虚函数
};
void main( ) {
    B a(3);
    B& b = a;
    D c(5, 7);
    D& d = c;
    B&& e = B(2);
    D&& f = D(4, 6);
    B& rc1 = dynamic_cast<B&>(e);               //正确：运行时异常，无址转有址引用
    B& rc2= dynamic_cast<D&>(f);                //正确：运行时异常，无址转有址引用
    //const B& rc3=dynamic_cast<const D&>(D(2,3));   //正确
    B&& rc4=dynamic_cast<B&&>(b);               //正确：运行时异常，有址转无址引用
    B&& rc5=dynamic_cast<D&&>(d);               //正确：运行时异常，有址转无址引用
    B &rc6=dynamic_cast<B&>(b);                 //正确：b 就是 B&类型，无须转换
    //D &rc7=dynamic_cast<B&>(b);               //错误：子类引用不能引用父类对象
    D& rc8 = dynamic_cast<D&>(d);               //正确：d 就是 D&类型，无须转换
    B&& rc9 = dynamic_cast<B&&>(e);             //正确：e 就是 B&&类型，无须转换
    //D&& rc10=dynamic_cast<B&&>(e);            //错误：子类引用不能引用父类对象
    D&& rc11=dynamic_cast<D&&>(f);              //正确：f 就是 D&&类型，无须转换
    B&& rc12=dynamic_cast<D&&>(D(2, 3));        //正确，D(2, 3)在缓存中，属于&&类型
    //以下指针转换不做运行时的类型检查
    B* pc1 = dynamic_cast<B*>(&e);              //正确：&e 就是 B*类型，无须转换
    B* pc2 = dynamic_cast<D*>(&e);              //正确：指针类型不做运行时的类型检查
```

```
    B* pc3 = dynamic_cast<D*>(&f);          //正确：&f 就是 D*类型，无须转换
    B* pc4 = dynamic_cast<B*>(&b);          //正确：&e 就是 B*类型，无须转换
    B* pc5 = dynamic_cast<D*>(&b);          //正确：指针类型不做运行时的类型检查
    B* pc6 = dynamic_cast<D*>(&d);          //正确：&d 就是 D*类型，无须转换
    //D *pc7=dynamic_cast<B*>(&b);          //错误：子类指针 pc7 不能指向父类对象
    D* pc8 = dynamic_cast<D*>(&d);          //正确：&d 就是 D*类型，无须转换
    //D* pc9 = dynamic_cast<B*>(&e);        //错误：子类指针 pc9 不能指向父类对象
    D* pc10 = dynamic_cast<D*>(&f);         //正确：&f 就是 D*类型，无须转换
    //int B::*pd=dynamic_cast<int B::*>(&B::m);      //错误：不能转换为实例成员指针
    //void (B::*pf)( )=dynamic_cast<void (B::*)( )>(&B::f);  //错误：同上，只能是 void*类型
}
```

dynamic_cast 要求类型 T 是类的引用、类的指针或者 void*类型，被转换的表达式 expr 的值必须涉及对象类型，因为常量对象可被编译程序当作有址对象或无址对象，故可作为涉及对象的表达式的值被 dynamic_cast 转换；而简单类型常量（如 3）不涉及对象的表达式，故其值不能用 dynamic_cast 转换。

如上例最后三行代码所示的那样，由于 dynamic_cast 要求目标类型 T 是父类或者子类的引用、父类或者子类的指针，或只能是 void*类型，因此 dynamic_cast 不能用于目标类型 T 为实例成员指针的强制转换。这些指针包括实例数据成员指针、实例函数成员指针，它们依赖于对象，不能独立使用。

12.2.4　reinterpret_cast——重释转换

关键字 reinterpret_cast 的使用格式为 "reinterpret_cast <T> (expr)"，用于将数值表达式 expr 的值转换成 T 类型的值。reinterpret_cast 用于名字到指针或引用类型的转换、有址引用与无址引用之间的相互转换，以及指针与足够大的整数类型之间的相互转换。其中，指针是指能够取得实际内存地址而不是偏移量的指针。

足够大的整数类型是指能够存储一个地址或者指针的整数类型，x86 编译模式一般将这个整数类型指定为 int 或者 unsigned int。当 T 为 int 或者 unsigned int 时，expr 的类型必须为一个地址或者指针类型，因为 reinterpret_cast 转换主要用于地址转换。当然也可以选择字节数更多或更少的类型作为目标类型，如果选择字节数更少的类型，如 2 个字节的 short，则有可能存放不下一个 32 位地址，建议使用 int、long 或 long long 类型。

若 reinterpret_cast 的源类型为指针类型，则通常是独立变量（包括引用变量）的地址，例如简单类型的 void *、char*、int *等，指向非成员函数的指针、指向静态数据成员的指针，指向静态函数成员的指针，以及指向类的对象的指针。"reinterpret_cast <T> (expr)" 的 T 不能是指向实例数据成员的指针类型，也不能是指向实例函数成员的指针类型。

换句话说，指针是能够取得实际内存地址而不是偏移量的指针。指针可以向足够大的整型转换，足够大的整型也可以向指针类型转换。但是，位段访问、实例数据成员的地址、实例函数成员的地址，以及实例函数成员的限定名等不能向指针类型转换。当然，返回整型值的函数调用作为足够大的整型数值，可以向指针类型转换。

当 reinterpret_cast 的 T 为使用&或&&定义的引用类型时，expr 必须是一个有址表达式（包括有址的变量名和函数参数，以及返回&或&&的函数调用）。因此，位段访问不能向有址或无址引用类型转换。无址简单类型常量也不能向有址引用类型或无址引用类型转换，"reinterpret_cast <const int &>(0)" 和 "reinterpret_cast<const int &&>(0)" 等都是不允许的。不返回&或&&定义的

类型的函数调用也不能向引用类型转换。

不同于 dynamic_cast 的有址引用和无址引用不能相互转换，reinterpret_cast 可以实现有址引用与无址引用之间的相互转换。在使用&或&&定义的变量之间，以及它们同返回&或&&的函数之间，这些有址或无址引用类型之间都是可以相互转换的。

【例 12.12】强制转换 reinterpret_cast 用于简单类型的地址转换。

```
#include <iostream>
using namespace std;
void func( ) { cout << 'F'; }
void main( ) {
    int a = 20;
    int &b = a;                               //b 有址引用 a，b=a=10
    unsigned int e = reinterpret_cast <unsigned int> (&a);
    int f = reinterpret_cast <int> (nullptr);  //不能用 0 代替 nullptr：不用于 int 和 int 之间的转换
    f= reinterpret_cast <int> (&a);            //&a 为 a 的地址，表示指针要转换为 int
    int *g = reinterpret_cast <int *>(f);      //将存储地址的整型 f 转换为指针，g=&a
    int *h = reinterpret_cast <int *>(g);      //源的类型和目标类型 int *一致，无须转换，h=g
    h = reinterpret_cast <int *> (&f);         //h 指向 f，f 有 a 的地址：h 表现为双重指针
    int i = **reinterpret_cast <int **>(h);    //将 h 作为双重指针并取值，i=20
    int &j = reinterpret_cast <int &> (a);     //传统左值 a 被 j 有址引用，j=b=a=20
    i = &j == &a;                              //取 j 的地址，即 a 的地址，故结果为真，i=1
    int &k = reinterpret_cast <int &> (b);     //b 也为 int&类型：k 有址引用（b 有址引用的）a
    int &l = reinterpret_cast <int &> (f);     //l 有址引用传统左值 f，而 f 存储 a 的地址
    int &m = *reinterpret_cast <int *> (l);    //l（即 f）的值（a 的地址）转换为 int *指针，m 有址引用 a
    i = *reinterpret_cast <int *> (l);         //取 l（即 f）的值（a 的地址）转换为指针，i=20
    int &&n =reinterpret_cast <int &&>(a);     //名字 a 转无址引用，则 n=m=j=k=b=a=20
    n=30;                                      //n=m=j=k=b=a=30
    int &&o=reinterpret_cast <int&&>(j);       //有址引用 j 转无址引用，o=n=m=j=k=b=a=30
    o=40;                                      //o=n=m=j=k=b=a=40
    int &&p=reinterpret_cast<int &&>(o);       //不用转换：p 无址引用 o 引用的值，p=o=n=m=j=k=b=a=40
    p=50;                                      //p=o=n=m=j=k=b=a=50
    int &q = reinterpret_cast <int &>(n);      //无址引用 n 转有址引用，q= p=o=n=m=j=k=b=a=50
    q=60;                                      //q=p=o=n=m=j=k=b=a=60
    int &r = reinterpret_cast <int &>(g);      //名字 g（指针）转有址引用：r 实际类型=int *&
    i = *reinterpret_cast <int *&>(r);         //引用到引用指针的转换，i=*g=*&a=a=60
    i = *reinterpret_cast <int *>(r);          //int &r=g，取 r 的值当作 int *类型，i=*g =60
    f = reinterpret_cast <int> (func);         //将 void(*)( )类型的函数指针 func 当 int 赋值给 f
    void(*s)( ) = reinterpret_cast <void(*)( )> (func);//func 和 s 类型相同，编译不转换 func
    (*s)( );                                   //等于调用 func( )
    void *t= reinterpret_cast <void*>(func);   //函数指针转换为 void*指针
}
```

同前面章节介绍的一样，有址引用变量会共享被引用对象的内存；而无址引用变量共享被引用对象的缓存。简单类型的有址引用和无址引用可用 reinterpret_cast 相互转换，而类的有址引用和无址引用也可用 reinterpret_cast 相互转换。

【例 12.13】强制转换 reinterpret_cast 用于类及其成员。

```
#include <iostream>
using namespace std;
struct B {
    int m;
    static int n;              //静态成员有真正的单元地址
    B(int x): m(x) { }
```

```
        static void e( ) { cout << 'E'; }          //静态成员有真正的入口地址
        virtual void f( ) { cout << 'F'; }
    };
    int B::n = 0;
    void main( ) {
        B a(1);
        B &b = a;                                    //b 有址引用a，共享 a 的内存
        B *e = reinterpret_cast <B *> (&a);          //&a 为 B*类型，无须转换，e=&a
        e = reinterpret_cast <B *> (&b);             //&b 即&a，无须转换，e=&a
        int f = reinterpret_cast <int> (e);          //指针 e 转为整型，赋给 f
        B *g = reinterpret_cast <B *> (f);           //整数 f 转为 B *，赋值给 g=&a
        B &h = reinterpret_cast <B&> (a);            //名字 a 转引用，等价于 B &h=a
        h.m = 2;                                      //h 共享 a 的内存，h.m=b.m=a.m=2
        B &&i = reinterpret_cast <B&&> (b);          //有址引用 b 转无址引用，i 共享 b 引用的a
        i.m=3;                                        //i.m=h.m=b.m=a.m=3
        int *j = reinterpret_cast <int *>(&B::n);    //&B::n 的类型为 int *，无须转换，j=&B::n
        int &k=reinterpret_cast <int &>(B::n);       //名字 B::n 转引用，等价于 int &k=B::n
        k=6;                                          //k=B::n=i.n=h.n=b.n=a.n=6;
        void (*l)( )=reinterpret_cast<void(*)( )>(&B::e);//&B::e 类型为 void(*)( )，无须转换
        l = reinterpret_cast <void(*)( )> (B::e);    //结果同上：静态函数成员名即函数地址
        void(&m)( )=reinterpret_cast<void(&)( )>(B::e);//名字 B::e 转引用，void(&m)( )=B::e
        m( );                                         //等价于调用 B::e( )，输出 E
        void (B::*n)( )=reinterpret_cast<void (B::*)( )>(&B::f);  //&B::f 的类型无须转换
          (a.*n)( );                                  //等价于调用 a.f( )，输出 F
        int B::*o = reinterpret_cast <int B::*> (&B::m);//&B::m 的类型为 int B::*，无须转换
        f=a.*o;                                       //f=a.m=h.m=3
        B &&p = reinterpret_cast <B&&> (h);          //有址引用转无址引用 p，p.m=h.m=a.m=3
        p.m = 4;                                      //p.m=h.m=b.m=a.m=4
        B &q = reinterpret_cast <B&> (p);            //无址引用转有址引用：B&q=a, q.m=a.m=4
        q.m = 5;                                      //q.m=p.m=h.m=b.m=a.m=5
    }
```

在 C++中，取实例数据成员的地址 "&B::m" 得到的实际是一个偏移量，是相对于其所属对象首地址的偏移，这个偏移值对所有同类型的对象都是相同的。"&B::m" 的源类型为 "int B::*"，它和要转换的目标类型 "int B::*" 相同，因此实际上不需要进行重释转换。将 "&B::m" 转换为 "int" 或者 "void*" 类型都是不允许的，而相反的类型转换也是不允许的。也就是说，reinterpret_cast 实际上不能将实例数据成员指针和实例函数成员指针同其他类型相互转换。

12.3 类型转换实例

类型转换可以将源类型转换为希望的目标类型，但是转换的安全性由程序员自己负责。转换时应保证数值表达式从源类型转换为目标类型的合理性，而不能任意地转换，否则可能导致程序出现不可预料的错误。为了保证类型转换的安全性，可先用 typeid 检查源类型是否符合预期，然后再从源类型转换为目标类型。对于编译程序自动调用构造函数进行的隐式转换，也可以通过将构造函数声明为 explicit 来制止隐式转换。

12.3.1 typeid 获取类型标识

C++的父类指针（或引用）可以直接指向（或引用）子类对象，但是通过父类指针（或引用）

只能调用父类定义的成员函数。当父类指针（或引用）实际指向（或引用）子类对象时，可能希望调用子类对象相应的函数成员，如果没有将相应父类实例函数成员定义为虚函数，或者父类根本不存在子类所定义的同名函数，那么就必须将父类指针（或引用）转换为子类指针（或引用）才能调用到子类对象的相应的函数成员。

武断或盲目地向下转换会引起一系列安全问题，把字节数少的父类对象当作子类对象访问，可能会因越界访问对象内存而导致页面保护错误，这种越界将使操作系统直接终止当前程序的运行。因此，只有在确认父类指针（或引用）确实指向（或引用）子类对象时，将父类指针（或引用）向下转换至子类指针（或引用）才是安全的。

关键字 typeid 可以获得对象的真实类型标识，typeid 有两种使用格式：（1）typeid(类型表达式)；（2）typeid(数值表达式)。利用这两种格式，很容易判定数值表达式的类型是否为某个期望类型。typeid 的返回结果是"const type_info&"类型，在使用 typeid 之前可先"#include <typeinfo>"。不同编译器实现的"std::type_info"类可能不同，但 C++ 标准要求它必须实现"name( )"方法，该方法返回类型为"const char*"的类型名字符串。

类 type_info 还重载"operator=="" operator!="两个运算符函数，用于判定两个类型标识是否相同。例如，"typeid(B)==typeid(D)"判定 B 和 D 的类型标识是否相同。此外，type_info 还提供了返回布尔值的 before()函数，用于判定一个类是否是另一个类的基类，或者一个类是否能够自动转换为另一个类，例如"typeid(short).before(typeid(int))"和"typeid(int).before(typeid(unsigned))"的结果都为真。type_info 提供的其他函数还包括返回"const char*"类型的"raw_name( )"以及返回"int"类型的"hash_code( )"。

【例 12.14】用类型检查 typeid 保证转换安全性。

```cpp
#include <typeinfo>
#include <iostream>
using namespace std;
struct B {
    int m;
    B(int x): m(x) { }
    virtual void f( ) { cout << 'B'; }
};
struct D: public B {                    //基类 B 和派生类 D 满足父子关系
    int n;
    D(int x, int y): B(x), n(y) { }
    void f( ) { cout << 'D' << endl; }
    void g( ) { cout << 'G' << endl; }
};
int main(int argc, char *argv[ ]) {
    B a(3);                             //定义父类对象 a
    B &b = a;
    D c(5, 7);                          //定义子类对象 c
    D &d = c;
    B *pb = &a;                         //定义父类指针 pb 指向父类对象 a
    D *pc(nullptr);                     //定义子类指针 pc 并设为空指针
    if (argc < 2) pb = &c;
    if (typeid(*pb) == typeid(D)) {     //判断父类指针是否指向子类对象
        pc = (D*)pb;                    //C 语言的强制转换
        pc = static_cast<D*>(pb);       //静态强制转换，安全，因为 pb 指向 D 类
        pc = dynamic_cast<D*>(pb);      //动态强制转换：向下转换 B 须有虚函数
        pc = reinterpret_cast<D*>(pb);  //重释类型转换，安全，因为 pb 指向 D 类
        pc->g( );                       //输出 G，不转换 pb 无法调用 g( )
    }
```

```
cout << typeid(pc).name( )<<endl;          //输出 struct D*
cout << typeid(*pc).name( ) << endl;        //输出 struct D
cout << typeid(B).before(typeid(D)) << endl; //输出 1（即布尔值真）：B 是 D 的基类
}
```

在用"typeid(*pb) == typeid(D)"判断父类指针是否指向子类对象后，有多种方法实现类型的强制转换，包括 C 语言提供的强制类型转换方法"(D*)"、C++推荐使用的"static_cast<D*>""dynamic_cast<D*>"，以及"reinterpret_cast<D*>"。"dynamic_cast<D*>"转换后会进行运行时的类型检查，更适合具有虚函数的父类向下转换到子类。

12.3.2　explicit 要求显式调用

如 11.4 节所述，"单参数"的构造函数能自动完成类型转换。"单参数"构造函数是指显式参数表至少有 1 个参数，且从第 2 个参数开始都有默认值的构造函数。例如，类 A 的单参数构造函数的函数原型可包括"A(int x)""A(int x=0)""A(int x，int y=0)""A(int x=0，int y=0)""A(int x，int y=0，int z=0)""A(int x=0，int y=0，int z=0)"等任意多个函数原型。对于上述所有函数原型，可以等价地只用一个构造函数表示，即"A(int x=0，int y=0，int z=0)"。

【例 12.15】定义复数类型，实现加法运算。

```
class COMPLEX{
    double r, v;
public:
    COMPLEX(double r1=0, double v1=0) //包含单参数的构造函数定义
    { r=r1; v=v1; }
    COMPLEX operator+(const COMPLEX &c)const
    { return COMPLEX(r+c.r, v+c.v); };
    COMPLEX &operator+=(const COMPLEX &c);
};
COMPLEX &COMPLEX::operator+=(const COMPLEX &c)
{
    r+=c.r;   v+=c.v;
    return *this;  //返回类型为 COMPLEX &，须返回*this
};
void main(void)
{
    COMPLEX c1(2, 4), c2(3, 4);
    c1=c1+c2;   //调用 COMPLEX operator+(const COMPLEX &)
    c1=c1+2;    //调用 COMPLEX operator+(const COMPLEX &)
    c1=c1+'2';   //调用 COMPLEX operator+(const COMPLEX &)
    c1+=c2;     //调用 COMPLEX &operator+=(const COMPLEX &)
    c1+=2.5;    //先将 2.5 强制转换为常量对象 COMPLEX(2.5)，再做"+="运算
}
```

上述程序定义了 COMPLEX(double r1=0, double v1=0)，该定义包含了单参数构造函数的定义形式。单参数构造函数具有自动类型转换作用，这将降低定义多个加法运算符重载函数的必要性，例如，不必为"c1+2"定义加法运算符函数"COMPLEX operator+(char)"，因为整数 2 将自动转换为 double 类型的实参 2.0，然后去调用构造函数"COMPLEX(2.0, 0.0)"产生常量对象，于是"c1+2"转换为"c1+ COMPLEX(2.0, 0.0)"，这两个对象的加法将调用对应的"COMPLEX operator+(const COMPLEX &)"。

如果需要定义多种运算符（如减法、乘法等）函数，则定义单参数构造函数的好处将更加显著。必要时单参数构造函数会自动将实参转换为 COMPLEX 对象。在不希望构造函数自动将实参转换为类的对象时，可用关键字 explicit 限定构造函数只能显式调用，如果需要该构造函数转换实

参为类的对象，那么就必须显式使用实参调用 explicit 限定的构造函数。例如，为使常量 2.5 变成对象，应显式通过如下形式进行构造：（1）调用 "COMPLEX(2.5)"；（2）静态类型转换 "static_cast<COMPLEX>(2.5)"；（3）强制类型转换 "(COMPLEX)2.5"。

保留字 explicit 只能用于类的构造函数和强制类型转换实例函数成员的定义，以便在表达式计算中禁止类型的隐式自动转换，使用 explicit 定义的函数必须以显式调用的方式调用上述实例函数成员，实现转换类型。

【例 12.16】使用 explicit 定义复数类型的构造函数。

```
class COMPLEX {
    double r, v;
public:
    explicit COMPLEX(double r1=0, double v1 = 0)
    { r = r1; v = v1; }
    COMPLEX operator+(const COMPLEX &c)const
    {
        return COMPLEX(r + c.r, v + c.v);
    };
    COMPLEX &operator+=(const COMPLEX &c);
    explicit operator double( ){ return r; }
};
COMPLEX &COMPLEX::operator+=(const COMPLEX &c)
{
    r += c.r;   v += c.v;
    return *this;              //返回类型为 COMPLEX &，须返回*this
};
void main(void)
{
    COMPLEX c1(2, 4), c2(3, 4);
    c1 = c1 + c2;              //调用 "operator+(const COMPLEX &)"
    c1 = c1 + static_cast<COMPLEX>(2); //构造常量对象并调用加法运算符
    c1 = c1 + COMPLEX('2'); //构造常量对象并调用加法运算符
    c1 += c2;                 //调用 "operator+=(const COMPLEX &)"
    c1 += (COMPLEX)2.5;      //先将 2.5 转换为常量对象，然后做 "+=" 运算
}
```

不能使用 "dynamic_cast<COMPLEX&&>('2')" 或 "dynamic_cast<COMPLEX&&>(2.5)" 进行类型转换，因为 "dynamic_cast<COMPLEX&&>" 要求被转换的表达式必须涉及对象类型，而常量表达式'2'和 2.5 没有涉及对象类型，也不能自动或隐式转换为 "COMPLEX('2')" 和 "COMPLEX(2.5)"，因为 explicit 限定构造函数 "COMPLEX(double, double)" 必须被显式调用。虽然 "dynamic_cast<COMPLEX&&>(COMPLEX('2'))" 是正确的，但是这种动态转换纯属多此一举，建议直接使用 "COMPLEX('2')" 常量对象。

12.3.3 栈的类型转换实例

整型栈 STACK 是一种先进后出的存储结构，其操作通常包括判断栈是否为空、向栈顶添加一个整型元素、从栈顶出栈一个元素等。栈元素可以采用链表或者一维动态数组存储。若栈元素采用一维动态数组存储，则在 C++中一般说明为指针成员。该指针会保持相对稳定的状态，即不会随便为该栈分配内存，也不会前后移动该指针成员，因此，通常将该指针成员定义为 const。同理，栈的最大容量初始化后也不会随便变化，故也会被定义为 const。

随着&和&&引用类型的引入，必要时编译程序自动为 STACK 生成如下函数：（1）无参构造函数 STACK( )；（2）参数为有址引用的拷贝构造函数 STACK(const STACK&)；（3）参数为无址引用的移动构造函数 STACK(STACK&&)；（3）参数为有址引用的拷贝赋值运算函数 STACK &operator=(const STACK&)；（4）参数为无址引用的移动赋值运算函数 STACK &operator=

(STACK&&);（5）析构函数~STACK( )。

上述自动生成的拷贝构造函数和拷贝赋值函数均用浅拷贝实现，运行时会带来不可预料的安全问题。当 STACK 定义了动态分配内存的指针类型的数据成员时，必须隐藏编译程序自动生成的浅拷贝构造和浅拷贝赋值函数成员，以防止这些函数因浅拷贝构造和赋值引起内存泄漏，以及防止内存页面保护错误导致当前程序终止运行。

【例 12.17】整型栈 STACK 的定义。

```
class STACK {
    int* const    elems;                    //用 elems 申请内存，用于存放栈元素
    const int     max;                      //栈能存放的最大元素个数
    int      pos;                           //栈实际已有元素个数，栈空时 pos=0;
public:
    STACK(int m = 0);                       //栈最多存放 m 个元素，默认 m=0，表示无参构造
    STACK(const STACK& s);                  //参数为有址引用的深拷贝构造函数
    STACK(STACK&& s) noexcept;              //移动构造：参数为无址引用的浅拷贝构造函数
    virtual operator int( )const;           //返回栈的实际元素个数 pos
    virtual STACK& operator<<(int e);       //将 e 入栈，返回当前栈，以便连续入栈
    virtual STACK& operator>>(int& e);      //出栈到 e，返回当前栈，以便连续出栈
    virtual STACK& operator=(const STACK& s);   //参数为有址引用的深拷贝赋值运算符
    virtual STACK& operator=(STACK&& s) noexcept; //参数为无址引用的移动赋值运算符
    virtual ~STACK( );                      //销毁栈
};
STACK::STACK(int m) : elems(new int[m]), max(elems ? m : 0), pos(0) {
    if (elems == nullptr) throw "memory allocation for stack failed\n";
}
//注意：以下深拷贝构造函数应先分配内存再拷贝内容
STACK::STACK(const STACK& s) : elems(new int[s.max]), max(elems ? s.max : 0) {
    if (elems == nullptr) throw "memory allocation for stack failed\n";
    for (pos = 0; pos < s.pos; pos++) { elems[pos] = s.elems[pos]; }
}
//注意：以下移动构造函数应实现为浅拷贝，将实参的内存移动给新对象
STACK::STACK(STACK&& s) noexcept : elems(s.elems), max(s.max), pos(s.pos)
{//移动给新构造对象后不能共享 elems 指向的内存，否则可能导致异常
    const_cast<int*&>(s.elems) = nullptr;
    const_cast<int&>(s.max) = s.pos = 0;
}
STACK::operator int( )const { return pos; }
STACK& STACK::operator<<(int e) {
    if (elems == nullptr) throw "stack is illegal\n"; //未分配内存，发出异常
    if (pos==max) throw "stack is full\n";          //栈满发出异常
    elems[pos++] = e;
    return *this;
}
STACK& STACK::operator>>(int& e) {
    if (elems == nullptr) throw "stack is illegal\n"; //未分配内存，发出异常
    if (pos == 0) throw "stack is empty\n";         //栈空发出异常
    e = elems[--pos];
    return *this;
}
//注意：以下拷贝赋值运算符应实现为深拷贝赋值
STACK& STACK::operator=(const STACK& s) {
    if (this == &s) return *this;                   //对于栈对象 a，防止"a=a;"类似语句出现问题
    if (elems != nullptr) delete elems;             //先释放内存
    //elems 的类型为 int*const 传统右值，用 const_cast<int *&>转换为传统左值
```

```
        const_cast<int*&>(elems)=new int[s.max];      //等价于"(int*&)elems=new int[s.max];"
        if (elems==nullptr) throw "memory allocation for stack failed\n";
        const_cast<int&>(max)= elems? s.max : 0;       //等价于"(int&)max=elems?s.max : 0;"
        for (pos = 0; pos < s.pos; pos++) { elems[pos] = s.elems[pos]; }
        return *this;
    }
    //注意：以下移动赋值应实现为浅拷贝赋值，实参的内存被移动给新对象
    STACK& STACK::operator=(STACK&& s) noexcept {
        if (this==&s) return *this;                    //对 STACK a(10); 防 a=static_cast<STACK&&>(a)异常
        //elems 的类型为 int*const 的传统右值，用 const_cast<int *&>转换为传统左值
        if (elems != nullptr) delete elems;
        const_cast<int*&>(elems) = s.elems;            //等价于"(int*&)elems = s.elems; "
        const_cast<int &>(max) = s.max;                //等价于"(int&)max = s.max;"
        pos = s.pos;
        const_cast<int*&>(s.elems)= nullptr;           //s.elems 已移动给新对象，故被设为空指针
        const_cast<int&>(s.max)=s.pos= 0;
        return *this;
    }
    STACK::~STACK( ) {
        if (elems == nullptr) return;                  //防止反复释放内存
        delete elems;                                  //释放内存
        const_cast<int*&>(elems) = nullptr;            //设标志，防止反复释放内存
        const_cast<int&>(max) = 0;                     //等价于"(int &)max = 0;"
        pos = 0;
    }
    void main( ) { STACK m(10), n(10); n << 1 << 2 << 3; m = n; }
```

注意上述"const_cast<int *&>(elems)"在对 elem 引用时，去除了 elems 的不可被赋值的 const 属性，从而使 elems 可作为传统左值并能对其进行赋值。同理，"const_cast<int &>(max)"在对 max 引用时，去除了 max 的不可被赋值的 const 属性，从而使 max 可作为传统左值并能对其赋值。"const_cast<int &>(max)"等价于"*(int*)&max"或"(int&)max"，其中"&max"的类型为"const int*"，通过强制类型转换"(int *)"去除 const，从而使其所指向的存储单元（即 max 的单元）能够被赋值。

另外，在"STACK& STACK::operator=(const STACK&s)"函数中，语句"if (this == &s)"十分重要，它用于判断是否出现类似"a=a;"的语句（即相同对象的赋值运算），如果是就不用做任何操作直接返回。如果删除此条语句，就无法安全深拷贝 a 到 a，因为其后的"if (elems!= nullptr) delete elems;"将释放"a=a;"等号左边（同时也是右边的）a.elems 指向的内存；在多任务环境下被释放的内存很可能被另一个程序申请并使用，此后，若当前程序使用"s.elems"即"a.elems"访问内存，那么就会访问另一个程序刚申请的内存，从而会因内存页面保护导致访问冲突，操作系统会直接"杀死"当前程序。

12.4　自动类型推导

关键字 auto 在 C 语言中用作类型修饰符，用于定义函数内部的局部非静态变量，表示该变量的内存在栈上分配。因为这样的变量内存会随函数的返回而自动回收，故函数内部的非静态变量也被称为局部自动变量即 auto 变量。同理，通过栈传递实参初始化的函数形参也可以被视作自动变量。C++的 auto 还可用于变量类型的自动推导，即在用 auto 定义变量时，如果没给出变量的类型，将根据其初始化表达式的类型自动推导出变量的类型。

12.4.1 auto 的一般用法

保留字 auto 可用于推导变量、各种函数的返回值，以及类的带有 const 定义的静态数据成员的类型。

如果用 auto 自动推导 C++的变量类型，则在定义变量时不能显式指定变量的类型。如果不用 auto 自动推导类型，例如在仅仅使用 static 定义变量时，就必须明确说明变量的类型；仅用 static 不能认为变量的默认类型为 int，可以用"static auto"或者"auto static"定义和推导变量的类型。

【例 12.18】auto 及 static 的基本用法。

```
#include <stdio.h>
//auto int a = 1;          //错误：推导类型时不能明确指定变量 a 的类型为 int
//auto int x[3];           //错误：同上
auto b = 'A';              //正确：推导定义"char b= 'A';"
auto c = 1 + printf("a");  //正确：推导定义"int c=1 + printf("a"); "
auto d = 3.2;              //正确：推导定义"double d= 3.2;"
auto e = "abcd";           //正确：推导定义"const char *e = "abcd";"
static int f = 0;          //正确：使用 static 须明确说明变量类型 int
static auto x = 3;         //正确：推导定义"static int x = 3;"
//static g=0;              //错误：必须明确说明类型，不能认为 g 的默认类型为 int
inline auto g( ) { return; }//推导函数 g 的返回类型为 void
class A { inline auto const volatile static m = x; }; //有 inline 时可以使用任意表达式 x 初始化 m
void main( ) {
    //auto int a = 1;      //错误：推导类型时不能指定变量 a 的类型为 int
    //auto int x[3];       //错误：同上
    auto b = 'A';          //正确：推导定义"char b='A';"
    auto static x = 3;     //正确：推导定义"static int x = 3;"
    //static y = 3;        //错误：必须明确说明类型，不能认为 y 的默认类型为 int
}
```

在上例中，初始化表达式"1+printf("a")"的类型容易推导。首先 C 和 C++默认常量 1 的类型为整型"int"，另外 printf()在"stdio.h"中定义的返回整型为"int"，因此"1+printf("a")"的结果类型必定为"int"类型，故变量 c 的类型推导为"int"类型。注意，C 和 C++默认浮点常量（如 3.2）的类型为"double"类型，不能错误地认为是"float"类型，常量"3.2F""3.F"或".2F"才是"float"类型。

12.4.2 auto 用于函数和数组

在 auto 推导变量的类型时，初始化表达式可以出现数组变量名或函数名。出现的数组名代表整个数组的类型，而出现的函数名则代表指向该函数的指针。当定义多维数组"int a[10][20];"时，如果仅使用其中的一部分维，如"a[1]"，则代表类型是删除这部分维外剩下的类型，即从"int a[10][20];"删除"a[10]"剩下的"int [20]"。因此，"a[1]"还剩下一维 20 个元素用于存储整数，故"a[1]"可理解为"int*"或"int[20]"类型，但 auto 在进行类型推导时会优先选择"int *"的形式。

类型推导 auto 不能出现在顶级的数组定义中，即不能出现"auto b[ ]"或"auto b[4]"等以"[ ]"开始的定义形式。auto 的本质是推导出初始化表达式值的类型，因此 auto 可以出现在既需要类型又关联初始值的地方，最常见的出现位置是定义及初始化变量的类型之前。此外，auto 还可以出现在 new 的后面，因为 new 既需要类型表达式又需要初始值；auto 也可以出现在函数返回类型之前，因为此处既需要返回类型又关联 return 语句的返回值。auto 不能出现在异常类型列表、强制类型转换和函数形参的类型定义位置。

auto 不能推导函数形参类型的原因在于：形参后面的值不是初始化实参值而是默认值，形参的初始化值是函数调用时的实参值。显然，无法将形参的类型同实参值的类型关联推导，原因如下：（1）是否出现函数调用都很难说，若没有函数调用则形参就没有实参值关联；（2）也可能有多个函数调用，并且实参值的类型可能互不相同，形参类型和哪个实参值关联也不确定。要关联实参值得先解决二义性问题。

【例 12.19】auto 推导函数和数组相关的类型。

```
#include <stdio.h>
#include <typeinfo>
using namespace std;
int    a[10][20];                      //a 的类型为 int [10][20]，可理解为 "int (*a)[20]；"
auto   b(int x) { return x; };         //b 的类型为 int b(int)
auto   c = a;                          //优先选择 int(*c)[20]
auto   *d = a;                         //优先选择 int(*d)[20]：和 int(*a)[20]匹配的推断结果
auto   e = &a;                         //int (*e)[10][20]：指向数组 a
auto   f = printf;                     // "int (*f)(const char *, …);"
auto   g = a[1];                       //优先选择 int *g 而非 int g[20]
auto   *h = a[1];                      //优先选择 int *h 而非 int h[20]
int    k(int x) { return x; }
void main( ) {
    auto m={ 1,2,3,4 };                //等价于 "int m[4]= { 1,2,3,4 }；"
    auto n= new auto(1);               //等价于 "int *n=new int(1)；"
    auto p = k;                        //p 的类型为 int (*p)(int)
    auto *q = k;                       //q 的类型为 int (*q)(int)，*用于匹配 k 的类型 int(*)(int)
    g[2] = 3;                          //int *g 可当作一维数组 int g[ ]使用
    (*p)(4);                           //调用 k(4)
    (*q)(5);                           //调用 k(5)
    printf("%s\n", typeid(a).name( ));       //输出 int [10][20]
    printf("%s\n", typeid(a[1]).name( ));    //输出 int [20]
    printf("%s\n", typeid(b).name( ));       //输出 int __cdecl(int)
    printf("%s\n", typeid(c).name( ));       //输出 int (*)[20]
    printf("%s\n", typeid(d).name( ));       //输出 int (*)[20]
    printf("%s\n", typeid(e).name( ));       //输出 int (*)[10][20]
    printf("%s\n", typeid(f).name( ));       //输出 int (__cdecl*)(char const *,...)
    printf("%s\n", typeid(g).name( ));       //输出 int *
    printf("%s\n", typeid(h).name( ));       //输出 int *
    printf("%s\n", typeid(k).name( ));       //输出 int __cdecl(int)
    printf("%s\n", typeid(p).name( ));       //输出 int (__cdecl*)(int)
    printf("%s\n", typeid(q).name( ));       //输出 int (__cdecl*)(int)
    printf("sizeof(c)=%d\n", sizeof(c));     //输出 sizeof(c)=4
}
```

在上述输出中，可以忽略编译模式__cdecl，它仅代表按 C 定义方式调用函数。该方式是指在调用该函数前，通过压栈传递 N 个实参；在函数使用汇编代码 "ret" 返回后，编译程序从栈中弹出 N 个实参，以维护调用前后栈的平衡。这也是 C 语言程序很少出现栈溢出的原因。另一种函数调用方式是 PASCAL 方式，即在返回时使用类似 "ret m" 的汇编指令，弹出调用前压栈的所有实参，返回后对栈不再做进一步处理，因此函数调用前后的栈也是平衡的。

12.4.3　表达式类型的提取

关键字 decltype 用来提取表达式的类型，提取的类型可以是复杂的类型表达式，可以用来定义变量、参数或者函数返回值的类型，以及用在 new、sizeof、异常列表、强制类型转换等凡是需要类型表达式的地方。在用 decltype 提取类型定义新变量时，若使用表达式初始化要定义的变量，则表达式的类型必须和提取的类型相同或相容。类型相容意味着初始化表达式可以自动完成类型转换，转换成变量、形参或者返回值要用 decltype 提取的类型。

【例 12.20】decltype 提取表达式的类型，并将提取的类型用于变量或函数定义。

```
int      a[10][20];
decltype(a)* p = &a;    //等价于"int(*p)[10][20];"：a 的类型为 int [10][20]
decltype(&a[0])h(decltype(a)x, int y) { return x; };  //等价于"int (*h(int(*x)[20], int))[20];"
//不能定义 decltype(a)h(decltype(a)x, int y, int z);  //C++的函数不能返回数组
void sort(double* a, unsigned N, bool(*g)(double, double)) {
    for (int x = 0; x < N - 1; x++)
        for (int y = x + 1; y < N; y++)
            if ((*g)(a[x], a[y])) { double t = a[x]; a[x] = a[y]; a[y] = t; }
}
auto f(double x, double y) throw(const char*)//函数原型为 bool (*f)(double, double)
{
    return x > y;
};
auto g = [](int x)->int { return x; };       //在推导 g 时 Lambda 表达式被计算并初始化 g
decltype(g)* q;                              //正确：表达式 g 的类型已被计算出来
auto r = new decltype(a);                    //等价于 int(*r)[20]=new int[10][20];
//decltype([ ](int x)->int{ return x; })*q;  //错误：匿名 Lambda 表达式未被计算
void main( ) {
    double a[5];
    a[0] = 1;    a[1] = 5;    a[2] = 3;    a[3] = 2;    a[4] = 4;
    sort(a, sizeof(decltype(a)) / sizeof(double), f);
}
```

在上述程序中，关键字 decltype 只能用于已被计算的表达式，不能用于未被计算的表达式，如匿名的 Lambda 表达式的类型提取。由于 Lambda 表达式实质上是用于定义匿名函数，因此使用 auto 可以计算或推导该匿名函数定义的类型。

12.5　Lambda 表达式

为了不过多地定义有名函数，C++引入了 Lambda 表达式。Lambda 表达式是 C++引入的一种匿名函数。名义上 Lambda 表达式是一种匿名函数，但实际上，Lambda 表达式被编译为临时类的对象，若未定义存储该临时类对象的变量则称该 Lambda 表达式没被计算。

12.5.1　Lambda 表达式的声明

Lambda 表达式的声明格式为"[捕获列表](形参列表)mutable 异常说明->返回类型{函数体}"。Lambda 表达式的定义总是始于"["，并且必须以"}"结束。C++编译程序将为 Lambda 表达式生成一个临时类，该类重载的实例函数成员"operartor( ) (形参列表)"是 Lambda 表达式对应的匿名函数。

如果"捕获列表"有参数或捕获了若干变量，则倾向于将 Lambda 表达式当作临时类的对象，此时，可以认为 Lambda 表达式是一个"准对象"，否则倾向于将 Lambda 表达式当作"准函数"。无论 Lambda 表达式是"准对象"还是"准函数"，Lambda 表达式的编译结果都是临时类的对象，而 Lambda 表达式对应的匿名函数可被看作临时类重载的实例函数成员"operartor( ) (形参列表)"。

因此，当使用"auto obj=Lambda 表达式;"定义 obj 时，编译的 obj 为 Lambda 表达式生成的临时类的一个对象，Lambda 表达式被计算意味着该对象 obj 被初始化，故可以使用 obj 作为对象调用匿名函数，即以"obj.operartor( ) (实参列表)"形式调用函数，其等价的函数调用形式为"obj(实参列表)"，参见例 11.14 的"( )"函数调用"tab("a", 1)"。

"operartor( ) (形参列表)"中的"形参列表"对应 Lambda 表达式定义中的"形参列表"。当使用"obj(实参列表)"或者使用"obj.operartor( ) (实参列表)"调用匿名函数时，实参列表对应的值将传递给 Lambda 表达式定义中的"形参列表"的对应形参。

Lambda 表达式中的"（形参列表）"可不出现，但同时后面的"返回类型"也不能出现，即"（形参列表）"也可以以"( )"的形式出现，此时，Lambda 表达式被编译为实例函数"operartor( )( )"，即重载的"( )"运算符的参数表为空或者无参。当然，形参列表中的形参可以有默认值，且最后一个形参也可以是省略参数。

"异常说明"可以定义匿名函数自己不处理的异常，异常说明不是其所属函数原型的一部分。Lambda 表达式可以定义匿名函数的"返回类型"，如果不需要返回类型则可以省略该项。但是，Lambda 表达式一旦定义了返回类型，就需要在其"函数体"内用 return 语句返回对应类型的值。

【例 12.21】定义返回 x 的计算结果的 Lambda 表达式。

```
#include <stdio.h>
#include <typeinfo>
using namespace std;
int main( ) {
    int a = 0;
    auto f = [ ](int x=1)->int { return x; };          //捕获列表为空，对象 f 当"准函数"用
    auto g = [ ](int x)throw(int)->int{ return x; };    //g 同上：匿名函数抛出异常
    int(*h)(int) = [ ](int x)->int { return x * x; };   //捕获列表为空，h 指向"准函数"
    h = f;   //正确：f 的 Lambda 表达式捕获列表为空，f 倾向于当"准函数"使用
    auto m = [a](int x)->int { return x * x; };        //m 是"准对象"：捕获 a 初始化实例成员
    //int(*k)(int)=[a](int x)->int{return x;};         //函数指针 k 不能指向准对象（捕获列表非空）
    //h = m;//错误：m 的 Lambda 表达式捕获列表非空，m 倾向于当"准对象"使用
    //printf(typeid([ ](int x)->int{return x;}).name( ));//错：临时 Lambda 表达式未计算，无类型
    printf("%s\n", typeid(f).name( ));                 //输出 class <lambda_...>
    printf("%s\n", typeid(f(3)).name( ));              //输出 int，使用实参值调用 x=3
    printf("%s\n", typeid(f.operator( )( )).name( ));//输出 int，使用默认值调用 x=1
    printf("%s\n", typeid(f(3)).name( ));              //输出 int
    printf("%s\n", typeid(f.operator( )).name( ));     //输出 int __cdecl(int)
    printf("%s\n", typeid(g.operator( )).name( ));     //输出 int __cdecl(int)
    printf("%s\n", typeid(h).name( ));                 //输出 int (__cdecl*)(int)
    printf("%s\n", typeid(m).name( ));                 //输出 class <lambda_...>
    return f(3) + g(3) + (*h)(3);                       //用对象 f、g 计算 Lambda 表达式
}//注意：调用 g.operator(3)⇔g(3)
```

由"typeid(f).name( )"的输出结果可知，编译程序为 Lambda 表达式生成了一个临时类，该临时类包含一个重载函数"operator( )(int x=1)"，而变量 f 是该临时类的一个实例对象。此后，程序通过"f(3)"调用了代表 Lambda 表达式的匿名函数，该调用被编译为使用对象 f 调用"f.operator( )(3)"，注意，调用"f()"等于参数使用默认值 1 调用"f(1)"。对于上述自动类型推导定义的变量 f 和 m，f 可以赋值给函数指针 h，但是 m 却不能赋值给函数指针 h，因为 f 倾向于作为"准函数"使用，而 m 倾向于作为"准对象"使用，函数指针 h 是不能指向对象 m 的。

　　既然上述 f 被实现为临时类的对象，那么就需要对 f 调用构造函数进行初始化，"[捕获列表]"中的外部变量将作为构造函数的实参，用于初始化 f 的私有同名的实例数据成员。若"[捕获列表]"中出现了"&"（或者"&变量名"），则表示所有外部变量（或特定外部变量）被构造函数当作传统左值有址引用，用于初始化匿名类对象的私有有址引用类型的同名实例数据成员；否则，"[捕获列表]"中的外部变量（默认为传统右值，包括"="引出的传统右值外部变量）被值参传递给构造函数的形参，传递完毕后外部变量与构造函数的形参无关。

　　在临时类的实例对象 m 被构造或者初始化以后，"[捕获列表]"中的外部变量 a 以值参形式传递给 m 的私有同名实例数据成员，并且在值参传递构造完毕以后两者再无关系。对于实例对象 m 的私有同名实例数据成员 a，Lambda 表达式 m 通常只能取 a 的值而不能修改 a 的值，除非 Lambda 表达式的参数表后出现 mutable，但此时修改的是同名私有实例数据成员 a 的值，而不是被捕获的外部变量 a 的值。即使在 Lambda 表达式中修改同名实例数据成员 a 的值，也不会影响原有的"[捕获列表]"中的外部变量 a 的值，因为两者在值参传递构造完 m 以后再无关系。

　　若"[捕获列表]"中的外部变量由&引入并作为实参传给构造函数的传统左值有址引用形参，然后用该形参初始化匿名类实例对象的引用类型的同名实例数据成员，该引用类型的实例数据成员也是传统左值有址引用，它将共享"[捕获列表]"中外部变量所使用的内存。若在 Lambda 表达式中修改该引用类型的同名实例数据成员的值，将直接导致"[捕获列表]"中被捕获的外部变量的值被修改。因此，若想 Lambda 表达式改变当前作用域或外层作用域变量的值，可在 Lambda 表达式的"[捕获列表]"中使用&捕获该变量。

12.5.2　Lambda 表达式的参数

　　Lambda 表达式可以出现在任何可以初始化变量、成员或者形参的位置。当 Lambda 表达式出现在非成员函数的外部时，即当其作为全局匿名函数或者模块静态匿名函数出现时，其"[捕获列表]"可以为"[ ]""[&]"或者"[=]"，不能列出任何全局变量或模块静态变量的名字。在 Lambda 表达式中，可以直接访问或修改全局变量或模块静态变量的值。因此，非成员函数外部的 Lambda 表达式的捕获列表一般为空"[ ]"。

　　要将 Lambda 表达式生成的匿名函数赋给或传递给函数指针，则 Lambda 表达式的"[捕获列表]"必须为"[ ]"，即它必须为"准函数"才能获得其入口地址。这种 Lambda 表达式可以使用任何全局变量或静态变量。在非成员函数（如 main()函数）的外部，如果定义的某个函数的形参为函数指针，则只能将"[捕获列表]"为"[ ]"的 Lambda 表达式传给该形参，因为这种"准函数"Lambda 表达式的入口地址可看作函数指针；若 Lambda 表达式的"[捕获列表]"非空，则该 Lambda 表达式将被当作"准对象"，由于其对象名不可能是函数指针类型，故不能传给函数指针类型的形参。

　　【例 12.22】Lambda 表达式作为"准函数""准对象"以及匿名函数的调用。

```
int m = 7;
static int n = 9;
auto e = [ ](int x)->int {          //"[捕获列表]"无外部变量，e 倾向于当作"准函数"使用
    static int z = 3;
    return z += (m += n++);
};
static auto f = [&](int x)->int {    //"[捕获列表]"有外部变量，f 倾向于当作"准对象"使用
    static int y = 3;
    return y += (m += n++);
};
//以下 Lambda 表达式"[捕获列表]"非空，倾向于当作"准对象"来初始化匿名类类对象 g
```

```
    auto g=[=](int x)mutable->int { //"[捕获列表]"有外部变量，g 倾向于当作"准对象"使用
        static int z = 3;
        return z += (m += n++);   //可以省略 mutable，因为 main()外不可能捕获自动变量
};
int h(int(*f)(int)) { return (*f)(4); }
void   main( ) {
    int a = 0;
    auto b = [ ](int x)->int { return m * n * x; };   //b 倾向于当作"准函数"使用
    auto c = [a](int x)mutable ->int{ a++; return m * n * a * x; };//c 倾向于当作"准对象"作用
    a = e(2);                  //m=16，n=10，a=19，等价于 e.operator( )(2)
    a = e.operator( )(3);      //m=26，n=11，a=45，e 显式作为对象调用匿名函数
    a = f(2);                  //m=37，n=12，a=40，等价于 f.operator( )(2)
    a = f.operator( )(3);      //m=49，n=13，a=89，f 显式作为对象调用匿名函数
    a = g(3);                  //m=62，n=14，a=65，等价于 g.operator( )(3)
    a = g.operator( )(3);      //m=76，n=15，a=141，g 显式作为对象调用匿名函数
    a = h([ ](int x)->int{ return m*x; });//m=76，n=15,a=304："准函数"作为实参调用 h
    //h([a](int x)->int{ return m*x; });//错：函数指针形参不能指向"准对象"Lambda
    a = h(e);                  //m=91，n=16，a=136，"准函数"e 作为实参调用 h
    //a = h(f);                //错：h 的函数指针形参不能指向"准对象"f
    //a = h(g);                //错：h 的函数指针形参不能指向"准对象"g
    a = h(b);                  //m=91，n=16，a=5824，h 的函数指针形参可指向"准函数"b
    //a = h(c);                //错：h 的函数指针形参不能指向"准对象"c
    int(*q)(int) =b ;          //函数指针变量 q 可以指向"准函数"b
    q= [ ](int x)->int { return m * x; };      //函数指针变量 q 可以指向"准函数"
    //q = [a](int x)->int { return m * x; };   //错：函数指针变量 q 不能指向"准对象"
}
```

对于非成员函数（如 main()）内定义的 Lambda 表达式，其"[捕获列表]"中可以出现"[ ]" "&""=""this""变量名""参数名""&变量名""&参数名""=变量名""=参数名"等，但是捕获的外部变量只能是 main()内的非静态局部变量或者函数参数；全局变量、静态变量和静态函数无须捕获即可直接访问。对于类的实例函数成员内定义的 Lambda 表达式，其捕获列表不能使用"=this"和"&this"，但即使不使用"this"也会默认捕获"this"，故该 Lambda 表达式可访问该类的实例数据成员和实例函数成员，也能访问该类的静态数据成员和静态函数成员。

【例 12.23】在非成员函数的内部定义 Lambda 表达式。

```
int m = 7;
static int n = 8;
void main( ) {
    int x = 2, z = 0;
    static int p = 3;
    //以下 f 捕获 z 作为传统左值引用，捕获 x 为传统右值，x 因 mutable 可被修改
    auto f = [&, x](int u)mutable->int {p++; n++; return u+x++; }; //构造 f：允许 x++
    //以下 g 捕获 z 作为传统左值引用，捕获 x 为传统右值，x 因 mutable 可被修改
    static auto g=[&,x](int u)->int { p++; m++; return u + x; };   //构造 g：不允许 x++
    z = f(2);         //p=4，m=7，n=9，x=2，f.x=3，z=4：注意 f.x 的值延续到下次调用
    z = f(2);         //p=5，m=7，n=10，x=2，f.x=4，z=5：注意 f.x 的值延续到下次调用
    p = 3;
    z = g(2);         //x=2，z=4，p=4，m=8，n=10
    z = g(2);         //x=2，z=4，p=5，m=9，n=10
}
```

在上述程序 main()中，不管是"static auto g"还是"auto f"，在定义以后都会为其 Lambda 表

达式创建一个临时类，构造并初始化该临时类的实例对象的 g 和 f。每次调用匿名函数"f(2)"都会执行"f.operator( )(2)"实例函数。在初始化对象 f 时，由于 Lambda 表达式定义为 mutable，因此每次调用 f(2) 都会引起 f 私有实例数据成员 f.x 的变化，且 f.x 的值会影响下次调用，从而使每次调用返回不同的值。但修改 f.x 并不会影响 main() 的局部变量 x 的值，因为初始化 f 以后，f.x 和 main() 的 x 已经没有关系。函数 main() 并不能直接访问 f.x，因为 f.x 是 f 的私有实例数据成员。

当 Lambda 表达式在类的成员函数的内部定义时，"[捕获列表]"可以为"空""&""="this" "变量名"或者"&变量名"。但是，"[捕获列表]"中捕获的外部变量是该成员函数的非静态局部变量以及函数参数，包括隐含参数 this（不能写成"&this"或"=this"，在实例函数成员内部默认捕获 this），而不能是任何全局变量、函数内外的静态变量、实例成员和静态成员。全局变量、静态变量和静态成员无须捕获即可使用，对象的实例成员可通过捕获的 this 访问，注意类的静态函数成员没有隐含参数 this。

【例 12.24】在成员函数内定义 Lambda 表达式，捕获成员函数的参数及函数的自动变量。

```
int m = 7;           //全局变量 m 不用被捕获即可被 Lambda 表达式使用
static int n = 8;    //模块变量 n 不用被捕获即可被 Lambda 表达式使用
class A {
    int x;           //由于 this 默认被捕获，故可访问实例数据成员 A::x
    static int y;    //静态数据成员 A::y 不用捕获即可被 Lambda 表达式使用
public:
    A(int m): x(m) { }
    void f(int &a) {        //实例函数成员 f() 有隐含参数 this
        int b = 0;
        static int c=0;     //静态变量 c 不用被捕获即可被 Lambda 表达式使用
        auto h = [&, a, b](int u)mutable->int{//this 默认被捕获，创建对象 h
            a++;            //f() 的参数 a 被捕获并传给 h 的实例成员 a：a++不改变 f() 的参数 a 的值
            b++;            //f() 的局部变量 b 被捕获并传给 h 实例成员 b：b++不改变局部变量 b 的值
            c++;            //f() 的静态变量 c 可直接使用，c++改变 f() 的静态变量 c 的值
            y=x+m+n+u+c;//this 默认被捕获：可访问实例数据成员 x
            return a;
        };
        h(a + 2);           //实参 a+2 值参传递给形参 u，调用 h.operator( )(a+2)
    }
    static void g(int &a){//静态函数成员 g() 没有 this
        int b = 0;
        static int c = 0;   //静态变量 c 不用被捕获即可被 Lambda 表达式使用
        auto h = [&a, b](int u)mutable->int{//没有 this 被捕获，创建对象 h
            a++;            //g() 的参数 a 被捕获并传给 h 的引用实例成员 a：a++改变参数 a 的值
            b++;            //g() 的局部变量 b 被捕获传给 h 实例成员 b：b++不改局部变量 b 的值
            c++;            //g() 的静态变量 c 可直接使用，c++改变 g() 的静态变量 c 的值
            y=m+n+u+c;//没有捕获 this，不可访问实例数据成员 A::x
            return a;
        };
        h(a + 2);           //实参 a+2 值参传递给 h 形参 u
    }
}a(10);
int A::y = 0;           //静态数据成员必须初始化
void   main( ) {
    int p = 2;
    a.f(p);             //p=2，a.x=10，A::y=30
    a.f(p);             //p=2，a.x=10，A::y=31
```

```
        A::g(p);                    //p=3，a.x=10，A::y=20
        A::g(p);                    //p=4，a.x=10，A::y=22
}
```

12.5.3 准函数 Lambda 表达式

Lambda 表达式临时生成的类当然也有构造函数，构造函数的参数来源于"[捕获列表]"，其中列出的外部变量将作为构造函数的实参。如果"[捕获列表]"没有捕获任何变量，则 Lambda 表达式倾向于当作函数使用，此时，可以认为 Lambda 表达式是一个"准函数"。

对于形如"auto f=Lambda 表达式"的类型推导来说，f 是为 Lambda 表达式创建的临时类的一个对象，该临时类重载了括号运算实例函数成员"operator( )(形参列表)"。但是，由于不知道临时类的名称，或者说该临时类是一个匿名类，因此无法获得函数"operator( )"的地址，即对应的函数名称是一个无址传统右值。如果 f 倾向于作为"准函数"使用，则 f 不能被函数指针变量有址引用。不管 Lambda 表达式是否为"准函数"，理论上无法获得它代表的匿名类的函数地址，因此，在引用 Lambda 表达式时只能使用无址引用。

注意，C++函数的异常说明不是函数原型的一部分，因此，若两个 Lambda 表达式除了异常说明外，其"->"前面的所有部分都相同，则两个 Lambda 表达式的原型是相同的。

【例 12.25】Lambda 表达式是一个无址传统右值，只能用无址引用变量引用。

```
#include <typeinfo>
#include <iostream>
using namespace std;
int main( ) {
    int    a = 0;
    auto f = [ ](int x)->int { return x * x; };              //f捕获列表为空：f倾向于当作"准函数"
    auto&& k = [ ](int x)->int { return x * x; };            //无址引用变量 k：引用无址"准函数"
    //auto &m= [ ](int x)->int { return x * x; };            //错误：有址引用变量 m 引用无址"准函数"
    auto g = [a](int x) throw(double)->int { return x; };    //g捕获列表非空，g倾向于当作"准对象"
    auto&& h = [a](int x) throw(double)->int { return x; };  //无址引用 h 引用无址"准对象"
    //auto&n=[a](int x)->int{return x;};                     //错误：有址引用 n 不能引用无址"准对象"
    int(*q)(int) = f;                                        //正确：准函数 f 的地址可赋给函数指针变量 q
    q = [ ](int y)->int { return y; };                       //准函数的地址赋给函数指针变量 q
    //q=[a](int y)->int { return y; };                       //错误：准对象的地址不能赋给函数指针 q
    int(&p)(int)throw(char) = *q;                            //q 没有抛出 char 异常，但可被 p 引用：原型相同
    int(*&&r)(int) = [ ](int x)->int { return x; };          //无址引用可引用"准函数"无址右值
    //int(*&&r1)(int) = f;                                   //正确：无址引用 r1 可以引用无址传统右值
    //int(*&r2)(int)=[ ](int x)->int{ return x; };           //错误：有址引用 r2 不能引用无址右值
    int(*&&s)(int) = f;                                      //正确：无址引用可以引用"准函数"无址传统右值 f
    //int(*&&t)(int) = g;                                     //错误：无址引用不能引用"准对象"无址传统右值 g
    int(*&u)(int) throw(int) = q;                            //正确：有址引用 u 引用有名（即有址）变量 q
    int(**v)(int) = &u;                                      //正确：可取 int(*&)(int)类型的有址引用 u 的地址
    cout << typeid(&f).name( );
    cout << typeid(&g).name( );
    //v= &f;                                                 //错误：   f 是无址右值，不能取其地址
    //v= &g;                                                 //错误：   g 是无址右值，不能取其地址
    decltype(&f) w = &f;
    decltype(&g) x = &g;
    return f(3) + g(3) + p(3) + (*q)(3) + s(3) + r(3 + u(3)) +(*w)(3);
}
```

在上述程序中，Lambda 表达式是一个无址传统右值，被类型推导的变量 f 和 g 也是同样的无址传统右值。f 和 g 实际上是匿名类的一个对象，但理论上它们是代表 Lambda 表达式的函数。

练习题

【题 12.1】什么是类型的显式转换？什么是类型的隐式转换？简单类型隐式转换的顺序是什么？

【题 12.2】对于简单类型的变量，如 int 类型的变量 x，显式转换(int) x 的结果还是传统左值吗？

【题 12.3】对于全局变量 "const int x=0;"，能够使用 "*const_cast<int*>(&x) = 3;" 修改 x 的值吗？

【题 12.4】static_cast 能够转换去除表达式源类型中的 const、volitale 属性吗？

【题 12.5】static_cast 在转换时会进行多态检查吗？当派生类有虚基类时，能用 static_cast 向下转换至该派生类吗？

【题 12.6】dynamic_cast 在转换时会进行多态检查吗？dynamic_cast 向下转换需要基类有虚函数吗？

【题 12.7】dynamic_cast 要转换的数值表达式必须涉及类的对象吗？

【题 12.8】reinterpret_cast 用于什么目的的转换？

【题 12.9】在使用 dynamic_cast 时，有必要使用 typeid 检查类型标识吗？typeid 的返回结果是什么类型？

【题 12.10】explicit 用于定义构造函数时能起到什么作用？

【题 12.11】利用 auto 定义和推导变量的类型时，编译程序依据什么推导变量的类型？

【题 12.12】C++引入 Lambda 表达式的目的是什么？在定义 Lambda 表达式时，"[捕获列表]" 使用 "&" 捕获的外部变量与使用 "=" 捕获的外部变量有何区别？

【题 12.13】对于定义 "int x=0;" 和 "auto f=[x](int y)mutable ->int{ x++; return x+y; };"，试举例说明为什么 f 实际上是一个对象，但名义上是个函数？

C++提供了 3 种类型的模板，即变量模板、函数模板和类模板，分别用于模板变量实例、模板函数实例和模板类实例的生成。使用这些模板既可避免书写大量代码，又能利用编译程序提供的类型检查机制生成语法正确的变量、函数和类实例。但是，并不是生成的所有实例都能满足程序的语义要求，在某些情况下，必须对生成的函数实例和类实例进行隐藏。

13.1 变量模板及其实例

变量模板使用类型形参定义变量的类型，可根据类型实参生成变量模板的实例变量。变量模板生成实例变量的途径有两种：一种是从变量模板隐式地或显式地生成模板实例变量；另一种是通过函数模板（见 13.2 节）和类模板（见 13.4 节）生成，在生成模板函数实例和模板类实例的同时，也会附带生成其中的模板实例变量。

13.1.1 变量模板的定义

在定义变量模板时，类型形参的名称可以使用关键字 class 或者 typename 定义，即可以使用"template<class T>"或者"template<typename T>"来定义类型形参的名称 T。生成模板实例变量时，将使用实际类型名、类名或类模板实例代替 T。

【例 13.1】定义变量模板并生成模板实例变量。

```
#include<stdio.h>
template<typename   T>
constexpr T pi = T(3.1415926535897932385L);          //定义变量模板 pi，其类型形参为 T
template<class T> T area(T r) {      //定义函数模板 area，其类型形参为 T
    printf("%p\n", &pi<T>);          //生成模板函数实例时附带生成 pi<T>的模板实例变量
    return pi<T> * r * r;
}
template const float pi<float>;      //生成模板实例变量 pi<float>，不能使用 constexpr
//等价于 "const float pi<float>== float (3.1415926535897932385L);"
template const double pi<double>;      //生成模板实例变量 pi<double>，实参类型为 double
//等价于 "const double pi<double >= double (3.1415926535897932385L);"
void main(void)
{
    const float &d1 =pi<float>;          //引用变量模板生成的模板实例变量 pi< float>
    printf("%p\n", &d1);
```

```
        const double&d2=pi<double>;          //引用变量模板生成的模板实例变量 pi<double>
        printf("%p\n", &d2);
        const long double &d3=pi<long double>;//生成并引用模板实例变量 pi<long double>
        printf("%p\n", &d3);
        float a1= area<float>(3);
        double a2 = area<double>(3);
        long double a3 = area<long double>(3);
        int a4 = area<int>(3);                //调用 area<int>时生成模板实例变量 pi<int>
}
```

例 13.1 输出了 3 个变量模板的模板实例变量 pi<float>、pi<double>、pi<long double>，它们的地址各不相同。这说明由一个变量模板生成了多个不同类型的模板实例变量。变量模板不能在函数内部声明，且生成的模板实例变量和变量模板的作用域相同。

因此，变量模板生成的模板实例变量只能为全局变量或者模块静态变量。上述程序通过函数调用 area<int>获得了类型实参 int，并将 int 传递给变量模板 pi 的类型形参，生成了相应变量模板的模板实例变量 pi<int>。

13.1.2　变量模板的实例化

变量模板的实例化需要获得类型实参，即已定义的类型或实例化的类型，当然也可以通过后面将要介绍的函数模板或者类模板间接获得类型实参。模板的参数列表除了可以使用类型形参外，还可以使用非类型的形参。在变量模板实例化时，非类型形参需要传递常量作为实参。非类型形参也可以定义默认值，若变量模板实例化时未给出实参，则使用其默认值实例化变量模板。

【例 13.2】使用非类型形参定义变量模板，并生成变量模板的模板实例变量。

```
#include<stdio.h>
template<typename   T>            //定义变量模板 pi，其类型形参为 T
constexpr   T   pi = T(3.1415926535897932385L);
template<class T> T area(T r) {    //定义函数模板 area，其类型形参为 T
    return pi<T> * r * r;
}
template<class T, int x=3>         //定义变量模板 girth，其类型形参为 T
static   T   girth = T(3.1415926535897932385L*2*x);
template float girth<float>;       //生成 static girth<float>，作用域与变量模板相同
void main(void)
{
        const double &f=pi<double>;    //引用在 main()外生成的全局变量 pi<double>
        double &g=girth<double,4>;     //引用在 main()外生成的 static girth <double>
        double &h=girth<double>;       //引用在 main()外用默认值生成的 static girth <double>
        printf("%p\n", &g);
        printf("%p\n", &h);
        printf("%lf\n", girth<double, 4>);
        printf("%lf\n", area<double>(4));
}
```

在 girth 模板生成变量实例时，分别使用常量 4 作为非类型实参 x 的值，以及使用默认值 3 作为非类型实参 x 的值，生成了变量模板的两个模板实例变量"static girth<double,4>"和"static girth<double>"，它们是两个不同的实例变量，分配了地址不同的内存单元，使用"printf("%p\n", &g);"和"printf("%p\n", &h);"输出它们的地址，输出的模板实例变量存储单元的地址确实不同。

注意，变量模板不能在非成员函数 main()的内部声明，而且变量模板生成的模板实例变量必须和变量模板的作用域相同，故 main()生成的实例变量并不是属于 main()函数的局部变量，而是

在 main()外部定义的全局变量"pi<double>"、模块变量"girth<double,4>"以及"girth<double>"。

13.2　函数模板

函数模板是使用类型形参定义的函数，可根据类型实参生成函数模板的模板实例函数。函数模板不能在非成员函数的内部声明，且根据函数模板生成的模板实例函数也和函数模板的作用域相同。因此，函数模板生成的模板实例函数可能为全局函数、模块静态函数、类的成员函数。

13.2.1　函数模板的定义

假定 x、y 的类型相同，现欲交换 x、y 的数值。目前有两种解决办法：一种是利用 C 语言和C++的宏定义；另一种是利用 C++的函数重载。例如，利用宏定义和异或运算可以实现非浮点类型的数据交换。带参数实现数据交换的宏定义 swap 如下。

```
#define swap(x, y) {(x)^=(y);   (y)^=(x);   (x)^=(y); }
```

编译程序在预处理时对宏定义进行替换，但宏替换可能在不该替换的地方发生，且替换后不能保证程序语法正确。上述变量在相互交换时没有检查 x、y 的类型，而如果 x、y 的类型字节数不同，则 x、y 就无法通过异或运算进行交换。此外，上述宏定义也不能在交换的同时进行"++"和"−−"运算。鉴于宏定义可能产生副作用，在 C++程序中应尽量避免使用宏定义。例如，在如下程序段中，宏定义将产生副作用。

```
#define swap(x, y) {(x)^=(y);   (y)^=(x);   (x)^=(y); }
class A {
    int x, y;
public:
    void swap (int, int); //定义函数成员。不该替换，替换后会引起语法错误
};
```

定义重载函数虽然不会产生副作用，但不可避免地要书写大量代码，使程序变得臃肿难读。因为要针对不同的参数类型，所以定义多个 swap 重载函数。

```
void swap(char &x, char &y) { char t=x; x=y; y=t; }
void swap(int &x, int &y) { int t=x; x=y; y=t; }
void swap(long &x, long &y) { long t=x; x=y; y=t; }
void swap(float &x, float &y) { float t=x; x=y; y=t; }
void swap(double &x, double &y) { double t=x; x=y; y=t; }
```

C++的函数模板既可避免书写大量代码，又能利用编译程序提供的类型检查机制。声明模板的关键字为 template，声明中模板的类型形参表必须用尖括号括起来，每个类型形参必须在函数参数表中至少出现一次。在套用函数模板生成模板实例函数时，函数模板类型形参表的每个参数只能用类型替换。

【例 13.3】定义用于变量交换和类型转换的两个函数模板。

```
template <class T>                //class 可用 typename 代替
void swap(T &x, T &y)
{
    T    temp=x;
    x=y;
    y=temp;
}
```

```
template <class D, class S>              //class 可用 typename 来代替定义形参 D、S
D convert(D &x, const S &y)              //模板形参 D、S 必须在函数参数表中出现
{
    return x=y;                          //将 y 转换成类型 D 后赋给 x
}
struct A{
    double i, j, k;
public:
    A(double x, double y, double z):i(x),j(y),k(z) { };
};
void main(void)
{
    long x=123,    y=456;
    char a='A',    b='B';
    A    c(1,2,3),    d(4,5,6);
    swap(x, y);        //自动生成实例函数 void swap(long &x, long &y)
    swap(a, b);        //自动生成实例函数 void swap(char &x, char &y)
    swap(c, d);        //自动生成实例函数 void swap(A &x, A &y)
    convert(a, y);     //自动生成实例函数 char convert (char &x, long &y)
}
```

在套用函数模板检查形参和实参的类型后，编译程序会生成适当的模板实例函数。因此，定义函数模板有助于减少代码的书写量，并且不会降低执行程序的代码长度。上述 swap(x, y)、swap(a, b)和 swap(c, d)将分别套用函数模板产生模板实例函数 void swap(long, long)、void swap(char, char)和 void swap(A, A)。

可以先声明函数模板原型，再定义函数模板的函数体。函数模板可以定义函数形参的默认值，也可以省略函数形参或定义内联函数。如下面例 13.4 中的函数模板 max 定义了内联函数，函数模板 mid 定义了参数的默认值。在函数模板的模板参数列表中，除了可以定义类型形参外，还可以定义非类型形参。

13.2.2　成员函数模板的定义

类的函数成员也可以被定义为函数模板。在一个类的内部，可以将函数成员定义为函数模板。在调用该成员函数的时候，程序将自动实例化该函数模板，当然也可以显式地实例化函数模板。

【例 13.4】定义内联和有默认值参数的函数模板。

```
#include<stdio.h>
#include<typeinfo>
template <typename T>   T mid(T x, T y);    //声明函数模板原型
template < typename T>
inline T max(T x, T y)
{
    return x > y ? x : y;
}
template <class T, int v=20>    //模板参数有非类型形参 v, 且默认值为 20
T mid(T x, T y=v)               //生成的模板实例函数的参数 y 的默认值为 v
{
    return (x + y) >> 1;
}
class ANY {                //定义一个可存储任何简单类型值的类 ANY
    void* p;
    const char* t;
public:
    template <typename T> ANY(T x) { //定义构造函数模板
        p = new T(x);
```

```
            t = typeid(T).name( );
        }
        void * P( ) { return p; }
        const char* T( ){ return t; }//此 T 为函数成员的名称，不是模板的类型形参
        ~ANY( ) noexcept { if(p) {delete p;    p=nullptr;} }
    };
    void main(void)
    {
        int x = 20, y = 30, z;
        z = max(x, y);        //将生成模板实例函数 int max(int, int)
        z = mid<int>(x);      //生成 int mid(int, int=20)，使用默认值，故 z=20
        z = mid<int, 40>(x);  //生成 int mid(int, int=40)，使用默认值，故 z=30
        z = mid<int,40>(x,y); //生成 int mid(int, int=40)，不使用默认值，故 z=25
        ANY   a(20);          //自动从构造函数模板生成构造函数 ANY::ANY(int)
        int* p(nullptr);      //等价于"int* p=nullptr;"
        double* q(nullptr);   //等价于"double* q=nullptr;"
        if(a.T( )==typeid(int).name( )) p=(int *)a.P( ) ;
        if(a.T( ) == typeid(double).name( )) q = (double*)a.P( );
        //返回时将自动析构并释放 a 分配的内存
    }
```

13.2.3 函数模板的参数

在定义函数模板时，类型形参也允许参数个数可变，可用省略参数"…"表示任意个类型形参。例如，定义"template<class …Args>"或"template<typename …Args>"可以表示任意个类型形参。可以采用递归定义的方法展开并处理这些类型形参。

【例 13.5】定义任意个类型形参的函数模板。

```
#include <iostream>
using namespace std;
template<class …Args>                //类型形参个数可变的函数模板声明
int   println(Args …args);
template<class …Args>                //递归下降展开的停止条件：println( )的参数表为空
int   println( ) {
    cout << endl;
    return 0;
}
template < class H, class…T>         //递归下降展开 println()的参数表
int   println(H h, T…t) {
    cout << h<<"*";
    return 1+println(t…);            //递归下降调用
}
int main( ) {
    int n= println(1, '2', 3.3, "expand");
    return n;                        //返回 n=4
}
```

程序的输出如下所示。

1*2*3.3*expand*

关键字 export 用于将函数模板的定义导出，以便被其他".cpp"代码文件使用或调用。2003年，汤姆·普拉姆（Tom Plum）在论文"Why We Can't Afford Export"中估计：完整实现 Java 编译器大约需要 2 个人年，而同样的项目组仅仅实现 C++的模板 export（不包括对实现进行测试）就需要大约 4.5 个人年。他极力主张在 C++中不要再实现 export 功能。目前，VS2019 及其他绝大

多数编译器都不支持 export 函数模板。

按照 C++的国际标准，若一个 C++工程项目由"prototype.h""provide.cpp""user.cpp"构成，在"prototype.h"中包含函数模板 f()的函数原型说明，在"provide.cpp"中定义函数模板 f()的函数体并使用 export 导出 f()，则在其他".cpp"文件（如"user.cpp"文件）中可调用函数 f()。

在"prototype.h"中，应声明函数模板 f()的函数原型如下。

```
template<class T> void f(const T& t);
```

在"provide.cpp"中，定义函数模板 f()的函数体，并使用 export 导出 f()代码如下。

```
#include<prototype.h>
#include <iostream>
using namespace std;
export template<class T> void f(const T& t) {std::cerr << t;}
```

在 C++工程项目的其他".cpp"文件（如"user.cpp"文件）中，可调用函数 f()代码如下。

```
#include<prototype.h>
int x=3;
void main( ){ f(x); }
```

以上是 C++国际标准建议的用法，现在仅有极少的编译器能实现 export 功能。

13.3　函数模板实例化

编译程序根据函数模板生成的实例函数称为模板实例函数。使用"template 返回类型 函数名<类型实参>(形参列表)"可以强制函数模板按类型实参显式生成模板实例函数。在编译函数调用指令时，编译程序可根据函数的实参类型自动生成模板实例函数。在取函数地址向函数指针赋值时，也会根据函数指针要求的类型生成相应的模板实例函数。

13.3.1　函数模板强制实例化

在实际调用一个函数模板之前，可以使用"template 返回类型 函数名<类型实参>(形参列表)"强制函数模板按类型实参显式生成模板实例函数。

【例 13.6】根据函数模板生成模板实例函数。

```
template <class T>          //定义函数模板 swap()
void swap(T &x, T &y)
{
    T    temp=x;
    x=y;
    y=temp;
}
template <class T>          //定义函数模板 max()
T max(T x, T y)
{
    return x>y?x:y;
}
class ANY {                 //定义一个可存储简单类型值的类 ANY
    void* p;
    const char* t;
public:
    template <typename T> ANY(T x) {
```

```
                    p = new T(x);
                    t = typeid(T).name( );
            }
            void * P( ) { return p; }
            const char* T( ) { return t; }
            ~ANY( ) noexcept { if(p) delete p;   p=nullptr; }
    };
    template int max<int>(int, int);          //强制函数模板产生模板实例函数：显式实例化
    template ANY::ANY(double);                //显式实例化构造函数：构造函数无返回类型
    void main(void)
    {
            int x=10, y=20, z;
            long a=30, b=40, c;
            z = max(x, y);                    //调用已生成的模板实例函数 int max(int,int)
            c = max(a, b);                    //生成并调用模板实例函数 long max(long,long)
            c= max<char>('A', 66);            //生成并调用模板实例函数 char max(char,char)
            double(*p)(double, double)=max;   //生成模板实例函数 double max(double,double)
             (*p)(3, 2);                      //3 和 2 将自动转换为 double 类型
            //int(*q)(int, long) = max;       //错误：无法生成 int max(int, long)，两个参数类型不同
    }
```

当上述函数模板 max()用于字符串变量比较时，生成的模板实例函数只是比较字符串指针的大小，而不是比较字符串中字符本身的大小，这种比较对字符串而言没有意义。因此，必须定义特化的字符串比较函数，以隐藏函数模板生成的模板实例函数。

13.3.2　函数模板实例特化

只要出现了函数调用，便有可能生成函数模板实例函数。因此，在定义函数参数的默认值时，也可能套用函数模板生成模板实例函数。通常以"template < >"开始定义特化的实例函数，在特化定义模板的实例函数时，一定要给出特化函数的完整定义。

【例 13.7】模板实例函数的生成以及隐藏。

```
#define _CRT_SECURE_NO_WARNINGS //防止 strcmp 出现指针使用安全警告
#include <string.h>                       //定义函数模板 max()
template <typename T>
T max(T a, T b)
{
        return a>b?a:b;
}
template < >                              //此行可省，特化实例函数：特化函数将被优先调用
const char *max(const char *x, const char *y)   //特化函数：用于隐藏模板实例函数
{
        return strcmp(x, y)>0?x:y;               //进行字符串内容比较
}
int u, v;
int greed(int x, int y=max(u, v))        //产生默认值时生成模板实例函数 int max(int, int)
{
        return x*y;
}
void main(void)
{
        const char *p="ABCD";    //字符串常量"ABCD"的默认类型为 const char*
        const char *q="EFGH";
        p=max(p, q);             //调用特化定义的实例函数，进行字符串内容比较
}
```

13.3.3 涉及指针的模板实例化

指针类型值的比较仍然属于简单类型值的比较，由于没有比较指针指向的存储单元内容，因此这种比较在实际应用中是没有意义的。此外，C++不会为复杂类型（如对象）的比较运算自动生成重载函数。当生成的模板实例函数需要比较两个对象的大小时，相关类必须自定义用于对象比较的运算符重载函数，该函数应当返回布尔类型或者整型的比较结果。

【例 13.8】为对象比较重载函数，以便函数模板调用对象比较函数。

```
template <class T>              //声明函数模板 max()
T max(T a, T b) { return a > b ? a : b; }
template <class T>              //声明函数模板 min()
T min(T a, T b) { return a < b ? a : b; }
class A {
    int h;
public:
    A(int x):h(x) { }           //没使用 explicit：可自动将整数转换为对象
    int operator<(const A&s){   //为 min()函数提供对象 a<b 的比较函数
        if (h < s.h) return 1;
        return 0;
    }
};
void main(void)
{
    A   a(2);
    max(3, 5);          //自动生成并调用 max(int, int)
    max('A', 'B');      //自动生成并调用 max(char, char)
    //max('A', 30);     //错误：参数类型不同，无法生成模板实例函数 max(char, int)
    max<int>(3, 'A');   //参数类型转换，调用 max(int, int)
    max<char>('A', 5);  //参数类型转换，调用 max(char, char)
    min<long>(3.2, 5);  //参数类型转换，调用 min(long, long)
    min<A>(3, a);       //参数类型转换，调用 min(A(3), a)时调用 A(3).operator<(a)
}
```

对于明确了类型实参的模板实例函数，例如"max<char>('A', 5)"，在调用时可对其实参 5 自动完成强制类型转换，得到 char 类型的结果再进行比较。而在调用"max('A', 30)"时没有明确类型实参，故编译程序会试图生成模板实例函数"max(char, int)"，然后调用该模板实例函数求最大元素，但由于函数模板 max()的类型形参只有一个类型，故无法生成参数类型不同的模板实例函数。

在调用模板实例函数时，如果生成了模板实例函数，并且特化了原型相同的模板实例函数，则编译程序采用如下策略确定要调用的函数。

（1）首先寻找实参同形参完全匹配的特化函数，如果找到则调用该特化函数。

（2）如果能通过函数模板自动生成模板实例函数，并且实参能够匹配该模板实例函数的形参，则调用该模板实例函数。

（3）寻找明确了类型实参的模板实例函数，对调用实参进行强制类型转换，将其转换成该模板实例函数形参的类型，然后调用该模板实例函数。

（4）如果所有策略失败，则给出错误信息。

13.4　类模板

类模板也称为类属类或参数化的类，用于为相似的类定义一种通用模式。在套用类模板生成实例类时，编译程序根据类型实参生成相应的类模板实例类，其也可称为模板类或类模板实例。使用类模板可以显著减少代码书写量，并且不会减少编译后执行代码的长度。类模板不能在非成员函数内声明，但可以在类内和成员函数内声明。

13.4.1　类模板的定义

不管是整型向量还是其他任何类型的向量，它们的基本操作都是相同的，这些操作包括插入、删除以及查找等。在程序中定义向量的类模板，然后将不同类型作为实参生成类模板实例，可以大大减少代码的书写量。类模板的模板参数列表除了可以定义类型形参外，还可以定义非类型形参。

任何类型（包括类模板）的实例类都可以作为类型实参，表达式可作为非类型实参传给非类型形参，这些实参帮助类模板生成实例类。类模板的非类型形参也可以定义默认值。该非类型形参又可构成一个表达式，作为类模板中函数成员形参的默认值。

【例 13.9】定义向量类的类模板。

```
template <class T, int v=20>    //类模板的模板参数列表有非类型形参 v，默认值为 20
class VECTOR
{
    T    *data;
    int   size;
public:
    VECTOR(int n = v+5);    //由 v 构成表达式 v+5，将其作为构造函数成员形参的默认值
    ~VECTOR( ) noexcept;
    T &operator[ ](int);
};
template <class T, int v>
VECTOR <T, v>::VECTOR(int n)            //须用 VECTOR <T, v>作为类名
{
    data = new T[size = n];
}
template <class T, int v>
VECTOR <T, v>::~VECTOR( ) noexcept    //须用 VECTOR <T, v>作为类名
{
    if (data) delete data;
    data = nullptr;
    size = 0;
}
template <class T, int v>
T &VECTOR <T, v>::operator[ ](int i)    //须用 VECTOR <T, v>作为类名
{
    return data[i];
}
void main(void)
{
    VECTOR<int>      LI(10);        //定义包含 15 个元素的整型向量 LI
    VECTOR<short>    LS;            //定义包含 25 个元素的短整型向量 LS
    VECTOR<int>      LL(30);        //定义包含 35 个元素的长整型向量 LL
```

```
        VECTOR<char*>   LC(40);     //定义包含 45 个元素的字符型向量 LC
        VECTOR<int> *p = &LI;          //定义指向整型向量的指针 p
    //以下 q 指向 40 个由 VECTOR<int>元素构成的数组,其中
    //每个 VECTOR<int>元素又是包含 25 个 int 元素的向量
        VECTOR<VECTOR<int>>*q=new VECTOR<VECTOR<int>>[40];
        delete q;
    }
```

在上述程序中,在定义向量类的类模板 VECTOR 以后,可以分别用 int、long、类模板实例类 VECTOR<int>生成类模板实例类 VECTOR<int>、VECTOR<long>、VECTOR<VECTOR<int>>,从而可以用这些类模板实例类定义变量或新的类型。

对于 main()函数中的"q = new VECTOR<VECTOR<int>>[40];"和"VECTOR<short> LS;",按照类的对象初始化和对象数组初始化的方法,必须调用无参构造函数初始化 LS 对象和对象数组。由于类模板 VECTOR 只定义了有默认值参数的构造函数,因此调用"VECTOR<short>::VECTOR( )"初始化 LS 等价于使用默认值 20 调用"VECTOR<short, 20>::VECTOR(20+5)"初始化 LS。同理,对于对象数组每个对象元素的初始化,最终调用的也是"VECTOR<short, 20>::VECTOR(20+5)"。

13.4.2　派生类类模板的定义

可以用类模板定义派生类,使其从另一个类模板实例化的基类继承。该派生类也可以包含类型为类模板实例类的对象成员,在基类和对象成员的类模板实例化的过程中,它们均以派生类的类型形参作为实例化的实参。C++的容器类类库就是通过基类类模板派生出来的。例如,通过 VECTOR 向量类模板可以派生出 STACK 栈类模板。

【例 13.10】类模板的派生用法。

```
template <class T>        //定义基类的类模板
class VECTOR
{
    T* data;
    int    size;
public:
    int getsize( ) { return size; };
    VECTOR(int n) { data = new T[size = n]; };
    ~VECTOR( ) noexcept { if(data) {delete[ ]data; data=nullptr; size=0;}};
    T& operator[ ](int i) { return data[i]; };
};
template <class T>                //定义派生类的类模板
class STACK : public VECTOR<T> { //派生类类型形参 T 作为实参,实例化 VECTOR<T>
    int top;
public:
    int full( ) { return top==VECTOR<T>::getsize( ); }
    int null( ) { return top==0; }
    int push(T t);
    int pop(T& t);
    STACK(int s): VECTOR<T>(s) { top = 0; };
    ~STACK( ) noexcept { };
};
template <class T>
int STACK<T>::push(T   t)
{
    if (full( )) return 0;
    (*this)[top++] = t;
    return 1;
```

```
}
template <class T>
int STACK<T>::pop(T& t)
{
    if (null( )) return 0;
    t = (*this)[--top];
    return 1;
}
void main(void)
{
    typedef   STACK<double>   DOUBLESTACK;
    STACK <int>         LI(20);
    STACK <long>        LL(30);
    DOUBLESTACK    LD(40);        //等价于 "STACK<double> LD(40);"
}
```

在上述程序中，"STACK<T>::full( )"调用基类的函数"VECTOR<T>::getsize( )"来判断是否到达栈顶，调用时最好不要去掉"VECTOR<T>::"，以帮助编译程序识别"getsize( )"所属的基类。typedef 为类模板生成的实例类 STACK<double>重新命名，从而在定义变量时可使用更简洁的类名 DOUBLESTACK。

13.4.3　多类型参数的类模板

当一个类模板有多个类型形参时，在定义该类的数据成员、函数成员或类型成员时，只要保持类名中的形参名称同类模板中的类型形参名称一致，则无论类模板中的多个类型形参的顺序怎样变化，都不影响它们使用同一个类模板特定类型形参的模式。如果类模板的类型形参使用"…"表示省略类型形参，则它表示类模板可以有任意数量的类型形参。

【例 13.11】类模板中的多个类型形参的顺序变化对类模板的定义没有影响。

```
template<class T1, class T2> struct A {        //定义类模板 A
    void f1( );
    void f2( );
};
template<class T2, class T1> void A<T2, T1>::f1( ){ }    //正确：A<T2, T1>同类型形参一致
template<class T1, class T2> void A<T1, T2>::f2( ){ }    //正确：A<T1, T2>同类型形参一致
//template<class T2, class T1>void A<T1, T2>::f2( ){}    //错误：A<T1, T2>与类型形参不同
template<class...Types> struct B {
    void f3( );
    void f4( );
};
template<class ...Types> void B<Types ... >::f3( ){ }    //正确：Types 表示类型形参列表
template<class ...Types> void B<Types ... >::f4( ){ }    //正确：Types 表示类型形参列表
//template<class ...Types> void B<Types>::f4( ){ }       //错误：必须用 "Types ..." 的形式
void main(void)
{
    A<int, int> a;
    B<int, int, int> b;
}
```

13.4.4　省略参数的类模板

对于有省略类型形参的类模板，通常采用递归的方式展开其类定义，可以用继承或者组成两种方式展开。在展开的过程中可能形成一系列的类模板，而类模板实例化时也会产生一系列的实例类。在展开的过程中除了可通过构造函数初始化其数据成员外，还可以利用某些技巧获得数据

成员的个数及其字节数总和等信息。

例如，在类模板中定义枚举类型作为类模板的类型成员时，可以通过定义若干枚举类型的数据成员来收集类模板的信息（如数据成员的个数及其字节数总和等信息）。当然，也可以在递归的过程中通过 typeid 收集每个数据成员的类型信息，并在类模板中定义一个静态数据成员模板，用于将类模板的所有数据成员的类型信息保存起来。

对于有省略类型形参的类模板，其展开通常需要实施如下步骤：（1）通过前向声明定义主类模板；（2）定义递归下降终止类模板，以防止无限递归；（3）将省略类型形参分解为"头"和"尾"两部分，对要展开的类模板定义递归类模板。

【例 13.12】以主类模板递归展开的方式定义带省略参数的类模板。

```
template<typename …Values> class Tuple;        //主类模板前向声明
template<typename Tail>                         //递归下降终止类模板
class Tuple<Tail>
{
protected:          //终止类模板应和递归类模板的访问权限一致
    Tail back;      //定义 Tail 类型的尾部数据成员
public:
    enum { size = sizeof(Tail) }; //定义匿名枚举类型，用成员 size 收集 Tail 类的字节数
    Tuple(Tail tail): back(tail) { }
};
template<typename Head, typename …Tail>         //对要展开的类模板定义递归类模板
class Tuple<Head, Tail…>: protected Tuple<Tail…> //继承自 tuple<Tail…>实例类
{
    typedef   Tuple<Tail…> inherited;    //为 tuple<Tail…>实例基类重新命名
protected:          //递归类应和终止类的访问权限一致
    Head fore;      //首个数据成员
public:
    enum { size = Tuple<Head>::size + Tuple<Tail…>::size }; //定义匿名枚举类型
    Tuple( ) { }
    Tuple(Head head, Tail…tail):   fore(head), inherited(tail…) {   }
    Head head( ) { return fore; }    //获取 head
    inherited& tail( ) { return *this; } //获取 tail, this 指向对象的基类
};
template<typename …Values> class Vector;        //主类模板前向声明
template<typename Tail>         //递归下降终止类模板
class Vector<Tail>
{
protected:                      //终止类模板应和递归类模板的访问权限一致
    Tail back;                  //定义 Tail 类型的尾部数据成员
public:
    enum { size = 1 };          //定义匿名枚举类型，求出 Tail 类的数据成员个数
    Vector(Tail tail): back(tail) { }
};
template<typename Head, typename …Tail>         //对展开的类模板定义递归类模板
class Vector<Head, Tail…>
{
    typedef   Vector<Tail…>   composited;       //为 Vector<Tail…>实例类重新命名
protected:          //递归类模板应和终止类模板的访问权限一致
    Head fore;      //首个数据成员 fore
    composited back;    // fore+back 对象成员组合构成被展开的类
public:
    enum { size = 1 + Vector<Tail…>::size };
```

```
        Vector( ) { }
        Vector(Head head, Tail…tail): fore(head), back(tail...) { }
        Head head( ) { return fore; }              //获取 head
        composited& tail( ) { return back; }       //获取 tail
    };
    void main( ) {
        Tuple<int, int, int> s(1, 2, 3);
        int t = s.head( );       //t=1，即 s 的第一个元素
        t = sizeof(s);           //t=12，即对象 s 的字节数为 12
        t = s.size;              //t=12，即 s 的数据成员字节数之和为 12
        Tuple<int, int> u = s.tail( );
        t = u.head( );           //t=2，即 u 的第二个元素
        t = sizeof(u);           //t=8，即对象 u 的字节数为 8
        t = u.size;              //t=8，即 u 的数据成员字节数之和为 8
        Vector<int, int, int> w(1, 2, 3);
        int x = w.head( );       //x=1，即 w 的第一个元素
        x = sizeof(w);           //x=12，即对象 w 的字节数为 12
        x = w.size;              //x=3，即对象 w 数据成员个数为 3
        Vector<int, int> y = w.tail( );
        x = y.head( );           //x=2，即 y 的第二个元素
        x = sizeof(y);           //x=8，即对象 y 的字节数为 8
        x = y.size;              //x=2，即对象 y 的数据成员个数为 2
    }
```

13.4.5　类模板的友元及 Lambda 表达式

在声明友元时也可以定义函数模板，可以使用类模板的类型形参实例化友元，同时也使友元模板同类模板建立了关联，即一旦类模板生成实例类，便会生成实例友元函数或友元实例类。非成员函数模板和成员函数模板均可定义为某个类模板的友元。

类模板作为一种参数化的类型，也可以用在类型推导中定义变量（包括捕获列表中的变量和"{函数体}"中的变量），变量类型为类型形参或者类模板实例，在使用时需要提供类型实参对其实例化。

在 Lambda 表达式中，可用类型形参或类模板实例定义捕获列表的外部变量及形参列表中的形参，这样定义的 Lambda 表达式可称为 Lambda 表达式模板。Lambda 表达式模板名义上是匿名函数模板，实际上是一个变量模板或者一个对象模板，该对象的类型是基于 Lambda 表达式生成的临时类模板。因此，在使用 Lambda 表达式模板时，需要提供类型实参对其实例化。

【例 13.13】在类模板中定义友元模板。

```
#include <iostream>
using namespace std;
template <class T> class STACK;        //声明类模板 STACK
template <class T, int v = 0>          //定义类模板 VECTOR
class VECTOR
{
    T* data;
    int   size;
    friend class STACK<T>;                             //声明并实例化友元类
    friend int STK_VEC(VECTOR<T>&, STACK<T>&);         //声明普通友元函数模板
    friend int VEC_STK(STACK<T>&, VECTOR<T>&);         //声明普通友元函数模板
public:
    VECTOR(int n = v) { data = new T[size = n]; };
    virtual   int getsize( ) { return size; };
```

```
        virtual    T& operator[ ](int i) { return data[i]; };
        virtual    ~VECTOR( ) noexcept { delete[ ]data; };
};
template <class T>                          //定义类模板 STACK
class STACK : public VECTOR<T> {            //继承自 VECTOR<T>
        int top;
        friend int STK_VEC(VECTOR<T>&, STACK<T>&);
        friend int VEC_STK(STACK<T>& s, VECTOR<T>& t) {
                if (s.size < t.size) return 0;
                s.size = t.size;
                for (int i = 0; i < s.size; i++) s.data[i] = t.data[i]; //深拷贝
                return 1;
        };
public:
        int full( ) { return top == VECTOR<T>::size; }
        int null( ) { return top == 0; }
        int push(T t) {
                if (full( )) return 0;
                 (*this)[top++] = t;
                return 1;
        };
        int pop(T& t) {
                if (null( )) return 0;
                t = (*this)[--top];
                return 1;
        };
        STACK(int s): VECTOR<T>(s) { top = 0; };
        ~STACK( ) noexcept { };
};
template <class T>                          //定义非成员函数模板
int STK_VEC(VECTOR<T>& t, STACK<T>& s)
{
        if (t.size < s.size) return 0;
        t.size = s.size;
        for (int i = 0; i < t.size; t++)        t.data[i] = s.data[i];
        return 1;
}
template <class T> auto n = new VECTOR<T>[10]{ };   //通过 auto 定义变量模板，元素全部初始化为 0
template <class T> static auto p = new VECTOR<T>[10];//通过 auto 定义变量模板
template <class T> auto q = [ ](T& x)->T& { return x; };  //定义 Lambda 表达式模板
void main( ) {
        VECTOR<int, 10> a(4);              //实例化 VECTOR 类模板并定义对象 a
        cout << typeid(p<int>).name( );    //输出 p 的实例化变量 p<int>的类型名
        //n<int> = new VECTOR<int>[10];
        n<int>[0] = VECTOR<int>(4);        //自动生成 n<int>=new VECTOR<int>[10];，然后对 n<int>[0]赋值
        p<int>[0] = VECTOR<int>(4);        //利用实例化的指针变量 p<int>赋值
        int y = 3;                         //定义一个传统左值变量（有址变量可被&引用）
        q<int>(y);                         //实例化 Lambda 表达式模板 q，其形参 int&x 引用传统左值 y
        q<VECTOR<int, 10>>(a);             //利用 VECTOR<int, 10>实例化 Lambda 表达式模板 q 并调用
}
```

如前所述，类模板可以定义在类的内部，但是不能定义在非成员函数 main()的内部，因此实例化生成的变量、类型和函数也不在 main()的内部。由于模板实例化后的实例和模板本身的作用域相同，故在 main()内实例化的类模板实例、函数模板实例和变量模板实例均在 main()之外生成。因此，模板实例变量 n<int>是全局变量，p<int>是模块静态变量或非成员函数外部静态变量。

13.5 类模板的实例化及特化

除了可以直接套用类模板生成类模板的实例类外，还可以在定义变量、参数或函数返回类型时，根据实际类型自动生成类模板的实例类。因此，不必先生成类模板的实例类然后再使用该类模板实例类。

13.5.1 类模板的实例化

可采用"template T<类型实参列表>"的形式直接实例化类模板 T，生成的实例化类的作用域和类模板 T 的作用域相同；也可以根据变量、参数或函数返回类型自动生成类模板的实例类。

【例 13.14】类模板的实例化方法。

```
template <class T, int v=10>
struct A
{
    T   i, j, k=v;
};
template   A <int>;//生成类模板实例类 A<int, 10>。也可用 template   A <decltype(3)>;
A<long> a;        //自动生成类模板实例类 A <long>，等价于 A<long, 10>
A<int, 20>   b;    //自动生成类模板实例类 A <int, 20>并定义对象 b
A<int> c;          //用已生成的类模板实例类 A<int>定义对象 c
void main(void)
{
    long i = a.j;   //i=0
    int   j = b.k;   //j=20
    int   k = c.k;   //j=10
}
```

13.5.2 类模板实例特化

在某些情况下，编译程序根据主类模板生成的实例类也许不太理想。例如，当类的成员为指针类型时，该成员的比较往往是地址比较（即浅比较），而不是指针所指向的内容比较（即深比较）。此时，便需要提供特化的类模板实例类定义来隐藏编译程序自动生成的主类模板实例类。

例如，当以"VECTOR <char *> LC(40)"声明对象 LC 时，自动生成的实例类的 data 成员的类型为 char **data，即 data 是一个指向字符指针的指针。然而，该实例类的构造函数并没有将每个字符指针都设为空指针，也就是说构造函数没有彻底初始化数据成员。

为此，应特化定义类模板实例类来隐藏编译程序生成的类模板实例类，或者特化定义类模板实例类的函数成员来隐藏编译程序生成的实例类的函数成员。通常以"template < >class 类名<类型实参列表>"的形式开始定义特化的实例类，其成员所属类名应使用前述"类名<类型实参列表>"的形式。实际上在定义类模板的特化实例类时，"template < >"是可以省略或者删除的。

【例 13.15】定义特化的字符指针向量类来隐藏通过类模板自动生成的字符指针向量类。

```
#include <iostream>
using namespace std;
template <class T>
class VECTOR                 //定义主类模板
{
    T*   data;
```

```
        int    size;
public:
        VECTOR(int n): data(new T[n]), size(data?n:0){ };
        virtual ~VECTOR( ) noexcept {   //实例类的析构函数将成为虚函数
            if(data){ delete data; data=nullptr; size=0; }
            cout<<"DES O\n";
        };
        T& operator[ ](int i) { return data[i]; };
};
template < >        //定义特化的字符指针向量类
class VECTOR <char*>
{
        char** data;
        int    size;
public:
        VECTOR(int);               //特化后其所属类名为 VECTOR <char*>
        ~VECTOR( ) noexcept;       //特化后其所属类名为 VECTOR <char*>, 不是虚函数
        virtual char*& operator[ ](int i) { return data[i]; };   //特化后为虚函数
};
VECTOR <char*>::VECTOR(int n)   //使用特化后的类名 VECTOR <char*>
{
        data = new char* [size = n];
        for (int i = 0; i < n; i++) data[i] = 0;
}
VECTOR <char*>::~VECTOR( ) noexcept //使用特化后的类名 VECTOR <char*>
{
        if(data==nullptr) return;
        for(int i=0; i<size; i++)      delete data[i];
        delete data;     data=nullptr;
        cout << "DES C\n";
}
class A : public VECTOR<int> {
public:
        A(int n): VECTOR<int>(n) { };
        ~A( ){ cout << "DES A\n"; }      //自动成为虚函数：因为基类析构函数是虚函数
};
class B : public VECTOR<char*> {
public:
        B(int n): VECTOR<char*>(n) { };
        ~B( ) noexcept { cout << "DES B\n"; }//特化的 VECTOR<char *>析构函数不是虚函数，故~B 也不是
};
void main(void)
{
        VECTOR <int>      LI(10);      //自动生成的实例类 VECTOR <int>
        VECTOR <char*>  LC(10);       //优先使用特化的实例类 VECTOR<char*>
        VECTOR<int>* p = new VECTOR<int>(3);
        delete p;
        p = new A(3);
        delete p;
        VECTOR<char*>* q = new VECTOR<char*>(3);
        delete q;
        q = new B(3);
        delete q;
}
```

程序的输出如下所示。

```
DES O
DES A
DES O
DES C
```

```
DES C
DES C
DES O
```

上述程序通过特化定义字符指针向量类来隐藏类模板自动生成的实例类 VECTOR <char*>。实际上，也可以通过特化定义类模板的部分函数成员来隐藏类模板自动生成的函数成员。编译程序会优先使用特化定义的类模板实例类或者函数模板实例函数。

注意，当 p = new A(3)时，即 p 指向子类对象 A(3)时，"delete p"调用"p->~VECTOR( )"的输出表现出多态行为；当 q = new B(3)时，即指向子类对象 B(3)时，"delete q"调用"q->~VECTOR( )"的输出没有表现出多态行为。这是因为在特化的实例基类"VECTOR <char*>"中，"VECTOR <char*>::~VECTOR( )"不是虚函数，故其派生类 B 的析构函数"B::~B( )"也不是虚函数。

13.5.3　类模板的部分特化

对于类模板实例化的字符指针向量类，除了构造函数和析构函数以外，由类模板生成的实例类基本上是合适的，因此没有必要特化类模板生成的整个实例类，只需特化部分不合适的函数成员即可。如果只是特化定义部分函数成员的函数体，则函数成员是否为虚函数由原类模板生成的实例类决定。

【例 13.16】特化字符指针向量类的部分函数成员。

```cpp
#include <iostream>
using namespace std;
template <class T>
class VECTOR      //定义主类模板
{
    T* data;
    int   size;
public:
    VECTOR(int n): data(new T[n]), size(data ? n : 0) { };
    virtual ~VECTOR( ) noexcept {  //生成实例类的析构函数将成为虚函数
        if (data) { delete data; data = nullptr; size = 0; }
        cout << "DES O\n";
    };
    T& operator[ ](int i) { return data[i]; };
};
template < >      //特化字符指针向量类的构造函数
VECTOR <char*>::VECTOR(int n): data(new char* [n]), size(data ? n : 0)
{
    for (int i = 0; i < n; i++) data[i] = 0;
}
template < >      //特化定义析构函数的函数体，是否为虚函数则由原类模板生成的实例类决定
VECTOR <char*>::~VECTOR( ) noexcept //原先是虚函数，故特化后还是虚函数
{
    if (data == nullptr) return;
    for (int i = 0; i < size; i++) if (data[i])   delete data[i];
    delete data;    data = nullptr;
    cout << "DES C\n";
}

class A : public VECTOR<int> {
public:
    A(int n): VECTOR<int>(n) { };
    ~A( )noexcept { cout << "DES A\n"; }//自动成为虚函数：因基类析构函数是虚函数
};
class B : public VECTOR<char*> {
public:
```

```
    B(int n): VECTOR<char*>(n) { };
    ~B( )noexcept { cout << "DES B\n"; }//自动成为虚函数：因基类析构函数是虚函数
};
void main(void)
{
    VECTOR <int>    LI(10);    //使用自动生成的实例类 VECTOR <int>没有问题
    VECTOR <char*>   LC(10);    //优先使用特化定义的实例类 VECTOR<char*>
    VECTOR<int>* p = new VECTOR<int>(3);
    delete p;
    p = new A(3);
    delete p;
    VECTOR<char*>* q = new VECTOR<char*>(3);
    delete q;
    q = new B(3);
    delete q;
}
```

程序的输出如下所示。

```
DES O
DES A
DES O
DES C
DES B
DES C
DES C
DES O
```

上述程序定义了一个 VECTOR 类模板，并以 char*为实参生成了字符指针实例类，该实例类的析构函数为虚函数；然后，特化定义了该实例类的部分实例函数成员，如构造函数成员和析构函数成员，特化后的析构函数是否为虚函数取决于生成实例类时的析构函数是否为虚函数。

例 13.16 的结果与例 13.15 的结果不同，其差别在于：当 q = new B(3)时，即指向子类对象 B(3)时，"delete q"调用"q->~VECTOR( )"的输出表现出多态行为。这是因为实例类"VECTOR <char*>"由类模板生成，其析构函数"VECTOR <char*>::~VECTOR( )"在实例类中被当作虚函数，故之后特化定义的"VECTOR <char*>::~VECTOR( )"会自动成为虚函数。

13.5.4　实例化与类型推导

模板实例类和模板实例函数与一般类和函数的区别是名称形式不同。因此，实例化的类可用来定义（虚）基类或派生类，实例化的普通函数可用于定义普通友元，实例化的函数成员可用于定义成员友元。auto 可以用于推导变量的类型，因此也可用于定义变量模板，包括 Lambda 表达式模板，即 Lambda 表达式模板实际上是一种变量模板。在 auto 类型推导中，凡是可以出现类型的地方，都可以出现类和类模板实例类。

【例 13.17】定义模板类作为基类、模板函数作为友元，并定义类型推导和 Lambda 表达式模板。

```
#include <iostream>
using namespace std;
template <class T>        //定义主类模板
class A {
    T   i;
public:
    A(T x) { i = x; }
    virtual operator T( ) {    //定义虚函数，重载运算符用于强制类型转换
        auto x = [this]( )->T { return i; };//不能像非模板类那样去掉 this
        return x( );
```

```
        }
    };
    template <class T>                //定义函数模板
    void output(T& x) { cout << x.k; }
    class B : public A<int> {          //定义派生类 B 时生成类模板实例 A<char>
        int k;
        friend void output<B>(B&);//生成函数模板实例并将其作为友元
    public:
        B(int x): A<int>(x) { k = x; }
        operator int( ) { return k +A<int>::operator int( ); }//自动成为虚函数
    };
    void main(void)
    {
        A<int> a(4);              //自动从类模板 A 中实例化出 A<int>类
        auto b= a;                //b 的类型为 A<int>
        auto c= a.operator int( );  //c 的类型为 int
        auto d= A<double>(5);       //d 的类型为 A<double>
        auto e=1+A<double>(5);      //e 的类型为 double，自动调用 operator double( )函数
        B f(6);
        output(f);                 //友元 output 可访问私有成员 f.k:调用 output<B>(B&)
    }
```

例 13.17 定义了函数模板"output(T&x)"，在定义派生类 B 的友元时，自动从函数模板生成实例函数"void output<B>(B &)"及其函数体。需要注意的是，在类模板 A 的函数成员"operator T( )"内部，捕获列表中的 this 必须是显式捕获而不能是默认捕获。类模板实例"A<int>"是在定义派生类 B 时通过类模板自动生成的实例类。

13.5.5　类模板及实例成员指针

类模板实例类的实例成员指针同非模板类的实例成员指针一样，可以指向类或者实例类的实例数据成员或函数成员。同理，类模板实例类的静态成员指针同普通指针一样，可以指向普通变量、类或者实例类的静态数据成员或静态函数成员。

【例 13.18】实例类的实例成员指针和静态成员指针的用法。

```
template <class T, int n=10>
struct A {
    static T t;
    T   u;
    T* v;
    T   A::* w;
    T   A::* A::* x;
    T   A::** y;
    T* A::* z;
    A(T k=0, int h=n);   //因 A( )被调用，故必须定义 A( )，等价于调用 A(0, n)
    ~A( ) { delete[ ]v; }
};
template <class T, int n>   T A<T, n>::t = 0;        //类模板静态成员的初始化
template <class T, int n>
A<T, n>::A(T k, int h)   //不得再次为 h 指定默认值，因为其类模板已指定
{
    u = k;
    v = new T[h];         //初始化数组对象，必须调用无参构造函数 T( )
    w = &A::u;
    x = &A::w;
    y = &w;
    z = &A::v;
```

```
        v = &A::t;
    }
    template   struct   A<double>;        //从类模板生成实例类 A<double,10>
    void main(void)
    {
        A<int> a(5);                      //等价于"A<int,10> a(5);"
        int u = 10, * v = &u;
        int A<int>::* w = &A<int>::u;      //等价于"int A<int, 10>::* w;"
        int A<int>::* A<int>::* x = &A<int>::w;
        int A<int>::** y = &w;
        int* A<int>::* z = &A<int>::v;
        v = &A<int>::t;
        v = &a.u;
        y = &a.w;
        A<A<int>> b(a);     //等价于"A<A<int,10>, 10> b(a);",构造 b 时调用 A<int>::A( )
        A<int>   A<A<int>>::*c= &A<A<int>>::u;
        a = b.*c;
        A<int> A<A<int>>::* A<A<int>>::*d = &A<A<int>>::w;
    }
```

在例 13.18 中,实例数据成员指针 c 的类型等价于"A<int, 10>"和"A<A<int, 10>,20>::*"。非只读类型的类模板的静态成员必须在类体外初始化。当类模板实例化时,类模板的所有数据成员和函数成员随之实例化。

对于对象定义"A<A<int>> b(a);",先要从类模板生成实例类"A<A<int>>",此时传给类模板的类型实参为"A<int>",即类模板的类型形参 T 初始化为"A<int>"。在实例化构造函数"A<T, n>::A(T k, int h)"时,需要执行语句"v = new T[h];";在执行"T= A<int>"时,相当于执行语句"v = new A<int>[h];",此时初始化对象数组必须调用无参构造函数"A<int>::A( )"。

也就是说,在类模板"template <class T> class A"中,因为要执行"v = new T[h];"语句,所以必须定义无参构造函数"A( )"来初始化对象数组"T[…]"。要么单独定义一个独立的无参构造函数"A( )",要么通过有默认值参数的构造函数"A(T k=0, int h=n)"展开,使调用无参构造函数"A( )"等价于调用"A(0, n)",即等价于使用默认值调用原型函数"A(T k=0, int h=n)"。

因此,在类模板"template <class T> class A"中,在没有单独定义一个独立的无参构造函数"A( )"的情况下,不能去掉有参构造函数"A(T k=0, int h=n)"中的任何一个默认值,即不能以"A(T k, int h=n)"或"A(T k, int h)"的形式定义构造函数,否则在调用"A<int>::A( )"时,编译程序将报告错误"没有合适的构造函数可用"。

13.5.6　模板分隔符的二义性

在对类模板进行实例化生成类模板实例类时,要使用尖括号"< >"将其类型实参和非类型实参括起来。参数表内如果再出现尖括号,则很可能引起语法错误。因为尖括号也用作小于号和大于号,出现这种括号混淆错误并不意外。实例化时如果在尖括号内出现大于运算表达式,则必须将大于运算表达式用"( )"括起来。

【例 13.19】解决大于号和参数表中右尖括号的冲突的方法。

```
template <class T, int s=16>      //默认参数必须连续出现在参数表的右部
class List
{
    T     *data;
    int   size;
public:
    List(int n=s) { data=new T[size=n]; };
```

```
        ~List( ) noexcept { delete data; };
        T &operator[ ](int i) { return data[i]; };
};
void main(void)
{
    //List<int, 3>2 > L1(8);        //错误：编译到 List<int, 3>，以为得到实例类 List<int, 3>
    List<int, (3>2)> L1(8);         //正确：等价于 "List<int, 1>  L1(8);"
    //List<int, 3>2?4:6 > L2(30);   //错误：编译到 List<int, 3>，以为得到实例类 List<int, 3>
    List<int, (3>2?4:6)> L2(30);    //正确：等价于 "List<int, 4> L2(30);"
}
```

13.5.7　类模板与泛型

由于类型转换（如 static_cast、const_cast、dynamic_cast 以及 reinterpret_cast 等）均需使用类型，因此类模板作为泛型类、类模板实例类作为特定类可以出现在它们的类型表达式中。在类模板继承的过程中，将子类对象向上转换可能会出现泛型转换，可在 static_cast、const_cast、dynamic_cast 以及 reinterpret_cast 中选用合适的转换方法。

【例 13.20】定义用两个栈模拟一个队列的类模板。

```
#include <iostream>
using namespace std;
template <typename T>   //定义主类模板
class STACK {
    T* const  elems;    //申请内存，用于存放栈的元素
    const int    max;   //栈能存放的最大元素个数
    int      pos;       //栈实际已有元素个数，栈空时 pos=0;
public:
    STACK(int m);       //初始化 p 指向的栈：最多 m 个元素
    STACK(const STACK& s);          //用栈 s 初始化 p 指向的栈
    STACK(STACK&& s)noexcept;       //用栈 s 初始化 p 指向的栈
    virtual int   size( )const;     //返回 p 指向的栈的最大元素个数 max
    virtual operator int( )const;   //返回 p 指向的栈的实际元素个数 pos
    virtual T operator [ ] (int x)const;    //返回 x 指向的栈的元素
    virtual STACK& operator<<(T e);     //将 e 入栈，并返回 p
    virtual STACK& operator>>(T& e);    //出栈到 e，并返回 p
    virtual STACK& operator=(const STACK& s);   //赋 s 给 p 指的栈，并返回 p
    virtual STACK& operator=(STACK&& s)noexcept; //赋 s 给 p 指的栈，并返回 p
    virtual void print( )const;                     //输出 p 指向的栈
    virtual ~STACK( )noexcept;                      //销毁 p 指向的栈
};
template <typename T>
STACK<T>::STACK(int m): elems(new T[m]), max(elems ? m : 0), pos(0) { }
template <typename T>
STACK<T>::STACK(const STACK& s): elems(new T[s.max]), max(elems ? s.max : 0) {
    if(!elems)   throw   "memory not enough\n";
    for (pos = 0; pos < s.pos; pos++) {
        elems[pos] = s.elems[pos];
    }
}
template <typename T>
STACK<T>::STACK(STACK&&s) noexcept: elems(s.elems), max(s.max), pos(s.pos)
{
    const_cast<T*&>(s.elems) = nullptr;
    const_cast<int&>(s.max) = s.pos=0;
}
```

```cpp
template <typename T>
int STACK<T>::size( )const { return max; }
template <typename T>
STACK<T>::operator int( )const { return pos; }
template <typename T>
T STACK<T>::operator [ ] (int x)const        //返回 x 指向的栈的元素
{
    return elems[x];
}
template <typename T>
STACK<T>& STACK<T>::operator<<(T e) {
    if (elems == 0) throw "stack is illegal\n";
    if (pos == max) throw "stack is full\n";
    elems[pos++] = e;
    return *this;
}
template <typename T>
STACK<T>& STACK<T>::operator>>(T& e) {
    if (elems == 0) throw "stack is illegal\n";
    if (pos == 0) throw "stack is empty\n";
    e = elems[--pos];
    return *this;
}
template <typename T>
STACK<T>& STACK<T>::operator=(const STACK& s) {
    if (this == &s) return *this;//防止有人写 "a=a" 之类的语句
    if (elems) delete elems;
    *(T**)&elems=new T[s.max];//等价于 "const_cast<T*&>(elems)= new T[s.max];"
    if(!elems)   throw   "memory not enough\n";
    *(int*)&max=elems?s.max: 0;//等价于 "const_cast<int&>(max)=elems?s.max: 0;"
    for (pos = 0; pos < s.pos; pos++) {
      elems[pos] = s.elems[pos];
    }
    return *this;
}
template <typename T>
STACK<T>& STACK<T>::operator=(STACK&& s) noexcept {
    if (this == &s) return *this;//防止有人写 "a=static_cast<STAK<T>&&>(a)" 之类的语句
    if(elems) delete elems;
    *(T**)&elems = s.elems;
    *(int*)&max = s.max;
    const_cast<T*&>(s.elems) = nullptr;
    const_cast<int&>(s.max) = s.pos=0;
    return *this;
}
template <typename T>
void STACK<T>::print( )const {
    if (elems == 0) return;
    for (int x = 0; x < pos; x++)
        cout << elems[x] << "   ";
    cout << "\n";
}
template <typename T>
STACK<T>::~STACK( )noexcept {
    if (elems == 0) return;
    delete elems;
    *(T**)&elems = 0;
    *(int*)&max = 0;
    pos = 0;
}
template <typename T>
class QUEUE: public STACK<T> {
    STACK<T>   s2;          //队列首尾指针
```

```
public:
    QUEUE(int m);                              //初始化队列：最多 m 个元素
    QUEUE(const QUEUE& s);                     //用队列 s 复制初始化队列
    QUEUE(QUEUE&& s) noexcept;
    operator int( )const;                      //返回队列的实际元素个数 pos
    virtual QUEUE& operator<<(T e);            //将 e 入队列，并返回队列
    virtual QUEUE& operator>>(T& e);           //出队列到 e，并返回队列
    virtual QUEUE& operator=(const QUEUE& s);  //赋 s 给队列，并返回被赋值的队列
    virtual QUEUE& operator=(QUEUE&& s) noexcept;
    void print( )const;                        //输出队列
    ~QUEUE( )noexcept;                         //销毁队列
};
template <typename T>
QUEUE<T>::QUEUE(int m): STACK<T>(m), s2(m) { }
template <typename T>
QUEUE<T>::QUEUE(const QUEUE<T>& s): STACK<T>(s), s2(s.s2) { }
template <typename T>
QUEUE<T>::QUEUE(QUEUE&& s) noexcept: STACK<T>(move(s)), s2(move(s.s2)) { }
template <typename T>
QUEUE<T>& QUEUE<T>::operator=(const QUEUE<T>& s) {
    *(STACK<T>*)this = s;     //等价于 "STACK<T>::operator=(s);"
    s2 = s.s2;
    return *this;
}
template <typename T>
QUEUE<T>& QUEUE<T>::operator=(QUEUE<T>&& s) noexcept {
    *(STACK<T>*)this = static_cast<STACK<T>&&>(s);
    //等价于 STACK<T>::operator=(static_cast<STACK<T>&&>(s));
    //或等价于 STACK<T>::operator=(std::move(s));
    s2 = static_cast<STACK<T>&&>(s.s2);
    //等价于 "s2=std::move(s.s2);"，可用 "std::move" 代替 "static_cast<STACK<T>&&>"
    return *this;
}
template <typename T>
QUEUE<T>::operator int( )const {                //返回队列的实际元素个数 pos
    return STACK<T>::operator int( ) + (int)s2;
}
template <typename T>
QUEUE<T>& QUEUE<T>::operator<<(T e) {      //将 e 入队列，并返回队列
    if ((int)s2) STACK<T>::operator<<(e);       else s2 << e;
    return *this;
}
template <typename T>
QUEUE<T>& QUEUE<T>::operator>>(T& e) {    //出队列到 e，并返回队列
    auto f=e;                               //推导 f 的类型为 T
    if (s2 == 0)
        while (STACK<T>::operator int( ))
            STACK<T>::operator>>(f); s2 << f;
    s2 >> e;
    return *this;
}
template <typename T>
void QUEUE<T>::print( )const {                 //输出队列
    for (int x = (int)s2 - 1; x >= 0; x--)
        cout << s2[x] << "   ";
    for (int x = 0; x < STACK<T>::operator int( ); x++)
        cout << STACK<T>::operator[ ](x) << "   ";
    cout << "\n";
}
```

```
template <typename T>
QUEUE<T>::~QUEUE( )noexcept {  }        //销毁队列
int main(int a, char** s)
{
    QUEUE<int>   q(10);          //构造队列，最多包含 10 个元素
    q << 1 << 2 << 3;            //入队列
    q.print( );                 //输出队列
    QUEUE<int>   r(q);           //复制构造队列
    r.print( );                 //输出队列
    int x = 20;
    x = q;                      //得到队列元素个数
    q >> x >> x;                 //出队列
    q.print( );                 //输出队列
    x = q;                      //得到队列元素个数
    r = q;                      //赋值运算
    r.print( );                 //输出队列
    QUEUE<double>   t(QUEUE<double>(10));
    t << 1.0 << 2.2 << 3.4;      //入队列
    t.operator<<(6);            //不能写成"t<<6;"：因无"QUEUE<double>::operator<<(int)"而产生二义性
    t.print( );
}
```

"std::move()" "std::forward()" 和 "std::exchange()" 是名字空间 std 的函数，分别用于移动语义的类型转换、类型转发、移动互换。如果变量 s 的原始类型为 T，则 "std::move(s)" 等价于进行静态类型转换 "static_cast<T&&>(s)"。如果形参 u 的原始类型为 T&&，则 "std::forward<T>(u)" 返回的类型为 T&&，等价于 "static_cast<T&&>(u)"。如果 F 是 T 的父类，则 "std::forward<F>(u)" 返回的类型为 F&&，等价于 "static_cast<F&&>(u)"。"std::exchange(T& obj, U&& new_value)" 互换 obj 和 new_value 的值并返回 obj。上述函数在调用时会产生调用开销，为提高程序执行效率，建议只有 1 条或 2 条时使用 static_cast 代替。

上述 "QUEUE(QUEUE&& s) noexcept" 可使用类型转换定义，例如可定义 "template <typename T> QUEUE<T>::QUEUE(QUEUE &&s) noexcept: STACK<T> (std:: forward < STACK<T>> (s)), s2 (std::move (s.s2){ }"。但是，程序原先的定义也是可行的，如 6.5 节所述：父类引用可直接引用子类对象，这里的引用是无址引用&&。

对于使用模板类创建的实例类对象，应使用 export 说明它可被其他 ".cpp" 代码文件使用。目前，这一用法还不被 VS2019 编译器支持，绝大部分编译器也不支持这种用法。在国际标准中，对于定义 "export template<class T> class Stack<int> s;"，说明对象 s 可被其他 ".cpp" 代码文件使用，以避免出现同一个模板类在多个 ".cpp" 代码文件中生成实例类的问题。

此定义在栈或队列元素为字符串时尚有问题，应针对此问题进一步进行特化定义。由此可见，要定义一个通用的类是很费力的。

13.6　内存回收实例

因为程序没有记录动态内存的引用次数，所以一块内存被多少指针引用也就无从统计，也就不能确定何时应该释放该块内存。在程序运行的过程中，一些内存会因无指针引用而成为内存垃圾。

在 C++程序中，可以像 Java 那样定义一个始祖基类 Object，让所有的类都从始祖基类派生，然后用始祖基类记录对象内存的引用次数，在内存引用次数为 0 时释放内存，从而实现内存垃圾的自动回收。

类模板可用来产生各种类的指针类型，并管理这些类的对象的引用次数，从而简化垃圾回收中的指针处理问题。

【例 13.21】内存垃圾回收问题的解决方法。

```cpp
#define _CRT_SECURE_NO_WARNINGS
#include <string.h>
#include <iostream>
using namespace std;
class Object {                      //始祖基类将为所有类的第一个虚基类
    int refs;
protected:
    Object( ) { refs = 0; }         //初始引用次数为 0
    virtual ~Object( ) noexcept { } //必须定义为多态函数，以防止内存泄漏
public:
    virtual operator int( ) { return refs; }
    virtual Object& operator++(void)
    {
        ++refs;                     //引用次数加 1
        return *this;
    }
    virtual void operator-- (void)
    {
        if (!(--refs)) delete this; //引用次数为 0 时释放内存
    }
};
class Name : virtual public Object {   //Object 后可接 Name 的其他基类
    char* Who;
public:
    void SayObject(void) {
        cout << Who << " has " << *this << " reference\n";
    };
    Name(const char* x);
    ~Name( ) noexcept;              //自动成为虚函数
};
Name::Name(const char* x)
{
    strcpy((Who = new char[strlen(x) + 1]), x);
    cout << x << " has been created\n";
}
Name::~Name( ) noexcept            //虚析构函数
{
    cout << Who << " has been destroyed\n";
    if(Who) delete[ ]Who;
    Who=nullptr;
}
template <class T> class Type {
    T* p;
public:
    Type(T* q) { ++(*(p=q)); }      //产生对象时引用次数加 1
    ~Type( )noexcept { -- (*p); }   //毁灭对象时引用次数减 1
    operator T* (void) { return p; } //将 Type 转换为 T 类指针
    T& operator*(void) { return p; } //将*Type 转换为 T 类引用
    T* operator-> (void) { return p; } //将 Type->转换为 T 类指针
    Type& operator=(const Type& q);//重载赋值函数，以修正引用次数
```

```
};
template <class T>
Type<T>& Type<T>::operator=(const Type<T>& q)
{
    — (*p);              //被赋值者的内存引用次数减 1
    ++(*(p = q.p));      //赋值者的内存引用次数加 1
    return *this;
}
int main(void)
{
    Type<Name> p1=new Name("P1");//定义 Name 类型的指针 p1
    Type<Name> p2=new Name("P2");//定义 Name 类型的指针 p2
    p1=p2;               //回收 p1 指向的对象内存，增加 p2 指向对象的引用次数
    p1-> SayObject( );   //输出被指向对象的内存引用次数
    return 0;            //p2 指向的对象在 p1 和 p2 析构时调用 Object::operator
}
```

程序的输出如下所示。

```
P1 has been created
P2 has been created
P1 has been destroyed
P2 has 2 reference
P2 has been destroyed
```

上述程序定义的 Object 用作所有类的始祖基类，Object 记录自其派生的对象的内存的引用次数，并在内存引用次数为 0 时执行 delete this。由于 delete this 要调用的析构函数~Object( )是多态函数，故最终执行的析构函数是其派生类对象的析构函数~Name( )，从而导致最终释放的是：（1）为派生类对象的成员指针 Who 分配的内存；（2）派生类对象占用的引用次数已为 0 的内存。

任何从 Object 派生的派生类（如 Name），只需要在其析构函数中释放它为自己的成员指针（如 Who）分配的内存，则以 Name 为类型实参从类模板 Type 产生的实例类对象 p1 和 p2 便自动具备了管理 Name 对象内存的引用计数的能力。注意，将 Object 定义为 Name 的虚基类是非常重要的。如果 Name 是一个多继承派生类，则 Name 的每个基类都有 Object，而且这些 Object 也都被定义为虚基类，这样对 Name 对象来说 Object 只有一个副本，从而能够唯一地管理 Name 对象的内存计数。

练习题

【题 13.1】什么是变量模板？全局变量、模块变量、局部非静态变量、局部静态变量、函数形参以及类的数据成员可以定义为变量模板吗？

【题 13.2】什么是函数模板？全局函数、模块函数、成员函数、Lambda 表达式可以定义为函数模板吗？

【题 13.3】什么是类模板？简单类型、结构类型、联合类型、类类型、类模板实例类可以传递给类模板的类型形参吗？

【题 13.4】以某个类型实参特化类模板的整个实例类，与仅特化类模板实例类的部分函数成员相比有何区别？

【题 13.5】类型转换（如 static_cast、const_cast、dynamic_cast 以及 reinterpret_cast）中的类

型可以使用类模板吗？

【题 13.6】类型推导 auto 可以定义变量模板吗？auto 类型推导中可以使用类模板实例类吗？

【题 13.7】如果使用类模板产生了实例类，并通过 new 产生了该实例类的对象数组，则类模板在定义时应注意什么？

【题 13.8】 当类模板引入了非类型形参，并将其用作某个成员函数原型的参数的默认值时，在声明和定义该函数时应注意什么问题？

【题 13.9】设计一个 abs 函数模板，用于计算整数及浮点数的绝对值。

【题 13.10】设计一个 operator ==函数模板，用于判断 char、int、long、const char*类型的数据是否相等。

【题 13.11】设计一个 LIST 类型的模板，用于实例化 char、int、long 类型的线性表。

【题 13.12】设计一个二维 ARRAY 类型的模板，用于实例化各种类型的二维数组。

【题 13.13】使用两个循环队列 QUEUE 模拟一个栈 STACK，设计它们的类模板，并编写其函数成员代码。

第14章
流及类库

为了提高程序员的开发效率，C++提供了各种各样的类库，包括用于界面、网络及数据库开发等的类库。本章将介绍用于文件读写或者输入/输出的流类，以及用于字符串处理的两个常用的流类。在使用某种类库中的类时，一定要弄清楚其中类型之间的联系，从而才能恰当合理地写出优良代码。

14.1　流类概述

与 C 语言一样，输入/输出也不作为 C++的一部分。流的类库是 C++在 C 语言文件流基础上的直接扩展，流是从源（source）到矢（sink）的数据流抽象。从源输入数据的同义词为提取、得到和取来，输出数据到矢的同义词为插入、存放和存储。无论是输入还是输出，通常都要用到缓冲区。因此，C++的流主要分为两大类，一类用于输入/输出，另一类用作输入/输出缓冲。当然，C++还提供了没有缓冲的流操作。

操作系统将键盘、显示器、打印机等设备映射为文件。输入/输出类设备可作为源或矢，或者兼作源和矢，包括"iostream"定义的带缓冲的输入/输出、"fstream"定义的文件输入/输出、"strstream"定义的串输入/输出。

类"iostream"有两个平行的类系列，即"streambuf"派生的类和"ios"派生的类。类"ios"和"streambuf"都是低级类，所有流类都以其中的一个类为基类，而且可以通过指针从基于"ios"的类访问基于"streambuf"的类。

"streambuf"类提供了流与物理设备的接口。当数据不需要或者很少需要格式化时，"streambuf"类为缓冲和处理流提供了一般方法，但它主要是作为其他类使用的基类。类"strstreambuf""filebuf"都是由类"streambuf"派生的。

"ios"类包含一个指向"streambuf"的指针，它使用"streambuf"进行 I/O 格式化及错误检查。其他由"ios"派生的类可以通过该指针访问"streambuf"。从基类"ios"派生的派生类有十几个，包括常用的"istream""fstream""ostream""ifstrem""ofstream""stringstream""istringstream""ostringstream""iostream"等，因此"ios"定义的输入/输出格式函数可在这些派生类中使用。

C++预定义了 4 个常用的标准流类对象，即 cin、cout、cerr 和 clog。当 C++程序开始执行时，这 4 个流类对象已被构造好，且不能被应用程序析构。在输入/输出流"iostream"中，重载了"<<""">>"运算符等函数。这 4 个流类对象的定义如下。

```
extern istream      cin;       //相当于 stdin
extern ostream      cout;      //相当于 stdout
extern ostream      cerr;      //相当于 stderr
extern ostream      clog;      //相当于有缓冲的 cerr
```

cerr 与 clog 之间的区别是 cerr 没有缓冲，发送给 cerr 的内容会立即输出。注意到上述对象都是 extern 的，即是对标准流类库定义的全局对象的声明。在程序中，只要使用了"#include <iostream>"和"using namespace std;"，就可以直接使用这些流类对象输入/输出。

14.2 输出流

输出流通过重载左移运算符"<<"实现输出，其左操作数为 ostream_withassign 类型的对象 cout，右操作数可为所有简单类型的右值表达式，即 C 语言或 C++预定义类型 int、char、double、指针等的右值。例如以下形式。

```
cout<<"Hello!\n";        //"Hello!\n"为只读字符指针类型 const char*
```

上述语句隐含地执行了"cout.operator<<(const char *str);"，该函数输出参数 str 所指向的字符串，并返回 ostream_withassign 类型的引用。由于该引用引用的对象仍然是 cout，因此上述函数调用返回的对 cout 的引用可进一步作为"<<"运算的左操作数，从而可以使用"<<"连续输出。运算符"<<"重载后仍然保持自左至右的结合方向，因此可以一次自左至右地输出多个右值表达式。

```
int i=7;
double d=2.35;
cout<<"i="<<i<<", d="<<d<<"\n";
```

上述语句的输出结果为"i=7, d=2.35"。由于重载不改变运算符的优先级，故优先级比"<<"高的运算符可以不用括号。例如，可以用如下语句输出加法运算的和。

```
cout<<"sum="<<3+5<<"\n";    //等价于"cout<<"sum="<<(3+5)<<"\n";"
```

然而，优先级较"<<"低的运算符则必须用括号。例如，位逻辑与"&"的运算结果必须先用括号括起来运算，得到运算结果再进行输出。

```
int x=2, y=3;
cout<<"x&y="<<(x&y)<<"\n";
```

输出流为运算符"<<"预定义的右操作数的数据类型有 char、short、int、long 等有符号或无符号的整数类型，以及 char *、float、double、long double 和 void *等类型。其中，long double 为 C++新增加的双精度浮点型。

```
ostream   &   operator<< (signed char);
ostream   &   operator<< (unsigned char);
ostream   &   operator<< (short);
ostream   &   operator<< (unsigned short);
ostream   &   operator<< (int);
ostream   &   operator<< (unsigned int);
ostream   &   operator<< (long);
ostream   &   operator<< (unsigned long);
ostream   &   operator<< (float);
ostream   &   operator<< (double);
ostream   &   operator<< (long double);
```

```
ostream  &  operator<< (const signed char *);
ostream  &  operator<< (const unsigned char *);
ostream  &  operator<< (void *);
```

所有的输出按 printf()规定的转换规则进行转换。例如，下面的两个输出语句产生完全一样的输出结果。

```
int    m;
long   n;
cout<<m<<'\t'<<n;
printf("%d\t%ld", m, n);
```

输出格式由 cout 对象的各种状态标志确定，它们在"ios"中定义为 public 类型的枚举量，其定义如下。

```
enum   {
    skipws,            //跳过输入中的空白，即空格、回车、换行及制表符等
    left ,             //左对齐输出
    right ,            //右对齐输出
    internal,          //在符号或基指示后填补
    dec,               //按十进制转换
    oct,               //按八进制转换
    hex,               //按十六进制转换
    showbase,          //在输出中使用基指示
    showpoint,         //在浮点输出中显示小数点
    uppercase,         //大写十六进制输出
    showpos,           //在正整数前显示"＋"
    scientific,        //用科学记数法表示
    fixed,             //用小数点表示浮点数
    unitbuf,           //所有流在输出后刷新
    stdio              //在输出到 stdout、stderr 后刷新
};
```

上述标志可以通过调用以下函数成员来进行读取、设置和清除 cout 的状态。

```
long   flags( );           //读取字符格式标志
long   flags(long);        //设置字符格式标志
long   setf(long, long);   //清除和设置字符格式标志
long   setf(long);         //设置字符格式标志
long   unsetf(long);       //清除字符格式标志
```

对于输出宽度、填充字符等与输出格式有关的变量，可以使用特殊的函数来改变，这些函数也称为操纵符（manipulator）。操纵符返回对同一输入/输出流的引用，因此可以同输入／输出的变量或数据一起使用。所有的操纵符都定义在"iomanip.h"中，在引用前必须先包含它们。

【例 14.1】利用操纵符改变输出格式。

```
#include <iostream>
#include <iomanip>
using namespace std;
void main(void)
{
    int i=3456, j=9012, k=78;
    cout<<setw(6)<<i<<j<<k<<"\n";
    cout<<setw(6)<<i<<setw(6)<<j<<setw(6)<<k;
}
```

上述程序产生的输出如下。

```
3456901278
3456   9012     78
```

输入和输出的宽度可用 setw()函数成员设定。由上述程序的输出可知，setw(int)对输出流的影响只是暂时的。其他带参数的操纵符函数有 setfill()、setprecision()、setiosflags()、resetiosflags()以及 setbase()等。程序员可以定义自己的操纵符函数，但不能带参数。C++预定义的操纵符函数有以下几种。

```
dec( );              //设置十进制转换
hex( );              //设置十六进制转换
oct( );              //设置八进制转换
ws( );               //提取空白字符
endl( );             //插入回车并刷新输出流
ends( );             //插入空字符以终止串
setbase(int);        //设置进制标志为 0、8、10、16。0 表示默认为十进制
resetiosflags(long); //清除格式位
setiosflags(long);   //设置格式位
setfill(int);        //设置填充字符
setprecision(int);   //设置浮点精度位数
setw(int);           //设置域宽
```

注意，对于不带参数的 dec()及 hex()操纵符函数，调用时不要写括号，它们对输出流的影响是长久的。

【例 14.2】定义输出流的格式。

```cpp
#include <iostream>
using namespace std;
void main(void)
{
    int i=12;
    cout<<hex<<i<<i;
    cout<<i<<i<<endl;
    cout<<dec<<i<<i;
    cout<<i<<i<<endl;
}
```

上述程序的输出如下所示。

```
cccc
12121212
```

运算符 "<<" 还可以被程序再次重载，以输出程序自定义的类的对象信息。例如，对职员类型可以重载 "<<"，以输出职员的姓名及年龄等。

【例 14.3】重载输出流的运算符 "<<"。

```cpp
#define _CRT_SECURE_NO_WARNINGS
#include <iostream>
#include <string.h>
using namespace std;
struct CLERK{
    char *name;
    int   age;
public:
    CLERK(const char *, int);
    ~CLERK( ) noexcept;
```

```
};
CLERK::CLERK(const char *n, int a)
{
    name=new char [strlen(n)+1];
    strcpy(name, n);
    age=a;
}
CLERK::~CLERK( ) noexcept { delete name; }
ostream & operator<<(ostream &s, CLERK &c)        //重载为非成员函数
{
    return s<<c.name<<' '<<c.age;
}
void main(void)
{
    CLERK c("Zhang", 23);
    cout<<c;        //调用 operator<<(cout, c)
}
```

在上述程序中，由于 "<<" 的左操作数必须为 cout，而不能是类 CLERK 的对象，故 "<<" 不能重载为类 CLERK 的函数成员，而只能重载为不属于 CLERK 的非成员函数。

C++为流定义了一些特殊的输出函数成员，这些输出函数成员是以字符或块为单位操作的。当输出的数据为字符类型时，输出函数按无符号和有符号字符进行重载函数的调用。这些用于输出的特殊函数成员的原型如下。

```
ostream& flush( );                    //刷新输出流
ostream& put(char);                   //输出一个字符
ostream& seekp(long);                 //确定输出位置
ostream& seekp(long, seek_dir);       //确定输出位置
long tellp( );                        //读取输出位置
ostream& write(const char*, int n);   //输出一个字符块
```

其中，flush 用于刷新输出流，将输出刷新到输出流文件；put 用于输出一个字符到输出流文件；seekp 用于对输出流文件中的位置进行定位；write 用于输出一个字符块到输出流文件；tellp 用于告知输出流目前所在的输出位置。

14.3　输入流

从流中输入也称为提取，输入流通过重载运算符 ">>" 实现输入。重载后运算符 ">>" 的左操作数为 istream 类型的对象，右操作数为 C 语言或 C++预定义的类型的引用。

在默认情况下，用运算符 ">>" 输入时将先跳过空白字符，然后再输入对应输入对象的字符并翻译。是否跳过空白符由 ios 定义的 skipws 决定，若清除该标志将不跳过空白字符。可通过操作符 ws 设置 skipws 标志，skipws 被默认设置为跳过空白字符。

【例 14.4】输入流对象 cin 的用法。

```
#include <iomanip>
#include <iostream>
using namespace std;
void main(void)
{
    char c, d, s[256];        //操作系统最多允许一行输入 255 个字符
    long f;
```

```
f=cin.flags( );              //返回格式化标志，默认为跳过空白字符
f=cin.flags(0L);             //设置格式化标志，返回原格式化标志
cin>>c>>d;                   //不跳过空白字符输入
cin>>ws>>c>>d;               //跳过空白字符输入
cin.flags(f);                //恢复原格式化标志为跳过空白字符
cin.width(sizeof(s)-1);      //避免溢出
cin>>s;                      //跳过空白字符输入字符串
}
```

对于 signed 和 unsigned 字符类型，C++分别定义了用于输入的重载函数。以下只给出了 signed 字符类型的相关函数成员。

```
long tellg( );                          //返回输入流当前字符位置
istream& seekg(long);                   //设置输入流当前字符位置
istream& seekg(long, seekdir);          //seekdir 可为 ios::beg, ios::cur, ios::end
int gcount( );                          //返回上一次输入的字符个数
istream& get(char&);                    //输入一个字符
istream& get(char*,int,char='\n');      //根据长度或定界符输入字符串
istream& get(streambuf&, char='\n');    //输入字符串送入缓冲区
istream& getline(char*,int,char='\n');  //根据长度或定界符输入一行
istream& ignore(int n=1,int d=EOF);     //根据长度或定界符跳过字符
int peek( );                            //读取字符而不移动输入指针
istream& putback(char);                 //向输入流回退一个字符
istream& read(char*, int);              //读取若干字符
```

在上述函数中，tell 和 seek 类似于 C 语言中的 tell 和 seek。函数 gcount()返回上一次输入的字符个数，以便上次操作错误时进行回退处理。函数 get(char&)将输入的字符送入有址传统左值引用形参；函数 get(char*, int, char='\n')根据长度或定界符输入一个字符串；函数 get(streambuf&, char='\n')根据定界符输入一个字符串，并将输入的字符序列送入一个缓冲区。函数 peek()读取字符而不移动输入流的输入指针，因此它提供了向前查看字符以便检查后再读入的功能。函数 putback(char)向输入流回退一个字符，该功能和 peek()函数的功能类似。函数 ignore(int n=1,int d = EOF)根据长度 n 或定界符 d 跳过若干字符。

14.4　文件流

文件输入流为"ifstream"，文件输出流为"ofstream"，这两个文件流都定义在文件"fstream.h"中。注意，"ifstream"继承了"istream"和"fstreambase"，"ofstream"继承了"ostream"和"fstreambase"，因此前面介绍的格式化函数以及输入／输出函数都可以用于文件流。

以下是一个文件复制的例子，该例子使用了文件输入流和文件输出流。

【例 14.5】使用文件流编写文件拷贝程序。

```
#include <fstream>
#include <iostream>
using namespace std;
int main(int argc, char* argv[])
{
    ifstream f1;
    ofstream f2;
    char ch;
```

```
    if (argc != 3) {
        cerr << "Parameters error!\n";
        return 1;
    }
    f2.open(argv[2], ios::in + ios::ate);
    if (f2) {          //若文件存在
    cerr << "Object file already exist!\n";
        f2.close( );
        return 1;
    }
    f1.open(argv[1], ios::in+ios::binary);
    if ((!f1)) {       //若文件不存在
        cerr << "Source file open error!\n";
        return 1;
    }
    f2.open(argv[2], ios::out+ios::binary);
    if ((!f2)) {
        cerr << "Object file open error!\n";
        f1.close( );
        return 1;
    }
    while (f1.get(ch))     f2.put(ch);
    f1.close( );
    f2.close( );
    return 0;
}
```

同 C 语言的文件输入／输出一样，在输入／输出开始前，需要打开相关文件；在输入／输出结束后，需要关闭已打开的文件。

文件流对象必须在文件打开后才能输入／输出，在文件关闭后才能再次打开文件。定义文件流对象和打开文件可以同时进行，代码如下所示。

```
ifstream f1("input");
ofstream f2("output");
```

在默认情况下，文件用正文模式打开。用正文模式打开文件后，读文件时将 ""\r\n"" 自动转换为 ""\n""，写文件时将 ""\n"" 自动转换为 ""\r\n""；而用 "ios::binary" 模式打开则原样读写文件，这种方式显然更有利于读写文件的位置定位，即_Seekbeg、_Seekcur、_Seekend。类 ios 定义了多种文件打开模式，这些模式包括以下几种。

ios::app	在文件尾追加数据
ios::ate	在打开的文件中找到文件尾
ios::in	打开的文件供读
ios::out	打开的文件供写，否则默认为 trunc 方式
ios::binary	以二进制模式打开文件
ios::trunc	若文件存在，则清除原文件内容
ios::nocreate	若打开的文件不存在，则打开失败
ios::noreplace	除非同时设置 ate 或 app，否则在文件存在时打开失败

因此，例 14.5 中要写入的文件应用"ios::trunc"模式打开，即调用"f2.open(argv[2], ios::trunc);"来打开文件。但这样也可能将已经存在的重要文件清空，因此在打开已经存在的文件前应做出提示。

14.5　串流处理

与 sscanf()和 sprintf()一样，"strstream.h"定义的函数能按格式输入／输出字符串，且输入／输出格式更为丰富灵活。注意，"istrstream"由类"istream"和"strstreambase"派生而来，"ostrstream"由类"ostream"和"strstreambase"派生而来，因此前面所介绍的有关流的格式化函数及输入／输出函数都能用在串流处理中。

某种格式的正文文件按行存入商品标识、价格以及有关商品的描述信息，试按照数据的存储格式将数据读入。对于如下格式的正文文件：

```
101    191        Big Book
102    100.12     Small Book
```

要求依次读入各行正文，加上相应的行号并输出，即产生如下形式的输出：

```
1: 101    191.00    Big Book
2: 102    100.12    Small Book
```

为此，必须使用串流输入／输出函数，特别是使用有格式的输出函数。

【例 14.6】字符串流的输入／输出用法。

```cpp
#define _CRT_SECURE_NO_WARNINGS
#include <fstream>
#include <strstream>
#include <iomanip>
#include <iostream>
#include <string.h>
using namespace std;
int main(int argc, char* argv[ ])
{
    int id;
    float amount;
    char description[41];
    ifstream inf(argv[1]);
    if (inf) {
        char inbuf[256];
        int lineno = 0;
        cout.setf(ios::fixed, ios::floatfield);
        cout.setf(ios::showpoint);
        while (inf.get(inbuf, 81)) {
            istrstream ins(inbuf, strlen(inbuf));
            ins >> id >> amount >> ws;
            ins.getline(description, 41);
            cout << ++lineno << ":" << id << '\t' << setprecision(2);
            cout << amount << '\t' << description << '\n';
        }
    }
    return 0;
}
```

上述程序每读入一行，就将读入的行存入字符缓冲区，并作为串流输入函数的输入，程序在得到商品标识、价格以及商品描述信息后，根据行计数器要求的格式输出信息。

练习题

【题 14.1】cin 和 cout 分别是哪一个流类的对象？

【题 14.2】cin 通过什么运算符的重载输入简单类型的变量？cout 通过什么运算符的重载输出简单类型的变量？

【题 14.3】ostream 的操纵符 dec 和 endl 是变量还是函数？

【题 14.4】setw(int)对输出流的影响是暂时的还是永久的？dec 对输出流的影响是暂时的还是永久的？

【题 14.5】运算符"<<"和运算符">>"还可以被再次重载吗？它们应该重载为什么样的函数？

【题 14.6】为什么 cout 可以用于连续输出？如果程序自己不重载，它能输出的数值的类型是什么类型？

【题 14.7】借助于"ifstream"输入文件流的 open(…)函数，能否判断一个文件存在且不截断或损害该文件？

【题 14.8】编写一个程序，将命令行给出的若干输入文件进行合并后输出到输出文件。例如，假定程序的名字为 merge，命令行的格式为"merge -i file1　file2　…　filen -o file"，则如下命令"merge -s file1　file2 -o file3"将文件 file1 和 file2 合并后输出到 file3。

第15章
面向对象开发实例

面向对象的分析与设计是一种以现实世界的概念为基础组织模型的分析和设计技术。面向对象分析的任务是建立对象模型，即针对客体系统描述系统将做什么；面向对象的设计的任务则是实现对象模型，即针对客体系统描述系统将怎样做。恰当地建立面向对象的模型可以更好地把握用户需求，高效地开发出符合要求的软件系统。

15.1　面向对象设计概述

在建立对象模型时，首先要理解客体系统的问题域，然后在深入理解问题域的基础上，再对客体系统进行分解和抽象。抽象分为数据抽象与过程抽象两种方式。其中，数据抽象是面向对象分析的核心，也是组织和建立对象模型的基础。数据抽象用属性描述系统的实体（即对象），进而描述对象之间的关联关系，并形成客体系统的对象模型。

过程抽象是广泛使用的抽象形式，采用的基本方法是功能分解方法。过程抽象的结果形成对象的操作或方法，这些操作或方法同对象的属性封装在一起，形成对象类型的完整描述，并向对象外部开放一些访问接口，使外部能够了解该对象做什么，而不知道该对象具体怎样做。

在分析了客体系统的对象之后，接着需要分析对象之间的关系。对象之间的关系可以分为继承、聚集、关联和通信等类型。其中，继承和聚集关系又分别称为特化和组成关系，有时也分别称为 isA(a kind of)和 isP(part of)关系，面向对象的程序设计语言均能描述这两种对象关系。

具有继承和聚集关系的对象联系紧密，而具有关联和通信关系的对象则联系松散。对于面向对象的程序设计语言，多数没有提供描述关联和通信关系的语言成分，因此关联和通信关系必须经过转换才能实现。

数据库表格可以用来存放关联关系，而对象之间的通信则需要使用消息机制，这种消息机制通常由操作系统提供。在没有消息机制的操作系统中，对象之间的通信只能通过调用函数成员完成。

在上述 4 种关系中，最紧密的当属继承关系，其次是聚集关系，再次是关联关系，最不紧密的是通信关系。在建立对象模型阶段，必须仔细区分上述 4 种关系，而区分这些关系有时是比较困难的。

例如，多继承和聚集关系就较难区分。此外，就关系的实现策略而言，大多数情况下它们可以相互转换。某些面向对象的语言不提供多继承描述机制，在这种情况下多继承就只能通过聚集实现。当然，多继承和聚集仍有本质区别，只要仔细分析是能掌握的。

值得注意的是，在多重继承的情况下，派生类可能有多个同名基类，这些基类有可能就是同一对象。此外，在具有父子类关系的对象之间，同名的操作或方法可能表现出多态特性。在建立对象模型时，必须识别这些具有多态特性的对象操作或方法。

在对象设计阶段，对象的类型用类来定义。分析阶段形成的对象模型可能需要转换才能实现，因为面向对象的语言描述对象的能力各不相同。到目前为止，没有一种面向对象的语言能够描述对象模型涉及的所有概念。

同一个类的对象之间可能存在共享信息，这些信息必须用类一级的属性描述，C++的静态数据成员用于描述类级属性。静态数据成员不属于某个具体对象，而是为所有对象所共享。同理，静态函数成员可以描述类级操作。由于类级操作不依赖于具体对象存在，因此静态函数的参数表没有隐含参数 this。

建立对象模型时基本上不考虑属性的访问权限，这一问题通常推迟到对象设计和实现阶段，因为这一问题涉及对象设计或实现的细节。本章只讨论对象的静态模型，即对象模型，关于对象的动态模型及功能模型的相关知识请参考有关资料。为了便于用 C++表示和实现对象，本章对对象模型的图形符号进行了改造。

15.2　对象的静态模型

对象是客体系统中概念上的、抽象的或具有明确意义的事物。对象是具有唯一标识的事物，尽管两个对象的属性值可能完全一样。这种唯一标识通常不是由分析和设计人员定义的，而是由面向对象的语言或系统提供的。

对象常用边角为圆弧的方框表示。方框中第一行内容必须用圆括号括起，表示对象名和类名，两者之间以冒号分隔；其他各行用于表示对象的属性及其值，通常用“属性名=值”的形式表示。对象内部通常没有关于对象操作的描述，有关对象操作的描述放在类的描述中。例如，教师具有姓名、年龄、职称等属性，对象章老师的表示如图 15.1 所示。

对象的类型（即对象所属的类）用方框表示。方框可根据需要由 1 个、2 个或 3 个部分构成。第一部分必须为类名，第二部分必须为属性名，第三部分必须为类和对象的操作名。由上述 1 个部分构成的类只包含类名，由 2 个部分构成的类包含类名和属性名，由 3 个部分构成的类包含类名、属性名和操作名。

面向对象的分析与设计是一个连续过程，各个阶段之间没有明显的界线。因此，上述 3 种表示可能同时出现在对象模型中，类的定义

```
<对象名>:<类名>)

<属性名1>=<值>

<属性名2>=<值>

     ⋮

<属性名 n>=<值>
```

```
(Zhang：TEACHER)

Name=Zhang

Age=25

Title=Professor

Degree=Ph.D.
```

图 15.1　对象章老师的表示

随着分析的细化逐步完善。根据有关操作的需求描述，可以定义函数参数和返回类型，也可以不定义函数参数和返回类型。必要时，注意给属性和操作添加类级说明。

此外，还可以给属性和操作添加访问权限，私有权限用“-”表示，保护权限用“#”表示，公开权限用“+”表示。属性的默认访问权限为私有权限，操作的默认访问权限为公开权限。因

此，当属性名前面为空时，表示该属性为私有属性；当操作名前面为空时，表示该操作为公开操作。例如，关于老师的类型定义如图 15.2 所示，其属性都定义为私有属性，其操作都定义为公开操作。

对于类级属性和类级操作，可在属性名和操作名前加上"$"；为了表示和区分多态操作，可在虚函数操作名前加上"□"，在纯虚函数操作名前加上"■"。类级属性的属性名、类型名和默认值可以用"〈属性名〉：<类型名>=<默认值>"的形式表示。例如，在 TEACHER 类中，可以声明类级属性 Teachers，用于记录全体教师的人数，还可将析构函数声明为虚析构函数，如图 15.3 所示。

图 15.2　关于老师的类型定义

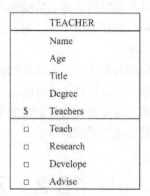

图 15.3　TEACHER 类的图形表示

类型之间的继承关系用"△"表示，由虚基类产生的继承用"▲"表示。类型之间的聚集关系用"◇"表示。类型之间的关联关系用两端不带圆点、带空心圆点或实心圆点的连线连接；三元及三元以上的关联用"◇"辐射的连线连接，连线的另一端不带圆点、带空心圆点或实心圆点；五元及五元以上的关联应尽量避免出现。类型之间的通信用带箭头的连线表示，箭头上方写上通信所需要的消息名称。

不带圆点的关联表示一对一关联，被关联的对象数目称为关联的阶。空心圆点的阶为 0 或 1，表示关联零个或者一个对象。实心圆点的阶为 1+，表示关联一个以上的对象，也可以在实心圆点附近注明具体的阶数，例如，3+表示关联 3 个以上的对象、5～8 表示关联 5 ～ 8 个对象。注意，一个类对象可以和同一个类的对象关联。

例如，交通工具 Vehicle 既有水上交通工具 WaterVechile，也有陆地交通工具 LandVehicle，还有水陆两用交通工具 AmphibiousVehicle。Vehicle 和 Person 同属于某个运输公司 Company，Vehicle 和 Person 与公司的关系为聚集关系，因此 Vehicle 和 Person 将被用于定义 Company 的数据成员。如果希望节省内存，并同时保持 Vehicle 和 Person 对象的独立性和唯一性，可将 Vehicle 和 Person 用于定义 Company 的引用数据成员。运输公司的对象模型如图 15.4 所示。其中，类 Vehicle 同时为 WaterVechile 和 LandVehicle 的虚基类。

学生、教授和大学之间的关联是一种三元关联关系，三元关联关系通常要用类的对象数组描述，该类聚集相互关联的 3 个类的对象引用。在对象模型中，多元关联或属性之间的约束条件用花括号括起来。软件项目、开发人员和程序语言之间的关联关系如图 15.5 所示。

图 15.4 运输公司的对象模型

属性是类的对象的性质，链属性是关联的链的性质。关联（尤其是多元关联）经常实现为类，该类聚集这些关联类的对象引用，而链属性则实现为类的成员。例如，在图 15.6 所示 UNIX 操作系统文件中，文件和用户的关系是多对多关系，不同的用户对不同的文件有不同的访问权限。在用户同文件的关联对象中，访问权限是访问链的属性值。注意，对于图 15.6 所示的链属性 access permission 的表示方法，若有多个链属性则在圆括号中用逗号隔开属性的值。

图 15.5 多元关联的表示 图 15.6 链属性的表示

15.3 面向对象的分析

对象模型表示了客体系统中对象的类的数据结构、对象之间的相互关系以及系统自身的边界，因此对象模型也称为静态模型。对象模型的信息来源于系统描述、应用领域的专业知识和一般常识。

在建立对象模型时，一定要同客体系统的专业人员进行充分交流。在充分交流的基础上建立初步模型，然后逐步完善和细化所建立的对象模型。在构造对象模型时，通常遵循以下步骤：（1）确定类和对象；（2）构造数据字典；（3）确定对象关联；（4）确定属性和链；（5）确定继承和聚集；（6）测试访问路径。

在客体系统的描述中通常会出现一些名词，对名词进行分类和归纳就可能得到类和对象。此时，不应太多地考虑类和对象的实现细节，要尽可能地找出所有的对象和类，同时又不要无限制地扩大系统的边界和范围。

有些对象和类是客观存在的，有些则需要经过抽象才能得到。例如，要建立体育比赛的对象模型时，除了需要运动员及教练员等客观对象外，还可能需要抽象出赛局等比较抽象的对象。在识别出对象后，应对相似对象进行分类并形成对象的类。

在形成对象的类以后，要注意去掉重复的类。例如，一个类名可能是另外一个类的别名，如客户和用户可能是重复的类名,应根据客体系统的特点保留其中的一个。对于同客体系统没有太多关系的类,则要考虑删除这些类,否则系统的边界可能会被无限扩大。

此外,要注意区分类名和属性名。有时候,有关操作的陈述有可能当名词使用,应考虑是否需要定义新的类;一个物理实体可能充当不同的角色,应考虑是否需要定义不同的类或定义抽象类。例如,一个人有可能既是一个公司的雇员,同时也兼任一定的管理职务,因此要考虑是否有必要建立不同的类。

对于已经确定的对象类型,应当建立相应的数据字典。每个类型的精确含义,包括对象的整体信息、对象的成员类型、对象的用法及限制、对象与其他对象的关系等,都应该被详细地描述。总之,数据字典以类名为中心,描述类的属性、操作、关联和约束等。好的数据字典应该精练,并且应该和客体系统的描述完全一致。

在确定了对象类型并构造了数据字典之后,就可以根据对象之间的依赖关系确定关联。可以根据操作是否使用了连词或者根据名词是否使用了修饰词来确定关联。通常应该将三元以上的关联分解为二元关联,如果分解会导致信息丢失,那么应该保留这样的关联。要注意关联和约束的区别,实现时关联可以形成独立的类,而约束则不能形成独立的类。关联的阶实际上是一种约束,约束通常是对属性值域或关联对象个数的限定。

确定关联后,就可以确定类和对象的属性。注意,不要把关联定义为属性,虽然在对象设计和实现阶段常常这样做。属性通常出现在表示所属关系修饰词的后面,例如人的年龄、职称等。在对客体系统的描述中,除非涉及的是新奇的或特殊的事物,否则对属性的描述通常很不完全,因为人们习惯于避免描述细节。这也是对象模型需要图形表示和逐步求精的主要原因。

如果关联有链属性,链属性也应该表示出来。注意,链属性是对象关联链的性质,而不是单个对象的性质。在实现多对多对象关联时,链属性不能并入关联的类中;在实现多对一对象关联时,链属性可并入关联的多端类中。

可以使用继承和聚集来组织类。继承的类之间通常存在特化关系,而聚集的类之间通常存在构成关系。例如,对于人员 Person 和雇员 Employee,雇员即特化的被雇佣的人员,因此 Person 通常被定义为基类,而 Employee 则被定义为派生类。

在组织好类后,可根据系统功能需求测试一下访问路径,以检查对象模型是否能提供足够的信息。在测试时,要注意关联的阶(即约束)。如果存在多对多对象关联,并且经常有涉及关联对象的操作,则应将多对多关联转换成一对多关联,并在两个一对多关联之间增加一个新类。这样,测试访问路径能够达到逐步完善对象模型的目的。

15.4 对象的设计与实现

对象设计是在对象模型的基础上,根据系统的硬件及软件资源、硬件及软件环境、目标系统的性能要求等,确定类及对象的定义、关联的实现策略、算法的设计与优化策略等。总之,对象设计就是在对象模型的基础上确定实现方案。

运行环境对目标系统的实现方案影响很大。在调用驱动的单任务运行环境下,程序一旦启动就一直控制 CPU,直到程序执行正常结束或异常退出才停止控制。启动时,若程序的输入相同,则输出就相同,子系统的执行是通过函数调用完成的。而在事件驱动的多任务运行环境下,子系统的执行是根据事件发生的先后顺序确定的,事件驱动的运行环境易于实现对象的动态模型。

　　另一个值得注意的问题是永久对象问题。大多数面向对象的程序设计语言都不能支持永久对象，一旦程序结束，执行对象就被析构了。但许多应用都要求程序结束后对象继续存在，以便下一次程序执行时重新激活或使用对象。在这种情况下，通常使用文件系统或数据库系统来存放对象。使用文件系统可以实现复杂的类，但难以实现对象的安全访问；使用数据库系统能保证安全访问，但关系型数据库难以实现复杂的对象类型，而面向对象的数据库系统能解决这一问题。

　　在进行对象设计时，通常不用考虑数据库系统的实现策略，因为大多数数据库系统都是关系型数据库，与面向对象语言的编程接口一致，C++的数据库访问接口由 ODBC 提供。但是，必须考虑面向对象语言自身的特点，并制订出相应的对象存储策略和实施方案。例如，有些面向对象的语言没有提供多继承机制，因此在设计时必须考虑多继承类的实现策略。

　　对象的设计是一个反复进行的过程，在某一抽象级上完成的设计可能需要进一步细化。有时，可能需要修改对象模型，增加新的类型、属性、方法和关联。面向对象的设计通常需要按如下步骤进行：（1）获取类的操作；（2）实现操作算法；（3）优化访问路径；（4）实现状态控制；（5）设计对象关联；（6）调整类型结构。

　　获取类的操作时，要注意从系统功能及对象内部状态变化上获得操作，从系统功能上获得的操作通常为类的外部操作，而从对象内部状态变化上获得的操作大多为内部操作。此外，还需要考虑是否应该为属性访问提供外部操作。内部操作和外部操作可在访问权限上加以区分，通常将外部操作定义为 public 公开操作。

　　有些操作可能比较复杂，实现操作算法时必须考虑计算的复杂度，尤其是对系统功能和性能有重大影响的算法。此外，必须考虑算法是否易于实现和理解，是否需要定义新的数据结构和内部属性。

　　优化访问路径时，通常需要增加冗余关联，以减少访问开销和避免复杂费时的计算而增设内部属性。在涉及文件排序及数据库索引等操作时，应根据数据出现的频率调整计算的顺序，从而提高系统的访问速度和反应速度。

　　类的外部接口通常会激发对象内部的状态变化，对象从其初始状态开始逐步转换成其他状态。为了控制对象状态转换，通常需要引入内部属性。有穷自动机是表示内部状态变换顺序的一种较好的工具，而 Petri 网是描述并发状态的一种较好的工具。注意，类的内部函数成员也可以改变对象的内部状态。

　　大多数面向对象的语言都不支持关联，因此关联的实现是对象设计考虑的重点。在关联的对象中，如果只是一类对象访问另外一类对象，则这种关联就称为单向关联；否则就称为双向关联。通常在发出访问的类中定义指针来实现关联，可以定义单个指针实现一阶关联，也可以定义指针数组、表格、集合实现多端关联。此外，还可以定义一个引用实现单一关联。图 15.7 所示为关联的实现方法。

图 15.7　关联的实现方法

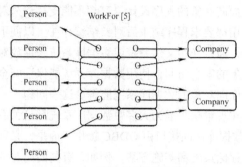

图 15.8 数组实现关联的方法

派生类数组或表格可以用于实现一对多或多对多关联，派生类的两个指针（引用）成员分别指向（引用）两个关联对象。图 15.8 所示为一对多或多对多关联的实现方法，该方法采用 5 个元素的派生类对象数组实现一对多关联。

实现操作算法、优化访问路径、实现状态控制、设计关联均有可能改变类的结构，类的结构变化需要通过不断调整类型结构来实现。某些公开方法可能需要从类中抽取出来形成友元。如果继承过多地产生不必要的属性和操作，则需要改用聚集的策略来定义类；如果聚集的类太相似，则需要改用继承来定义类。C++可以有选择地继承基类成员，从而减少了聚集的使用机会。

使用面向对象的语言来实现对象是最自然的，然而不同的语言对对象概念的支持不同。C++是一种对对象概念支持较为全面的语言，除了不支持对象关联和永久对象外，几乎支持所有面向对象的概念。C++可通过指针实现对象关联，可以通过数据库系统实现永久对象。

事实上，在对象建模和对象设计后的对象实现阶段，可以选择用一种面向对象的语言来描述类和对象，这种做法可使对象建模和对象实现的关系更为紧密。当然，一个面向对象的模型也可以不用面向对象的语言实现。

15.5 骰子游戏模型设计实例

为了说明对象建模和对象设计的方法，在此给出一个有关骰子游戏的建模和设计实例。假定系统的运行环境为不使用消息队列的单任务运行环境，对象之间的互动通过直接调用对方的函数成员实现。

15.5.1 问题描述

一个拥有一定量元宝的老板，开了一个骰子游戏赛馆，每天忙于接待大量的玩家。只要来了两个以上的玩家，便可以组织玩家开始游戏。只要玩家愿意并且有元宝，就可以一局局地玩下去。每局每个玩家的元宝不得少于 500 个，但也不能超过 1000 个，如果玩家赢了，玩家投标多少赢多少，不够支付的部分由老板加补，支付后多余的元宝落入老板钱包，每局必须付清元宝，不得赖账。

玩家轮番通过掷骰子决定每局的输赢，达到或超过 2000 分的最高得分者为赢家。如果最高得分者有多个，则这些得分相同的玩家都是赢家。一共使用 5 个骰子记分，5 个骰子必须一起掷出，5 个骰子的记分方法如下：（1）如果出现了 5 个一点，则记 1000 分；（2）如果出现了 3 个一样的点，则得分为 3 个一样点的点数乘以 100 的积，再加上剩下的每个点的点数乘以 10 的积；（3）玩家必须掷过 400 分才能开始记分，否则每次以 0 分记分。

营业结束后，老板计算还有多少元宝。

15.5.2 对象模型

先分析问题描述中出现的名词，例如老板、赛馆、玩家、骰子、元宝等，这些名词可以形成类。考虑老板 BOSS 和玩家 GAMESTER 的共同特点，即都有名、有姓、有元宝，因此可以将这些共同特点抽取出来形成基类 PERSON。考虑到元宝没有进一步细化描述的属性，因此元宝不应该作为一个类。考虑到彩具 DICE 由 5 个骰子 DIE 构成，参赛人员 GAMESTERS 由一群玩家构成，因此需要增加 DICE 和 GAMESTERS 两个聚集类型。

最后，需要考虑是否存在非客观的类。赛局 GAME 就是这种比较抽象的类，赛馆 CASINO 要一局局地开赛，每个赛局要玩家下元宝、掷彩具和付账等。一个初步的对象模型如图 15.9 所示。

图 15.9　初步的对象模型

在初步建立了对象模型之后，便可以根据该模型建立数据字典。数据字典以类名为中心，描述类的属性、操作、关联和约束等，以便在对象设计和实现时有一个简要的参照。该对象模型的数据字典如表 15.1 所示。

可以根据问题描述和数据字典来寻找类型之间的关联关系。在上述对象模型中，老板与玩家之间的关系显然不是继承和聚集关系，而是一种比较弱的关联关系，老板和赛馆之间的关系也同样如此。赛馆除了和老板关联外，还和一群玩家及彩具关联，并和赛局有一种通信关系。赛局除了和赛馆关联外，还和彩具关联，同时也和一群玩家关联。鉴于彩具是一个被动对象，所以由其他类向彩具发出关联访问。按理来说，玩家和彩具之间应该建立关联，但事实上，彩具的主要控制者是赛局，由赛局决定谁掷骰子。

表 15.1	数据字典
BOSS	老板在接待若干玩家后，开设赛局让玩家比赛，比赛结束后计算自己的利润
CASINO	赛馆以 5 颗骰子为彩具，供玩家们轮番比赛，赛完一局再开下一局
DICE	由 5 颗骰子组成的彩具，供玩家们投掷记分
DIE	每颗骰子上面刻有 1~6 点
GAME	每局需要玩家投注元宝，然后轮番掷骰子记分决定输赢，每局结束要进行清算
GAMESTER	每个玩家要投注元宝，轮番掷骰子记分决定输赢
GAMESTERS	参赛人员由老板接待后，进入赛馆开始比赛，直到比赛结束
PERSON	每个拥有一定量元宝的人，都可以参加比赛

注意，如果要记录每个赛局的成绩，则应在赛馆 CASINO 和赛局 GAME 之间、参赛人员 GAMESTERS 和赛局 GAME 之间、赛局 GAME 和彩具 DICE 之间建立关联，并在赛馆和赛局之间建立通信关系。增加关联和通信关系后，游戏的对象模型如图 15.10 所示。

建立关联之后就可以确定类的属性和关联的链属性。对于 PERSON，关心的是其姓名 Name、年龄 Age 和元宝数 Money。对于每个骰子，只需关心其点数 Spot，此外可以设置类级属性 count，以记录骰子个数，这种属性常常出现在聚集关联的多端，即"◇"端。

对于彩具 DICE，关心的是每次的得分。对于参赛人员 GAMESTER，关心的是保证金 Wager 和得分 Tally，此外可以设置一个类级属性 count，赛局记录当前玩家人数。对于老板 BOSS、赛局 GAME 和赛馆 CASINO，主要关心的是利润 Profit。类的属性如图 15.11 所示。

图 15.10　游戏的对象模型　　　　　　　　图 15.11　类的属性

本系统的主要访问路径为：老板接待玩家，凑齐一定人数开始比赛；赛馆提供彩具，并一局接一局地进行比赛；玩家每局都要投标元宝，然后轮番掷骰子决定输赢。从上述对象模型来看，这些访问都能有效进行。

15.5.3　对象设计

对象设计的核心内容是为类定义操作。首先应为实现系统功能定义必要的操作，其次应为访问类的属性提供访问接口，最后应对定义好的操作或接口进行优化。对象设计的另一个重要内容是实现关联，即根据访问路径和访问频率决定关联的实现策略。在对象设计的最后阶段给出类的定义。

对于 PERSON，需要进行的操作是计算收入 imburse、支出 disburse 以及访问属性 name 和 money 的操作。对于 DIE，应该提供访问属性 spot 的操作。对于 DICE，应该提供投掷并计算得分的操作。对于 GAMESTER，应该提供计算投标 bet、掷骰子得分 score、赢 win、输 pay，以及访问属性 tally 的操作。对于 GAMESTERS，应该提供增加玩家、减少玩家、取玩家人数以及访问某个玩家的操作。对于 BOSS，应该提供开始营业操作 run。对于 GAME，应该提供轮番比赛的操作 play。对于 CASINO，应该提供开场操作 open。

在上述操作中，有些操作可以用 C++的运算符重载表示。除了上述已经定义的操作外，每个类还应该增加构造和析构操作。在有继承关系的类中，要考虑同名操作是否为多态操作。此外，为了实现方便，可能会增加一些内部属性和内部操作。

注意，关联通常用引用、指针或指针数组实现，引用实现的关联最终被编译为汇编程序的指针。引用对象的成员没有义务构造和析构对象，因为引用成员只是某个具体对象的别名。相应地，用指针实现的关联通常需要用 new 分配并初始化对象，最后用 delete 析构并释放对象。

本系统所定义的类型文件"IMPONE.h"内容如下。

```cpp
#define _CRT_SECURE_NO_WARNINGS
#include <time.h>
#include <ctype.h>
#include <conio.h>
#include <stdlib.h>
#include <string.h>
#include <iostream>
using namespace std;
class DIE{
    static int count;
    char value[8];
    int spots;
public:
    DIE( );
    virtual ~DIE( ) noexcept;
    operator const char*( );
    DIE &operator =(int);
    operator int( );            //用于访问 spots
};
class DICE{
    DIE *dices;                 //*表示 dices 负责创建和析构 DIE 对象，下同
    int score;
public:
    DICE( );
    int cast( );
    virtual ~DICE( ) noexcept;
};
class PERSON{
    char *name;
    int   age;
    long money;
public:
    int   imburse(int m);       //收入
    int   disburse(int m);      //支出
    long banance( );            //总额
    operator const char *( );   //获取 name
    PERSON(const char *n, int a, long m);
    virtual ~PERSON( ) noexcept;
};
class GAMESTERS;
class GAMESTER: public PERSON{
    int wager;
    int tally;
    static int count;
    friend GAMESTERS;
public:
    int bet( );                 //投标
    int pay( );                 //输元宝
    int win(int &);             //赢元宝
    int score(DICE &);          //掷骰子
    int score( );               //取得分
    GAMESTER(const char *n, int a, long m);
    virtual ~GAMESTER( ) noexcept;
};
class GAMESTERS{
    GAMESTER **gamesters;
public:
    int getnum( );              //取玩家人数
    GAMESTERS( );
    GAMESTERS &operator +=(GAMESTER *);
```

```
        GAMESTERS &operator -=(GAMESTER *);
        GAMESTER &operator [ ](int);
        virtual ~GAMESTERS( ) noexcept;
    };
    class GAME{
        DICE &dice;  //&表示 dice 不负责创建和析构 DICE 对象，下同
        GAMESTERS &gamesters;
        int profit;
    public:
        GAME(GAMESTERS &, DICE &);
        int play( );
        virtual ~GAME( ) noexcept;
    };
    class BOSS;
    class CASINO{
        BOSS &boss;
        DICE *dice;
        GAMESTERS &gamesters;
        long profit;
    public:
        CASINO(BOSS &, GAMESTERS &);
        virtual ~CASINO( ) noexcept;
        long open( );  //开场比赛
    };
    class BOSS: public PERSON{
        CASINO *casino;
        long profit;
        GAMESTERS *gamesters;
    public:
        void run( );
        BOSS(const char *, int, long);
        virtual ~BOSS( ) noexcept;
    };
```

注意上述实现较多地使用了指针和引用，主要目的是不想反复地构造和析构对象。

15.6　游戏模型程序设计

本系统的对象实现由"IMPONE.cpp""DICE.cpp""CASINO.cpp""GAME.cpp""GAMESTER.cpp""BOSS.cpp""PERSON.cpp"共 7 个代码文件构成，其中"IMPONE.cpp"为主模块代码文件。

代码文件"IMPONE.cpp"的内容如下所示。

```
#include "impone.h"
void main(int argc, char* argv[ ])
{
    char c;
    cout << "Impone, Version 1.0\n";
    cout << "Usage: Impone  <bossname>  <age>  <money>\n";
    cout << "       Impone  BigBoss  40  200000\n\n";
    if (argc != 4) {
        cout << "Error parameters!\n";
        return;
    }
    BOSS boss(argv[1], atoi(argv[2]), atol(argv[3]));
again:
    cout << "Boss: Do you like entertainment?(Y/N): ";
    while (((c = toupper(_getch( ))) != 'N') && (c != 'Y'));
```

```
    cout << c << "\n";
    if (c == 'N') return;
    boss.run( );
    goto again;
}
```

代码文件 "DICE.cpp" 的内容如下所示。

```cpp
#include "impone.h"
int DIE::count = 0;
DIE::operator const char* ( )
{
    value[5] = spots + '0';
    value[6] = 0;
    return value;
}
DIE& DIE::operator=(int s) { spots = s;    return *this; }
DIE::operator int( ) { return spots; }
DIE::~DIE( ) noexcept { count—; }
DIE::DIE( )
{
    strcpy(value, "DIE :");
    value[3] = ++count + '0';
    spots = 0;
}
DICE::DICE( )
{
    dices = new DIE[5];
    score = 0;
}
DICE::~DICE( ) noexcept { delete[ ] dices; }
int DICE::cast( )
{
    int i, k, s[8];
    srand((unsigned)time(nullptr));
    for (i = 0; i < 6; i++) s[i] = i + 1;
    while (_getch( ) != 13)
        s[(i++) % 5] = ((unsigned)time(nullptr)) % 6 + 1;
    cout << "   ";
    for (i = 0; i < 5; i++) {
        dices[i] = s[rand( )%5];
        cout << (int)dices[i] << "   ";
    }
    for (score = k = 0; k < 8; k++) s[k] = 0;
    for (k = 0; k < 5; k++) s[dices[k]]++;
    if (s[1] == 5) { score += 1000; s[1] = 0; }
    for (k = 1; k < 7; k++)    if (s[k] >= 3) { score += k * 100; s[k] -= 3; }
    for (k = 1; k < 7; k++)    score += s[k] * k * 10;
    cout << "Score: " << score;
    return score;
}
```

代码文件 "CASINO.cpp" 的内容如下所示。

```cpp
#include "impone.h"
CASINO::CASINO(BOSS& b, GAMESTERS& g): gamesters(g), boss(b)
{
    dice = new DICE;
    profit = 0;
}
CASINO::~CASINO( ) noexcept { delete dice; }
long CASINO::open( )
{
    char   p;
    GAME* g;
```

```
again:
        cout << "Casino: Do you want to play game now?(Y/N): ";
        while (((p = toupper(_getch( ))) != 'N') && (p != 'Y'));
        cout << p << "\n";
        if (p == 'N') goto out;
        g = new GAME(gamesters, *dice);
        profit += g->play( );
        delete g;
        goto again;
out:
        return profit;
}
```

代码文件"GAME.cpp"的内容如下所示。

```
#include "impone.h"
GAME::GAME(GAMESTERS &g, DICE &d): gamesters(g), dice(d)
{
        profit=0;
}
GAME::~GAME( ) noexcept { }
int GAME::play( )
{
        int k, h, t, n=gamesters.getnum( );
        for(k=h=0; k<n; k++) if(!gamesters[k].bet( )) {
                gamesters-=&gamesters[k];
                n--;
        }
        if(!n) return profit;
        cout<<"Game: Press keys to roll, and enter to cast\n";
        while(h<2000)
            for(k=0; k<n; k++) {
                    cout<<"         "<<gamesters[k]<<": ";
                    t=gamesters[k].score(dice);
                    if(h<t) h=t;
            }
        for(k=0; k<n; k++)
            if(gamesters[k].score( )==h) {
                    if(!gamesters[k].win(t)) {
                            gamesters-=&gamesters[k];
                            n--;
                            cout<<"Paying something by ear! I will go\n";
                    }
                    profit-=t;
            }
            else    profit+=gamesters[k].pay( ) ;
        return profit;
}
```

代码文件"GAMESTER.cpp"的内容如下所示。

```
#include "impone.h"
int GAMESTER::count=0;
GAMESTER::GAMESTER(const char *n, int a, long m): PERSON(n,a,m)
{
        wager=tally=0;
        count++;
}
GAMESTER::~GAMESTER( ) noexcept
{
        count--;
        cout<<"Gamester: "<<*this<<", Bye!\n" ;
}
int GAMESTER::bet( )
```

```
{
    cout<<"Gamester: "<<*this<<" has $"<<banance( );
    cout<<", please bet between [500, 1000]: ";
    do{
        cin>>wager;
        if(!wager) return 0;
    }while((wager<500)||(wager>1000)||(wager>banance( )));
    tally=0;
    return wager;
}
int GAMESTER::win(int &m)
{
    m=wager;
    cout<<"Gamester: "<<*this<<" wins "<<wager<<"\n";
    return imburse(m);
}
int GAMESTER::pay( )
{
    cout<<"Gamester: "<<*this<<" pays "<<wager<<"\n";
    disburse(wager);
    return wager;
}
int GAMESTER::score(DICE &dice)
{
    int s=dice.cast( );
    if((tally<400)&&(s<400)) s=0;
    tally+=s;
    cout<<"    Total: "<<tally<<"\n";
    return tally;
}
int GAMESTER::score( ) { return tally; }
GAMESTERS::GAMESTERS( ) { gamesters=0; }
GAMESTERS::~GAMESTERS( )
{
    while(GAMESTER::count>0)
        delete gamesters[GAMESTER::count-1];
    delete gamesters;
}
GAMESTERS& GAMESTERS::operator+=(GAMESTER *g)
{
    int   n;
    GAMESTER   **p;
    p=gamesters;
    gamesters=new GAMESTER*[GAMESTER::count];
    for(n=0; n<GAMESTER::count-1; n++)   gamesters[n]=p[n];
    gamesters[n]=g;
    delete p;
    return *this;
}
GAMESTERS& GAMESTERS::operator-=(GAMESTER *g)
{
    int m, n;
    for(n=0, m=GAMESTER::count; n<m; n++)
        if(gamesters[n]==g) { delete g; break; }
    for(; n<m; n++) gamesters[n]=gamesters[n+1];
    return *this;
}
int GAMESTERS::getnum( ) { return GAMESTER::count; }
GAMESTER &GAMESTERS::operator[ ](int k) { return *gamesters[k]; }
```

代码文件 "BOSS.cpp" 的内容如下所示。

```
#include "impone.h"
BOSS::BOSS(const char *n, int a, long m):PERSON(n, a, m)
{
```

```
        casino=0;
        profit=0;
        cout<<*this<<": I have $"<<banance( );
        cout<<", and am to be a boss!\n";
    }
    void BOSS::run( )
    {
        int a, k, n;
        long m;
        char s[80];
        gamesters=new GAMESTERS;
        cout<<"Boss: How many people are there? ";
        cin>>n;
        for(k=0; k<n; k++) {
            cout<<"        Guest "<<k+1<<", your name, age and wager?\n";
            cout<<"        Name :"; cin>>s;
            cout<<"        Age   :"; cin>>a;
            cout<<"        Money:"; cin>>m;
            (*gamesters)+=new GAMESTER(s, a, m);
        }
        casino=new CASINO(*this, *gamesters);
        profit+=casino->open( );
        delete casino;
        delete gamesters;
    }
    BOSS::~BOSS( ) noexcept
    {
        imburse(profit);
        cout<<"Boss: My profit is $"<<profit;
        cout<<". Now I have $"<<banance( )<<"\n";
    }
```

代码文件 "PERSON.cpp" 的内容如下所示。

```
#include "impone.h"
PERSON::operator const char *( ) { return name; }
PERSON::PERSON(const char *n, int a, long m)
{
    name=new char[strlen(n)+1];
    strcpy(name, n);
    age=a;
    money=m;
}
PERSON::~PERSON( ) noexcept { delete [ ]name; }
long PERSON::banance( ) { return money; }
int PERSON::imburse(int m)
{
    if((m>0)&&(money+m<money)) return 0;
    money+=m;
    return 1;
}
int PERSON::disburse(int m)
{
    if(money-m<0) return 0;
    money-=m;
    return 1;
}
```

以上程序较多地使用了引用，因此没有重载拷贝构造函数和赋值运算函数。如果不采用引用来传递函数参数，则需要重载拷贝构造函数和赋值运算函数。

练习题

【题 15.1】矩阵 MAT 是行列定长的二维数组。常见的矩阵运算包括矩阵的加、减、乘、转置和赋值等运算。请对矩阵 MAT 类中的所有函数成员编程，并对随后给出的 main()函数进行扩展，以便完成矩阵及其重载的所有运算符的测试。

```cpp
#include <iostream>
using namespace std;
template <typename T>
class MAT {
    T* const e;                              //指向所有整型矩阵元素的指针

    const int r, c;                          //矩阵的行 r 和列 c 大小
public:
    MAT(int r, int c);                       //矩阵定义
    MAT(const MAT& a);                       //深拷贝构造
    MAT(MAT&&a);                             //移动构造
    virtual ~MAT( ) noexcept;
    virtual T* const operator[ ](int r);     //取矩阵 r 行的第一个元素地址
    virtual MAT operator+(const MAT& a)const; //矩阵加法
    virtual MAT operator-(const MAT& a)const; //矩阵减法
    virtual MAT operator*(const MAT& a)const; //矩阵乘法
    virtual MAT operator~( )const;           //矩阵转置
    virtual MAT& operator=(const MAT& a);    //深拷贝赋值运算
    vitual MAT& operator=(MAT&& a);          //移动赋值运算
    virtual MAT& operator+=(const MAT& a);   // "+=" 运算
    virtual MAT& operator-=(const MAT& a);   // "-=" 运算
    virtual MAT& operator*=(const MAT& a);   // "*=" 运算
    virtual void print( )const;              //输出矩阵的 r 行 c 列元素
};
int main(int argc, char* argv[ ])            //扩展 main()测试其他运算
{
    MAT<int>    a(1, 2), b(2, 2), c(1, 2);
    a[0][0] = 1;                             //类似地初始化矩阵的所有元素
    a[0][1] = 2;                             //等价于 "*(a.operator[ ]()(0)+1)=2;" 即等价于 "*(a[0]+1)=2;"
    a.print( );                              //初始化矩阵后输出该矩阵
    b[0][0] = 3;    b[0][1] = 4;             //调用 T*const operator[](int r)初始化数组元素
    b[1][0] = 5;    b[1][1] = 6;
    b.print( );
    c = a * b;                               //测试矩阵乘法运算
    c.print( );
    (a + c).print( );                        //测试矩阵加法运算
    c = c - a;                               //测试矩阵减法运算
    c.print( );
    c += a;                                  //测试矩阵 "+=" 运算
    c.print( );
    c = ~a;                                  //测试矩阵转置运算
    c.print( );
    return 0;
}
```

【题 15.2】高铁的家就在铁路沿线，他每次回家都必须从编号为 1 的站点上车，最后从编号为 N 的站点下车。高铁在 0 时刻到达 1 号站点。经过他回家线路的站点、并且至少在他回家线路上运行一站以上的火车有 M 列，这些火车的编号为 1 到 M 号。对于第 i 号列车，它将在时刻 P_i 从站点 X_i 出发，在时刻 Q_i 到达站点 Y_i，高铁只能在时刻 P_i 上 i 号列车，他可以在他回家线路上的任意站点下车，并且可以通过多次换乘到达 N 号站点回家。

对于两班不同的列车，假设分别为 u 号与 v 号列车，若满足 $Y_u = X_v$ 并且 $Q_u \leq P_v$，那么他可以乘坐完 u 号列车后，在 Y_u 号站点等待 $P_v - Q_u$ 个时刻，并在时刻 P_v 换乘 v 号列车。只要他不等待换乘，便不会有烦躁情绪。一次时长为 t 的等待将增加他的烦躁值 $At^2 + Bt + C$，其中 A、B、C 是给定的常数。他 0 时刻到站台 1 时的时长为 0，也算一次等待。若高铁回家共乘坐了 k 班列车，乘坐的列车编号为 s_1、s_2……s_k。作为一种可行的回家方案，k 班列车换乘必须满足如下条件。

（1）$X_{s_1} = 1$，$Y_{s_k} = N$。

（2）对于所有 j（$1 \leq j < k$），满足 $Y_{s_j} = X_{s_{j+1}} + 1$ 且 $Q_{s_j} \leq P_{s_j} + 1$。

最终高铁回家的烦躁值累计如下。

$$C + (A \bullet P_{s_1}^2 + B \bullet P_{s_1} + C) + \sum_{j=1}^{k-1}(A \bullet (P_{s_{j+1}} - Q_{s_j})^2 + B \bullet (P_{s_{j+1}} - Q_{s_j}) + C)$$

从文件"route.in"中读入列车停靠数据。"route.in"的第一行存储 5 个整数 N、M、A、B、C，其意义见前面的描述。接下来的 M 行存储火车停靠数据，第 i 行表示第 i 列火车的停靠情况，每 4 个数据表示一次停靠，分别表示该列车的出发站、到达站、出发时刻与到达时刻。

```
3   4   1   5   10
1   2   3   4        //若继续从第 2 站驶往第 3 站，则可另用 4 个数值描述
1   2   5   7        //同上，若继续乘坐本线路则不计等待烦躁值
1   2   6   8
2   3   9   10
```

为了使高铁的回家烦躁值最小，请帮他规划最佳回家方案，只有在换乘不同的列车时，才计算他的烦躁值。试运用面向对象的设计技术完成本问题的求解模型描述与编程实现。

【题 15.3】假定所有公交车辆从起点到终点都是双向非环路的，且双向线路的所有停靠站点都对应相同。设有 M 路公交路线，第 j 路公交路线有 N_j 个站点。所有公交线路累计共有 S 个站点，第 k 个站点的坐标为（X_k，Y_k），所有坐标均以米为单位标注。邻近站点之间的距离指的是站点坐标之间的欧几里得距离。现有一人处于起点坐标（X_b，Y_b），此人需要步行到最近站点乘车，下车后要步行到达的终点坐标为（X_e，Y_e），而他特别不愿意走路，能坐公交就尽量坐公交。假定公交转乘时的步行距离为 0，试编程求他从起点（X_b，Y_b）到终点（X_e，Y_e）的乘坐线路。建立模型时需要考虑如下几种情形：（1）最少转乘；（2）最短距离。求解时只选用其中一种情形。

所有公交线路的站点坐标存于"stops.txt"文件，其中第 1 行为站点总个数，第 2 行为第 1 个站点的坐标，第 3 行为第 2 个站点的坐标，以此类推。可用图形化的界面显示站点及公交线路。"stops.txt"文件的内容如下。

```
39
235     27
358     29
480     34
155     36
222     64
282     62
413     60
```

```
457    63
483    60
560    69
131    87
349    61
314    97
420   107
487   125
620   107
666    79
186   107
270   120
350   141
383   148
370   164
442   179
496   171
555   167
651   155
775   184
678   272
208   156
296   161
356   190
493   202
490   229
504   262
457   269
249   196
155   190
103   171
112   241
```

　　所有公交线路信息存放于"lines.txt"文件，其中第 1 行为公交线路总数，第 2 行为每条公交线路的站点总数，第 3 行为线路 1 经过的站点编号（对应站点坐标参见"stops.txt"），第 4 行为线路 2 经过的站点编号，以此类推。"lines.txt"文件的内容如下。

```
7
13    11     8     9     7    37
 1     6    13    20    22    21    14     8     3     9    15    24    32
 4     5     6    12     7     8     9    10    16    26    28
11    18    19    20    21    23    33    34
38    37    36    31    23    24    25    26    27
 2    12    13    19    29    37    39
30    31    35    33    25    16    17
```

　　采用 Dijkstra 最短路径算法是不合适的，因为它仅考虑了距离而未考虑公交线路行驶约束。如下图所示，对于某站点 P 周围的站点 Q，其欧几里得距离虽近，但可能需要很远的转乘才能到达。例如，从站点 P 出发，要从线路 3 经站点 C 转线路 2 才能到最近的站点 Q，因为站点 P 和站点 Q 之间无直达的公交线路。

通过类型抽象形成站点、公交线路、转乘站点、转乘线路、转乘矩阵、公交系统等类，输入上述文件初始化站点和线路对象，然后通过图形化的界面显示站点和线路地图。用户用鼠标在地图上设定起点和终点，按照设定的最少转乘或者最短距离选项规划出从起点步行到最近站点上车、到离终点最近站点下车步行到终点的线路，并在地图上按用户要求依次显示符合条件的线路。

提示可以构造公交线路转乘矩阵 A（即 A^1）。假定有 5 条公交线路，若线路 i 和线路 j（$i{\neq}j$）有 r 个转乘站点（即 r 种走法），则矩阵 A^1 的元素 $a^1[i,j]=r$；如 $i=j$ 则规定无须转乘，即有 $a^1[i,i]=0$。则对于上述前 5 条公交线路，从公交线路 i 一次转乘到线路 j，可得如下转乘矩阵 A^1。

```
0    3    3    1    0
3    0    3    2    1
3    3    0    0    1
1    2    0    0    1
0    1    1    1    0
```

由上述转乘矩阵 A^1 可知，无法从线路 1 转乘到线路 5，因为 $a^1[1,5]=0$。可以尝试从线路 1 转乘其他线路，再从其他线路转乘线路 5，即从线路 1 经过两次转乘到线路 5。这只需要进行矩阵乘法运算 $A*A=A^2$，从线路 1 经过两次转乘到线路 5，可从 A^2 中得到共有 $a^2[1,5]$ 种走法。

$$a^2[1,5] = \sum_{k=1}^{5} a^1[1,k]*a^1[k,5]$$

由上述转乘公式，可计算得到 A^2，最后设置 $a^2[i,i]=0$，修正 A^2 使同一线路不用转乘。修正后的 A^2 如下。

```
0    11   9    6    7
11   0    10   4    5
9    10   0    10   3
6    4    10   0    2
7    5    3    2    0
```

由上述矩阵可知 $a^2[1,5]=7$，即从线路 1 经过两次转乘到线路 5 共有 7 种走法：（1）从线路 1 到线路 2 共有 3 个转乘点，再从线路 2 经唯一转乘点至线路 5，一共有 3 种转乘方法；（2）从线路 1 到线路 3 共有 3 个转乘点，再从线路 3 经唯一转乘点至线路 5，一共有 3 种转乘方法；（3）从线路 1 经唯一转乘点至线路 4，再从线路 4 经唯一转乘点至线路 5，一共有 1 种转乘方法。

依此类推，可以得到 $A*A*A$（即 A^3，反映从线路 i 经过 3 次转乘到线路 j 共有几种转乘走法）。对于本题来说，由于总共只有 $M=7$ 条公交线路，故无重复公交的转乘最多只能转乘 $M-1$ 次，所以只需计算到 $A^{M-1}=A^6$ 为止。任意两条线路之间 1 次、2 次……6 次转乘的走法共有 A^+ 种，$A^+=A^1+A^2+A^3+A^4+A^5+A^6$。

上述 A^+ 运算是一种修正的矩阵"闭包"运算，可以抽象成矩阵类的一个运算。上述 A^+ 运算只计算了有几种转乘走法，当然，还可以同步 A^n 建立另外一个矩阵，对应元素为某种链表指针类型，用于记载对应转乘线路和转乘站点。

得到上述转乘"闭包"矩阵 A^+ 以后，只需要搜索离起点最近的站点（可能不止一个站点），找到最近站点所在的线路 i（可能不止一条），并搜索离终点最近的站点（可能不止一个站点），找到最近站点所在的线路 j（可能不止一条），然后在 A^+ 中找出 $a[i, j]$ 所描述的所有转乘线路和转乘站点即可。利用站点坐标可以得到两两站点之间的距离，并利用 A^+ 分别得到如下两种情形的最优转乘方案：（1）最少转乘；（2）最短距离。

【题 15.4】一个城市的公共汽车、轻轨、地铁等构成的交通体系是复杂的，为此统一用公交代替上述各种车辆。公交线路一般是双向的，也存在单向环路的。同一公交线路不同方向的站点可能并不重合。几种典型的公交线路及其站点如下图所示。

（1）双向线路，站点不同　　　　（2）单环线路　　　　（3）双向线路，站点相同

其中，箭头所指的方向为公交线路的运行方向，单环线路的起点和终点在一起。也可能存在双环线路，两个方向的起点和终点可能不在一起。注意，环路的起始站点和终止站点相同，例如某单环线路的站点编号可能为 1、2、3、4、5、1，某些环路下车后继续上车可能需要再次买票。

可以应用公交线路转乘矩阵来求解最少转乘次数或者最少转乘距离问题，但是应根据有向线路（即有向图）来建立转乘矩阵，双向线路可被当作独立的两条有向公交线路来看待。用户需要从起点步行到最近距离的站点，乘坐公交并可能经历若干次公交线路转乘，在离终点最近的站点下车，然后步行到终点。

所有公交线路的站点坐标存放于"stops.txt"文件，其中第 1 行为站点总个数，第 2 行为第 1 个站点的名称及坐标，第 3 行为第 2 个站点的名称及坐标，以此类推。"stops.txt"文件的内容如下。

```
46
东坡  626，287
李白  623，219
杜甫  565，199
居易  510，200
浩然  465，216
王维  447，260
清照  475，301
淑真  504，311
安石  574，314
山东  642，125
辽宁  582，122
湖北  506，125
湖南  450，149
江西  397，192
四川  322，198
福建  263，261
广东  213，295
广西  164，293
云南  99，276
贵州  290，336
西藏  355，318
新疆  366，261
北京  392，41
上海  340，68
深圳  278，130
```

重庆　222，208
武汉　112，361
成都　167，409
杭州　259，431
沈阳　270， 59
南昌　412， 95
昆明　459，183
桂林　470，251
福州　483，325
郑州　500，349
西安　531，385
贵阳　599， 75
兰州　568，159
洛阳　549，259
襄阳　431，355
十堰　376，403
宜昌　365，449
荆门　108，432
钟祥　261，380
大连　332，368
当阳　555，349

所有公交线路信息存放于"lines.txt"文件，其中第 1 行为按单向行驶的公交线路总数，第 2 行为第 1 条单向公交线路的名称、站点数及经过的站点编号（对应站点坐标参见"stops.txt"文件），第 3 行为第 2 条单向公交线路的名称、站点数及经过的站点编号，以此类推。"lines.txt"文件的内容如下。

```
11
公交 1 路  10,  1,  2,  3,  4,  5,  6,  7,  8,  9, 10
公交 2 路  11, 12, 13, 14, 15, 16, 23, 17, 18, 19, 11
公交 2 路  11  19, 18, 17, 20, 21, 22, 14, 13, 12, 11
公交 3 路  37, 11, 38,  3, 39,  8, 34, 40, 41, 42, 10
公交 3 路  10 42, 41, 40, 34,  8, 39,  3, 38, 11, 37
公交 4 路  23, 24, 25, 26, 18, 27, 28, 29,  8
公交 4 路   8, 29, 28, 27, 18, 26, 25, 24, 23
公交 5 路  30, 24, 31, 32, 33,  7, 34, 35, 36, 9
公交 5 路   9  36, 35, 34,  7, 33, 32, 31, 24, 30
公交 6 路   7, 43, 28, 44, 45, 40, 35, 46
公交 6 路  46, 35, 40, 45, 44, 28, 43,  7
```

公交线路区间价格表可用对角线以上的上三角矩阵表示，每个行驶方向的区间价格表可以不同。例如，作为单向环路的"公交 1 路"共有 10 个站点，其区间价格表"rangeprice1.txt"如下所示。

1	2	3	4	5	6	7	8	9
	1	2	3	4	5	6	7	8
		1	2	3	4	5	6	7
			1	2	3	4	5	6
				1	2	3	4	5
					1	2	3	4
						1	2	3
							1	2
								1

　　其中，第 1 行的 1、2、3 分别表示第 1 站到第 2 站、第 1 站到第 3 站、第 1 站到第 4 站的价格分别为 1 元、2 元和 3 元；第 2 行的 1、2、3 分别表示第 2 站到第 3 站、第 2 站到第 4 站、第 2 站到第 5 站的价格分别为 1 元、2 元和 3 元；以此类推，最后一行表示的是第 9 站到第 10 站的价格为 1 元。注意，公交公司的价格表中的数值应该是有小数的浮点类型，站与站之间或者区间与区间之间的价格可能不同，两条不同的公交线路即使跑同样的站点路程，其价格也可不同。其他单向线路的价格表可以自己构建。

　　假设某个机构或单位同几个公交站点相邻，相邻信息存在"organization.txt"文件，第 1 行存放单位数量。从第 2 行起存放单位名称、相邻站点数量以及这些站点的编号。"organization.txt"文件中内容的格式如下。

```
4
华中科技大学    4        33, 5, 6, 7
华中农业大学    2        20, 45
武汉科技大学    1        18
国家森林公园    3        17, 18, 26
```

　　例如，用户在地图上行走，可输入"华科大"或"华中科大"查询其所在位置，通过最大公共子串算法进行模糊匹配，找到"华中科技大学"及其所有相邻公交站点。若只有一个站点则闪烁显示站点位置；若有两个站点则用直线连接，闪烁显示指示单位所在位置；若有 3 个以上的站点，则通过直线首尾相连形成闭合区域闪烁显示位置。当用户使用鼠标标定终点后（允许在闪烁的区域外标注），闪烁消失，恢复原图，然后规划线路，即从他所在起点步行到最近公交站点上车，中途经过若干次公交线路转乘，到达离终点最近的公交站点下车，然后步行到鼠标标定的终点。

　　试运用面向对象的技术，结合图形化的用户界面，编程解决线路规划问题，可同时考虑 3 种方案供用户选择：（1）最少转乘；（2）最短距离；（3）最低价格。开发完成后，可采用实际地图作为背景，标定站点和公交线路，最好选择多种形式的公交线路（如单环、双环、双向站点相同、双向站点等不同形式的公交线路）进行试验。

[1] 刘慧婷，王庆生. 汇编语言程序设计[M]. 2 版. 北京：人民邮电出版社，2017.

[2] 张海龙，袁国忠. C++ Primer Plus 中文版[M]. 6 版. 北京：人民邮电出版社，2016.

[3] 郭炜. 新标准 C++程序设计 [M]. 北京：高等教育出版社，2016.

[4] 谭浩强. C++程序设计[M]. 3 版. 北京：清华大学出版社，2015.

[5] 钱能. C++程序设计教程[M]. 3 版. 北京：清华大学出版社，2019.